苹果办公三剑客

Pages+Numbers+Keynote

彭思媛◎编著

清华大学出版社
北 京

内容简介

iWork是由苹果公司开发的专业办公软件套装，它适用于使用Mac OS X操作系统和iOS操作系统的电子设备。iWork包括3款软件，即用于处理文字和排版布局的Pages文稿软件、创建各式电子表格的Numbers表格软件和制作演示文稿的Keynote讲演软件。Pages文稿拥有先进的书写工具和方便的页面排版功能，使用它能够创建出色的文稿。Numbers表格拥有易用的公式、一键式图表及多种表格样式，使用它可将大量数据制作为电子表格。Keynote讲演拥有全新的影院效果动画及多种过渡特效，使用它可以设计并制作出目眩神驰的演示文稿。

全书分为3部分，共19章。第一部分主要讲解Pages文稿的操作方法和使用技巧，包括了解Pages文稿、Pages文稿的基本操作、Pages文稿文本的编辑、使用插入对象、对象的基本操作和在iOS中使用Pages文稿等内容。第二部分主要讲解Numbers表格的操作方法和使用技巧，包括了解Numbers表格、Numbers表格的基本操作、编辑Numbers表格、编辑表格单元格、处理表格文本、使用图像和形状、在表格中使用公式和在iOS中使用Numbers表格等内容。第三部分主要讲解Keynote讲演的操作方法和使用技巧，包括了解Keynote讲演、Keynote讲演的基本操作、使用文本和对象、为幻灯片添加运动效果和在iOS中使用Keynote讲演等内容。本书将最实用的技术、最快捷的操作方法和最丰富的知识内容分享给读者，以期读者在掌握软件功能的同时，提高办公效率和从业素质。另外，本书配有教学PPT课件。

本书结构合理，知识点由简到难逐步递进，配图精美实用，文字阐述通俗易懂，案例与实践紧密结合，具有很强的实用性，适合初、中级苹果办公软件使用者及其他希望了解苹果办公软件的普通读者选用。

图书在版编目（CIP）数据

苹果办公三剑客 Pages+Numbers+Keynote / 彭思媛编著 . —北京：清华大学出版社，2022.1

ISBN 978-7-302-58594-7

Ⅰ . ①苹… Ⅱ . ①彭… Ⅲ . ①办公自动化－应用软件 Ⅳ . ① TP317.1

中国版本图书馆 CIP 数据核字（2021）第 131532 号

责任编辑：张 敏
封面设计：杨玉兰
责任校对：胡伟民
责任印制：朱雨萌

出版发行：清华大学出版社
网　　址：http://www.tup.com.cn，http://www.wqbook.com
地　　址：北京清华大学学研大厦A座　　**邮　　编：**100084
社 总 机：010-62770175　　**邮　　购：**010-83470235
投稿与读者服务：010-62776969, c-service@tup.tsinghua.edu.cn
质量反馈：010-62772015, zhiliang@tup.tsinghua.edu.cn
印 装 者：北京博海升彩色印刷有限公司
经　　销：全国新华书店
开　　本：185mm×260mm　　**印　　张：**16.75　　**字　　数：**450千字
版　　次：2022年1月第1版　　**印　　次：**2022年1月第1次印刷
定　　价：99.80元

产品编号：089193-01

PREFACE

前 言

iWork 是由苹果公司开发的深受用户欢迎的办公自动化套装软件，其中包括 Pages 文稿、Numbers 表格和 Keynote 讲演 3 款软件。它不仅拥有强大的功能，而且传承了苹果公司产品的易用性，操作简单、易上手。

本书通过基础知识和实际案例相结合的方式，详细介绍了 Pages 文稿、Numbers 表格和 Keynote 讲演的操作方法及操作技巧等。书中的快捷键能够帮助读者更加快速地进行办公操作，并且使软件的学习变得轻松和容易掌握。另外，本书配有教学 PPT 课件，读者扫描右方二维码即可获取。

本书特点

本书内容全面，结构合理，配图新颖，并采用理论知识与案例赏析相结合的方式，全面地向读者介绍了苹果办公软件的基本操作方法和使用技巧。

● 通俗易懂的语言

本书采用通俗易懂的语言，详细地向读者介绍不同软件的基础知识和操作技巧，综合实用性较强，确保读者能够理解并掌握相应的操作技巧。

● 内容全面，讲解清晰

本书从实际出发，归纳总结了不同软件的使用方法，并遵循“实用、全面和详细”的原则，确保读者学以致用。

● 技巧和知识点的归纳总结

本书在基础知识和案例赏析的讲解过程中列出了大量的提示和技巧。这些信息都是经由编者长期的办公经验与教学经验归纳总结而来，可以帮助读者更加准确地理解和掌握相关的知识点和操作技巧。

读者对象

本书适合刚开始接触苹果办公软件的读者、想接触苹果办公软件的读者，以及公司白领阅读，同时本书对专业的办公人士也有很高的参考价值。希望读者通过对本书的学习，能够提升办公效率。

编 者

CONTENTS

目 录

Part 1

文档编辑——Pages 文稿

第 1 章 了解 Pages 文稿

Pages 文稿是由美国苹果公司开发的一款文字处理和页面排版工具，可帮用户创建美观的普通文档、简讯、报告等诸多内容。Pages 文稿与 Microsoft Office 办公软件中 Word 的功能接近。

1.1 关于 Pages 文稿

Pages 文稿是由苹果公司开发的软件，它只能在苹果公司的操作系统中安装使用。

用户可以在 Mac、iPhone 和 iPad 中使用 Pages 文稿软件。Mac 中安装的系统是苹果 OS，iPhone 和 iPad 中安装的系统是苹果 iOS，如图 1-1 所示。

图 1-1 Mac OS 和 iOS

> **提示**
>
> 由于硬件的限制，为了帮助用户获得最优的用户体验，因此用户在不同系统中看到的 Pages 界面并不相同。

Mac OS 和 iOS 同属于苹果公司开发的、应用在苹果设备中的操作系统。苹果计算机端所用的操作系统称为 Mac OS；移动端设备所用的操作系统称为 iOS。

1 Mac OS

Mac OS 是一套运行于苹果 Macintosh 系列计算机中的操作系统。作为商用领域内首款成功的图形界面操作系统，它继承了苹果公司一贯的开创性功能研发和精致设计理念，而在众多性能体验上的优化提升则更能够让用户尽享处理日常事务的乐趣。

2 iOS

iOS 是由苹果公司为移动设备所开发的操作系统，2020 年 6 月发布的其新版本为 iOS 14，支持的设备包括 iPhone、iPod touch、iPad 和 Apple TV。与 Android 不同，iOS 不支持非苹果的硬件设备。

1.1.1 iWork 三件套——Pages 文稿

Pages 文稿是 iWork 三件套中的一员，其他两款软件分别为表格制作工具 Numbers 表格和幻灯片制作工具 Keynote 讲演，如图 1-2 所示。与微软 Microsoft Office 中的 Word、Excel 和 PowerPoint 功能相似。

图 1-2 iWork 三件套

1.1.2 Pages 文稿的特点

Pages 文稿是一款功能强大的文字处理软件，能满足用户的各种文字编辑需求，其制作出的文档既美观又便于阅读。

1 高效的文字处理

通过软件界面右侧的格式栏能够实现设定文本格式和调整图片等操作，如图 1-3 所示。选定照片、形状或表格，格式栏将自动显示图像调整工具，如图 1-4 所示。

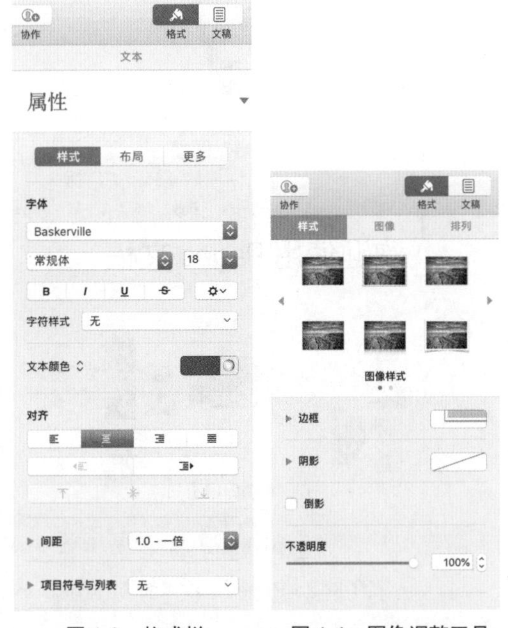

图 1-3　格式栏　　图 1-4　图像调整工具

Pages 文稿也可以完成为列表添加项目符号、检查拼写、校对文件并生成目录等操作。同时，Pages 文稿还配备了听写功能，用户可以使用语音识别的方式输入文字。

2 强大的页面排版功能

Pages 文稿具有表格计算、照片遮罩、自由曲线工具和 3D 图表等功能。用户除了可以控制文本的设计和排列以外，还可以控制文本和图片的排列方式，并可以将所有对象在自由格式的页面上随意移动，直至达到想要的理想状态。

Pages 文稿中的模板选取器为用户提供了各种各样的模板，如报告、信封、海报、传单和邀请函等模板，如图 1-5 所示。

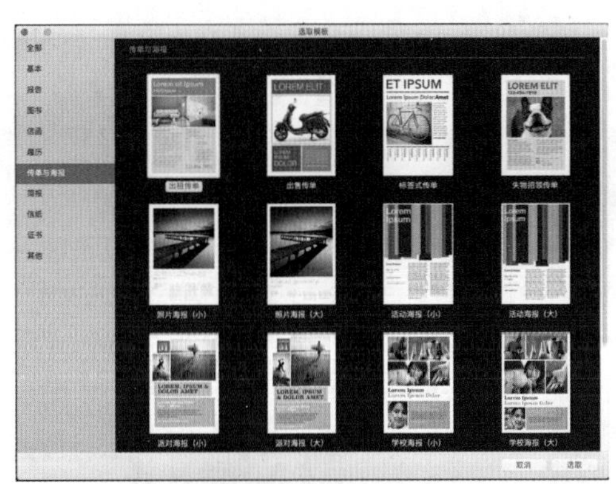

图 1-5　模板选取器

3 强大的兼容性

通过 Pages 文稿可以打开并编辑 DOC、PDF、RTF、EPUB 和 VCF 等格式的文档，而且可以编辑 Windows 操作系统上所生成的任意版本 Word 文档，也可以新建 DOC 格式的文档。

如果需要使用 Windows 操作系统下的 Word 软件打开 Pages 文稿格式的文档，只需要将 Pages 文稿文档格式修改为 TAR 格式即可。

用户购买苹果计算机并激活后，通常已经默认安装了 Pages 文稿。如果没有安装，则可在 App Store 中免费下载该软件并进行安装。

1.1.3 应用案例——安装与启动 Pages 文稿

01 单击系统界面下方程序坞中的 App Store 图标，如图 1-6 所示。启动 App Store 界面，如图 1-7 所示。

图 1-6　App Store 图标

图 1-7　App Store 界面

02 单击“类别”按钮，选择“商务”类别，在界面左上角的搜索框中输入“Pages 文稿”，快速查找 Pages 文稿应用程序，如图 1-8 所示。

图 1-8　查找 Pages 文稿

提示

在使用 App Store 前，用户需要注册并登录苹果账号。若没有登录，则无法使用 App Store 下载并安装应用程序。

03 单击“Pages 文稿”图标，进入下载、安装界面，单击“获取”按钮，系统开始自动下载、安装应用程序，如图 1-9 所示。安装完成后，将出现“打开”按钮，如图 1-10 所示。

图 1-9　下载、安装界面

图 1-10　安装成功

04 单击“打开”按钮或单击系统界面底部程序坞上的 Pages 文稿启动图标，如图 1-11 所示。第一次启动 Pages 文稿，将弹出“欢迎使用 Pages 文稿”界面，如图 1-12 所示。

图 1-11　启动图标

图 1-12　Pages 软件界面

05 单击“继续”按钮，界面切换为“开始使用”界面，如图 1-13 所示。用户可以通过单击“查看我的文稿”按钮，查看并打开文稿。单击“创建文稿”按钮，即可打开“选取模板”界面，如图 1-14 所示。选择任意模板后，单击“创建”按钮，即可完成文稿的创建。

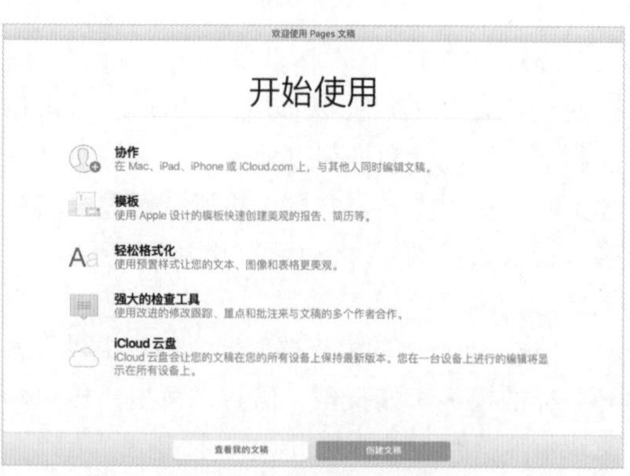

图 1-13　“开始使用”界面

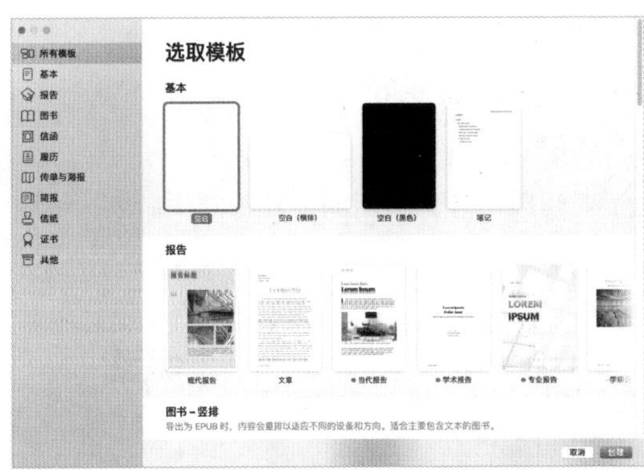

图 1-14　“选取模板”界面

1.1.4　卸载 Pages 文稿

用户如果决定不再使用 Pages 文稿编辑文档，可以通过以下操作将其从系统中删除。

单击界面底部程序坞上的“启动台”图标，将光标移动到“Pages 文稿”图标上，按住鼠标左键并将其拖曳到右下角的“废纸篓”图标上，如图 1-15 所示。在弹出的如图 1-16 所示的提示界面中，单击“删除”按钮，即可将“Pages 文稿”应用程序从系统中卸载。

图 1-15　拖曳 Pages 文稿图标到“废纸篓”图标上

图 1-16　卸载 Pages 文稿

提示

“启动台”界面是 Mac 系统中应用软件管理窗口。用户可以在该界面中对安装软件进行管理。

小技巧： 除了可以通过单击“启动台”图标打开管理界面外，还可以在触控板上使用拇指和另外 3 个手指合拢的手势快速打开启动台，如图 1-17 所示。在触控板上使用拇指和另外 3 个手指散开的手势，可以快速关闭启动台，如图 1-18 所示。

图 1-17　快速打开启动台

图 1-18　快速关闭启动台

1.2　Pages 文稿的工作界面

单击系统界面底部程序坞中的“Pages 文稿”图标，即可启动 Pages 文稿。在“选取模板”界面（图 1-19）右侧的“空白”文档上双击鼠标左键，即可新建一个空白文档，界面如图 1-20 所示。

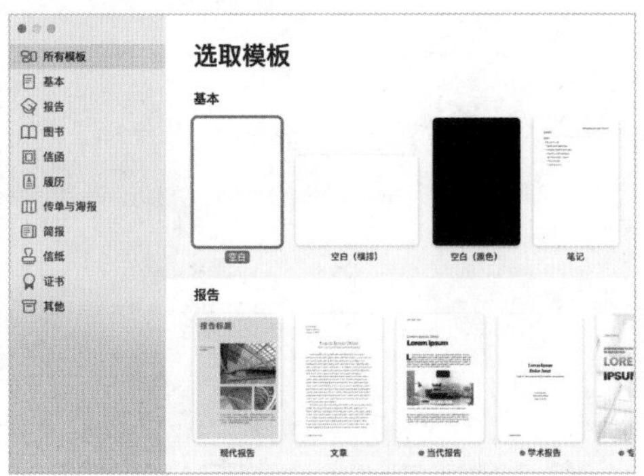

图 1-19　“选取模板”界面

图 1-20　空白文档界面

当用户选择 Pages 文稿时，系统顶部将自动变化为软件的工作菜单，如图 1-21 所示。

 Pages 文稿　文件　编辑　插入　格式　排列　显示　共享　窗口　帮助

图 1-21　Pages 文稿菜单

Pages 文稿软件界面的上方为工具栏，其中提供了一些用户较为常用的工具和操作命令，如图 1-22 所示。

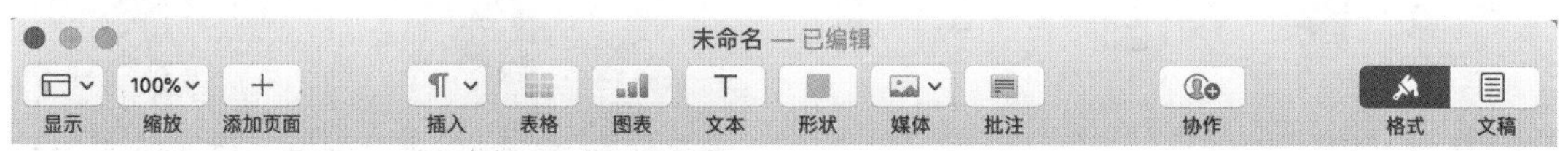

图 1-22　Pages 文稿软件的工具栏

工具栏的右侧包含“格式”和“文稿”两个按钮，单击不同的按钮会在主界面右侧显示对应的边栏，如图 1-23 所示。边栏的内容会根据文档中选择的内容而发生变化。

图 1-23　边栏

1.3　自定义工具栏

为了方便不同用户的使用，Pages 文稿提供了自定义工具栏的功能。用户可以根据自己的使用习惯，自定义工具栏上的选项。只需在软件工具栏上单击右键，在弹出的快捷菜单中选择“自定工具栏”选项，如图 1-24 所示，或者执行“显示→自定工具栏”命令，即可自定义工具栏的显示内容。

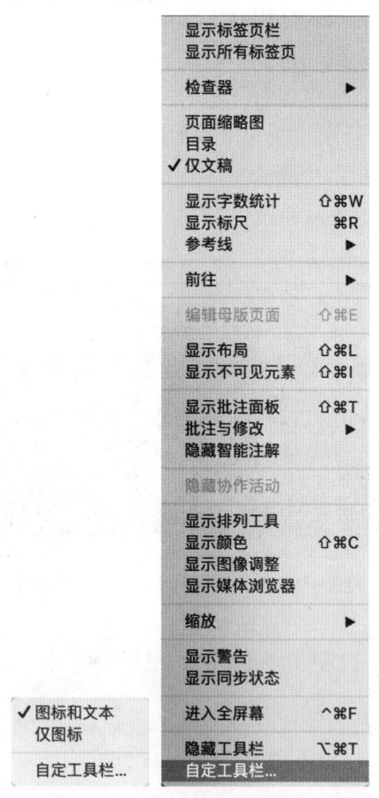

图 1-24　选择“自定义工具栏”命令

用户可以根据个人的喜好和习惯将不同的图标向上拖曳到工具栏上，如图 1-25 所示。设置完成后，单击“完成”按钮，即完成自定义工具栏的操作，效果如图 1-26 所示。

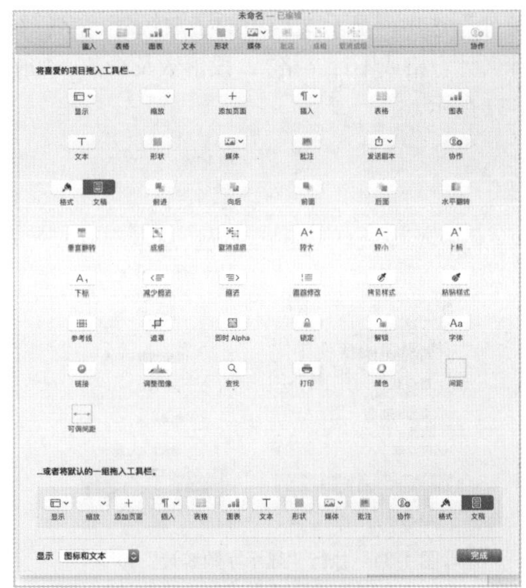

图 1-25　自定义工具栏

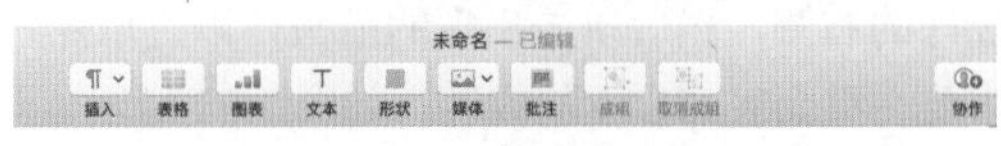

图 1-26　自定义工具栏效果

除了可以逐个添加工具以外，Pages 文稿还允许用户将一组默认工具拖曳到工具栏中，快速恢复软件的默认工具栏，如图 1-27 所示。

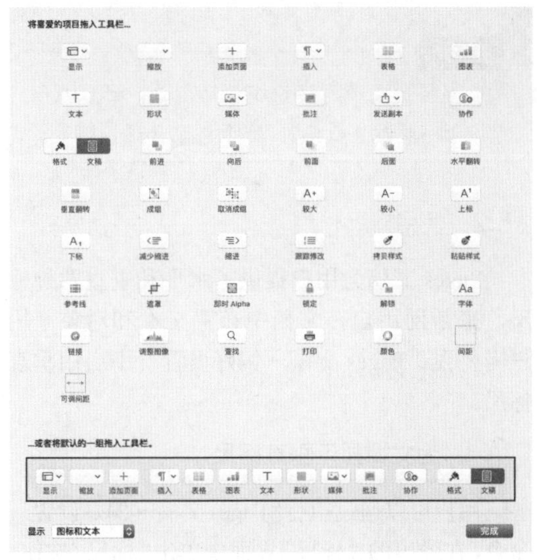

图 1-27　恢复默认工具栏

用户可以在“显示”下拉菜单中设置工具显示效果，包括“图标和文本”和“仅图标”两种效果，如图 1-28 所示。

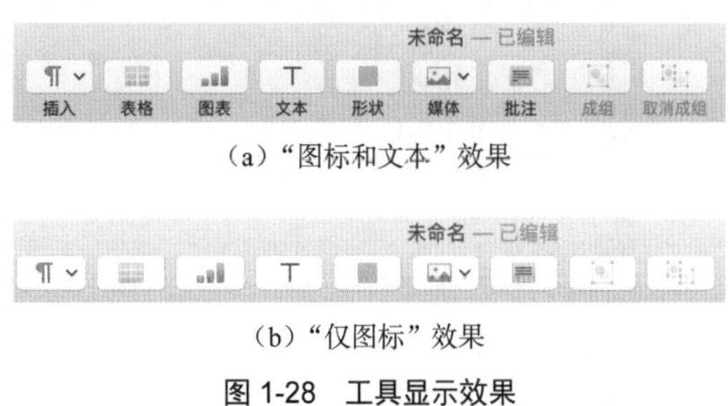

图 1-28　工具显示效果

提示

用户可以通过执行“显示→隐藏工具栏”和“显示→显示工具栏”命令来实现隐藏或显示工具栏。

1.4　撤销与重做

在编辑文档过程中，通常会出现操作失误的情况，这时就需要对文档执行“撤销”命令或“重做”命令。撤销最近对文档所做的更改或者在改变想法时重做更改。

执行“编辑→撤销”命令或按组合键 Command+Z，可以完成撤销操作。执行“编辑→重做”命令或按组合键 Command+Shift+Z，可以重做撤销的上次操作。撤销和重做键入操作的菜单如图 1-29 所示。

编辑　插入　格式　排列　显示
撤销键入　⌘Z
重做键入　⇧⌘Z

图 1-29　撤销和重做键入操作的菜单

由于 Pages 文稿会持续存储用户的工作内容，因此用户可以浏览文档的较早版本、存储前版本的副本及将文档恢复到较早版本。执行“文件→复原到”命令（图 1-30），在弹出的子菜单中选取任意一项，完成对文档的恢复操作，恢复的版本将会替换当前的版本。

图 1-30 “复原到”子菜单

- 上次打开的版本：上次打开时对文档做出的所有更改被删除。
- 上次存储的版本：上次存储后对文档做出的所有更改被删除。
- 浏览所有版本：文档的时间线打开，当前版本显示在左侧的窗口中，较早版本显示在右侧的窗口中。用户可以在此视图中编辑当前版本。

提示

如果用户添加或更改文档的密码，密码的添加或更改只会应用到此后创建的文档版本。如果要防止其他人将文档恢复为不受保护的版本或使用旧密码的版本，需要先停止共享该文档，对其添加密码，然后再次共享该文档。

1.5 使用辅助对象

Pages 文稿提供了很多文档编辑的辅助对象，包括字数统计、标尺和参考线等。这些辅助功能虽然不能够用于编辑文档，但能够帮助用户更好地完成文档的编辑工作。

1.5.1 显示字数统计

用户可以通过执行“显示→显示字数统计”命令或者单击软件界面左上角的“显示”菜单按钮 ▭⌄，在弹出的下拉菜单中选择“显示字数统计”选项，显示文档中的字数统计、字符统计（计空格或不计空格）、段落数及页数，如图 1-31 所示。

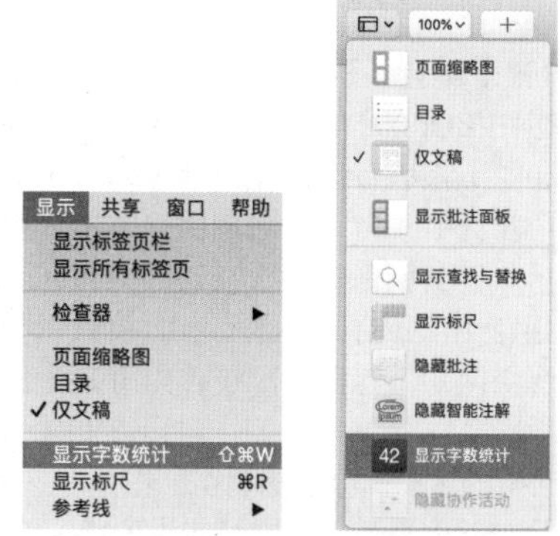

图 1-31 执行“显示字数统计”命令

字数统计显示在页面底部。将光标移到字数统计的右侧，然后单击出现的箭头，以选取用户需要在页面底部显示的内容，如图 1-32 所示。

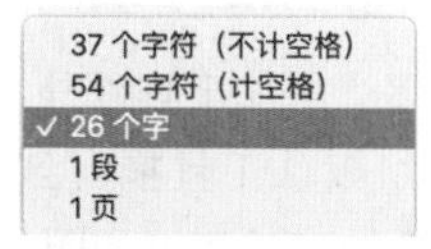

图 1-32 选择显示内容

提示

当不需要使用字数统计功能时，可以执行“显示→隐藏字数统计”命令将字数统计隐藏。

1.5.2 使用标尺

Pages 文稿为用户提供了水平和垂直两种标尺，来帮助用户在文档中布置文本和对象。用户需要在“Pages 文稿→偏好设置”中启用垂直标尺。

1 为文档显示垂直标尺

用户可以通过执行“Pages 文稿→偏好设置”命令，在弹出的“标尺”界面中单击“标尺”按钮，勾选“在标尺显示时即显示垂直标尺”复选框，如图 1-33 所示，将在文档中显示垂直标尺。

单击工具栏中的“显示”按钮，在弹出的下拉菜单中选择“显示标尺”选项，或执行“显示→显示标尺”命令，如图 1-34 所示，将标尺显示出来。

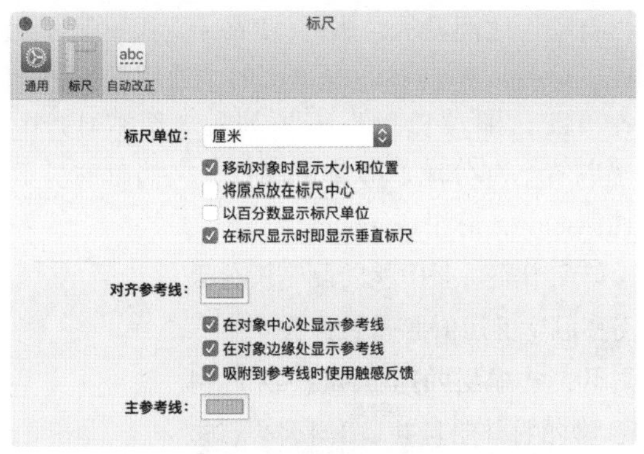

图 1-33　启动垂直标尺

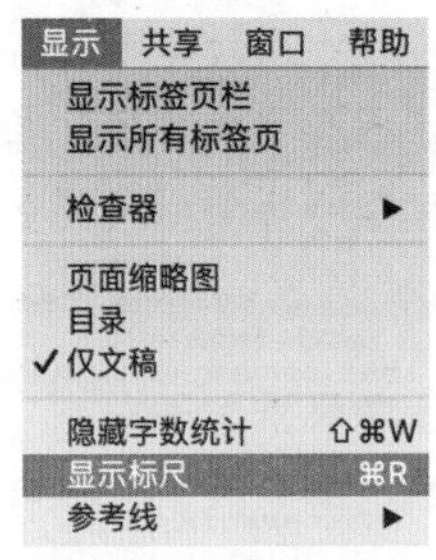

图 1-34　显示标尺

2 更改标尺单位

执行“Pages 文稿→偏好设置”命令，单击对话框顶部的“标尺”按钮，用户可以在“标尺单位”下拉列表中选择任一选项作为标尺的单位，如图 1-35 所示。如果勾选“以百分数显示标尺单位”复选框，可以将刻度线显示为页面的百分比形式，如图 1-36 所示。

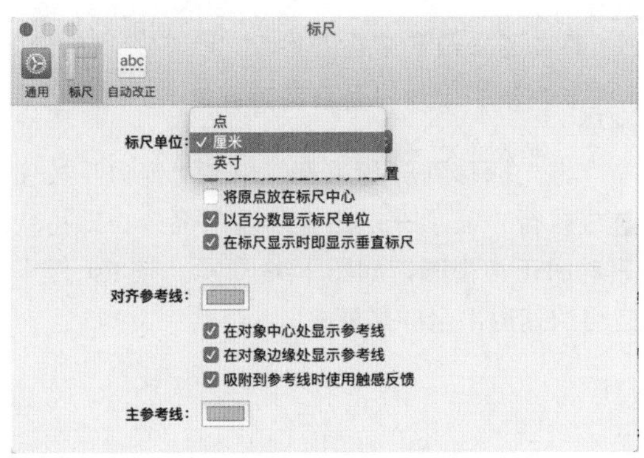

图 1-35　设置标尺单位

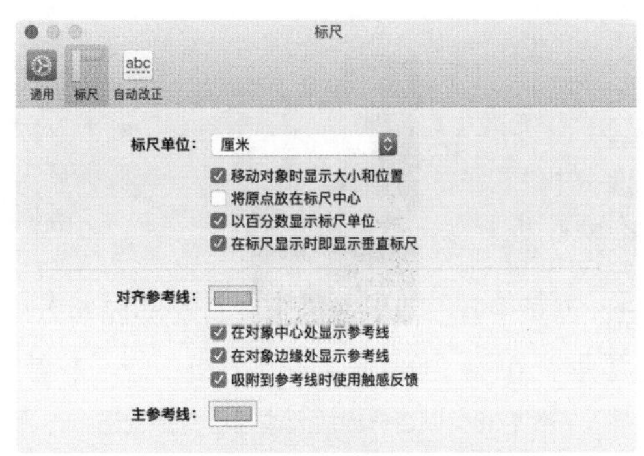

图 1-36　将刻度线显示为百分比形式

3 将原点放置在标尺中间

用户可以将标尺的原点放置在标尺中间，使标尺单位向左右增加。只需执行“Pages 文稿→偏好设置”命令，单击对话框顶部的“标尺”按钮，勾选“将原点放在标尺中心”复选框即可，如图 1-37 所示。

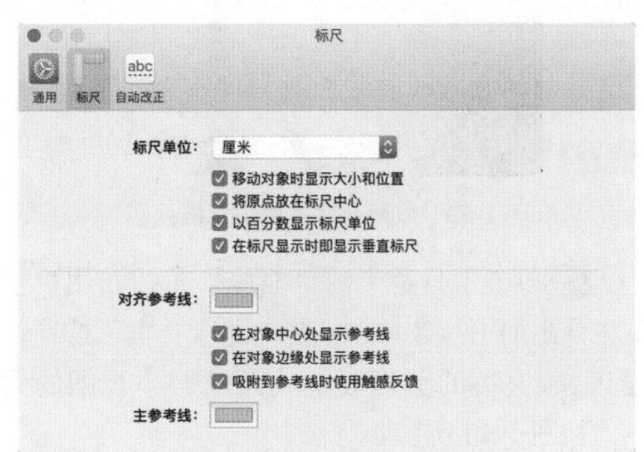

图 1-37　将原点放在标尺中心

1.6 缩放调整

在编辑文档时，有时需要放大文档，以便进行精细的调整，或者需要缩小文档，以便进行整体浏览，这种情况下就需要对文档进行缩放调整。

1.6.1 应用案例——文档的放大与缩小

01 单击工具栏中的“缩放”按钮，用户可以在弹出的下拉菜单中选择显示的百分比，按百分比放大或缩小文档视图的大小，如图 1-38 所示。

图 1-38　以百分比放大或缩小文档视图

02 单击工具栏中的“缩放”按钮，用户可以在弹出的下拉菜单中选择“适合宽度”选项，按 Pages 文稿的界面宽度放大或缩小视图的大小，如图 1-39 所示。

图 1-39　以适合宽度显示文档视图

03 单击工具栏中的“缩放”按钮，用户可以在弹出的下拉菜单中选择“适合页面”选项，按 Pages 文稿的页面大小放大或缩小视图的大小，如图 1-40 所示。

图 1-40　以适合页面显示文档视图

提示

在日常使用中，有时并不需要将文档放大或缩小成固定的比例，只需要快速查看内容。在这种情况下，可以用任意的双指在触摸板上做散开或收缩手势，以放大或缩小文档。

1.6.2　设置默认缩放比例

默认情况下，打开的 Pages 文稿文档将以“自动”比例显示。执行“Pages 文稿→偏好设置”命令，单击对话框顶部的“通用”按钮，在“默认缩放比例”下拉列表（图 1-41）中选取一个百分比，即可更改打开文档时的显示比例。

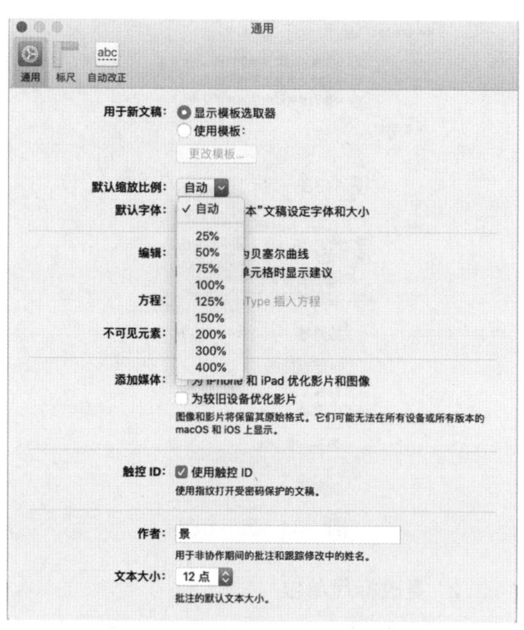

图 1-41　更改打开文档时的显示比例

1.6.3　以全屏幕显示 Pages 文稿

单击 Pages 文稿窗口左上角的“全屏”按钮，或者执行“显示→进入全屏幕”命令（图 1-42），可以将 Pages 文稿窗口扩展填满整个计算机屏幕。此时，将光标移到屏幕顶部，可以查看隐藏的 Pages 文稿菜单栏和其他控制项。

将光标移到屏幕顶部，单击“窗口”按钮或执行“显示→退出全屏幕”命令，即可快速返回正常视图，如图 1-43 所示。按 Esc 键，也可快速退出全屏幕模式。

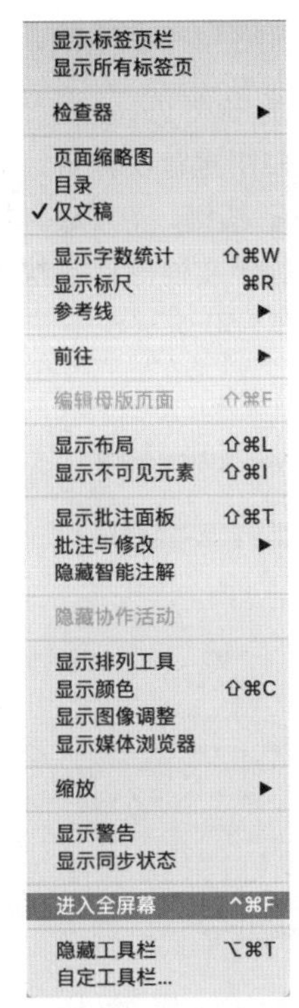

图 1-42　进入全屏幕

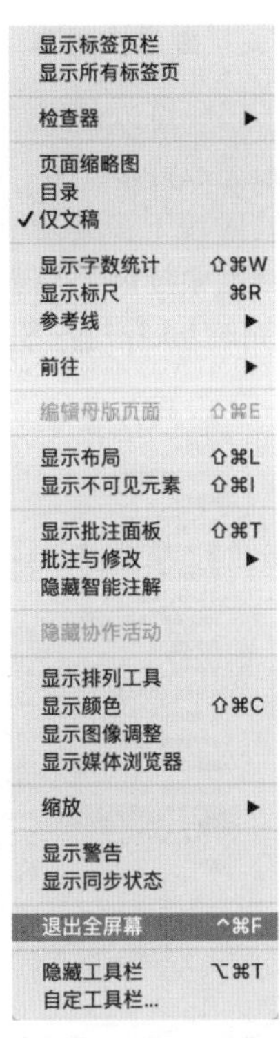

图 1-43　退出全屏幕

1.6.4　参考线

使用参考线能够帮助用户精确放置对象。当用户拖移页面上的对象时，可以通过对齐参考线显示与另一个对象的对齐或等距。用户可以根据自己的需要关闭或打开参考线，也可以自定义添加辅助线，并将它们放置在页面的任意位置上。辅助线将一直显示在文档中，而对齐参考线只在拖动对象时显示。

执行“Pages 文稿→偏好设置”命令，单击对话框顶部的“标尺”按钮，勾选如图 1-44 所示的复选框。单击“对齐参考线”右侧的色块，在弹出的拾色器面板中选取一种颜色，即可修改参考线的颜色，如图 1-45 所示。

> **提示**
>
> 将鼠标光标移到垂直或水平标尺的上方，按住鼠标左键向右或向下拖曳，即可创建辅助线。

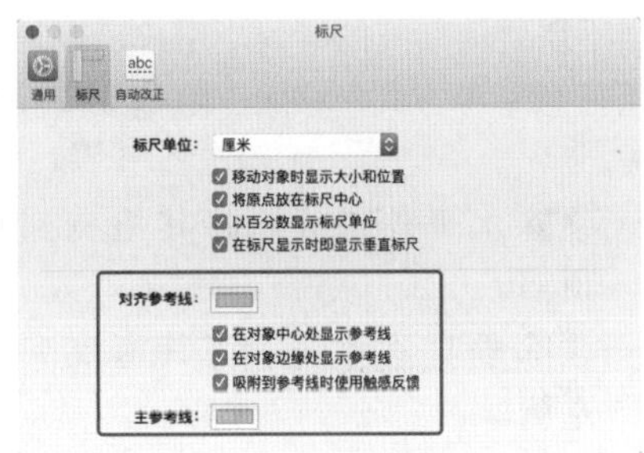

图 1-44　对齐参考线的复选框

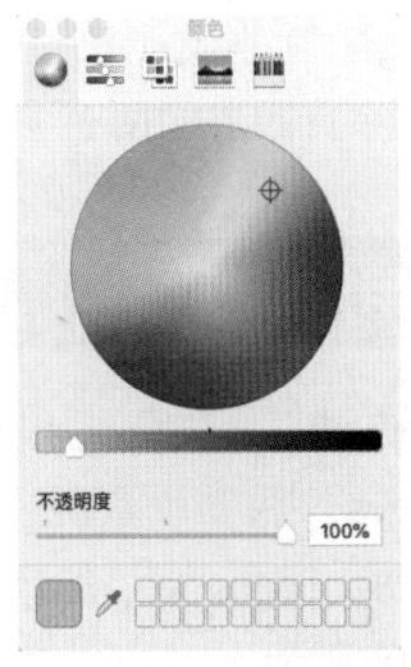

图 1-45　修改参考线的颜色

移动图像时，将显示对齐参考线，如图 1-46 所示；不移动对象时，对齐参考线将自动隐藏。从标尺中拖出创建的辅助线会永久存在，如图 1-47 所示。

图 1-46　对齐参考线

图 1-47　辅助线

当不需要辅助线的时候，用户可以通过执行以下任意一种方式，移除、隐藏或清除对齐参考线。

- 移除水平参考线：将其拖曳到页面顶部。
- 移除垂直参考线：将其拖曳到页面左侧。
- 隐藏所有参考线：执行“显示→参考线→隐藏参考线”命令。
- 清除所有参考线：执行“显示→参考线→清除页面上的所有参考线”命令。

1.7 使用帮助

用户可以通过“帮助”菜单获得苹果公司提供的各种 Pages 文稿帮助资源、键盘快捷键、公式与函数帮助、Pages 文稿的新功能和服务与支持，如图 1-48 所示。

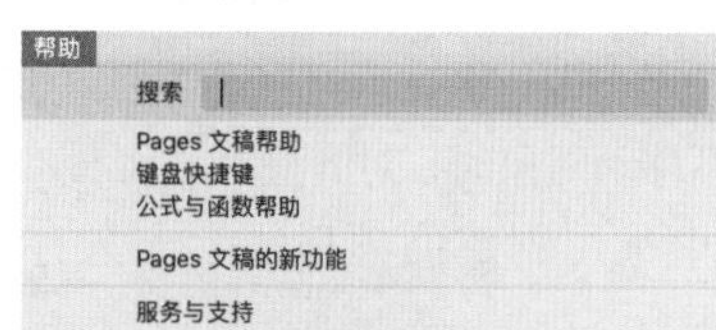

图 1-48 “帮助”菜单

1.7.1 Pages 文稿帮助

苹果公司提供了描述 Pages 文稿软件功能的帮助文件，通过执行“帮助→ Pages 文稿帮助”命令可以联机到苹果网站查看帮助文件，如图 1-49 所示。

图 1-49 Pages 文稿帮助

1.7.2 键盘快捷键

用户可以使用键盘快捷键在 Pages 文稿中快速完成许多任务。若要使用键盘快捷键，需要同时按下快捷键中的所有按键。在 Pages 文稿帮助中提供了 Mac 上 Pages 文稿的键盘快捷键和键盘快捷键符号，如图 1-50 所示。

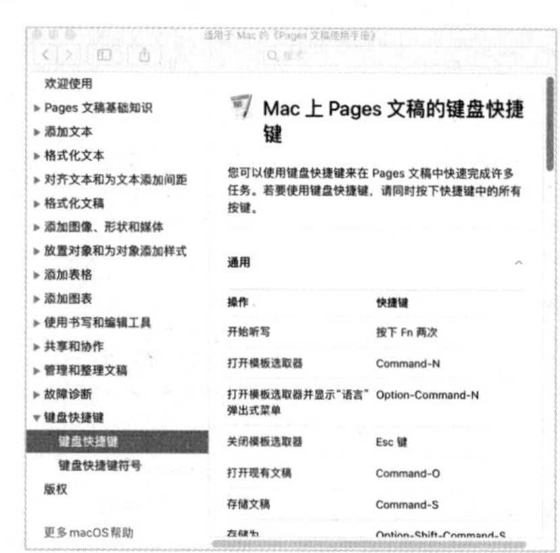

图 1-50 键盘快捷键

1.7.3 公式与函数帮助

在 Mac 上的 Pages 文稿中使用表格时，可以使用公式执行计算和显示其结果。用户可以使用 250 多个函数，在公式中执行计算、取回信息或处理数据等操作。

“公式与函数帮助”描述了如何将公式和函数添加到表格，提供了有关所有函数的详细信息，并讲解了如何使用应用程序内置的函数浏览器。函数浏览器为每个函数都提供相同的定义和使用指南，如图 1-51 所示。

图 1-51 公式与函数帮助

1.7.4　Pages 文稿的新功能

本书的 Pages 文稿版本除了继承曾经版本的功能外，还新增了许多功能。安装完 Pages 文稿后，第一次启动 Pages 文稿时，系统将自动弹出“Pages 文稿的新功能”对话框。

执行“帮助 ▸ Pages 文稿的新功能”命令，用户可以在打开的“Pages 文稿的新功能”对话框中了解该版本 Pages 文稿的新增功能，如图 1-52 所示。

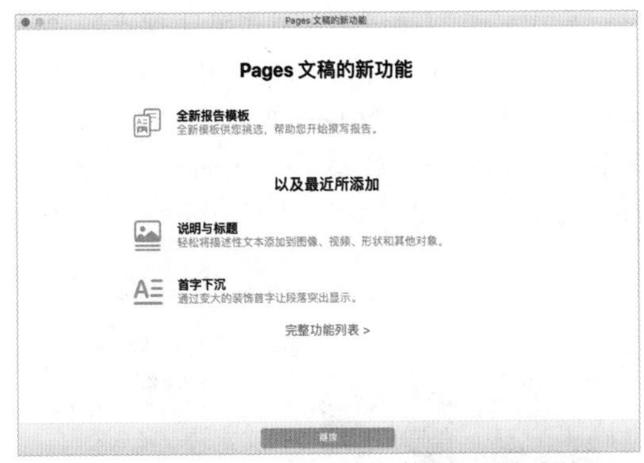

图 1-52　Pages 文稿的新功能

1.7.5　服务与支持

苹果公司官网 Pages 文稿软件的服务社区为用户提供了软件操作技巧、教程和故障诊断等内容，可以帮助用户更好地使用 Pages 文稿。图 1-53 所示为 Pages 文稿支持界面。用户可以在 Pages 文稿支持界面中找到需要的内容，以解决出现的问题。

图 1-53　Pages 文稿支持界面

1.8　故障诊断

在使用 Pages 文稿的过程中可能会出现无法删除或添加页面、无法移除内容、找不到帮助文件提及的按钮等情况。下面为用户讲解如何解决此类问题。

1.8.1　无法删除或添加页面

用户添加或删除页面时使用的方法可能不对，这取决于正在处理的是文字处理文档还是页面布局文档。这两种类型文档添加和删除页面的过程不同。单击工具栏中的“插入”按钮，然后查看该菜单中的第一项。

- 菜单中第一项显示为“换行符”，表示这是一个页面布局文档，如图 1-54 所示。
- 菜单中第一项显示为“分页符”，表示这是一个文字处理文档，如图 1-55 所示。

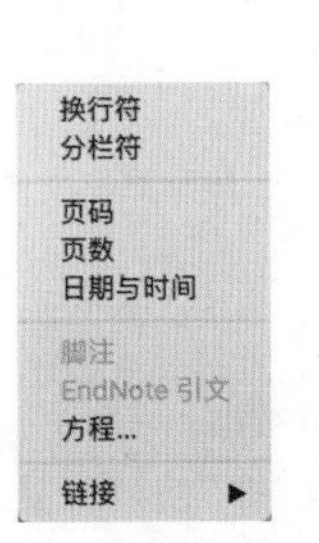

图 1-54　页面布局文档

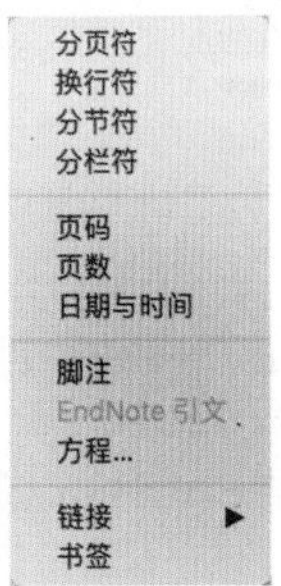

图 1-55　文字处理文档

1.8.2　无法从文档中删除的内容

在文档操作过程中，可能会出现某些内容无法从文档中删除的现象。下面为用户详细解答如何解决此类问题。

1　隐藏字体之间的蓝色圆点

字体之间的蓝色圆点及其他蓝色符号是格式标记。执行“显示→隐藏不可见元素”命令，即可隐藏此格式标记。

2　隐藏文档及页眉和页脚周围的灰色边框

布局标记用于显示正文文本的范围及页眉和页脚的位置。执行“显示→隐藏布局”命令，即可进行此格式或标记的隐藏，如图 1-56 所示。

3 删除文本上的高亮显示效果

当文本有批注时，文本会以高亮形式显示。单击高亮显示的文本，然后单击批注中的“删除”按钮，即可删除高亮文本，如图 1-57 所示。

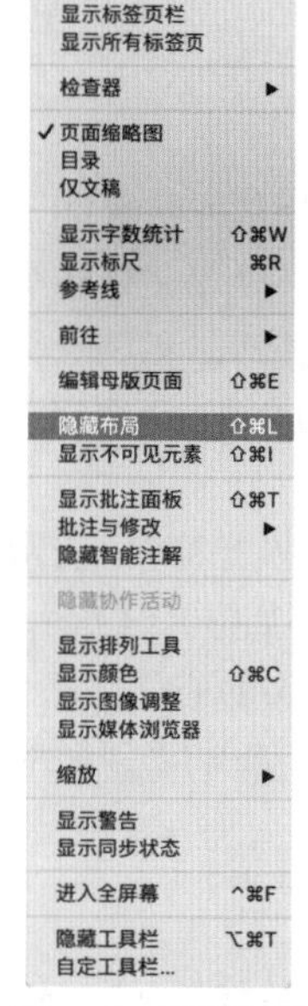

图 1-56 隐藏布局

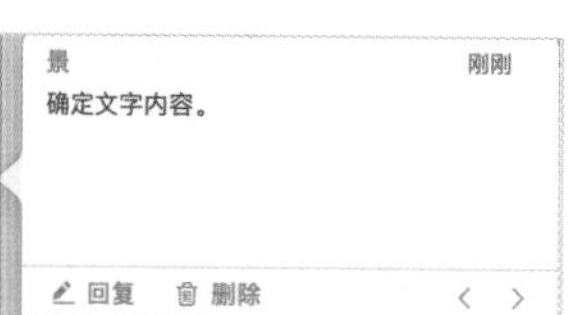

图 1-57 删除高亮文本

4 删除页眉和页脚

单击工具栏中的“文稿”按钮，单击“文稿”标签，然后取消“页眉”复选框和“页脚”复选框，即可删除所有文档的页眉和页脚，如图 1-58 所示。

单击“节”标签，然后勾选“在节首页上隐藏”复选框，即可删除节中的页眉和页脚，如图 1-59 所示。

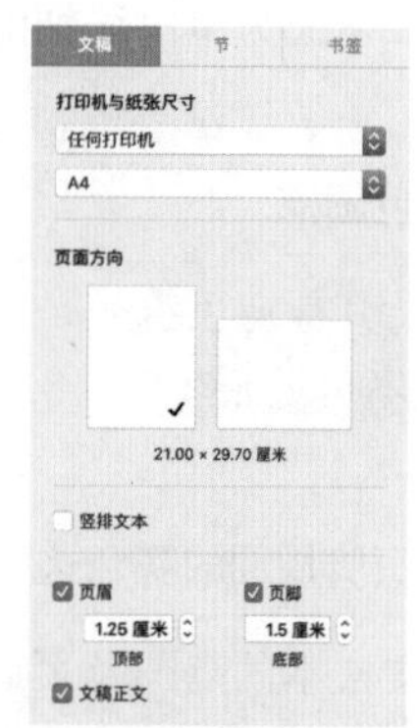

图 1-58 删除所有文档的页眉和页脚

图 1-59 删除节中的页眉和页脚

提示

Pages 没有仅在首页上显示页眉或页脚的设置。如果需要，用户则可以将首页单独设为文档的一节，并显示页眉或页脚，然后隐藏所有其他节的页眉或页脚。

5 删除线条、形状或图像

选中对象，按 Delete 键，即可将对象删除。如果无法删除该对象，可以尝试进行以下操作。

单击选择对象，如果对象一角或末尾出现一个灰色的 x 标志，则表示该对象已经被锁定，如图 1-60 所示。如图 1-61 所示，执行“排列→解锁”命令将对象解锁，按 Delete 键，即可删除该对象。

图 1-60 锁定对象

图 1-61 解锁对象

如果无法选择对象，则该对象可能为置于页面背景上的母版对象。若要让该对象可供选择，执行“排列→节母版→使母版对象可供选择”命令，如图 1-62 所示。然后单击选择该对象，如图 1-63 所示，按 Delete 键，即可将其删除。

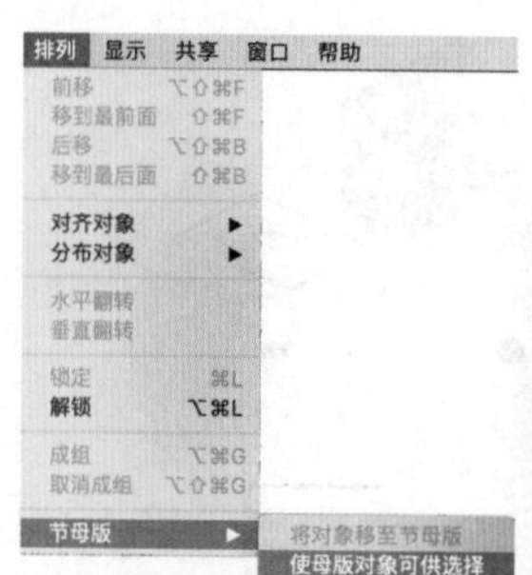

图 1-62 使母版对象可供选择

图 1-63 选择对象

1.8.3　找不到“Pages 文稿帮助”中提及的按钮等

用户可能会混淆菜单栏与工具栏。菜单栏位于屏幕顶部，左上角为苹果标志，其右侧为“Pages 文稿”菜单，如图 1-64 所示。

 Pages 文稿　文件　编辑　插入　格式　排列　显示　共享　窗口　帮助

图 1-64　菜单栏

工具栏位于 Pages 文稿文档的上方，其左侧包含“显示”按钮和“缩放”按钮，中间的按钮如图 1-65 所示。菜单栏和工具栏有一些名称相同的项目，但其选项或控制项却不相同。

图 1-65　工具栏

> **提示**
>
> 如果用户单击桌面或其他打开的窗口，屏幕顶部菜单栏可能显示的是访达①或其他应用程序的菜单。单击 Pages 文稿文档，并确定菜单栏中苹果标志旁边显示的是 Pages 文稿。

如果在工具栏中未见到某个按钮，可能是因为用户在自定义工具栏时移除了该按钮。执行“显示→自定工具栏”命令，然后将未见到的按钮拖回工具栏，单击“完成”按钮，即可将该按钮显示出来。

此外，也有可能是由于 Pages 文稿窗口太窄，无法显示全部按钮。这种情况下，用户可以通过单击工具栏右侧的双向右箭头，查看隐藏的按钮；或者通过拖曳调整软件界面的宽度，直到能看到所有按钮。

1.9　本章小结

本章主要针对 Pages 文稿的相关历史、安装与卸载、工作界面、辅助功能、Pages 文稿帮助文件和常见故障的诊断进行详细介绍。通过本章学习，希望读者对 Pages 文稿有基本的了解，为后面深度学习 Pages 文稿的功能打下坚实基础。

---

① 访达：苹果系统中 finder 的中国翻译。

第 2 章 Pages 文稿的基本操作

为了熟练使用苹果设备进行网络协同办公，首先需要了解 Pages 文稿的基本操作，包括从模板创建文稿、打开文稿、页面管理、文本选择、文稿设置和节设置。本章将为用户详细介绍这几种文稿的基本操作。

2.1 了解文稿类型

Pages 文稿是将文字处理和页面布局合而为一的一款应用程序。选取并开始使用模板前，需要先决定要创建的文稿类型。

- 文字处理：用于创建主要包括文本的文稿，如报告或信函。这类文稿有一个供用户输入的正文文本区域，文本会从一页转到下一页，到达一页末尾时自动创建新页面。
- 页面布局：用于创建含更多自定设计的文稿，如简报、图书或海报。页面布局文稿如同一块画布，用户可以在其中添加文本框、图像和其他对象，然后根据需要随意排列页面上的对象。

Pages 文稿模板是为文字处理或页面布局设计的。用户添加或删除页面及使用对象等的方式取决于选取的模板类型。如果使用一种模板类型创建了文稿，可以将该文稿转换为其他类型。

执行“文件→转换为页面布局”命令或执行“文件→转换为文字处理”命令，即可完成页面布局文稿与文字处理文稿的转换，如图 2-1 所示。

提示

将页面布局文稿转换成文字处理文稿时，任何现有的对象（包括文本框）都保留在文稿中。如果文本框被对象覆盖，需要在转换后的文稿中调整分层和文本绕排。

图 2-1 转换文稿类型

2.2 使用模板创建文稿

用户可以使用 Pages 文稿创建多种类型的文稿，包括以文本为主的文字处理文稿和包含图形及字体设置的页面布局文稿。无论要创建哪种类型的文稿，都可以先从创建模板开始，然后通过修改来获得想要的文稿类型。

2.2.1 基本模板

基本模板是在 Pages 文稿软件中最常用的模板样式。用户想要直接在页面上输入文字，可以选取“空白”模板，如图 2-2 所示。

基本模板包括“空白”“空白（横排）”“空白（黑色）”“笔记”共 4 种类型，如图 2-3 所示。

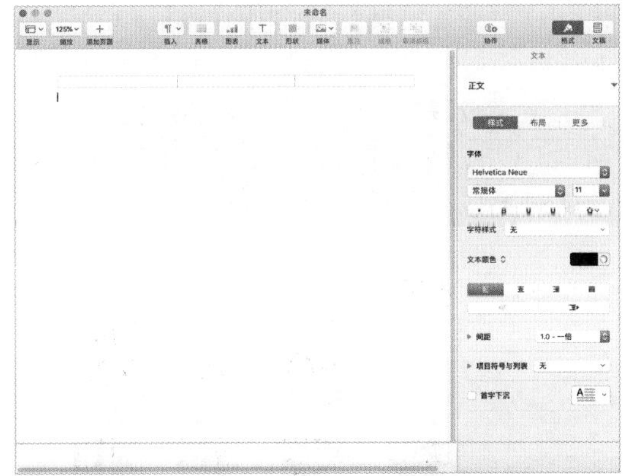

图 2-2　创建“空白”模板

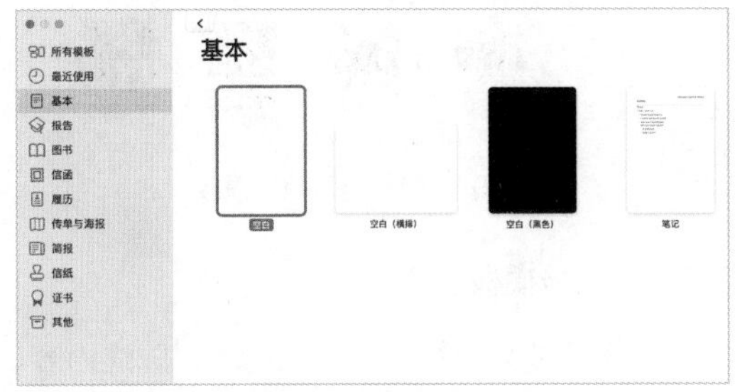

图 2-3　“基本”模板

2.2.2　报告模板

报告模板通常用来制作专题报告和论文文稿。用户只需要修改模板上的内容，即可快速完成各类报告文稿的制作。

报告模板包括“现代报告”“文章”“当代报告”“学术报告”“专业报告”“学期论文”“学校报告”“可视化报告”“研究论文”“新型报告”“项目建议书”共 11 种类型，如图 2-4 所示。

图 2-4　“报告”模板

2.2.3　图书模板

图书模板通常用来制作竖排和横排的图书，用户通过修改模板可以快速完成各类图书文稿的制作。

“图书 - 竖排”模板中包含“空白图书”“基本（照片）”“当代小说”“精致小说”“私人小说”“前卫小说”“简单小说”“现代小说”“传统小说”“专业”“说明”“课本”共 12 种类型，如图 2-5 所示。

“图书 - 横排”模板中包含“空白图书”“基本”“指南手册”“培训书籍”“照片相册”“食谱”“报告”“故事”“课程”“课本”共 10 种类型，如图 2-6 所示。

图 2-5　“图书 - 竖排”模板

图 2-6　“图书 - 横排”模板

2.2.4　信函模板

信函模板通常用在信函、信封和名片文稿的制作中，用户通过修改模板可以快速完成几类信函文稿的制作。

信函模板包括“商业信函”“精致信函”“经典信函”“专业信函”“当代信函”“私人信函”“现代信函”“传统信函”“照片信函”“粗体类型信函”“非正式信函”共 11 种类型，如图 2-7 所示。

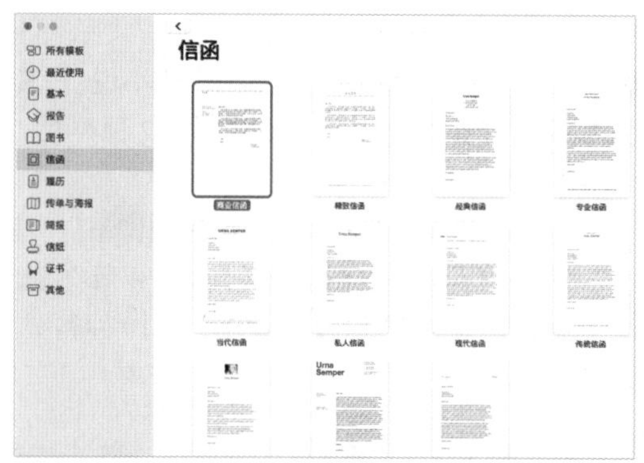

图 2-7 “信函”模板

2.2.5 履历模板

履历是一种总结工作经历的方式，用户可以通过修改履历模板快速完成自己履历的制作。

履历模板包括“经典履历”“专业履历”“当代履历”“个人履历”“现代履历”“商业履历”“精致履历”“粗体类型履历”“非正式履历”共 9 种类型，如图 2-8 所示。

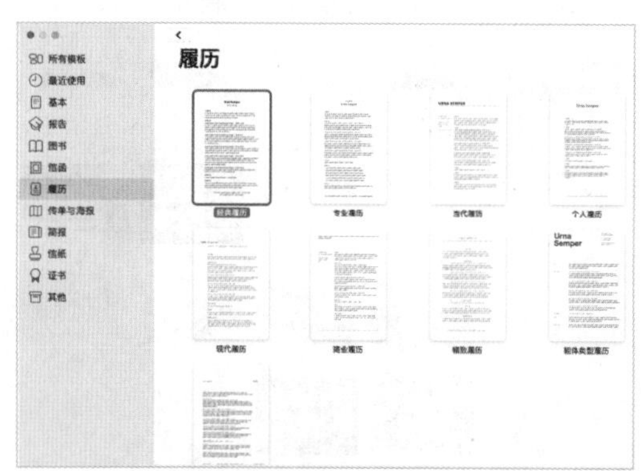

图 2-8 “履历”模板

2.2.6 传单与海报模板

传单和海报在日常生活中经常可以看到，Pages 文稿软件提供了多种模板供用户选用。

传单与海报模板包括“出租传单”“出售传单”“标签式传单”“失物招领传单”“照片海报（小）”“照片海报（大）”“事件海报（小）”“事件海报（大）”“派对海报（小）”“派对海报（大）”“学校海报（小）”“学校海报（大）”“铅字海报（小）”“铅字海报（大）”“房地产传单”共 15 种类型，如图 2-9 所示。

图 2-9 “传单与海报”模板

2.2.7 简报模板

简报是指只围绕一个题目向用户陈述内容、传达信息或观点的书面形式。简报模板就是用来记述这些内容的。

简报模板包括“经典简报”“杂志简报”“简单简报”“衬线体简报”“学校简报”共 5 种类型，如图 2-10 所示。

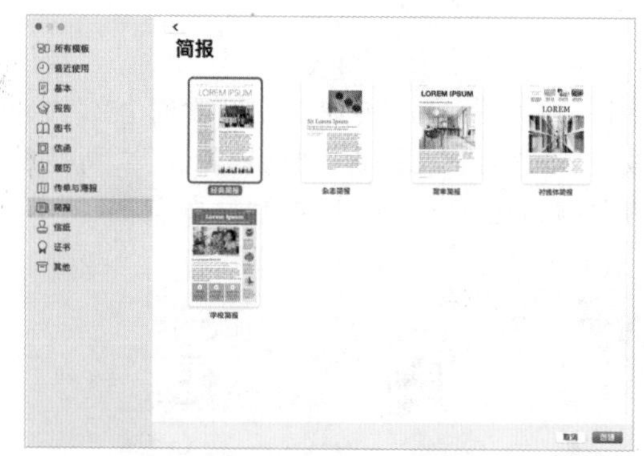

图 2-10 “简报”模板

2.2.8 信纸模板

信纸模板的应用很广泛，Pages 文稿为用户提供了卡片、信封和名片 3 种类型的模板。

卡片模板包括“结婚喜帖”“中国春节贺卡”“照片卡（垂直）”“照片卡（水平）”“生

日贺卡”“乔迁明信片”“房地产明信片”“事件明信片”共 8 种类型，如图 2-11 所示。

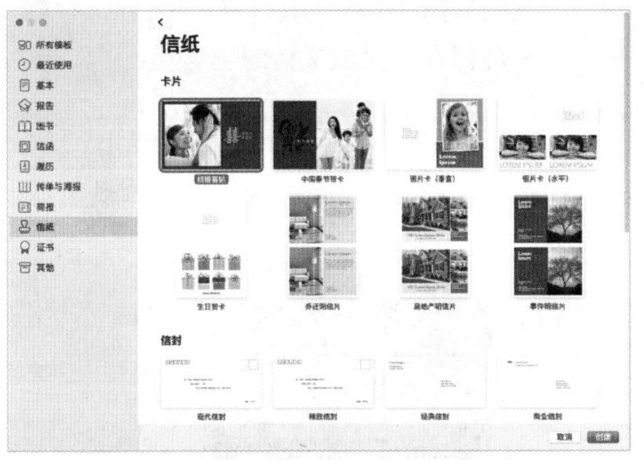

图 2-11　“卡片”模板

信封模板包括“现代信封”“精致信封”“经典信封”“商业信封”“粗体类型信封”“非正式信封”共 6 种类型，如图 2-12 所示。

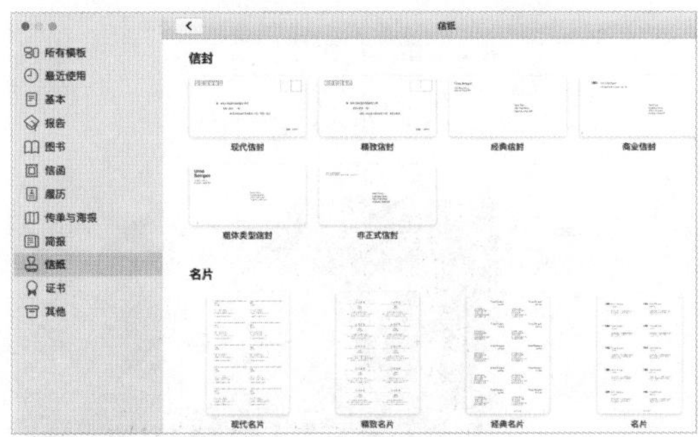

图 2-12　“信封”模板

名片模板包含“现代名片”“精致名片”“经典名片”“名片”“粗体类型名片”“非正式名片”共 6 种类型，如图 2-13 所示。

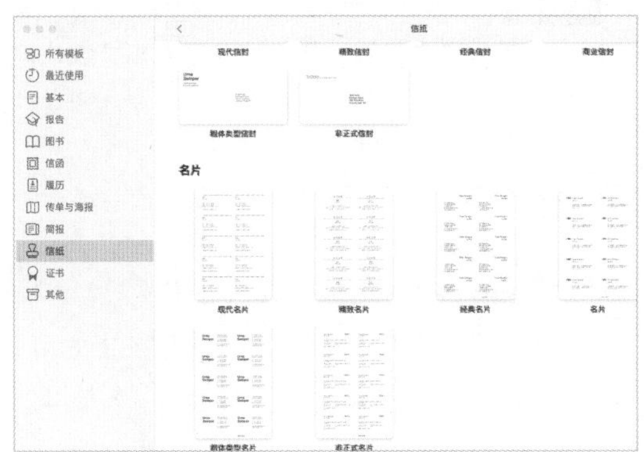

图 2-13　“名片”模板

2.2.9　证书模板

证书虽然在日常生活中非常常见，但是通常都有不同的规则和形式，因此 Pages 文稿中只提供了基本的类型供用户选择，分别为“经典证书”和“儿童证书”，如图 2-14 所示。

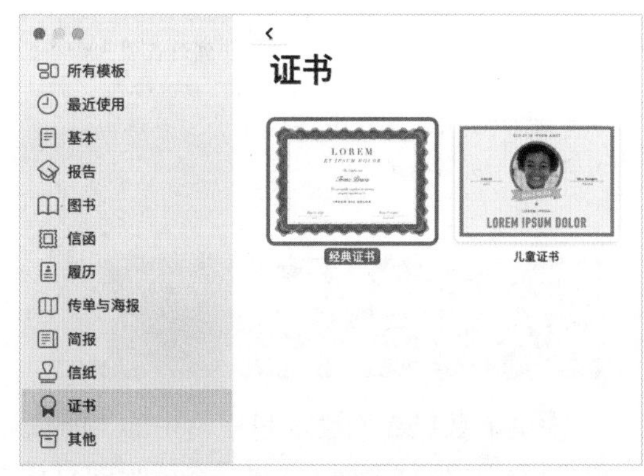

图 2-14　“证书”模板

2.2.10　其他模板

Pages 文稿还为用户提供了几种常用的其他模板，包括“发票”“精致小册子”“博物馆小册子”等供用户选择使用，选择第 2 个“精致小册子”，效果如图 2-15 所示。

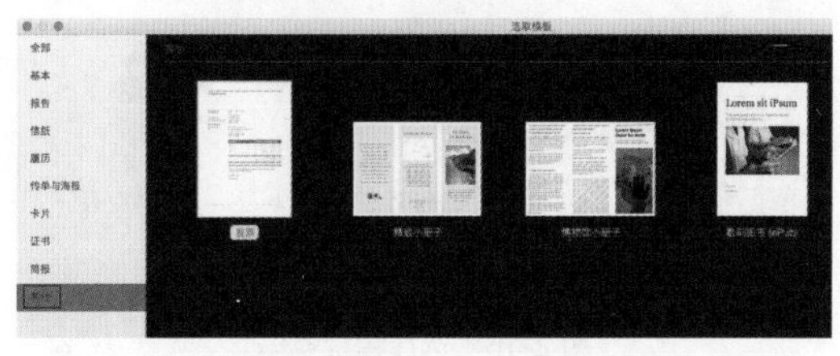

图 2-15　“其他”模板及显示效果

提示

如果用户在存储自定义模板时选择“添加到模板选取器”选项，则该模板可在模板选取器的“我的模板”中找到。

小技巧：用户可以将 Pages 文稿设置为总是从同一模板打开新文稿。执行“Pages 文稿→偏好设置”命令，单击“通用”按钮，选择“使用模板”单选按钮，单击“更改模板”按钮；选择一个模板后，再启动 Pages 文稿时将直接打开该模板。

2.3 应用案例——从模板创建文稿

01 单击系统界面底部程序坞中的“Pages 文稿”图标，启动 Pages 文稿。在弹出的对话框中选择“报告”模板中的“现代报告”模板，如图 2-16 所示。

图 2-16　选择模板类型

02 单击对话框右下角的“创建”按钮后，创建的 Pages 文稿效果如图 2-17 所示。

图 2-17　创建的 Pages 文稿效果

03 双击报告标题文字，修改文字内容，如图 2-18 所示。使用相同的方式修改日期和作者姓名，效果如图 2-19 所示。执行“文件→存储”命令将文件保存，完成文稿的创建。

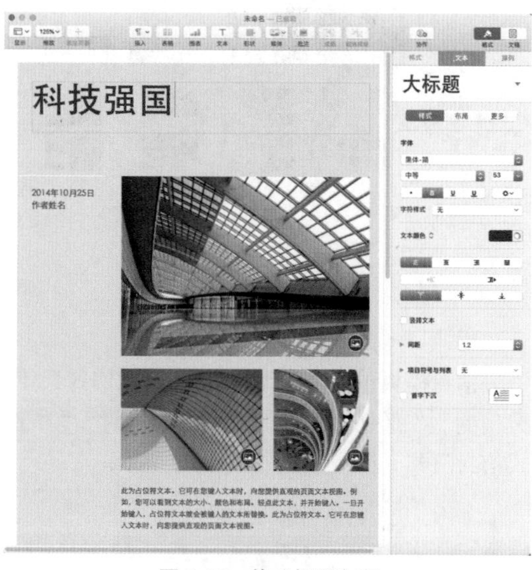

图 2-18　修改标题文字

图 2-19　修改日期和作者姓名

提示

如果用户想将制作好的文档存储为模板，可以执行“文件→存储为模板”命令并选择以下某个选项进行存储。

- 添加到模板选取器：创建的模板将显示在模板选取器的“我的模板”类别中，用户可以为其重命名。
- 存储：输入模板的名称并选择存储模板的位置，单击“存储”按钮，即可将文件保存为 Pages 文稿的模板文件。

2.4 打开文稿

使用 Pages 文稿软件可以打开存储在计算机上、iCloud 中、连接的服务器上及其他存储提供商处的文稿，甚至可以直接打开和编辑使用 Microsoft Word 软件创建的文档。

2.4.1 打开现有文稿

在 Pages 文稿中可以通过多种方式，将外部文稿打开并编辑，也可以打开未完成的文稿继续进行编辑。

双击需要打开的文稿图标，即可在 Pages 文稿软件中打开该文稿，如图 2-20 所示。或者在需要打开的文稿上单击鼠标右键，在弹出的快捷菜单中选择“打开方式→ Pages（默认）”选项，如图 2-21 所示，打开该文稿。

图 2-20　双击文稿图标打开文稿

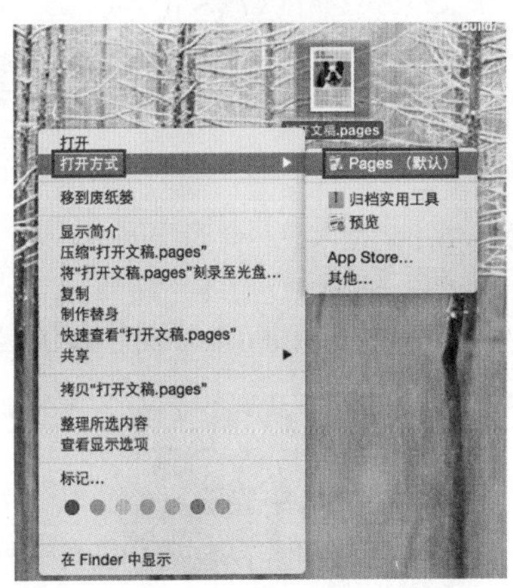

图 2-21　以右键快捷菜单打开文稿

> **提示**
>
> 用户可以通过直接将要打开的文稿拖曳到程序坞或启动台中的 Pages 文稿图标上来打开文稿。

在 Pages 文稿中，执行“文件→打开”命令，在打开的对话框中查找并选择文稿，单击“打开”按钮，即可将文稿打开，如图 2-22 所示。

图 2-22　使用“打开”命令打开文稿

2.4.2 打开最近使用的文稿

在 Pages 文稿中保存文稿或打开文稿后，在“文件→打开最近使用”子菜单中会显示出最近使用的（最多 10 个）文稿，如图 2-23 所示。

利用“文件→打开最近使用”子菜单中的文件列表，可以快速打开最近使用过的文件；而选择“清除菜单”选项，则将删除子菜单中的内容。

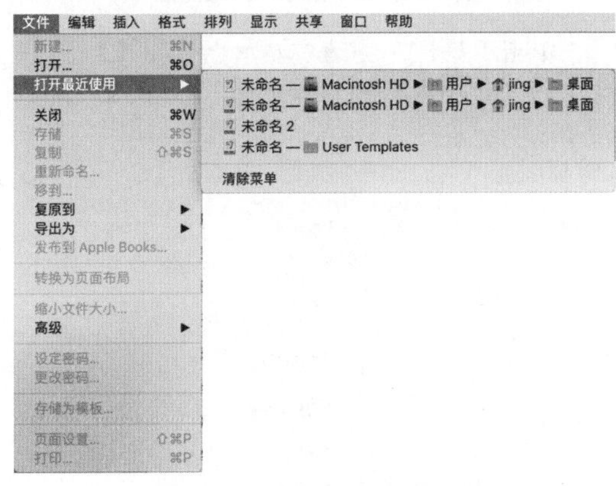

图 2-23　打开最近使用的文稿

2.5 页面管理

页面管理可以帮助用户掌控文稿的整体界面，方便用户构思和修改。用户添加、删除和重新排列页面的方式会有所不同，具体取决于用户的文稿是页面布局文稿还是文字处理文稿。

提示

单击工具栏右侧的“文稿”按钮，若“文稿”选项下的“文稿正文”复选框为选中状态，则当前文稿为文字处理文稿；若“文稿正文”复选框未被选中，则当前文稿为页面布局文稿，且页面布局文稿在“文稿”选项中没有“书签”选项。

2.5.1 页面缩略图

使用页面缩略图可以帮助用户快捷地找到需要编辑的页面。默认情况下，该缩略图是关闭的。通过执行“显示→页面缩略图”命令，即可打开页面缩略图，如图 2-24 所示。

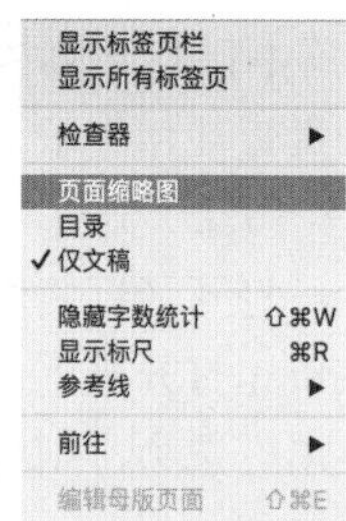

图 2-24 菜单显示页面缩览图

单击工具栏左侧的“显示”按钮，在其下拉菜单中选择“页面缩略图”选项，也可将页面缩略图打开，如图 2-25 所示。

图 2-25 工具栏显示页面缩览图

页面缩略图效果如图 2-26 所示。执行“显示→仅文稿”命令，或者在“显示”按钮对应的菜单中选择“仅文稿”选项，即可隐藏页面缩略图。

图 2-26 页面缩览图效果

2.5.2 插入页面

在文字处理文稿中，将插入点放在想要新页面出现的位置，单击如图 2-27 所示工具栏中的“添加页面”按钮 +，即可在插入点后面添加一个空白页面。

在页面布局文稿中，单击想要在其后面添加新页面的任意位置，单击工具栏中的“添加页面”按钮 +，即可添加一个空白页面。执行“插入→页面”命令也可完成插入页面的操作，如图 2-28 所示。

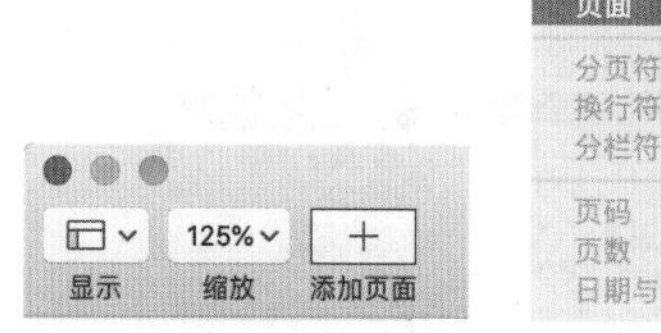

图 2-27 “添加页面”按钮

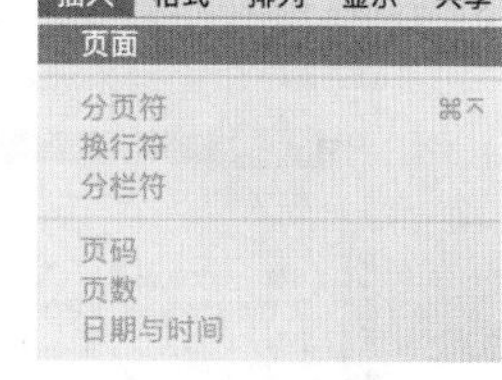

图 2-28 插入页面命令

2.5.3 删除页面

在文字处理文稿中删除页面的唯一方法是删除页面上的所有内容，包括分段符和格式元素等不可见字符。选择页面（或多个页面）中的所有文本和对象，然后按 Delete 键，直到页面消失。

如果删除的页面为空白页面，可以单击下一个页面的开头处，将插入点放在第一个文本或图形前，然后按 Delete 键，直到页面消失。

> **提示**
>
> 执行“显示→显示不可见元素”命令，显示隐藏的格式符号。

如果要在页面布局文稿中删除页面，只需单击边栏中的一个页面缩略图（或按住 Command 键依次单击选中多个页面缩览图）后，再按 Delete 键即可。

> **提示**
>
> 执行“编辑→撤销”命令或者按组合键 Command+Z，即可还原删除操作。

2.5.4　更改页面的顺序

用户可以在页面布局文稿中重新排列页面，以按任意顺序显示。单击页面缩略图中想要移动的页面，按住鼠标左键并向上、下拖曳，如图 2-29 所示。松开鼠标左键后，即可完成调整页面顺序的操作。

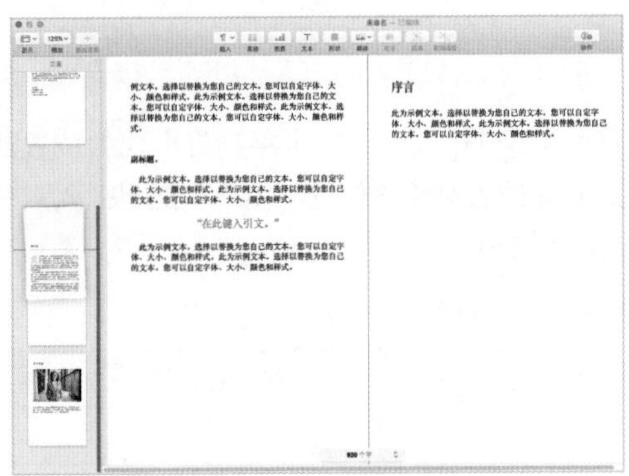

图 2-29　更改页面的顺序

由于文本是从一页转到下一页的，因此用户无法在文字处理文稿中进行重新排列页面的操作，但是可以将文字内容从一页复制和粘贴到另一页。

2.6　选择文本和放置插入点

通过模板新建的文稿，页面中的文字通常为占位符文本，单击即可选中，如图 2-30 所示。直接输入文字即可替换占位符中的文本。

图 2-30　占位符文本

2.6.1　选择文本

在 Pages 文稿中选择文本有很多方式，下面为用户详细介绍选择文本的方法。

- 选择一个或多个字符：在第一个字符前单击，然后拖移鼠标指针，直至包括用户想要选择的字符。
- 选择字词：双击字词即可选中。
- 选择段落：连续单击段落三次。
- 选择多个段落：选择一个段落，然后按住 Shift 键并单击相邻的段落，或者按住 Command 键的同时单击其他任意段落。
- 选择文稿中的所有文本：执行“编辑→全选”命令。
- 选择文本范围：在第一个字符前单击，然后拖移鼠标指针，直至包括用户想要的文本，或按住 Shift 键并单击用户想要文本的结尾处。用户可以只选择几个字符，也可以选择跨越多个段落或页面的大量文本。

有关选择文本的方式还有很多，下面详细地为用户列举。表 2-1 所示为在 Pages 文稿中选择文本的快捷键。

表 2-1 选择文本的快捷键

操　作	快　捷　键
选择所有对象和文本	Command+A 键
取消选择所有对象和文本	Shift+Command+A 键
扩展文本选择	单击该文本，然后按住 Shift 键并单击文本中的其他位置
将选择范围向右扩展一个字符	Shift+ →键
将选择范围向左扩展一个字符	Shift+ ←键
将选择范围扩展到当前字词的结尾，然后扩展到后续字词的结尾	Option+Shift+ →键
将选择范围扩展到当前词语的开头	Option+Shift+ ←键
将选择范围扩展到当前行的结尾	Shift+Command+ →键
将选择范围扩展到当前行的开头	Shift+Command+ ←键
将选择范围扩展到上面一行	Shift+ ↑键
将选择范围扩展到下面一行	Shift+ ↓键
将选择范围扩展到当前段落的开头	Option+Shift+ ↑键
将选择范围扩展到当前段落的结尾	Option+Shift+ ↓键
将选择范围扩展到文本的开头	Shift+Command+ ↑键或 Shift+Home 键
将选择范围扩展到文本的结尾	Shift+Command+ ↓键或 Shift+End 键

2.6.2 放置插入点

插入点是文本中闪烁的垂直线或“I”形光标，它表示用户输入的下一个字符将出现的位置或表示插入的对象被放置的位置。单击要输入文字的位置或要插入对象的位置，用户不能将插入点放置在占位符文本中。表 2-2 所示为插入点在文稿内移动的快捷键。

表 2-2 插入点在文稿内移动的快捷键

操　作	快　捷　键
向左移动一个字符	←键
向右移动一个字符	→键
向后移动一个字符（适用于从左到右和从右到左文本）	Control+B 键
向前移动一个字符（适用于从左到右和从右到左文本）	Control+F 键
移到上面的行	↑键
移到下面的行	↓键
移到当前词语或上一个词语的开始位置	Control+Option+B 键
移到当前词语或下一个词语的结束位置	Option+Control+F 键
移到当前字词的左边缘（适用于从左到右和从右到左文本）	Option+ ←键
移到当前字词的右边缘（适用于从左到右和从右到左文本）	Option+ →键
将插入点移到当前文本区域（文稿、文本框、形状或表格单元格）的开始位置	Command+ ↑键

续表

操　作	快 捷 键
将插入点移到当前文本区域（文稿、文本框、形状或表格单元格）的底部位置	Command+ ↓键
移到段落的开始位置	Control+A 键或 Option+ ↑键
移到段落的结束位置	Control+E 键或 Option+ ↓键
移到当前行的左边缘	Command+ ←键
移到当前行的右边缘	Command+ →键
向上滚动页面	Page Up 键
向下滚动页面	Page Down 键
向上滚动一页并移动插入点	Option+Page Up 键
向下滚动一页并移动插入点	Control+V 键或 Option+Page Down 键
移到文稿的开始位置，但不移动插入点	Home 键
移到文稿的结束位置，但不移动插入点	End 键
将插入点居中放置在应用程序窗口的中心	Control+L 键

2.7 文稿设置

在 Pages 文稿软件中为用户提供了文稿的多种设置，单击工具栏右侧的“文稿”按钮，在弹出的侧边栏中可以设置相应的参数，如图 2-31 所示。

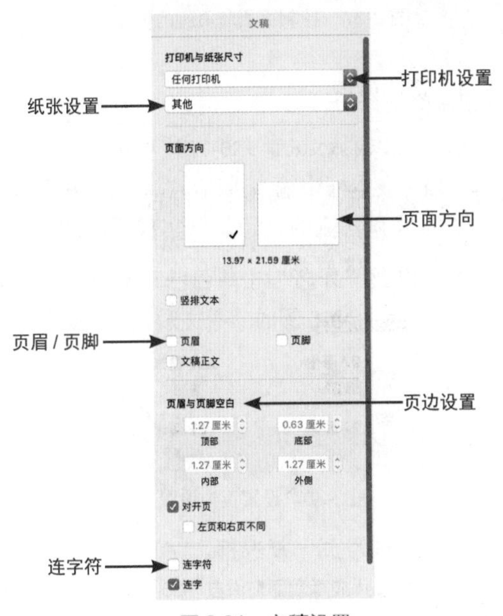

图 2-31　文稿设置

2.7.1 打印机与纸张设置

单击工具栏中的“文稿”按钮，选择右侧边栏顶部的“文稿”选项。单击“任何打印机”右侧的按钮，在弹出的下拉列表中为文稿选取一台默认打印机（用户可以随时更改默认的打印机），如图 2-32 所示。

图 2-32　选择打印机

单击“其他”右侧的按钮，在弹出的下拉列表中选取此文档的纸张大小，如图 2-33 所示。

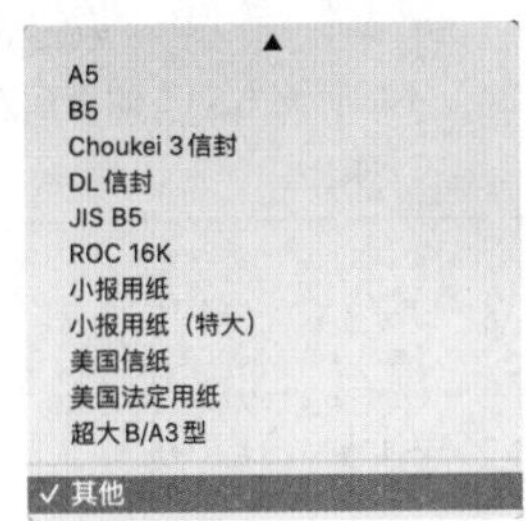

图 2-33　选取此文档的纸张大小

提示

如果用户设定的打印机不支持双面打印，则在打印设置中不会显示双面打印的选项。

2.7.2 页面方向

单击"页面方向"中的任意一种页面方向（竖向或横向）即可更改页面方向。图 2-34 所示为不同页面方向下的页面效果。

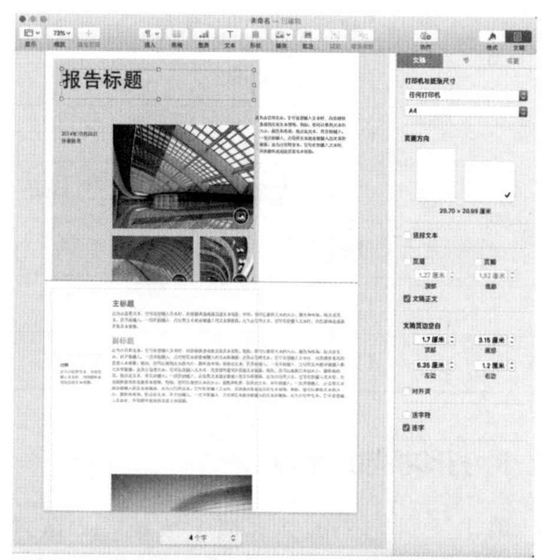

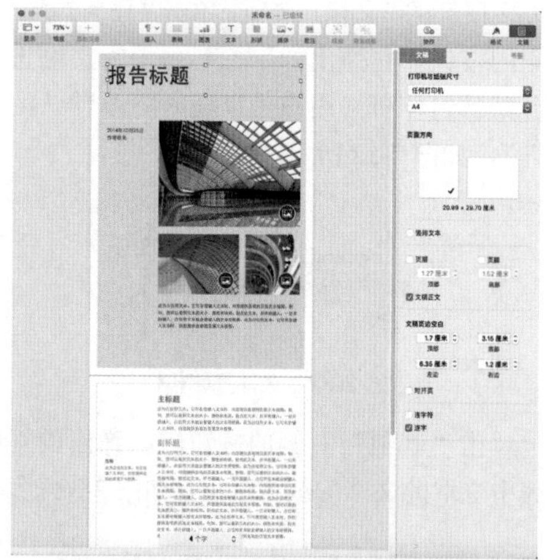

图 2-34 不同页面方向下的页面效果

提示

Pages 文稿软件不支持在同一文稿中混合使用竖向和横向页面，用户可以随时更改文稿的方向。将文稿设置为新方向时，可能需要进行一些调整才能使文稿外观符合用户的要求。

2.7.3 页眉 / 页脚

用户可以为文稿添加页眉和页脚，并将它们设置为每页或单个页面可见。

选择右侧边栏"文稿"选项中的"页眉"复选框和"页脚"复选框，在页面中启用页眉和页脚，如图 2-35 所示。用户将光标移动到页面顶部或底部，会出现页眉或页脚框，如图 2-36 所示。

图 2-35 启用页眉和页脚

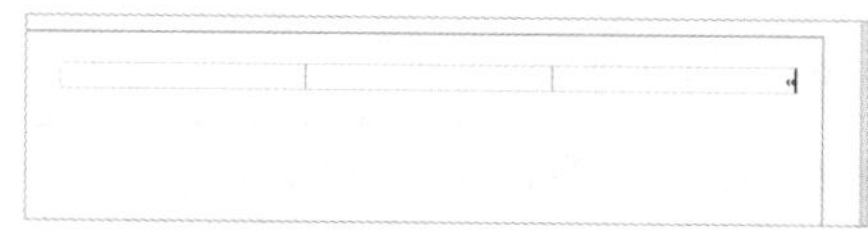

图 2-36 显示页眉

在文字处理文稿中，可以通过在"页眉"复选框和"页脚"复选框下面的文本框中输入数值，控制页眉和页脚在页面中的位置，如图 2-37 所示。

图 2-37 控制页眉和页脚的位置

2.7.4 页边设置

用户可以通过在"文稿"选项中的"文稿页边空白"文本框中输入数值，控制页面顶部、底部、内部和外侧的边距，以实现不同的页面效果，如图 2-38 所示。

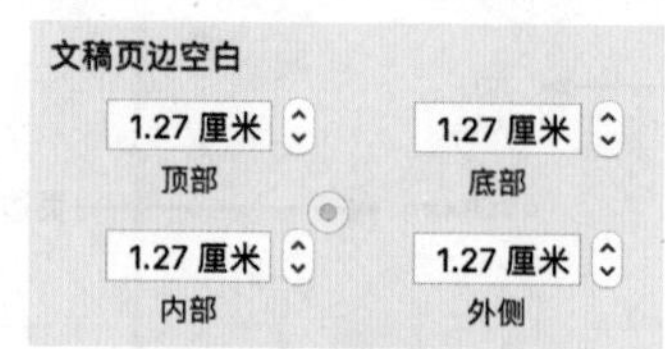

图 2-38 设置页边设置

选择"对开页"复选框，左页和右页会并排显示在 Pages 文稿窗口中，页面缩览图将重新排列，如图 2-39 所示。

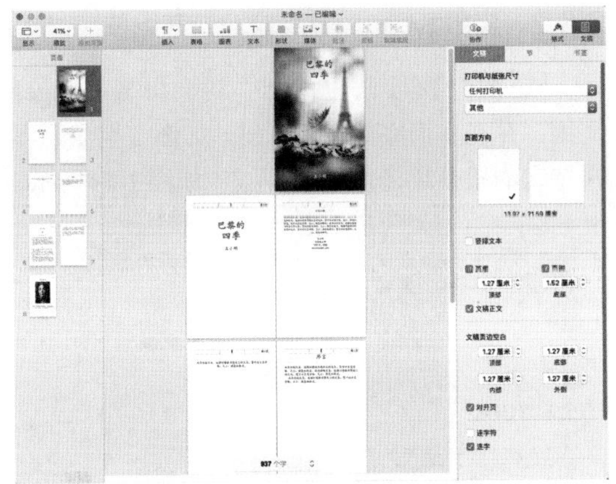

图 2-39　选择“对开页”选项

2.7.5　连字符

用户可以给文稿中的所有文本或仅为单个段落添加或移除连字符。此设置仅影响在一行末尾中断的字词，而非用户自己输入的带连字符的字词。

如图 2-40 所示，在右侧边栏的“文稿”选项中选择（或取消）“连字符”复选框，即可添加（或删除）连字符。

图 2-40　设置连字符

2.8　节设置

节属于文字处理文稿的一部分，用户可以在其中应用与文稿其余部分不同的格式。

一个文稿可以有多个节，每节可以有不同的页码、页眉、页脚或背景对象（如水印）。部分模板有预设计的节，供用户添加或删除。

节可以有不同的背景、页眉和页脚及页面编号，还可以通过创建新节，开始新的页眉和页脚、页面编号或页面背景，如图 2-41 所示。为页面设置背景颜色，效果如图 2-42 所示。

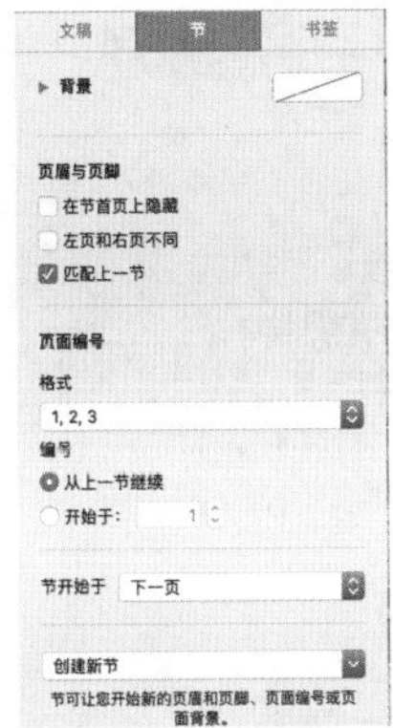

图 2-41　设置节

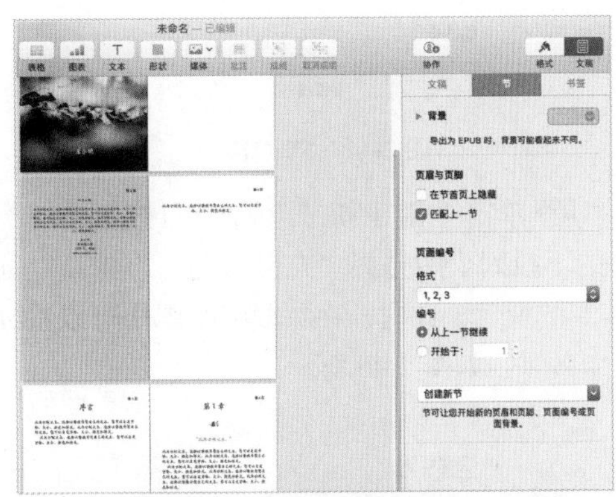

图 2-42　设置背景颜色效果

2.8.1　应用案例——在节后添加另一节

01 通过模板创建一个“学校简报”Pages 文稿，如图 2-43 所示。在想要添加新节的位置上单击鼠标左键，单击工具栏中的“文稿”按钮，再单击“节”标签，如图 2-44 所示。

图 2-43　创建“学习简报”文稿

文稿
节
书签
背景
页眉与页脚
在节首页上隐藏
匹配上一节
页面编号
格式
1, 2, 3
编号
从上一节继续
开始于：
1
创建新节
节可让您开始新的页眉和页脚、页面编号或页面背景。

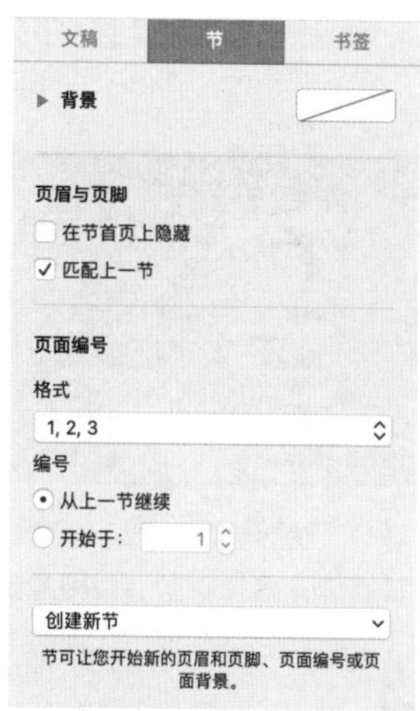

图 2-44 “节”选项

02 单击“创建新节”右侧的按钮，在弹出的下拉列表中选择“在此节之后”选项，如图 2-45 所示。此时，在页面缩略图中可以看到新节效果，如图 2-46 所示。

创建新节
从此页面开始
在此节之后

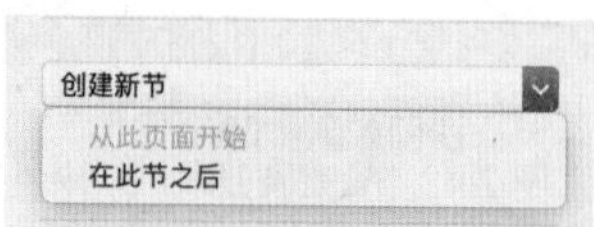

图 2-45 选择“在此节之后”选项

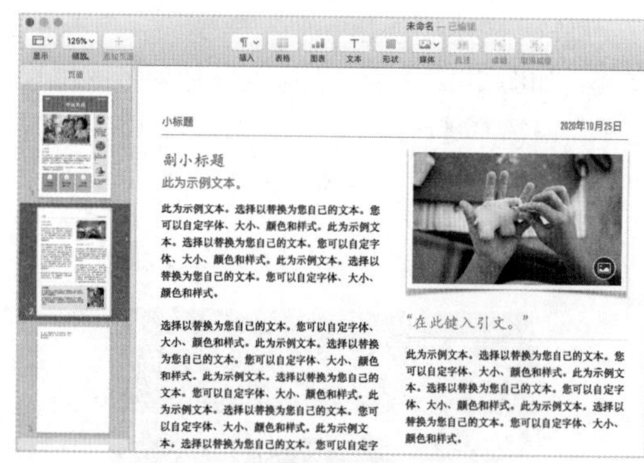

图 2-46 创建的新节效果

提示

在页面布局文稿中，每个页面都是其自身的节。在文字处理文稿中，各个节可以有多个页面。

2.8.2 应用案例——从特定段落开始节

01 通过模板创建一个“新型报告”Pages 文稿，并在页面底部插入页码，如图 2-47 所示。在特定的段落单击，放置插入点，如图 2-48 所示。

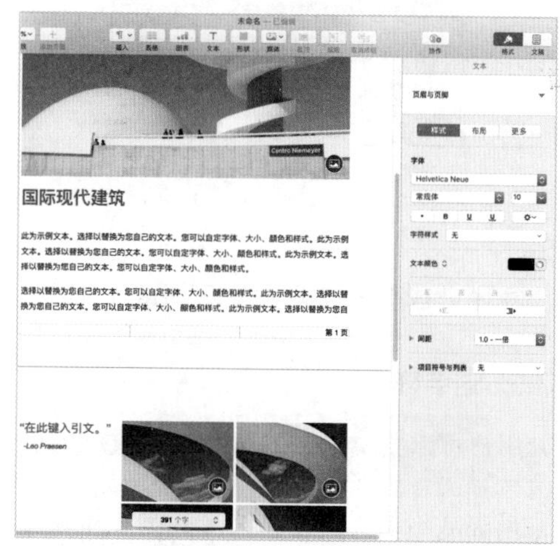

图 2-47 创建“新型报告”文稿

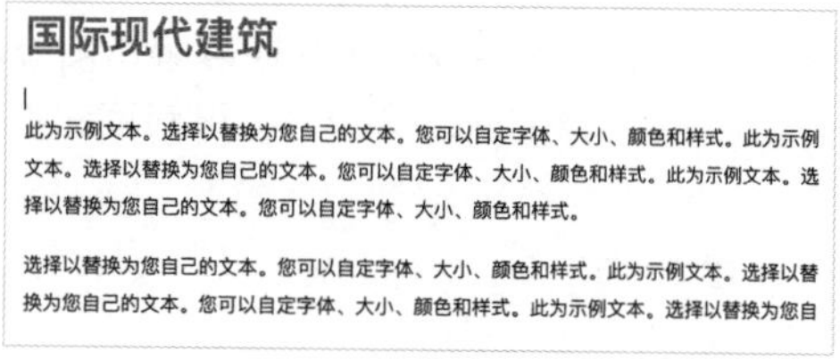

国际现代建筑
此为示例文本。选择以替换为您自己的文本。您可以自定字体、大小、颜色和样式。此为示例文本。选择以替换为您自己的文本。您可以自定字体、大小、颜色和样式。此为示例文本。选择以替换为您自己的文本。您可以自定字体、大小、颜色和样式。
选择以替换为您自己的文本。您可以自定字体、大小、颜色和样式。此为示例文本。选择以替换为您自己的文本。您可以自定字体、大小、颜色和样式。此为示例文本。选择以替换为您自

图 2-48 放置插入点

02 执行“插入→分节符”命令或单击“插入”按钮，在弹出的下拉菜单中选择“分节符”选项，页面效果如图 2-49 所示。单击右侧边栏中的“节”标签，设置各项参数如图 2-50 所示。

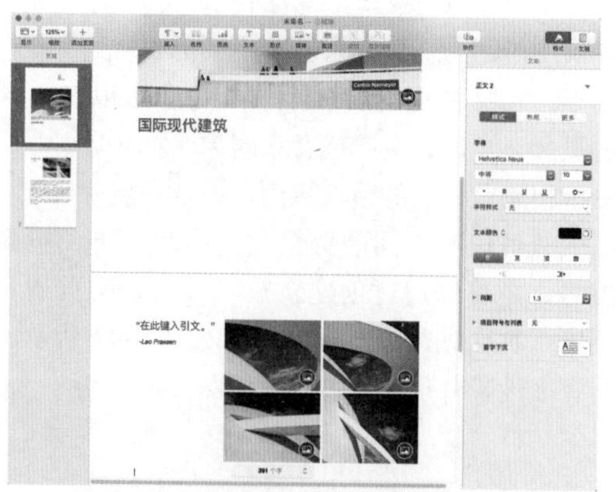

图 2-49 插入分节符

图 2-50　设置“节”参数

2.8.3　复制节

单击工具栏中的“显示”按钮，在弹出的下拉菜单中选择“页面缩略图”选项。选择页面缩略图中的节，然后执行“编辑→复制所选内容”命令，如图 2-51 所示。复制节的效果如图 2-52 所示。

图 2-51　执行“复制所选内容”命令

> **提示**
>
> 系统将新节自动添加到原始节下方。用户可以根据需要，将它从缩略图边栏中拖到想要的位置。

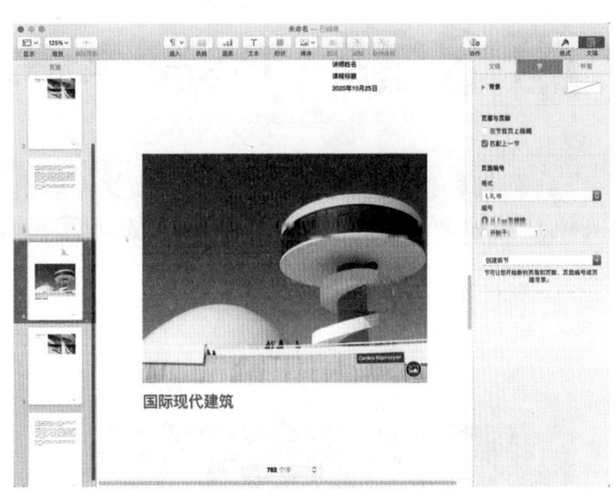

图 2-52　复制节的效果

2.8.4　删除节和格式化节

删除节的同时，将删除其节中的内容。若要移除节但保留其内容，可以先复制内容并粘贴到文稿的其他位置，再删除节。或者单击工具栏中的“显示”按钮，选取页面缩略图中的节，按 Backspce 键，即可删除节。

一个文稿中可以包含多个节，每个节都有其专属的背景、页眉和页脚及页面编号。单击缩略图时，同一节中的所有页面缩略图都将以浅蓝背景色显示。

2.9　本章小结

Pages 文稿的操作与 Word 的操作略有不同，通过本章的学习，读者应对 Pages 文稿的基本操作有一定的了解。通过对创建文稿、打开文稿、页面管理、选择文本、放置插入点、文稿设置和节设置的介绍，可以帮助读者了解并掌握 Pages 文稿的基本操作，为日后的学习打下基础。

第 3 章 Pages 文稿文本的编辑

在 Pages 文稿软件中，用户可以使用多种方法在文稿中添加文本并编辑。本章主要讲解在 Pages 文稿软件中插入文本的方法、使用文本框的方法、使用文本样式的方法及设置页面布局和颜色的方法等内容。

3.1 添加文本

用户可以使用多种方法在 Pages 文稿软件中添加文本。例如，替换模板中的占位符文本、在主要文稿正文外部（例如在边栏中）的文本框中添加文本，以及在形状内添加文本等。

3.1.1 在文稿正文中添加文本

大多数情况下，用户是在文稿的正文部分进行编辑操作。Pages 文稿软件提供了空模板和带有占位符文本的模板两种方式，以供用户选择。

- 在空模板中添加文本：单击并输入文本即可，如图 3-1 所示。
- 在带有占位符文本的模板中添加文本：单击占位符文本并选择它，然后输入文本，即可完成文本的输入，如图 3-2 所示。

图 3-1 在空模板中添加文本

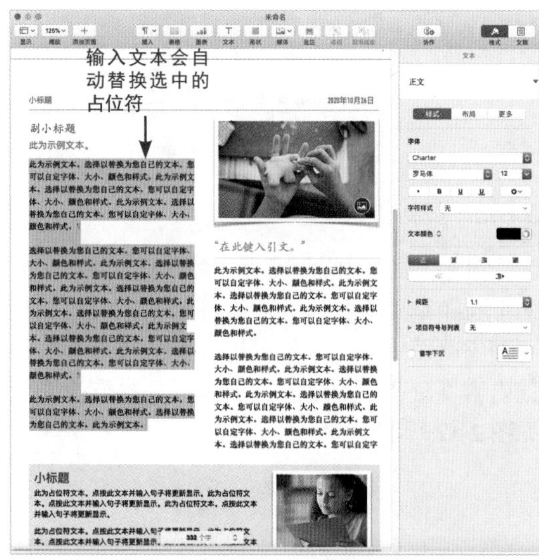

图 3-2 在带有占位符文本的模板中添加文本

提示

有些占位符文本默认使用乱码的拉丁单词书写而成。当用户输入文本时，即为用户计算机使用的语言显示。

3.1.2 应用案例——在文本框中添加文本

在页面布局文稿中，文本通常包含在文本框中。在文字处理文稿中，文本既可以在文稿正文中，也可以包含在文本框中。

01 使用 Pages 文稿软件新建一个空白模板文稿，如图 3-3 所示。单击工具栏中的“文本”按钮，在文稿中插入一个文本框，如图 3-4 所示。

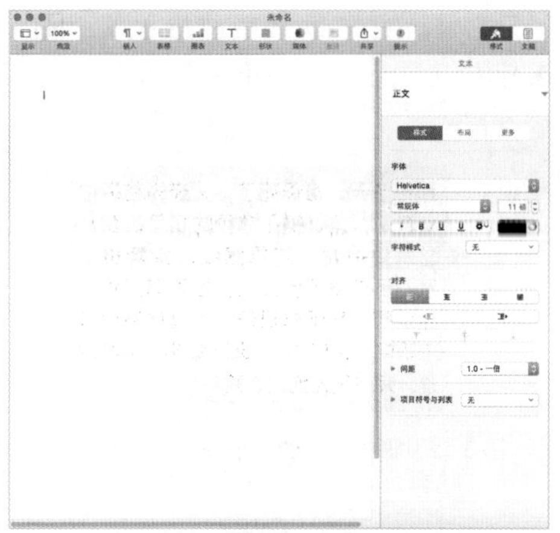

图 3-3　新建空白模板文稿

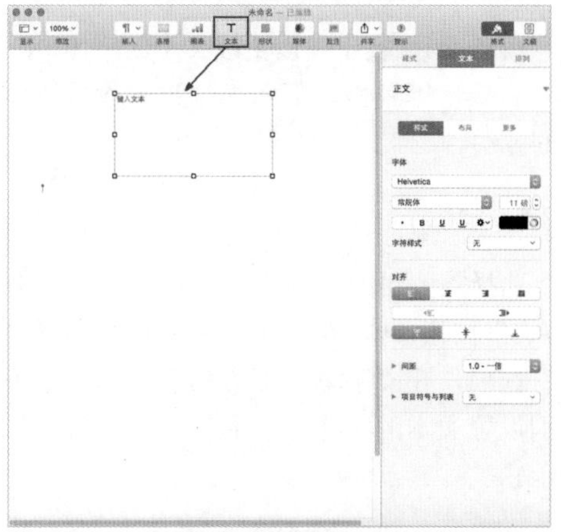

图 3-4　插入文本框

02 使用相同方法，在文稿中插入多个文本框，如图 3-5 所示。然后分别调整文本框的大小和位置，如图 3-6 所示。

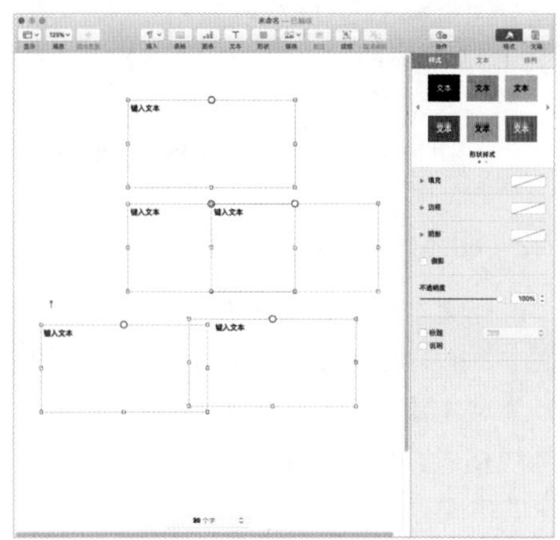

图 3-5　插入多个文本框

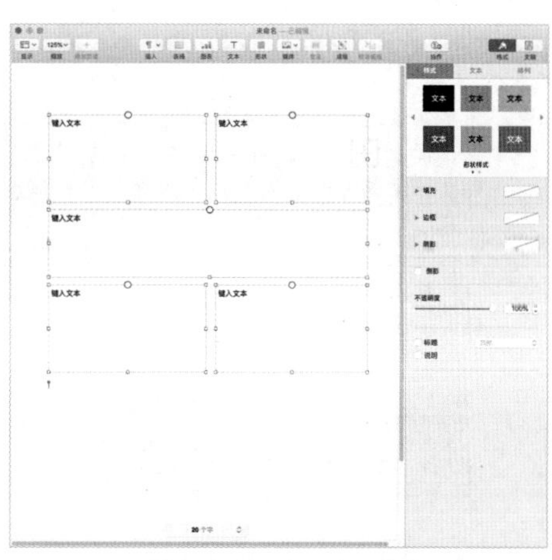

图 3-6　调整文本框的大小和位置（一）

03 分别双击文本框并输入文本内容，如图 3-7 所示。根据文本内容，适当调整文本框的大小和位置，如图 3-8 所示。

图 3-7　输入文本内容

图 3-8　调整文本框的大小和位置（二）

小技巧：用户可以通过执行以下操作，调整文本框的大小。

- 文本框过小：选择文本框，将光标移动到裁剪指示器上⊞，当光标显示为上下箭头时，按住鼠标左键并向下拖曳，直到所有文本都显示出来，如图 3-9 所示。
- 文本框过大：选择文本框，将光标移动到选择控制柄上并按住鼠标左键向上拖曳，调整文本框大小，如图 3-10 所示。

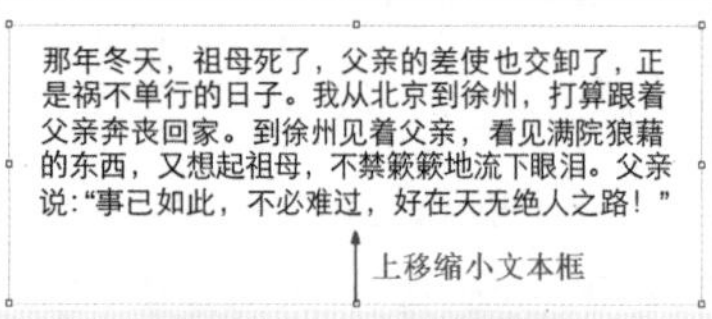
那年冬天，祖母死了，父亲的差使也交卸了，正是祸不单行的日子。我从北京到徐州，打算跟着父亲奔丧回家。到徐州见着父亲，看见满院狼藉的东西，又想起祖母，不禁簌簌地流下眼泪。父亲说："事已如此，不必难过，好在天无绝人之路！"
上移缩小文本框

图 3-9　扩大文本框

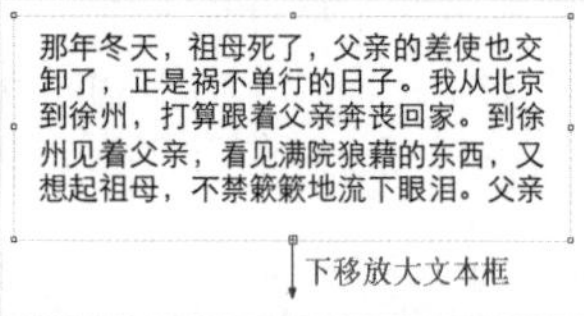
那年冬天，祖母死了，父亲的差使也交卸了，正是祸不单行的日子。我从北京到徐州，打算跟着父亲奔丧回家。到徐州见着父亲，看见满院狼藉的东西，又想起祖母，不禁簌簌地流下眼泪。父亲
下移放大文本框

图 3-10　缩小文本框

提示

单击文本框中的文本，当文本框周围出现灰色外框时，按 Delete 键，即可将当前文本框删除。文本框与其他大多数对象类似，用户可以完成旋转文本框、更改边框、使用颜色填充文本框和与其他对象分层等操作。

3.1.3　在形状内添加文本

当用户需要在文稿内部插入形状并在形状中输入文本时，只需在形状上双击鼠标左键以显示插入点，然后输入文本即可，如图 3-11 所示。

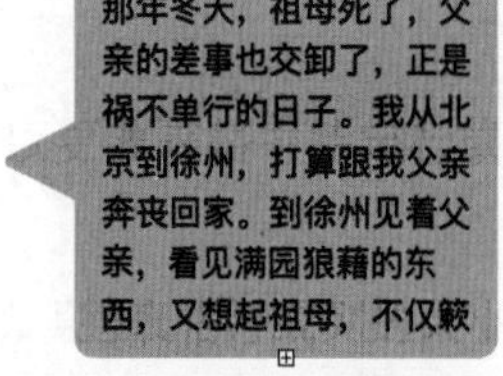
那年冬天，祖母死了，父亲的差事也交卸了，正是祸不单行的日子。我从北京到徐州，打算跟我父亲奔丧回家。到徐州见着父亲，看见满园狼藉的东西，又想起祖母，不仅簌

图 3-11　在形状内添加文本

如果想要调整形状的大小以显示所有文本，只需将光标移动到裁剪指示器上⊞，按住鼠标左键进行适当的拖曳即可，如图 3-12 所示。

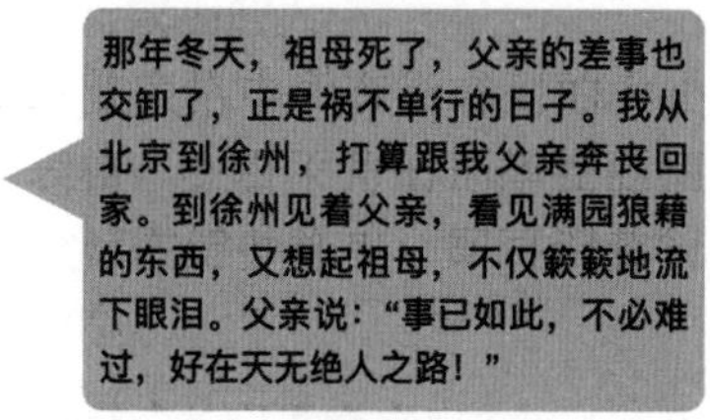
那年冬天，祖母死了，父亲的差事也交卸了，正是祸不单行的日子。我从北京到徐州，打算跟我父亲奔丧回家。到徐州见着父亲，看见满园狼藉的东西，又想起祖母，不仅簌簌地流下眼泪。父亲说："事已如此，不必难过，好在天无绝人之路！"

图 3-12　调整形状的大小以显示所有文本

3.2　文本样式

在 Pages 文稿中可以更改文本的字体、字形、字号和颜色等属性。下面详细讲解设置字体属性的方法。

3.2.1　字体

选择需要更改的文本，单击工具栏右侧的"格式"按钮，在弹出的侧边栏中选择"样式"选项，在"字体"下方的下拉列表中可以分别设置文本的字体、字形和字号，如图 3-13 所示。

样式
文本
排列
多种
样式
布局
更多
字体
Times
常规体
12

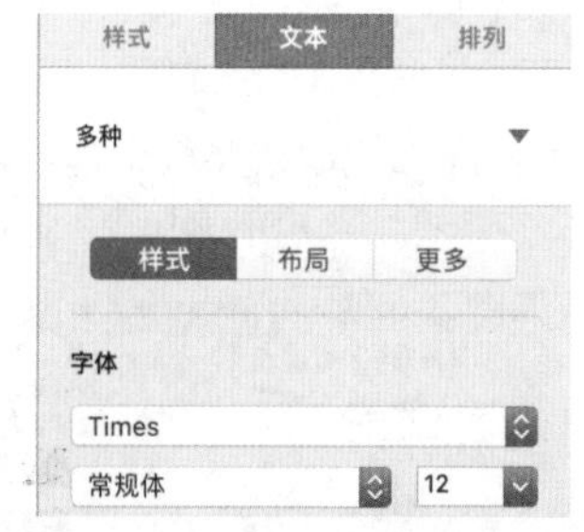

图 3-13　设置字体、字形和字号

3.2.2　粗体、斜体和下画线

选择文本框或在文本框中三击鼠标左键选中文本，单击右侧边栏中如图 3-14 所示的按钮，可以为文本添加着重号、粗体、下画线和波浪下画线格式。再次单击相应的按钮，可以移除对应的格式。

单击"显示高级选项"按钮，用户可

以在弹出的对话框中设置字符间距、基线移动、基线、大写、连字、外框、阴影和文本背景，如图 3-15 所示。选择 2 ~ 4 个字符，单击“旋转为横排”按钮，可以将字符横排放置，如图 3-16 所示。

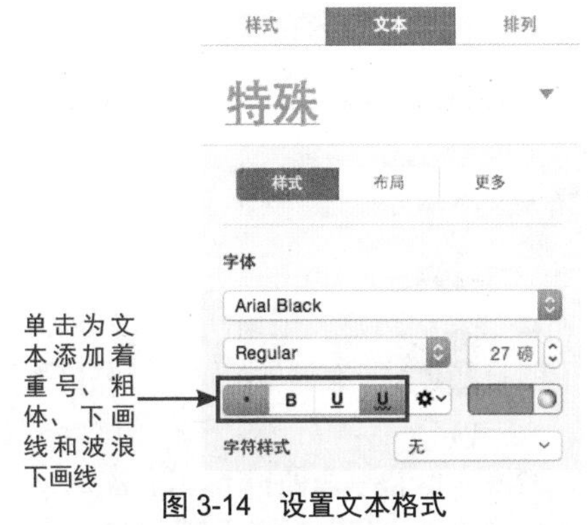

图 3-14　设置文本格式

图 3-15　设置高级选项

创建
多种

图 3-16　“旋转为横排”效果

> **提示**
>
> 为方便日常使用，用户可以设置快捷键，以快速将着重号、粗体、下画线和波浪下画线应用到文本。

3.2.3　文本颜色

选择需要更改颜色的文本，单击右侧边栏中“文本颜色”选项后面的颜色块，在弹出的颜色池中任意选择一种颜色，即可更改文本的颜色，如图 3-17 所示。单击图标，在弹出的“文本颜色”对话框中，可以在色轮上选择更多的颜色作为文本颜色，如图 3-18 所示。

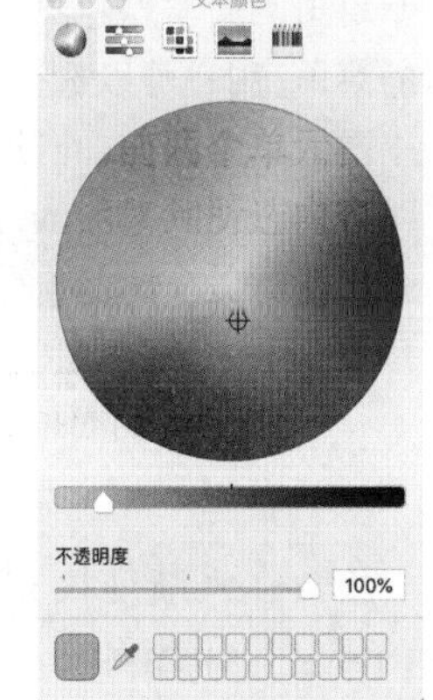

图 3-17　颜色池　　图 3-18　“文本颜色”对话框

除了使用色轮选择颜色以外，用户还可以通过单击“文本颜色”对话框顶部的“颜色滑块”图标、“调色盘”图标、“图像调板”图标和“铅笔”图标，选择在不同模式下设置文本的颜色，如图 3-19 所示。

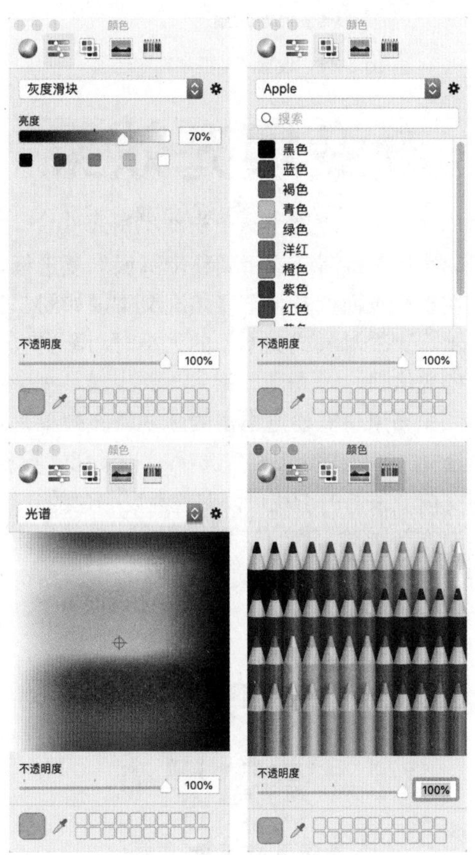

图 3-19　在不同模式下设置文本颜色

单击“文本颜色”选项，弹出如图 3-20 所示的菜单。用户可以选择为文本填充“渐变填充”和“图像填充”。

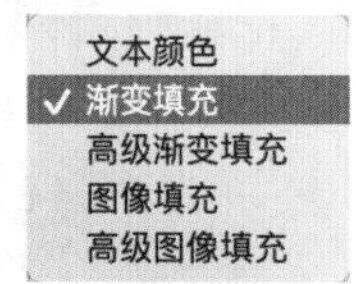

图 3-20 “文本颜色”菜单

用户在“渐变填充”选项下可以设置渐变的颜色、角度和方向，并可以在文本框中输入数值，以便精确地控制渐变角度，如图 3-21 所示。应用“渐变填充”的文本效果如图 3-22 所示。

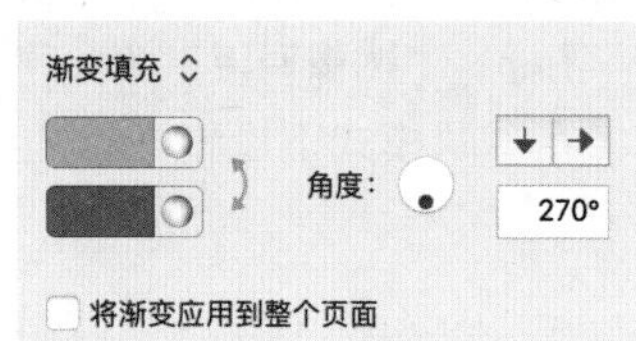

图 3-21 设置“渐变填充”选项

渐变填充效果

图 3-22 渐变填充效果

勾选“将渐变应用到整个页面”复选框，会在整个页面上拉伸渐变填充文本，如图 3-23 所示。更改对象或文本框的大小时，渐变也会发生变化。

如果用户需要更丰富的渐变填充效果，可以选择“高级渐变填充”选项，如图 3-24 所示。拖曳渐变条上的滑块可以调整渐变颜色的分布，在渐变条上单击即可添加一个新的颜色滑块。若在滑块上按住鼠标左键并向下拖曳，即可删除当前滑块。

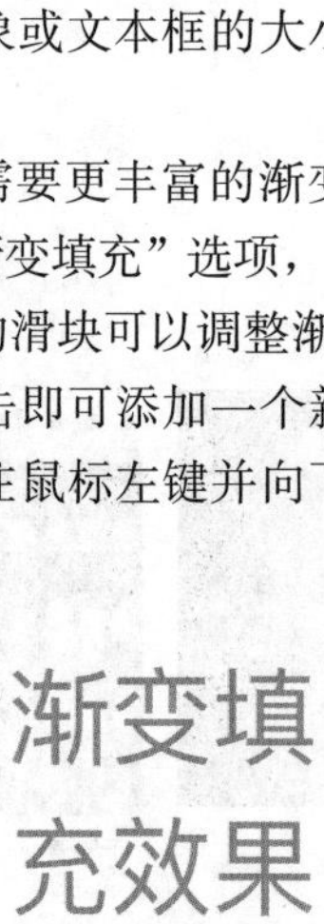

渐变填
充效果

图 3-23 填充整个页面

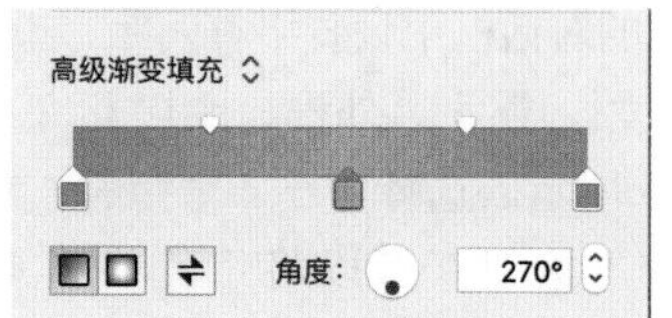

图 3-24 设置“高级渐变填充”选项

用户可以在“图像填充”选项下为文本填充图像，如图 3-25 所示。单击“选取”按钮，选择一个图像后，再选择一种显示图像的方式，即可完成文本图像填充效果，如图 3-26 所示。

图 3-25 设置“图像填充”选项

图 3-26 图像填充效果

如果用户需要更丰富的图像填充效果，可以选择“高级图像填充”选项，单击选取一种颜色，如图 3-27 所示。高级图像填充效果如图 3-28 所示。

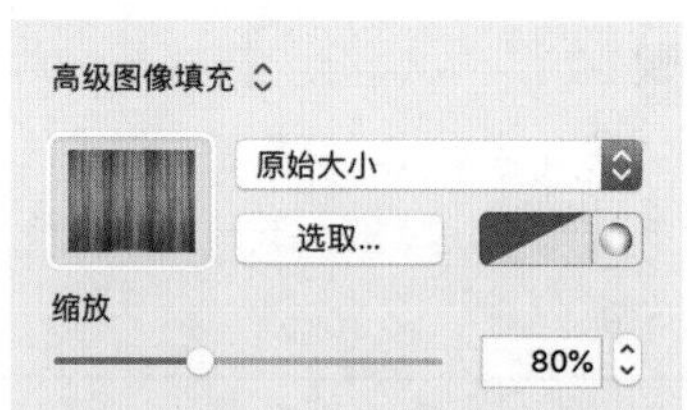

图 3-27 设置“高级图像填充”选项

图 3-28 高级图像填充效果

3.2.4　对齐方式

用户可以调整页面、栏、表格单元格、文本框和形状中的段落，使文本向左或向右对齐、居中对齐或左右对齐（两端对齐）。此外，也可以在文本框、形状及表格单元格、列或行中将文本垂直对齐。

选择一个或多个段落、文本框、带文本的形状或表格单元格 / 行 / 列，单击右侧边栏顶部的“文本”按钮，单击需要的对齐方式，如图 3-29 所示。设置完成后的文本效果如图 3-30 所示。

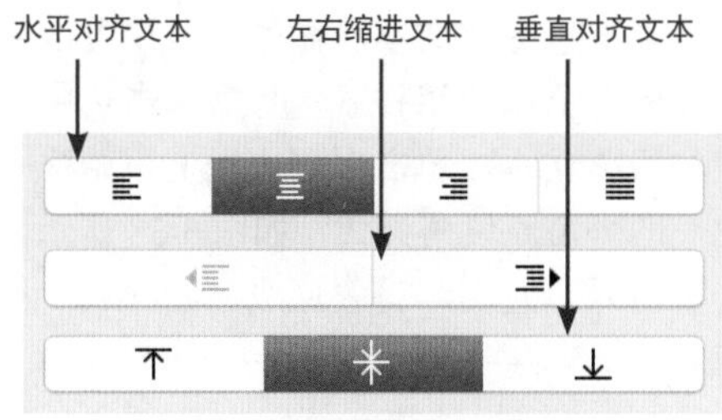

图 3-29　设置对齐方式

图 3-30　水平垂直居中效果

3.2.5　间距

用户可以在“间距”选项中设置文本的行距、段前距和段后距，如图 3-31 所示。在“行距”下拉列表中可以选择设置行距的最小值、固定值和行间距，如图 3-32 所示。

图 3-31　设置间距

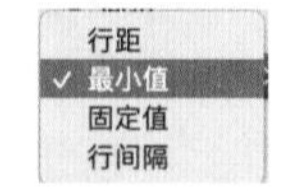

图 3-32　设置行距

3.2.6　项目符号与列表

在“项目符号与列表”下拉列表中可以选择不同的列表样式，如图 3-33 所示。默认情况下，使用“文本项目符号”，其各项参数如图 3-34 所示。

图 3-33　“项目符号与列表”下拉列表

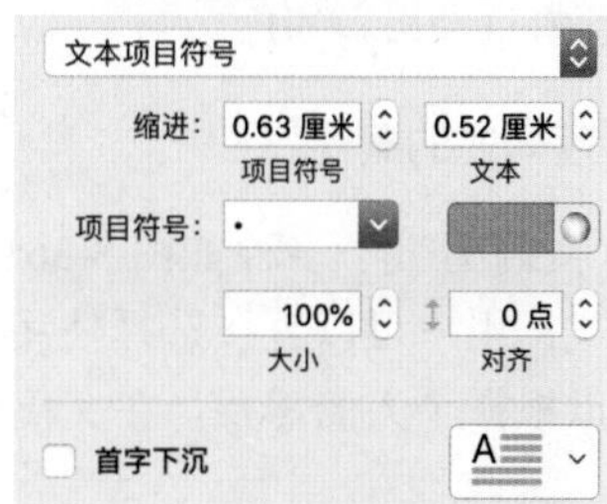

图 3-34　“文本项目符号”参数

- 缩进：“项目符号”文本框用来设置项目符号和左侧空白之间的间距；“文本”文本框用来设置项目符号和文本之间的间距。
- 项目符号：选择一种项目符号或输入字符自定义项目符号；单击色块可以单独设置项目符号的颜色；在“大小”文本框中输入数值，可以以百分比的方式控制项目符号的大小；在“对齐”文本框中输入数值，可以设置项目符号相对于文本的垂直位置。
- 首字下沉：勾选该复选框，将使段落中的第一个字符跨越多行。单击右侧的图标，可以在弹出的面板中选择预设首字下沉的样式。

在“文本项目符号”下拉列表中，用户可以选择“无项目符号”“文本项目符号”“图像项目符号”或“编号”样式应用于选中的文本，如图 3-35 所示。

图 3-35　项目符号样式

3.3　段落样式

段落样式是一组诸如字体大小和颜色的属性，通常用来确定段落中文本的外观。用户可以选择任意的段落并将样式应用到其中。例如，如果用户将“题目”样式应用到文稿中的所有题目，此后若要更改它们的颜色，只要更改“题目”样式自身的颜色，则所有使用“题目”样式的文稿都将自动更新颜色。

3.3.1　段落样式的概述

Pages 文稿附带了多种如图 3-36 所示的预设段落样式，用户可以直接选择使用。此外，用户还可以根据个人的需要，在文稿中自定义段落样式。

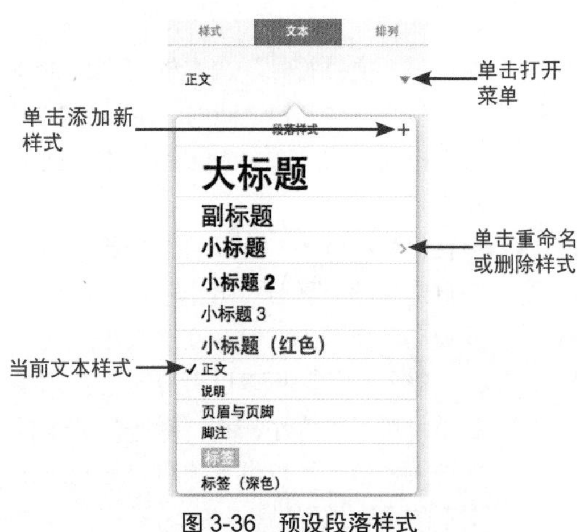

图 3-36　预设段落样式

3.3.2　更新或复原段落样式

对应用了段落样式的文本外观进行更改（例如，颜色或大小）时，该段落样式会被覆盖。覆盖通过在“段落样式”下拉菜单中样式名称旁边添加星号 (*) 或“更新”按钮表示，如图 3-37 所示。

图 3-37　更改段落样式

如果不想保留文本所做的更改，可以将文本复原到其原始段落样式。只需单击选中带有覆盖的段落文本，单击右侧边栏上原始样式的名称，即可复原段落样式，如图 3-38 所示。覆盖会被清除，且文本将复原成原始样式，样式前面的“ √ ”将更改为黑色。

图 3-38　复原段落样式

3.3.3　添加、重命名和删除段落样式

用户可以在文稿中完成添加段落样式、为现有样式重命名和删除段落样式等操作。添加、重新命名或删除样式时，仅影响当前文稿，不会影响其他使用 Pages 文稿创建的文稿。

将文稿中段落的文本外观设置成想要的样式，然后单击“段落样式”下拉菜单顶部右侧的＋图标，新样式将会出现在弹出式菜单中，如图 3-39 所示。为新样式命名，即可完成添加样式的操作，如图 3-40 所示。

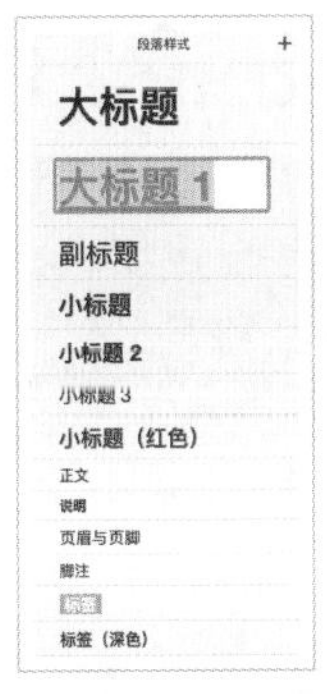
图 3-39　添加段落样式

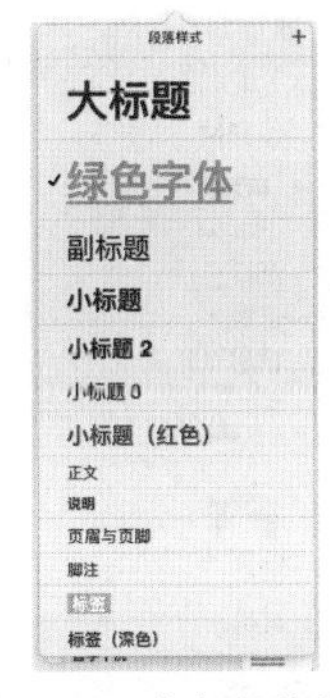
图 3-40　命名段落样式

单击段落样式名称右侧的 > 图标，在弹出的下拉菜单中选择“给样式重新命名”选项，如图 3-41 所示。输入新的样式名称，即可完成重命名段落样式的操作，如图 3-42 所示。

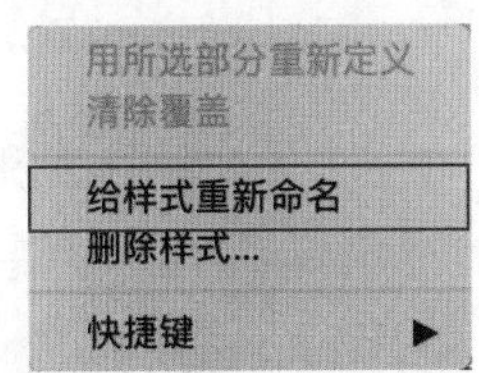

图 3-41　选择“给样式重新命名”选项

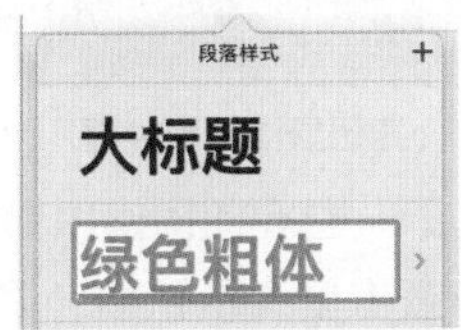

图 3-42　重命名段落样式

单击要删除段落样式名称右侧的 > 图标，在弹出的下拉菜单中选择“删除样式”选项，即可删除该段落样式，如图 3-43 所示。

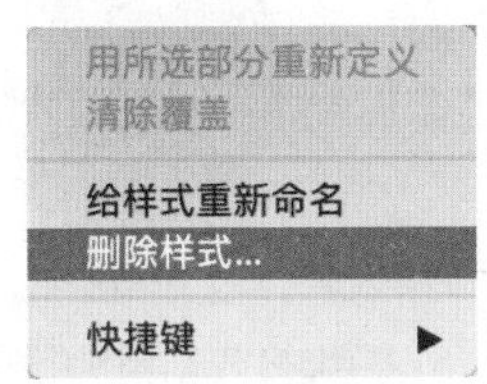

图 3-43　选择“删除样式”选项

如果该段落样式已经应用到文稿中的文本上，将弹出如图 3-44 所示的对话框，选择一种样式替换将要删除的样式，单击“好”按钮，即可将该段落样式删除。

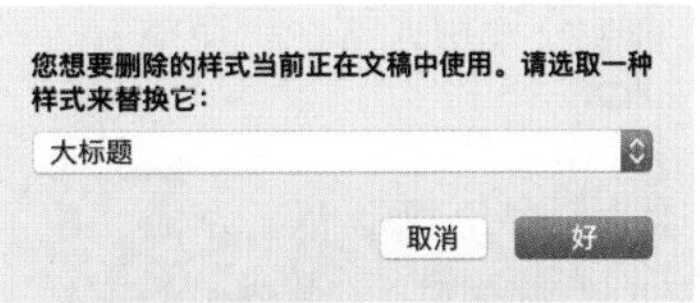

图 3-44　选择替换段落样式

3.4　文本的布局

为文本设置列、缩进和边框样式，可以使 Pages 文稿的页面效果更加丰富、更具设计感。下面详细讲解文本布局的相关知识。

3.4.1　分栏

用户可以将整个文稿设置为两栏或多栏，文本和图形会自动从一栏转到下一栏，也可以只对文稿中的部分段落、文本框或形状中的文本进行分栏操作。

1　设置文本栏数量

针对不同的内容可以执行以下操作，如图 3-45 所示。

- 对于整个文稿：单击文稿中的任意文本。
- 对于特定段落：选择用户想要更改的段落。
- 对于文本框或形状中的文本：选择对象。

单击右侧边栏顶部的“布局”按钮，通过设置“栏”选项的参数实现分栏操作。

- 设置栏的数量：单击“栏”文本框旁边的上下箭头。
- 设置栏间距：单击“栏”列和“间隔”列中的值，输入栏的宽度等。
- 设置不同的栏宽：取消“栏宽相等”复选框。

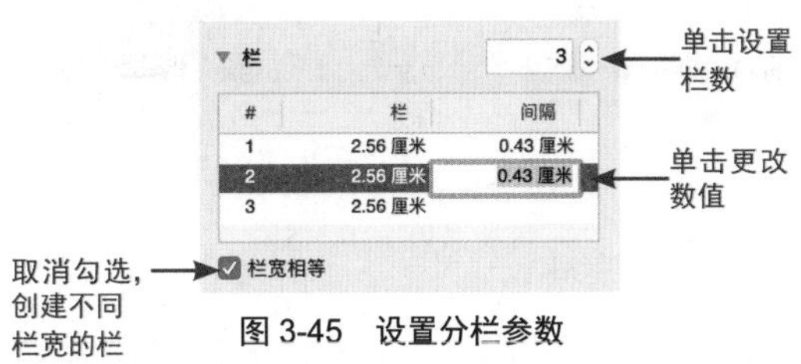

图 3-45　设置分栏参数

2 强制文本进入下一栏顶部

当需要强制文本进入下一栏时，在想要上一列结束的位置上单击插入光标，单击工具栏中的“插入”按钮¶⌄，在弹出的下拉菜单中选择“分栏符”选项，如图 3-46 所示。插入分栏符后，Pages 文稿将插入一个不可见元素，如图 3-47 所示。

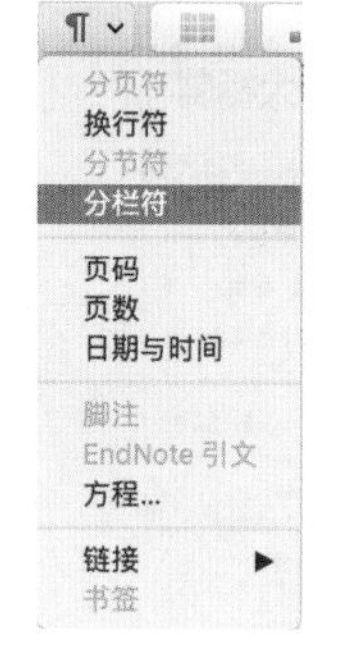

图 3-46 选择“分栏符”命令

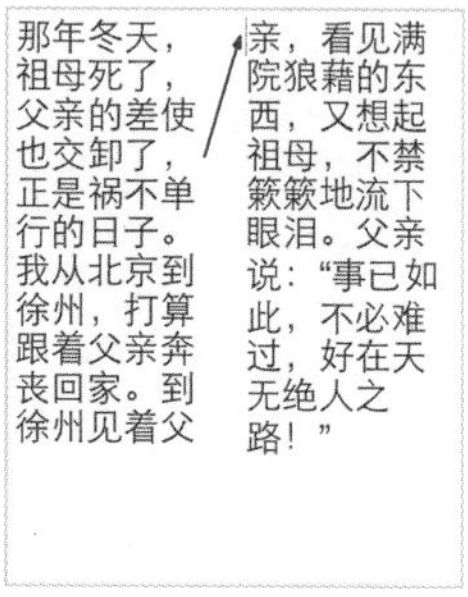

那年冬天，祖母死了，父亲的差使也交卸了，正是祸不单行的日子。我从北京到徐州，打算跟着父亲奔丧回家。到徐州见着父亲，看见满院狼藉的东西，又想起祖母，不禁簌簌地流下眼泪。父亲说：“事已如此，不必难过，好在天无绝人之路！”

图 3-47 不可见元素

3.4.2 缩进

通过缩进段落中的首行文本，在文稿中创建可视化分隔符，可以便于用户按段落查看内容。选择一个或多个段落，按组合键 Command+A 选择文稿中的所有段落，然后执行以下任意一项操作。

在标尺的“首行缩进”标记（蓝色矩形）上按住鼠标左键拖曳，将其拖曳到要设置的位置，即可完成首行缩进的设置，如图 3-48 所示。

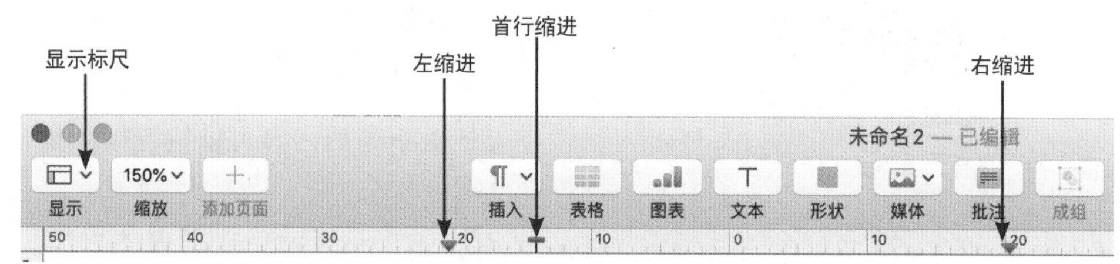

图 3-48 拖曳“首行缩进”标记

“首行缩进”标记默认位于左缩进标记的正上方。如果较难选中标记，可以通过设置右侧边栏中“缩进”参数来实现首行缩进和左、右缩进，如图 3-49 所示。

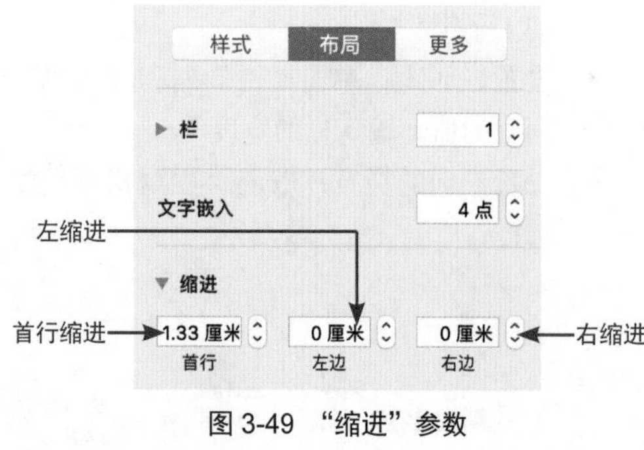

图 3-49 “缩进”参数

3.4.3 制表符

用户可以使用制表位对齐文本。按 Tab 键（如果在处理表格单元格，按 Option+Tab 键），插入点和其右边的任意文本将会移到下一个制表位。

单击工具栏中的“显示”按钮⊟⌄，在弹出的下拉菜单中选择“显示标尺”选项，将标尺显示出来。选择要设置格式的段落文本，在标尺上单击想要放置制表符的位置，如图 3-50 所示。

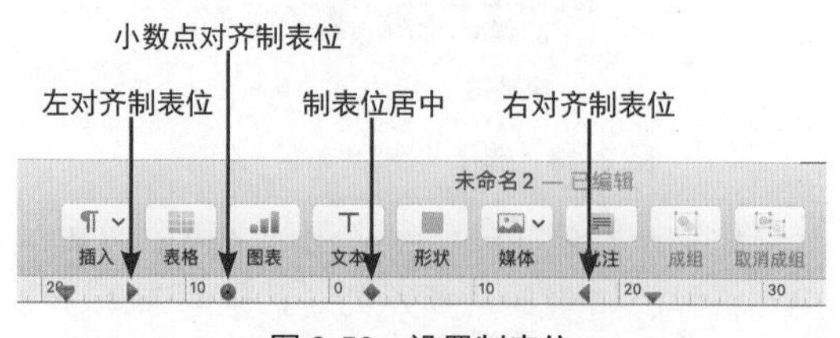

图 3-50 设置制表位

用户可以对制表位进行以下任意一项操作。

- 更改制表符对齐方式：按住 Control 键单击制表位图标，可以在弹出的菜单中更改对齐方式。
- 更改制表符的位置：沿着标尺拖曳制表位图标即可。
- 移除制表符：向下拖曳制表位图标，直到它不显示。

3.4.4　边框和嵌线

用户可以在段落上方、下方或四周添加实线嵌线、虚线嵌线和点线嵌线，还可以在页面局部或全部区域的周围创建边框，如图 3-51 所示。

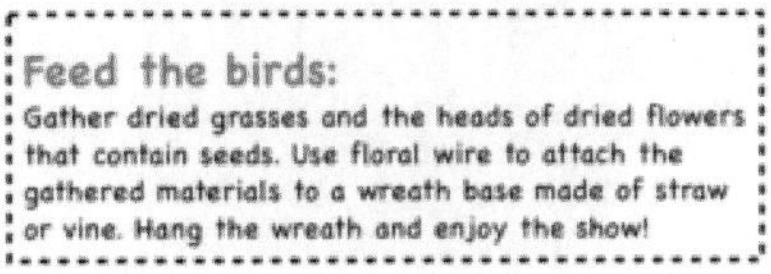

Feed the birds:
Gather dried grasses and the heads of dried flowers that contain seeds. Use floral wire to attach the gathered materials to a wreath base made of straw or vine. Hang the wreath and enjoy the show!

图 3-51　创建边框

1　添加边框和嵌线

将想要添加边框和嵌线的行或段落选中，选择右侧边栏顶部的“布局”按钮，在“边框与嵌线”面板中选择创建实线、虚线或点线的样式，如图 3-52 所示。

边框与嵌线
选取线条样式
调整线条位置
1 点
0 点
位置
偏移
设置线条粗细
调整线条与文本的间距
段落背景

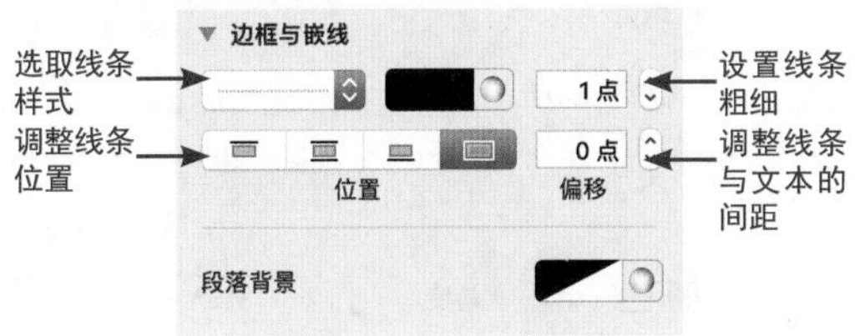

图 3-52　边框与嵌线

2　移除边框和嵌线

边框和嵌线可以采用不同方式创建，用户需要使用不同的方式移除。首先，单击选中线条或边框，然后执行以下操作。

- 选择控制柄出现在线条两端：线条是作为形状添加的，按 Delete 键即可删除。
- 选择控制柄出现在边框周围：边框是作为形状添加的，在“边框与嵌线”下方的下拉列表中选择“无”选项即可。
- 线条两端没有选择控制柄：线条是作为嵌线添加的。选择嵌线上方或下方的文本，在“边框与嵌线”下方的下拉列表中选择“无”选项即可。
- 边框周围没有选择控制柄：边框是作为边框添加的。选择边框内部的文本，在“边框与嵌线”下方的下拉列表中选择“无”选项即可。

> **提示**
>
> 如果在边框各角或线条两端看到小的“×”标志，说明形状已被锁定。用户需要先将其解锁才能移除。

3.5　形状和文本框

颜色单调的形状和空白的文本框会使文稿显得单调乏味，而使用图像、单色或渐变填充形状和文本框可以丰富文稿效果。

3.5.1　应用案例——使用颜色和渐变填充

01 新建一个空白模板，如图 3-53 所示。单击工具栏上的“插入”按钮，选择在文稿中插入一个形状，如图 3-54 所示。

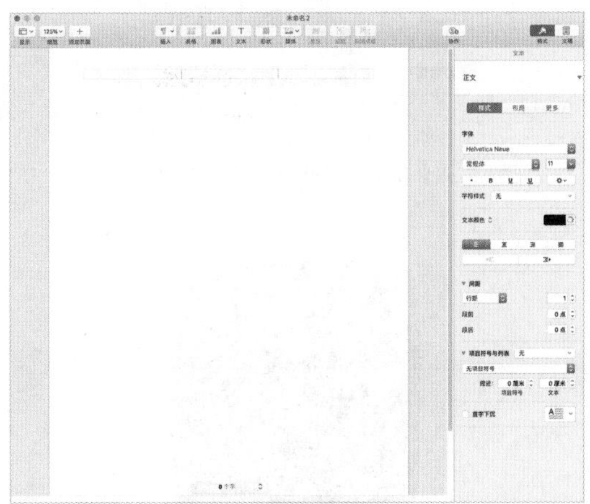

图 3-53　新建模板文件

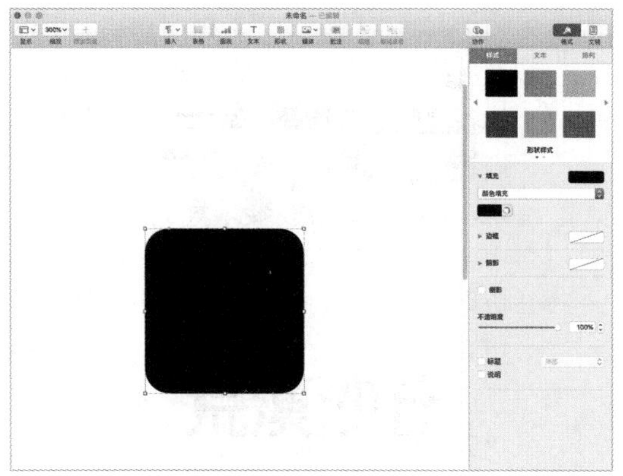

图 3-54　插入形状

提示

如果侧边栏没有显示或侧边栏中没有“样式”标签，单击工具栏右侧的“格式”按钮，即可显示“样式”面板。

02 单击“填充”选项右侧的色块，在弹出的面板中任意选择一种渐变填充，如图 3-55 所示。形状渐变填充效果如图 3-56 所示。

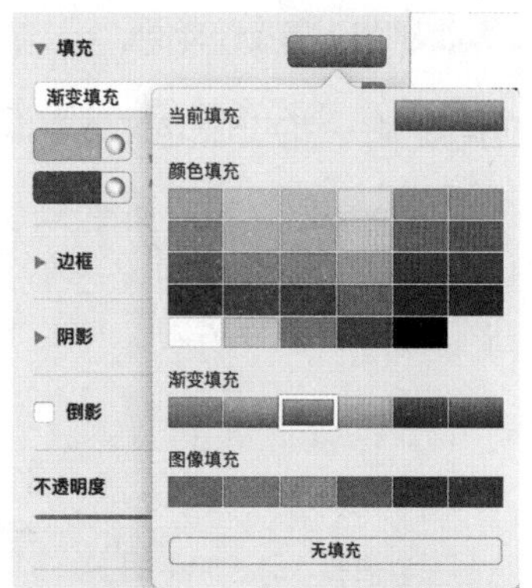

图 3-55　选择渐变填充颜色

图 3-56　渐变填充效果

03 在“填充”下方的下拉列表中选择“渐变填充”选项，各项参数如图 3-57 所示。填充效果如图 3-58 所示。

图 3-57　设置填充

图 3-58　填充效果

04 如果在弹出的下拉列表中选择“高级渐变填充”选项，在渐变条的任意位置上单击鼠标左键添加锚点，并在弹出的“渐变颜色”对话框中设置颜色，如图 3-59 所示。修改渐变类型和角度，图形效果如图 3-60 所示。

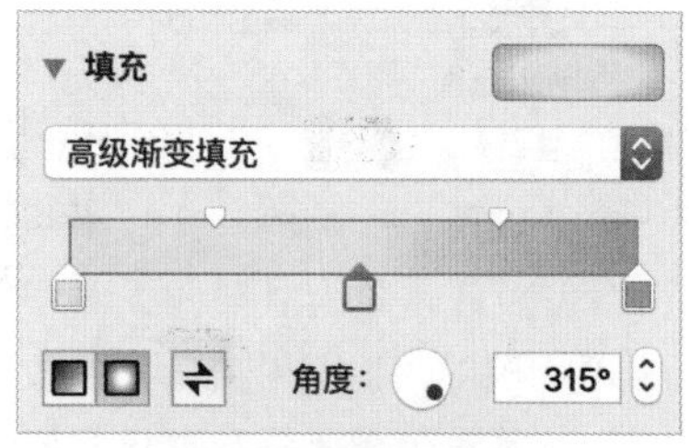

图 3-59　添加渐变颜色

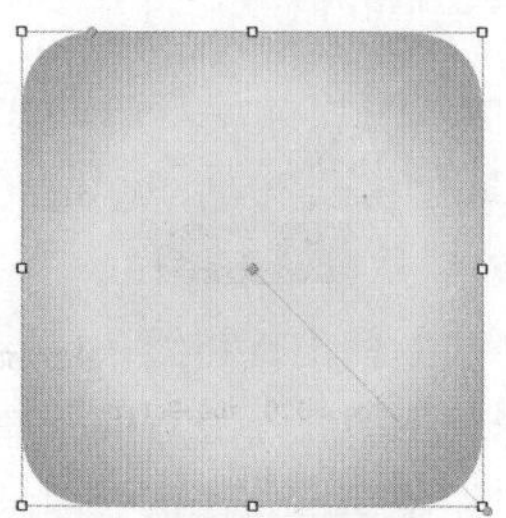

图 3-60　图形效果

3.5.2 应用案例——使用图像填充

01 新建一个空白模板文稿，如图 3-61 所示。单击工具栏上的“文本”按钮，在文稿中插入一个文本框，如图 3-62 所示。

图 3-61　新建文稿

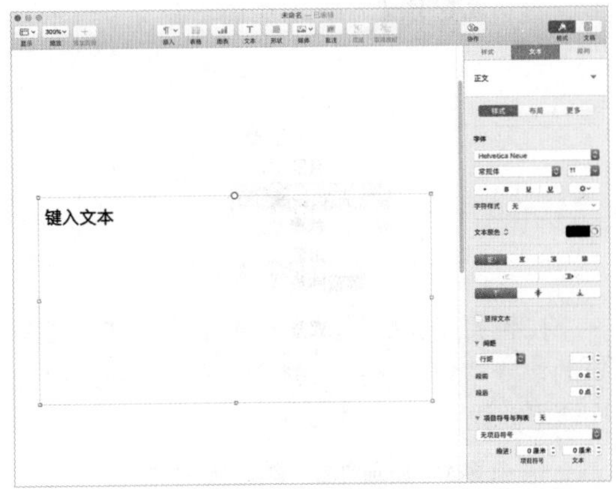

图 3-62　插入文本

02 单击右侧边栏中的“填充”选项，在其下方的下拉列表中选择“图像填充”选项，如图 3-63 所示，然后单击“选取”按钮，选择打开任意一个图像文件，如图 3-64 所示。

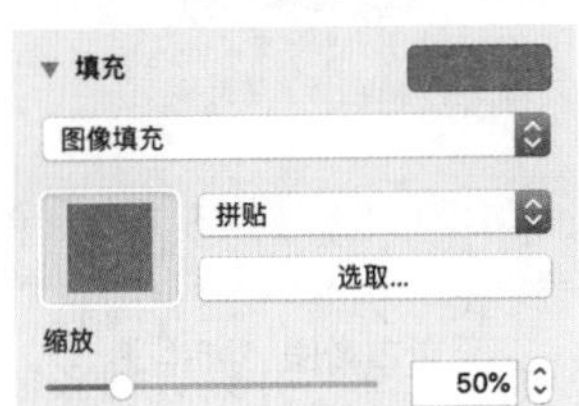

图 3-63　选择“图像填充”选项

图 3-64　选取图像文件

03 单击“打开”按钮，文本框背景填充效果如图 3-65 所示。选择显示图像的方式为“缩放以填充”，如图 3-66 所示。

图 3-65　图像填充效果

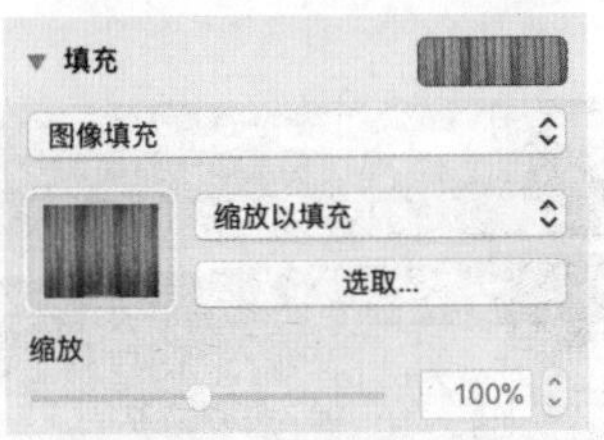

图 3-66　选择显示图像方式

04 在下拉列表中选择“高级图像填充”选项，并选取任意一种颜色，如图 3-67 所示。高级图像填充效果如图 3-68 所示。

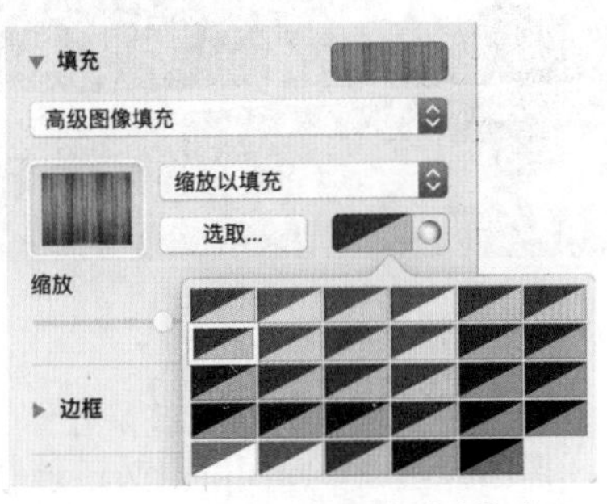

图 3-67　选择“高级图像填充”选项

图 3-68　高级图像填充效果

05 当显示图像方式为“拼贴”或“原始大小”时，可以通过拖动“缩放”滑块设置高分辨率图像中有多少部分可见，如图 3-69 所示。通过拖动“不透明度”滑块，设置图像填充的不透明度，如图 3-70 所示。

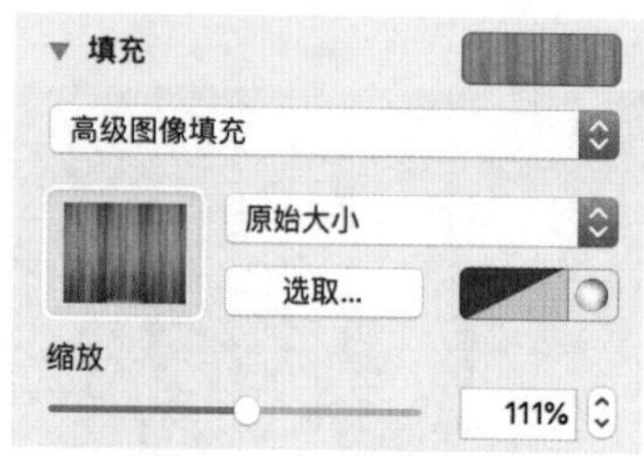

图 3-69　设置部分可见

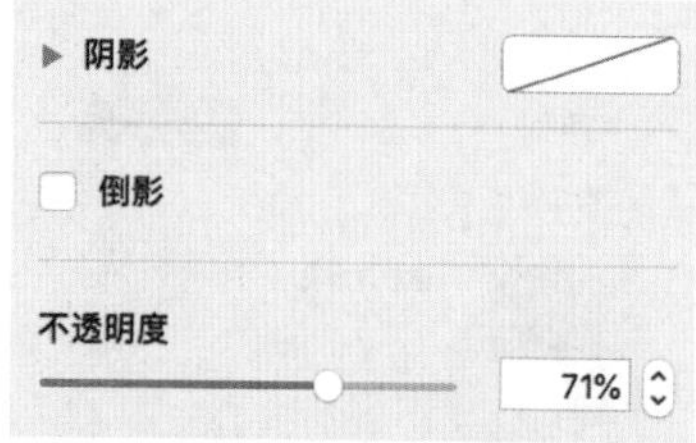

图 3-70　设置不透明度

小技巧： 显示背景图像的方式包括 5 种，每种方式的含义如下。

- 原始大小：将图像放置在对象内部而不更改图像的原始尺寸。
- 伸展：调整图像大小，以适合对象尺寸。
- 拼贴：在对象内部重复图像。
- 缩放以填充：放大或缩小图像，以在图像周围不留空间。
- 缩放以适合：调整图像大小，以尽可能适合对象的尺寸。

3.5.3 存储和删除填充

用户可以将自定义的填充效果存储，以供再次使用。单击右侧边栏顶部的“样式”标签，单击“形状样式”右侧或左侧的小三角形，如图 3-71 所示。单击“+”图标，即可将当前选中对象的填充样式进行存储，如图 3-72 所示。

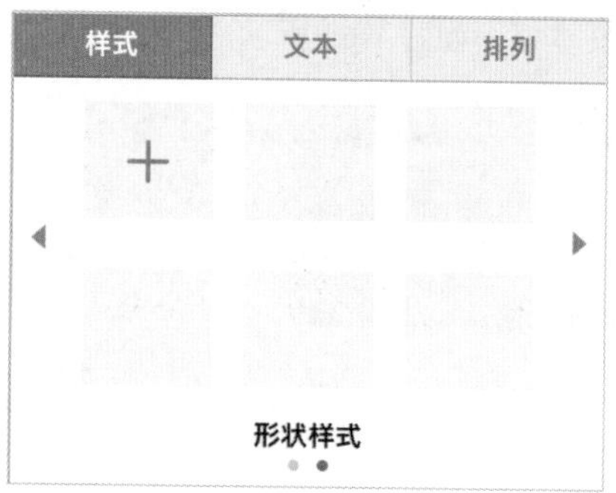

图 3-71　形状样式

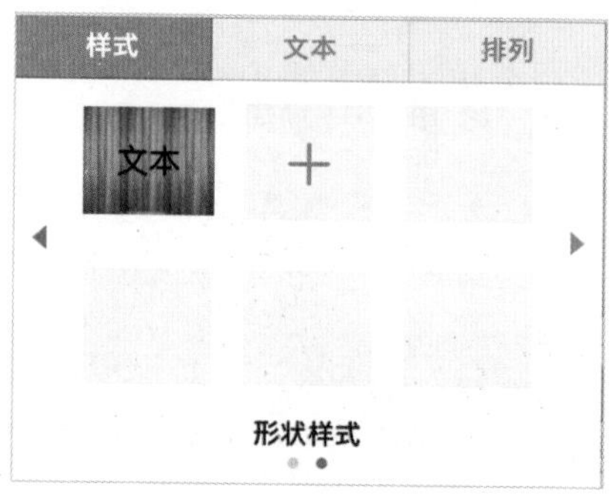

图 3-72　存储形状样式

在想要删除的样式上单击鼠标右键，在弹出的快捷菜单中选择“删除样式”选项，即可删除当前样式。

3.6 添加边框、倒影和阴影

用户可以为图像、形状、文本框、视频和整个页面添加边框，并能设置边框的粗细、颜色和其他属性，还可以将倒影和阴影添加到图像、形状、文本框、线条、箭头和视频中。

3.6.1 添加边框

选择页面中的图像（图 3-73），单击右侧边栏顶部的“样式”标签，在“边框”下拉列表中选择“线条”选项，并设置线条的样式、颜色和宽度，效果如图 3-74 所示。若选择“图片框”选项，效果如图 3-75 所示。

图 3-73　选中图像

图 3-74　“线条”边框效果

图 3-75　“图边框”效果

提 示

如果想为页面添加边框，可以先创建一个与页面相同尺寸的矩形，然后通过设置矩形的边框，获得页面边框的效果。

3.6.2　添加倒影

选择想要添加倒影的对象，单击右侧边栏顶部的“样式”标签，勾选“倒影”复选框，效果如图 3-76 所示。拖曳滑块可以设置倒影的不透明度，效果如图 3-77 所示。

图 3-76　倒影效果

倒影

85%

图 3-77　设置倒影不透明度

3.6.3　添加阴影

选择想要添加阴影的对象，单击右侧边栏顶部的“样式”标签，在“阴影”下方的下拉列表中可以选取阴影的类型，如图 3-78 所示。

图 3-78　阴影的类型

- 投影：使得对象看起来好像是悬停在页面上方，如图 3-79 所示。

图 3-79　投影

- 接触阴影：使得对象看起来好像是站立在页面上，如图 3-80 所示。

图 3-80　接触阴影

- 弧形阴影：使得对象看起来像边缘弯曲，如图 3-81 所示。

图 3-81　弧形阴影

用户可以通过修改阴影类型对应的参数，获得更加丰富的阴影效果。

3.7　本章小结

本章主要讲解文本编辑的操作方法和操作技巧。通过本章的学习，读者应掌握 Pages 文稿中文本的添加方法和编辑方法，掌握字符样式和段落样式的创建与编辑方法，同时应掌握文本的布局和形状对象样式的添加。

第 4 章 使用插入对象

Pages 的主要作用是制作文稿，在文稿中插入图像等对象是不可或缺的操作。本章将详细讲解在 Pages 文稿中插入表格、图表、形状、线条、图像、视频、音频和标注等对象的方法和技巧。

4.1 插入表格

在文稿中使用表格说明数据比使用单一的文字说明更加简明清晰、醒目易懂。表格是日常生活中记录和统计数据的有效工具，下面为用户讲解在 Pages 中使用表格的方法。

4.1.1 添加或删除表格

用户可以从一系列与模板相匹配的表格预设样式中任选一个添加到页面中。添加表格后，可以根据需要重新设置表格样式。

1 添加表格

单击工具栏中的“表格”按钮 ，在弹出的下拉菜单中单击或将需要的表格样式拖曳到页面，即可完成插入表格的操作，如图 4-1 所示。单击“<”图标和“>”图标可以左、右滑动查看更多表格样式，如图 4-2 所示。

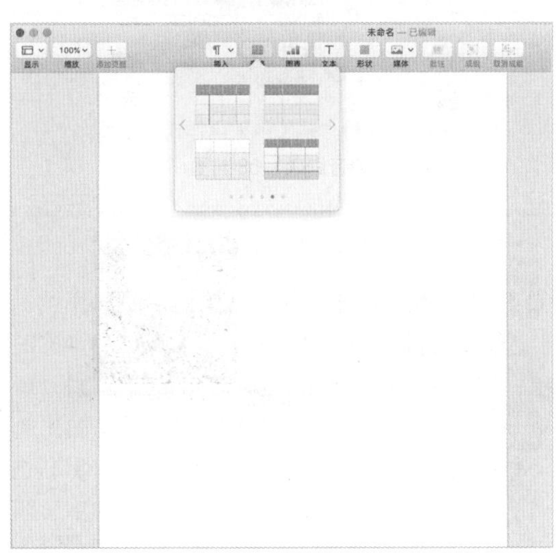

图 4-1 插入表格

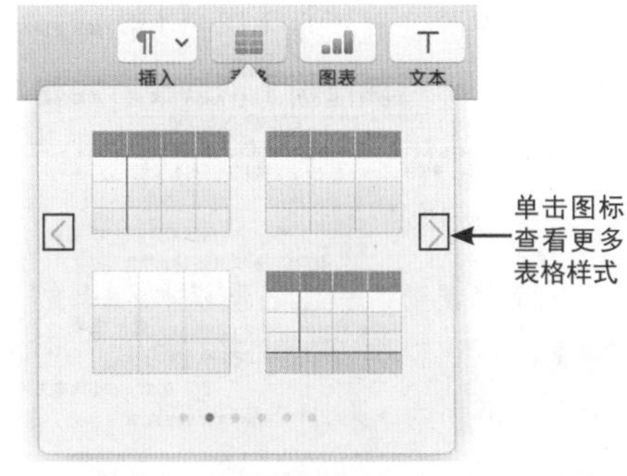

图 4-2 查看表格样式

用户可以将表格插入到文本中，也可以插入自由移动的表格。添加的表格类型不同，执行的操作也不同。

- 放置与文本内联的表格：在文本中想要插入表格的位置上单击，然后执行插入表格操作。
- 放置表格以使其能自由移动：单击文本外的某个位置以消除文本插入点，然后执行插入表格操作。插入的表格默认设置为“停留在页面”，可以将其移动到任意位置。

在文稿中创建表格后，可以进行以下操作。

- 在单元格中输入文本：在任意单元格上单击，然后输入文本。
- 移动表格：单击表格，在左上角的◎按钮上按住鼠标左键并拖曳。
- 更改表格或其单元格的外观：使用右侧边栏顶部“表格”标签下的参数控制。

2 删除表格

单击想要删除表格左上角的◎按钮，选中表格，如图 4-3 所示，然后按 Delete 键，即可将其删除。

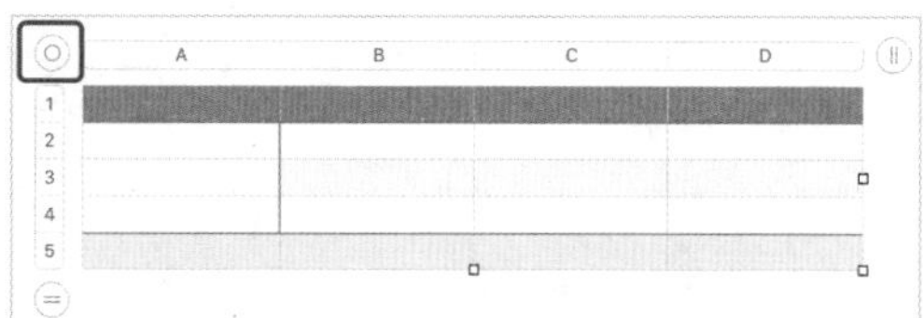

图 4-3　选中表格

4.1.2　使用表格样式

用户可以直接在“样式”标签顶部的“表格样式”中选择使用不同的样式，也可以将自定义的表格样式存储为预设，供其他表格使用。

1　应用表格样式

选中表格，单击右侧边栏顶部的“表格”标签，从边栏顶部的“表格样式”中选择任意一款表格样式，如图 4-4 所示。

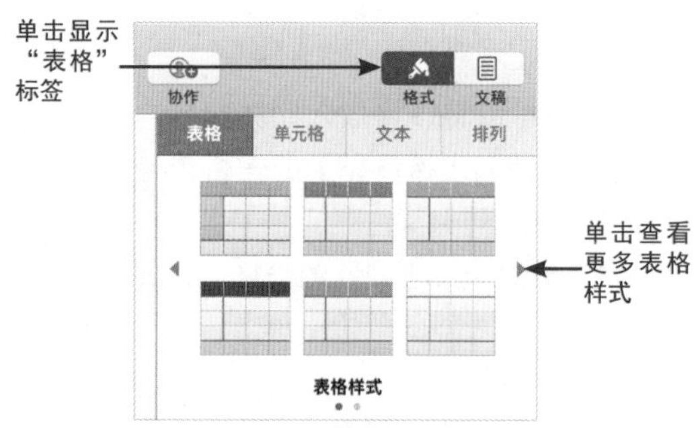

图 4-4　应用表格样式

> **提示**
>
> 如果用户在应用表格样式前更改了表格的外观，再将新的样式应用到表格依然会保留这些更改。如果要在应用新样式时覆盖更改，按住 Control 键的同时单击新的表格样式，在弹出的菜单中选择“清除覆盖并应用样式”选项即可。

2　存储表格样式

选择要存储的表格样式，单击右侧边栏上方“表格样式”左右两侧的三角形图标，单击＋图标，即可将当前表格样式保存为预设表格样式，如图 4-5 所示。

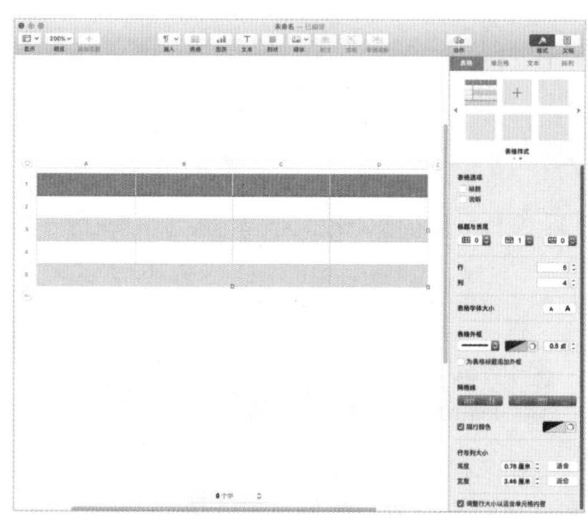

图 4-5　存储表格样式

3　创建反映图像颜色的表格样式

用户可以创建与图像颜色匹配的表格样式，当想在表格的数据和图像的主体间建立连接时，十分有用。新的表格样式包含表格标题、标题行、标题列和表尾行。

在任意表格样式上单击鼠标右键，在弹出的快捷菜单中选择“从图像创建样式”选项，如图 4-6 所示。在弹出的对话框中选择一张图像，如图 4-7 所示。

图 4-6　选择“从图像创建样式”选项

图 4-7　选择图像

单击“选取”按钮，即可在当前表格样式右侧新建一个样式，如图 4-8 所示。表格样式应用效果如图 4-9 所示。

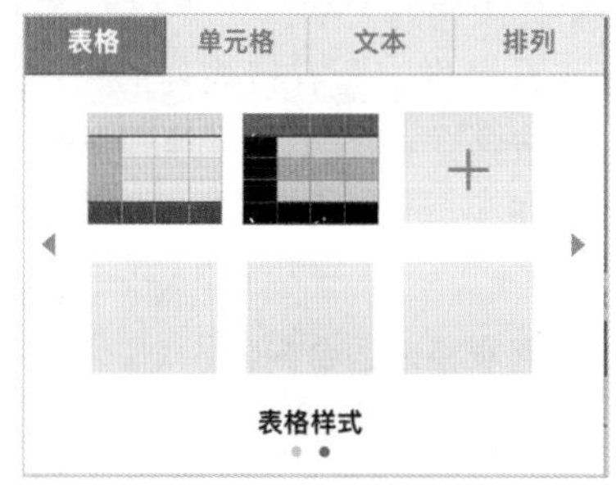

图 4-8　新建表格样式

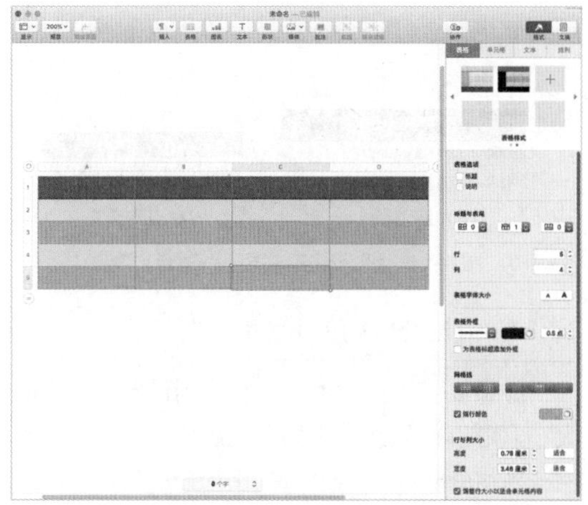

图 4-9　表格样式应用效果

4　整理及删除表格样式

用户可以重新排列边栏中的预设表格样式，以便于使用。单击右侧边栏顶部的“表格”标签，按住要移动的样式，直到它闪烁，将样式拖曳到新位置，如图 4-10 所示。

提示

如果想要将样式从一组移到另一组，需要将其拖到导航箭头◀或▶上，待移到下一组后，再将其拖曳到指定的位置即可。

在想要删除的样式上单击鼠标右键，在弹出的快捷菜单中选择“删除样式”选项，即可删除当前表格样式，如图 4-11 所示。

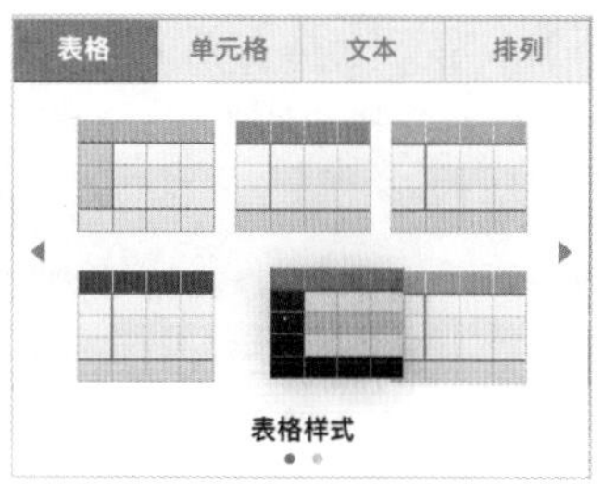

图 4-10　整理表格样式

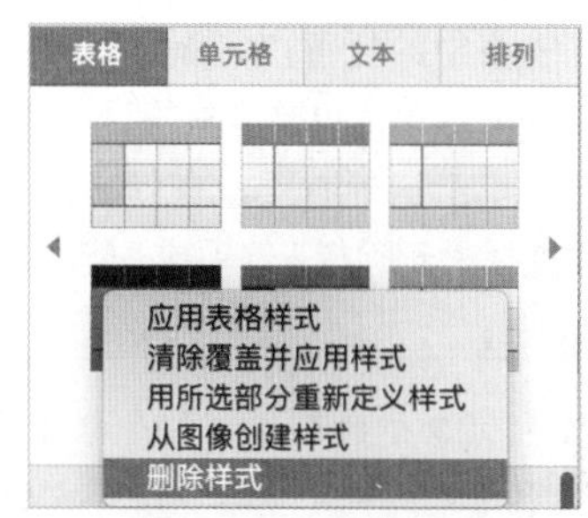

图 4-11　删除表格样式

4.1.3　标题行 / 列

标题单元格中通常包含文本，主要用来识别行或列的内容。标题单元格中的数据不能用于计算，但文本可用于公式中，引用行或列中的所有单元格。一个表格最多可以有 5 个标题行和 5 个标题列。

添加标题行或表尾行时，Pages 文稿软件会将现有的行转换为标题行或表尾行。单击任意单元格，在右侧边栏中的“标题与表尾”选项下，用户可以通过设置文本框的数值来实现更改标题行、标题列或表尾的操作，如图 4-12 所示。

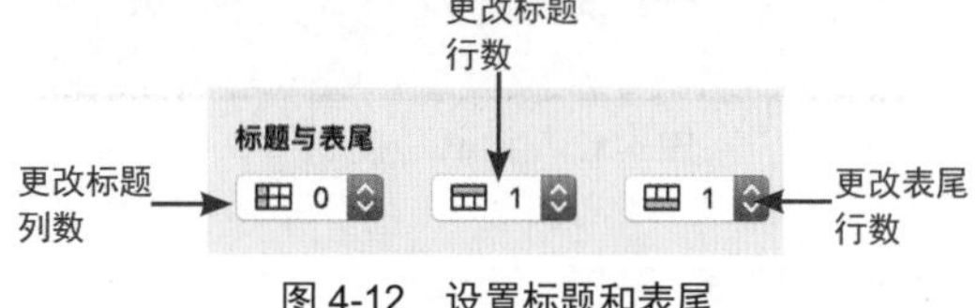

图 4-12　设置标题和表尾

4.1.4　添加或删除行 / 列

在文稿表格编辑中，经常会遇到需要调整表格行或列的情况。这种情况下，选中表格，然后执行以下任意一项操作，即可完成添加或删除行 / 列的操作。

- 添加或移除表格右侧的列：单击⏸按钮，然后选择增加或减少列数。
- 添加或移除表格底部的行：单击⊜按钮，然后选择增加或减少行数。
- 在表格中的任意位置添加行或列：按住Control键单击单元格或在单元格上单击鼠标右键，在弹出的快捷菜单中选择要添加行或列的位置。
- 在表格中的任意位置删除行或列：按住Control键单击想要删除的行/列或在单元格上单击鼠标右键，在弹出的快捷菜单中选择"删除行"选项或"删除列"选项。

提示

用户也可以通过设置右侧边栏上表格的"行"或"列"的参数，实现添加或删除行/列的操作。

在顶部列字母或左侧行号上单击鼠标右键，在弹出的快捷菜单中选择"添加行"选项或"添加列"选项，也可以完成行或列的添加。选择"删除行"或"删除列"选项，可以完成删除行或删除列的操作。添加或删除行的快捷菜单如图4-13所示。

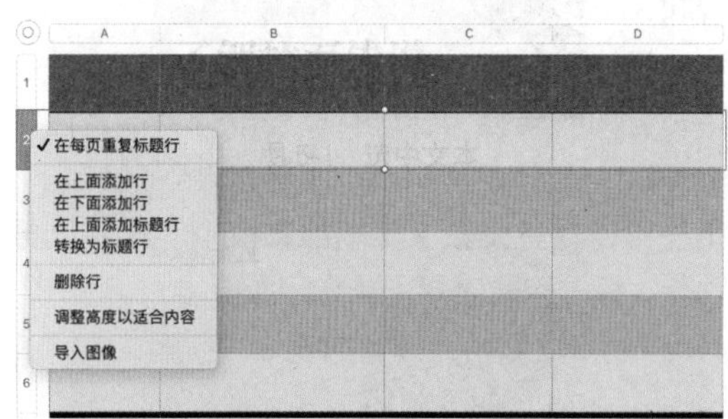

图4-13 添加或删除行

4.1.5 调整表格的行/列大小

用户可以更改表格中特定行或特定列的宽度和高度。

1 手动调整表格行或列的大小

用户可以手动调整表格行或列的大小。选中表格，执行以下一项操作即可实现。

- 调整单个行或列的大小：将光标移动到行号的下方或列字母的右侧，直到出现✥，此时按住鼠标左键拖曳，即可调整行或列的大小。
- 调整表格中所有行或列的大小：选择表格，在右下角的选择控制柄上按住鼠标左键并拖曳，即可调整行或列的大小。

2 调整表格以适合内容

在表格行号或列字母上单击鼠标右键，在弹出的快捷菜单中选择"调整高度以适合内容"选项或选择"调整宽度以适合内容"选项，即可完成表格适合内容的操作，如图4-14所示。

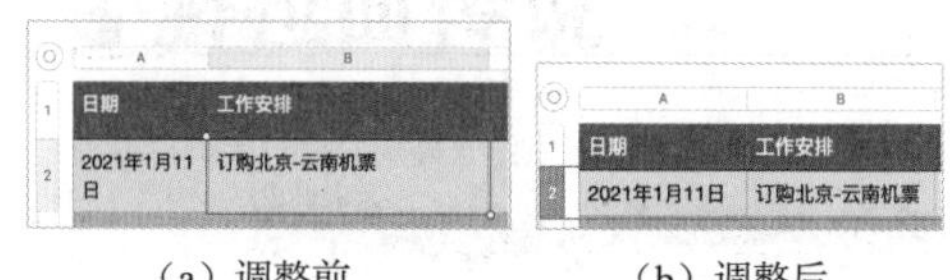

（a）调整前　　（b）调整后

图4-14 调整高度或宽度以适合内容

3 表格行或列大小相同

如果要将表格中的所有行或列设置为相同的大小，可以首先选中表格，然后执行"格式→表格→平均分配行高"命令或"平均分配列宽"命令，如图4-15所示。调整后的表格效果如图4-16所示。

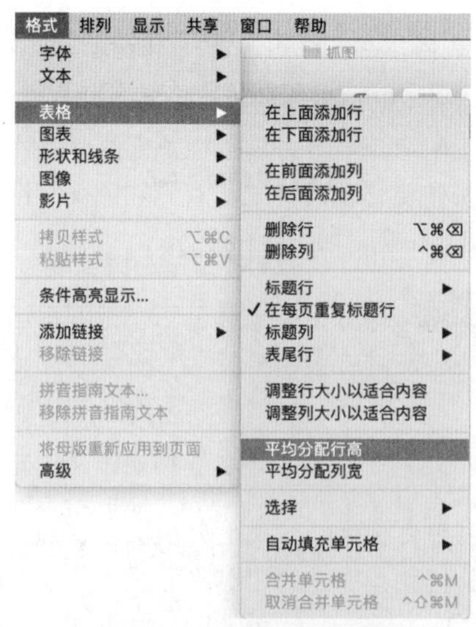

图4-15 平均分配行高或列宽

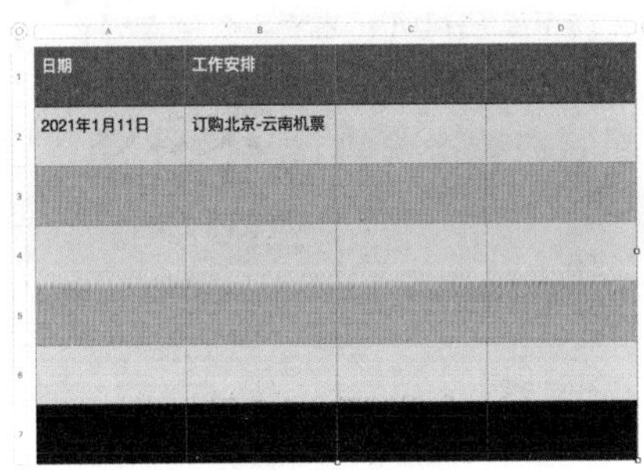

图 4-16　平均分配后的表格效果

4.1.6　填充单元格

通过执行以下操作，用户可以将相同的数据或逻辑顺序数据（如数字、字母或日期序列）快速填充到单元格中。

- 将相邻单元格的内容自动填充到一个或多个单元格中：选择包含要复制内容的单元格，将光标移到单元格边框上并按住鼠标左键，当显示黄色的自动填充控制柄后，向想要复制内容的单元格拖曳如图 4-17 所示。即可完成内容的复制填充，效果如图 4-18 所示。

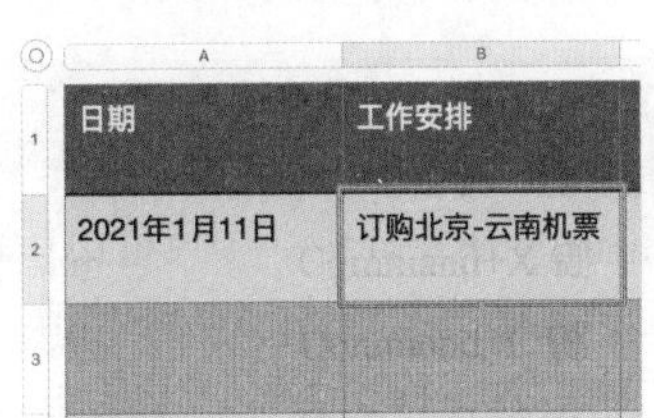

图 4-17　拖曳黄色控制柄

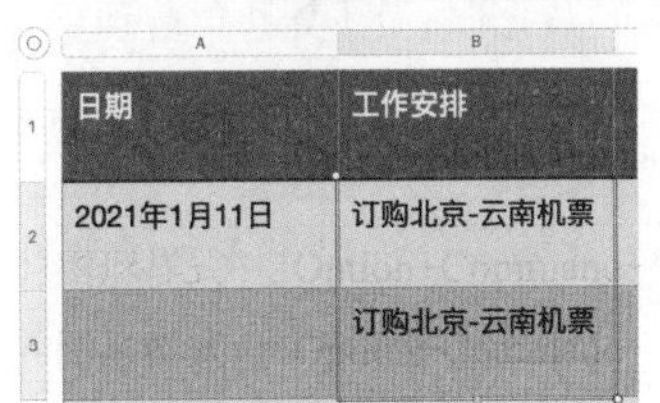

图 4-18　复制填充效果

> **提示**
>
> 除批注以外，与所选单元格关联的任意数据都将添加到新的单元格中，同时自动填充将使用添加的内容覆盖现有内容。

- 将相邻单元格的顺序数据或样式自动填充到单元格中：将序列中的前两项输入到要填充的行或列的前两个单元格中，选择单元格，将光标移到所选内容的边框上，直到黄色自动填充控制柄出现，如图 4-19 所示。拖曳控制柄到要填充的单元格上，效果如图 4-20 所示。

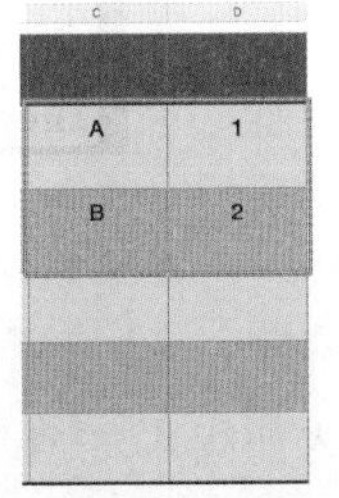

图 4-19　自动填充控制柄

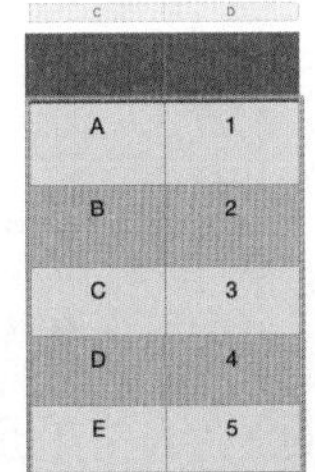

图 4-20　填充顺序数据

> **提示**
>
> 自动填充后，可以单独更改任意一个单元格的内容。自动填充单元格时，引用这些单元格的任何公式都将自动更新。

4.1.7　应用案例——合并 / 取消合并单元格

合并表格单元格可以将相邻的单元格组合为一个单元格。取消合并前，合并过的单元格可以将所有数据保留在左上角的新单元格中。

01 新建一个空白文稿，如图 4-21 所示。单击工具栏中的“表格”按钮，在弹出的下拉菜单中选择一个表格样式，并将其拖曳到页面中，如图 4-22 所示。

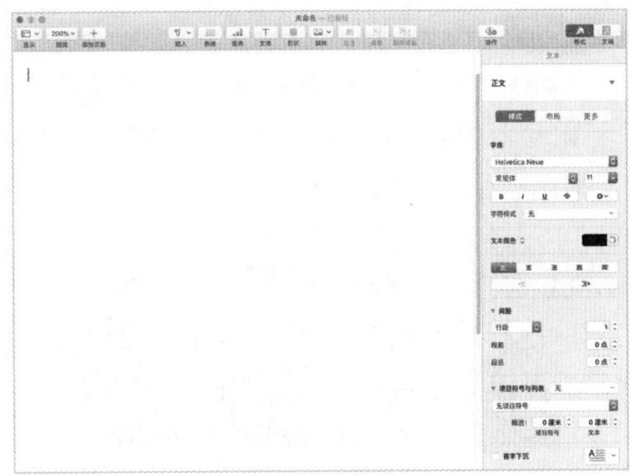

图 4-21　新建空白文稿

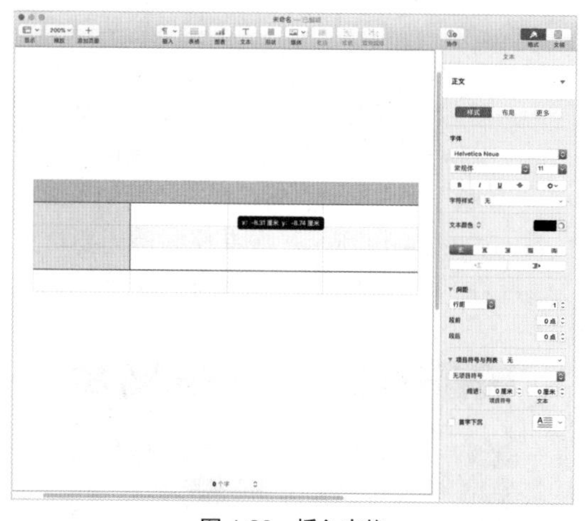

图 4-22　插入表格

02 在表格单元格中输入如图 4-23 所示的文本内容。拖曳选择多个相邻的单元格，执行“格式→表格→合并单元格”命令，合并单元格效果如图 4-24 所示。

课程表	周一	周二	周三
8:00~10:00	高数	专业	毛概
10:00~12:00	专业	英语	高数
13:00~15:00	英语	心理	自习
15:00~17:00	物理	户外	自习

图 4-23　输入文本

课程表	周一	周二	周三
8:00~10:00	高数	专业	毛概
10:00~12:00	专业	英语	高数
13:00~15:00	英语	心理	自习
15:00~17:00	物理　户外　自习		

图 4-24　合并单元格效果

提示

如果“合并单元格”命令显示为灰色，则可能选择了整列 / 整行或标题单元格和正文单元格。这些单元格即使相邻也无法合并。

03 选择合并的单元格，执行“格式→表格→取消合并单元格”命令，如图 4-25 所示。取消合并单元格后，单元格中的所有内容会显示在第一个未合并的单元格中，如图 4-26 所示。

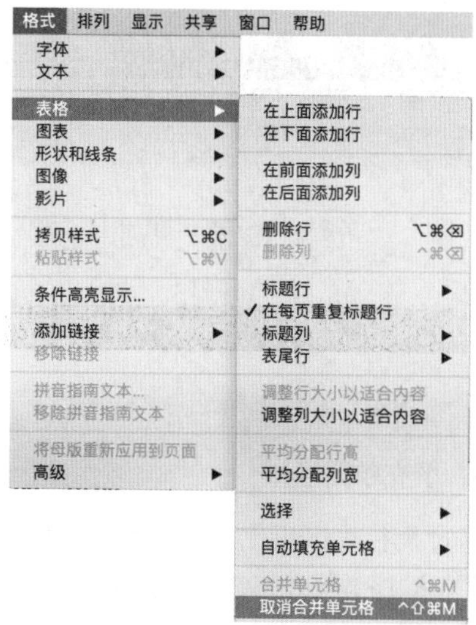

图 4-25　执行“取消合并单元格”命令

课程表	周一	周二	周三
8:00~10:00	高数	专业	毛概
10:00~12:00	专业	英语	高数
13:00~15:00	英语	心理	自习
15:00~17:00	物理　户外　自习		

图 4-26　取消合并单元格效果

4.2　插入图表

在 Pages 文稿软件中，用户可以使用二维、三维和交互式图表显示数据。单击选择一种图表类型，然后在“图表数据”对话框中输入数据，即可完成插入图表的操作。更改“图表数据”对话框中的数据时，图表也会自动更新。

4.2.1　添加不同类型图表

Pages 文稿软件提供了多种类型的图表供用户选择使用，其中包括柱形图、条形图、折线图、面积图、饼图、散点图和气泡图。

1　创建柱形图、条形图、折线图、面积图或饼图

单击工具栏中的“图表”按钮，在弹出的下拉菜单中包含“二维”“三维”和“交互式”3 种类型的图表，如图 4-27 所示。单击一个图表

或将一个图表拖曳到页面中，即可完成插入图表的操作，如图 4-28 所示。

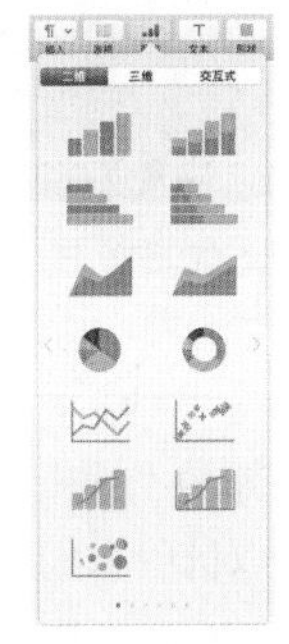

图 4-27　插入图表菜单

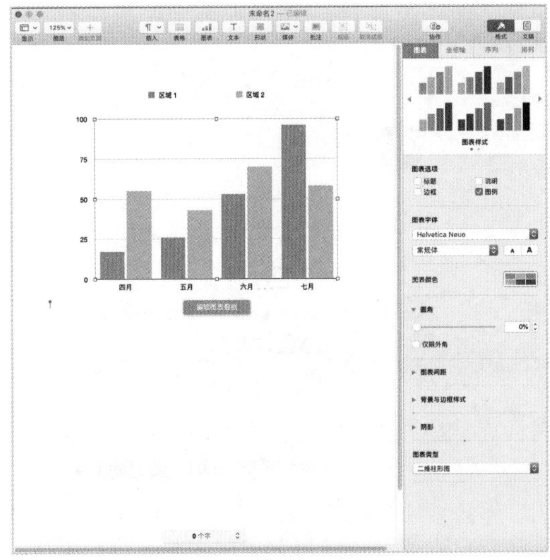

图 4-28　插入图表效果

单击图表下方的“编辑图表数据”按钮，在弹出的“图表数据”对话框中输入数据，如图 4-29 所示。完成图表数据的编辑后，效果如图 4-30 所示。

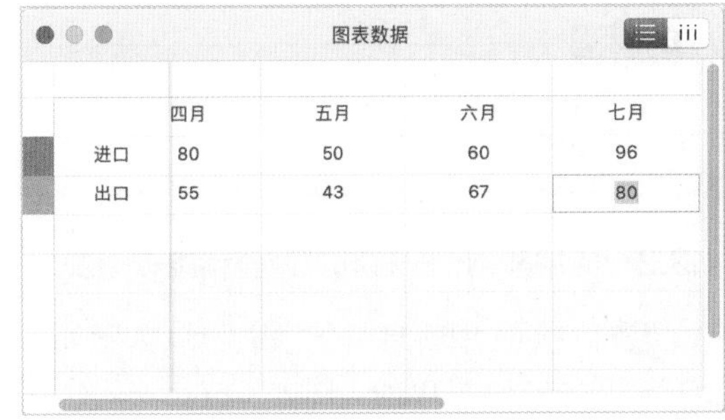

图表数据

	四月	五月	六月	七月
进口	80	50	60	96
出口	55	43	67	80

图 4-29　输入数据

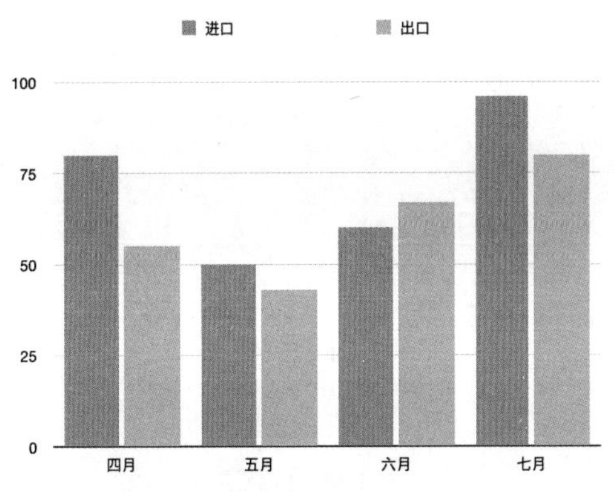

图 4-30　编辑后的柱形图效果

提示

默认情况下，图表以行绘制序列。单击“图表数据”对话框右上角的“根据列绘制序列”按钮 iii ，图表将以列数据显示。

2　创建散点图

散点图将数据显示为点，通常用来显示两个或多个数据集之间的关系。在“图表数据”对话框中至少需要两列或两行数据。默认情况下，散点图中的每个数据序列会共享 x 轴的值，因此，只需要添加其他行或列来显示其他数据序列即可。

单击工具栏中的“图表”按钮，在弹出的下拉菜单中选择“二维”或“交互式”图表，如图 4-31 所示。单击左右箭头以查看更多颜色和样式选项，选择一个散点图或将一个散点图拖到页面，如图 4-32 所示。

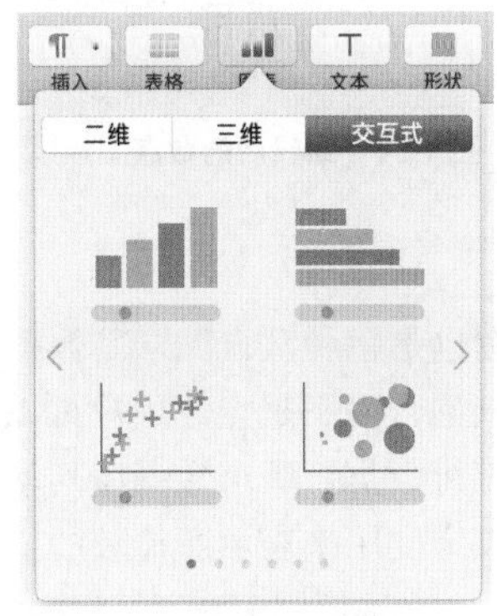

图 4-31　插入交互式图表

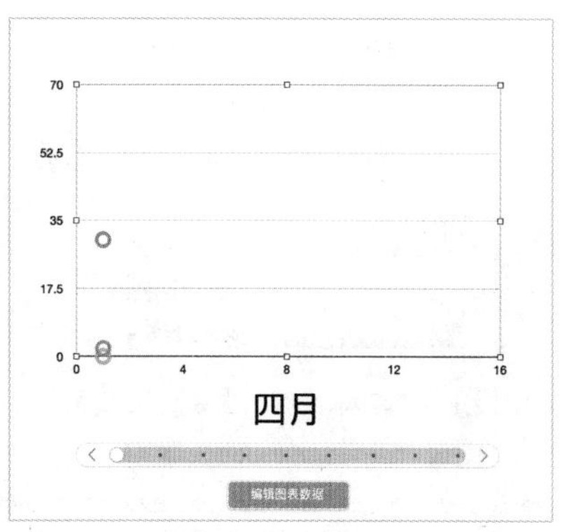

图 4-32　散点图

单击“编辑图表数据”按钮，在弹出的“图表数据”对话框中输入数据，如图 4-33 所示。图表效果如图 4-34 所示。

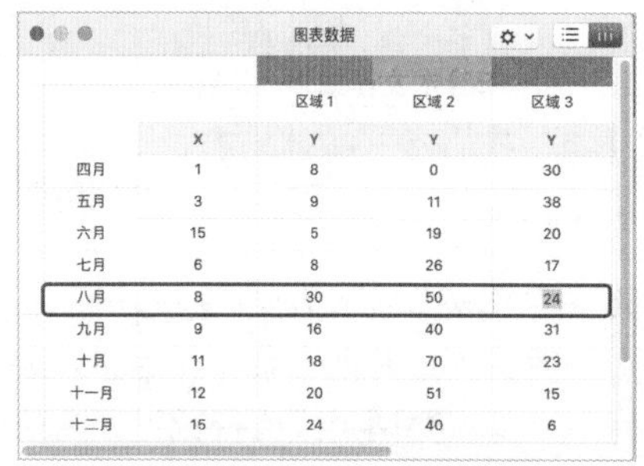
图表数据

	区域 1		区域 2	区域 3
	X	Y	Y	Y
四月	1	8	0	30
五月	3	9	11	38
六月	15	5	19	20
七月	6	8	26	17
八月	8	30	50	24
九月	9	16	40	31
十月	11	18	70	23
十一月	12	20	51	15
十二月	16	24	40	6

图 4-33　输入数据

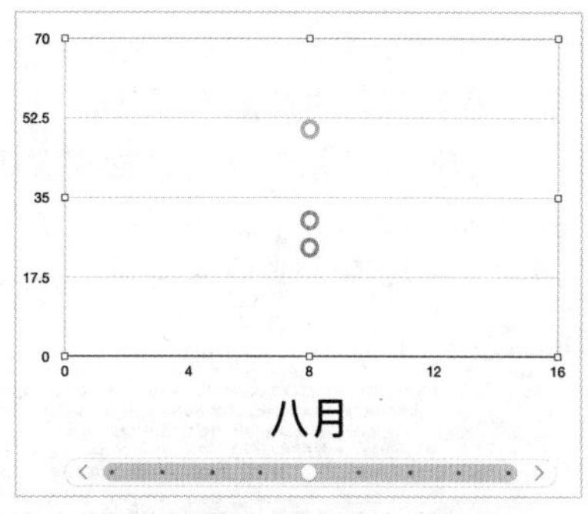

图 4-34　编辑后的散点图效果

3　创建气泡图

气泡图也是一种散点图，其数据显示为大小各异的气泡，而不是点。用户可以使用气泡图来表示三维数据。每个数据序列均包括第三个维度，该维度用来表示所比较的值与大小值之间的关系，大小值用于确定气泡的大小。

提示

默认情况下，气泡图中的每个数据序列会共享 x 轴的数值，所以只需要添加两个其他数据行或列来显示其他数据序列即可。如果想要使用单独的 x 轴值，则需要添加其他行或列（x、y 和 z）来显示其他数据序列。

将一个气泡图拖曳到页面中，效果如图 4-35 所示。单击图表底部的“编辑图表数据”按钮，弹出“图表数据”对话框，用户在该对话框中输入数值，即可完成气泡图的编辑，如图 4-36 所示。

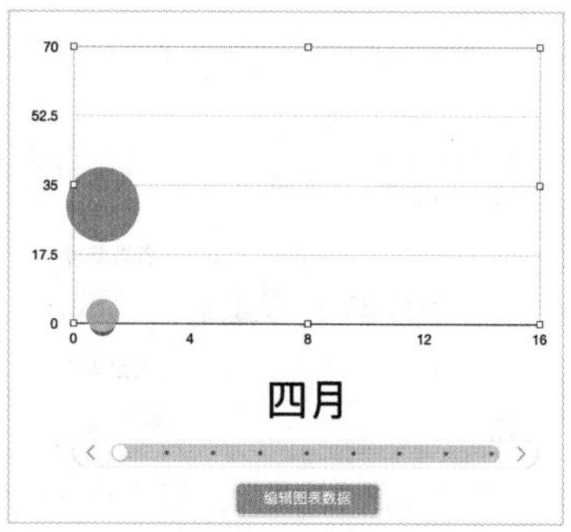

图 4-35　气泡图

图表数据

	区域 1			区域
	X	Y	大小	Y
四月	1	2	20	0
五月	3	4	34	11
六月	5	5	12	19
七月	6	8	50	26
八月	8	13	70	33
九月	9	16	35	40
十月	11	18	68	70
十一月	12	20	22	51
十二月	15	24	35	40

图 4-36　编辑后的气泡图效果

提示

选中想要删除的图表，按 Delete 键，即可将其删除。

4.2.2　应用案例——移动、调整和旋转图表

01 在 Pages 中新建一个空白文稿，如图 4-37 所示。单击工具栏中的“图表”按钮，创建一个如图 4-38 所示的图表。

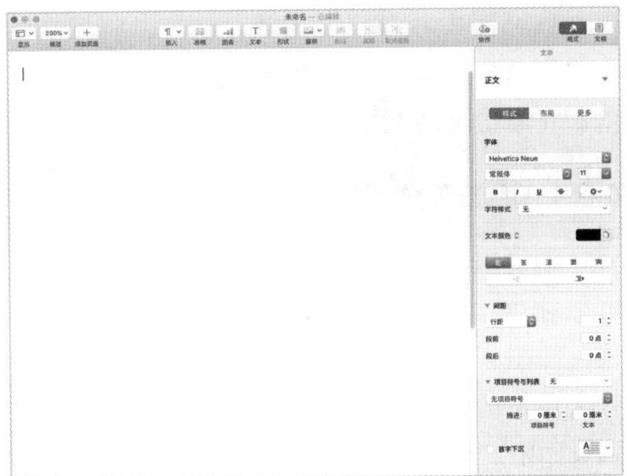

图 4-37　新建空白文稿

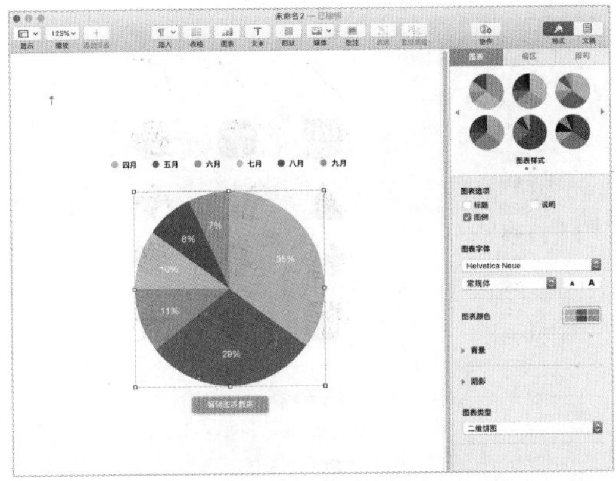

图 4-38　创建图表

02 继续使用相同的方法，在文稿中插入图表，效果如图 4-39 所示。单击选中图表，按住鼠标左键拖曳，即可移动图表，如图 4-40 所示。

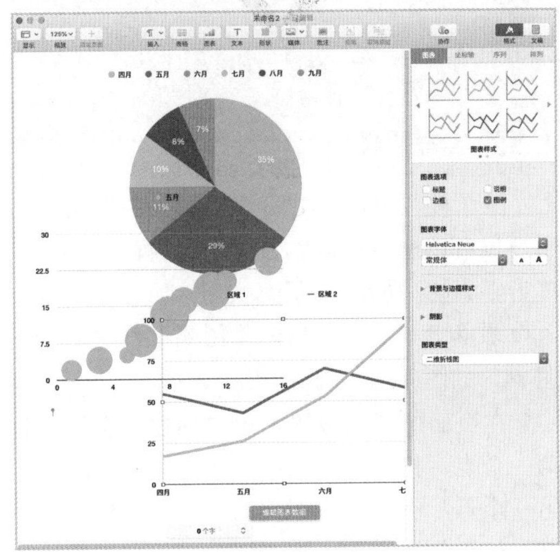

图 4-39　插入图表

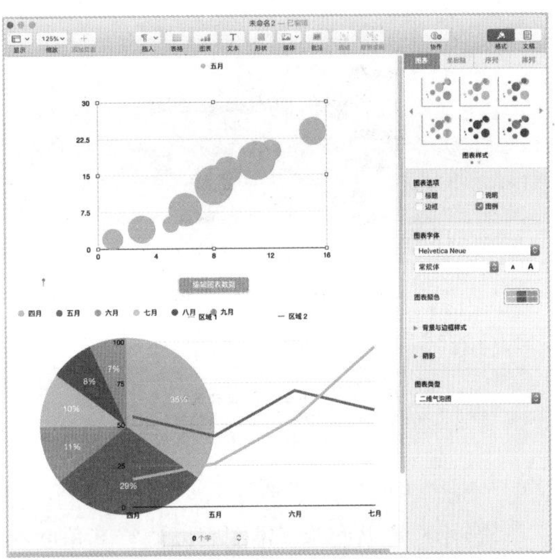

图 4-40　移动图表

提示

拖曳移动图表时，用户可以通过观察黄色的对齐参考线，对齐页面上的其他对象。

03 拖曳图表边框四周的任意选择控制柄，可以放大或缩小图表，如图 4-41 所示。用户也可以在右侧边栏的“宽度”文本框和“高度”文本框中输入数值，为图表设置特定的大小，如图 4-42 所示。

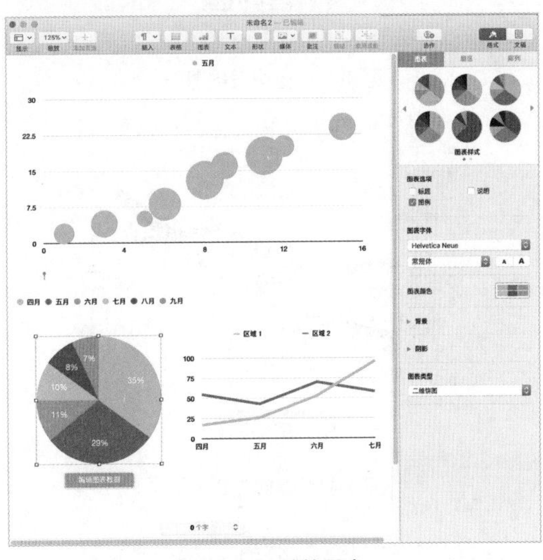

图 4-41　缩放图表

图 4-42　设置图表大小

04 用户可以旋转三维图表以调整其角度和方向。单击选中三维图表，如图 4-43 所示。在图表中间位置上按住鼠标左键拖曳，即可实现旋转三维图表的操作，如图 4-44 所示。

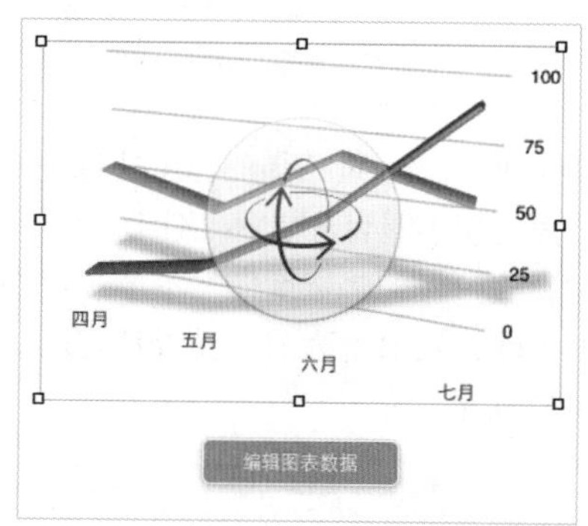

图 4-43　选中三维图表

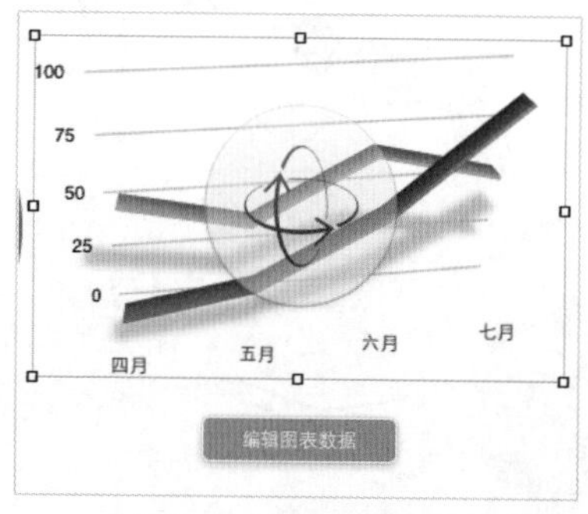

图 4-44　旋转三维图表

4.3　插入形状

在 Pages 文稿软件中，用户可以将形状插入文稿页面中并自定义形状。例如，将标准五角星形状定义为二十角星形状，调整形状的边角，在形状内部添加文本等。

4.3.1　添加形状

单击工具栏中的“形状”按钮，用户可以在弹出的下拉菜单中看到 16 种类型的形状，如图 4-45 所示。在要被插入到页面中的形状上单击或按住鼠标左键拖曳，即可将其插入到页面中，如图 4-46 所示。

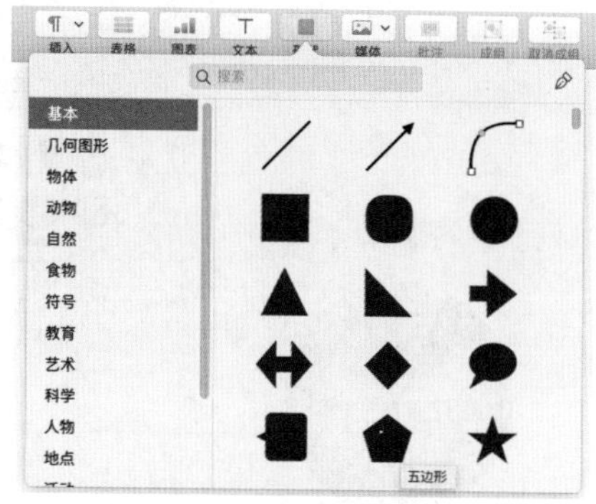

图 4-45　16 种类型的形状

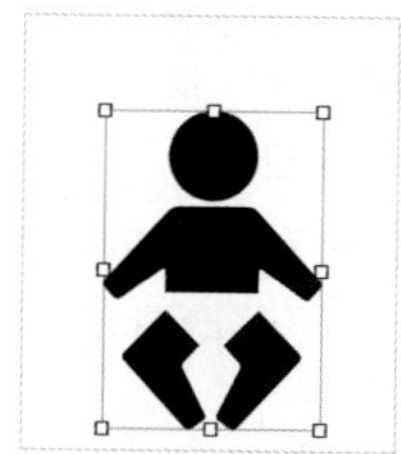

图 4-46　插入形状

4.3.2　绘制形状

除了使用 Pages 文稿软件提供的形状外，用户也可以通过绘制的方式创建自己的形状。单击工具栏中的“形状”按钮，在弹出的下拉菜单中单击右上角的“用笔工具绘制”按钮，如图 4-47 所示。

在页面中任意位置上单击创建自定形状的第一个点，移动光标到另一个位置上单击创建另一个点，然后使用相同的方法依次创建点，终点与起点重合后单击，即可完成形状的绘制。绘制效果如图 4-48 所示。

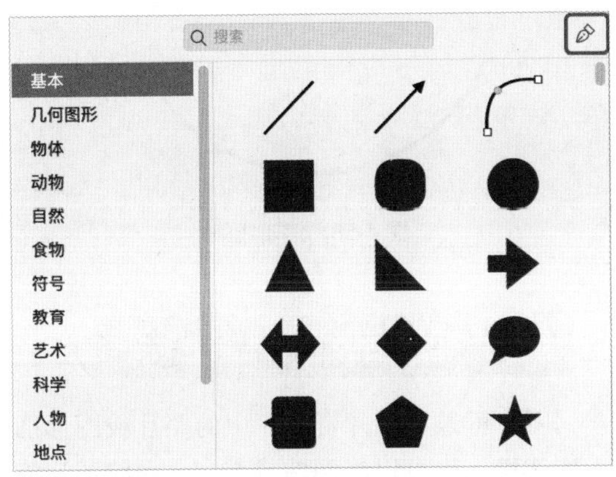

图 4-47　单击“用笔工具绘制”按钮

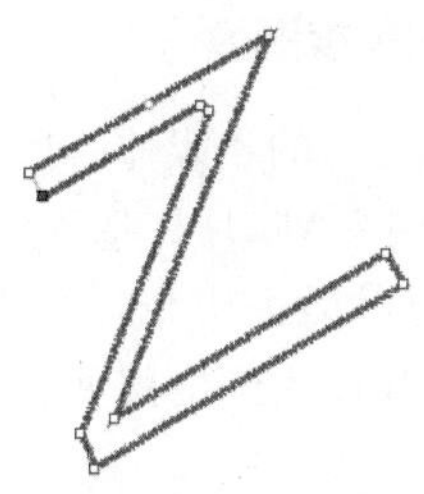

图 4-48　绘制形状

4.3.3　在形状内部添加文本

单击选中形状或双击激活文本输入状态后，即可在形状内输入文本，如图 4-49 所示。当输入文本过多时，在图形的底部会显示⊞图标，表示有隐藏文本，如图 4-50 所示。拖曳调整图形的大小，即可将隐藏文本显示。

图 4-49　输入文本

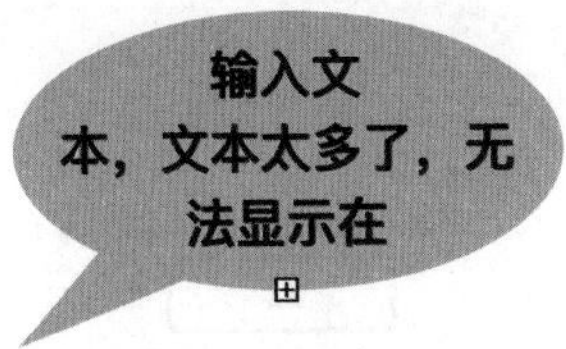

图 4-50　隐藏文本

4.4　插入线条和箭头

用户可以在 Pages 文稿页面中插入直线或曲线，并且通过设置样式、颜色、宽度和端点等还可以获得丰富的线条效果。

4.4.1　应用案例——添加和编辑线条

01 在 Pages 中新建一个文稿，如图 4-51 所示。用鼠标单击工具栏中的“形状”按钮 ，在下拉菜单中单击需要的线条，在文稿中插入线条并拖曳调整位置，效果如图 4-52 所示。

图 4-51　新建文稿

图 4-52　插入线条

02 在右侧“描边”选项下设置线条的样式、颜色和宽度，如图 4-53 所示，并设置右侧端点的类型，如图 4-54 所示。线条效果如图 4-55 所示。

图 4-53　设置线条样式

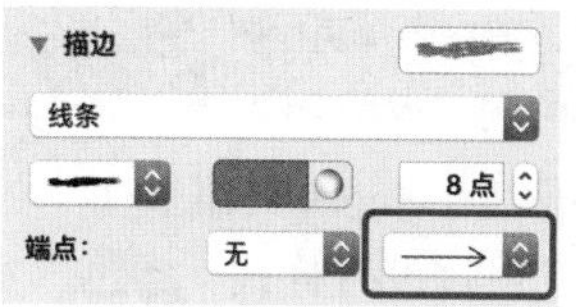

图 4-54　设置端点类型

图 4-55　线条效果

4.4.2　编辑线条曲线和拐点

在页面中插入的“连接线”或使用“用笔工具绘制”按钮插入的线条，可以通过直接拖曳两个顶点间的锚点调整线条的轮廓，如图 4-56 所示。

如果不能直接通过拖曳编辑的线条或图形，可以在选中线条或图形后单击鼠标右键，在弹出的快捷菜单中选择“使可以编辑”选项，如图 4-57 所示。此时，线条或图形即可像连接线一样被编辑，如图 4-58 所示。

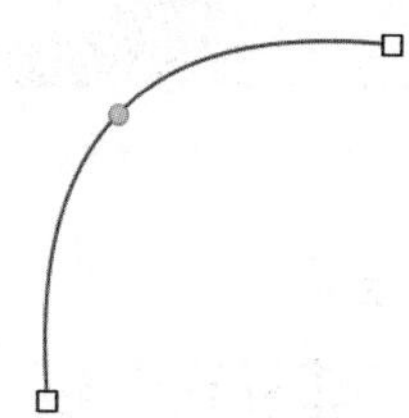

图 4-56　插入连接线

图 4-57　使线条可以编辑

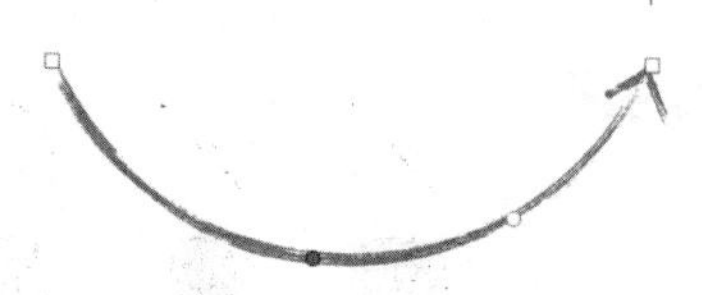

图 4-58　编辑线条

4.5　插入图像

用户可以将照片资料库中的照片或图形插入到文稿，也可以将网站或 Finder 中的图片或图形直接拖曳到文稿中。

4.5.1　添加或替换图像

单击工具栏上的“媒体”按钮，在弹出的下拉菜单中选择“照片”选项，如图 4-59 所示。在弹出的对话框中单击选择要插入的照片，即可将照片插入到文稿页面中，如图 4-60 所示。

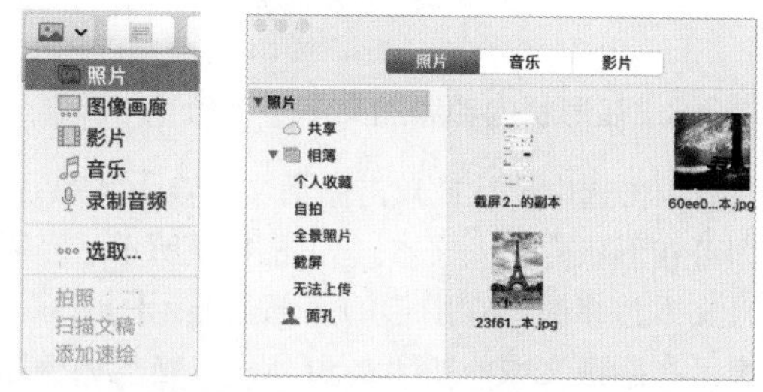

图 4-59　选择“照片”选项　　图 4-60　选择插入的照片

选中插入的照片，单击右侧边栏“图像”标签下方的“替换”按钮，如图 4-61 所示。在弹出的对话框中选择要替换的照片，如图 4-62 所示，单击“打开”按钮，即可完成替换图像的操作。

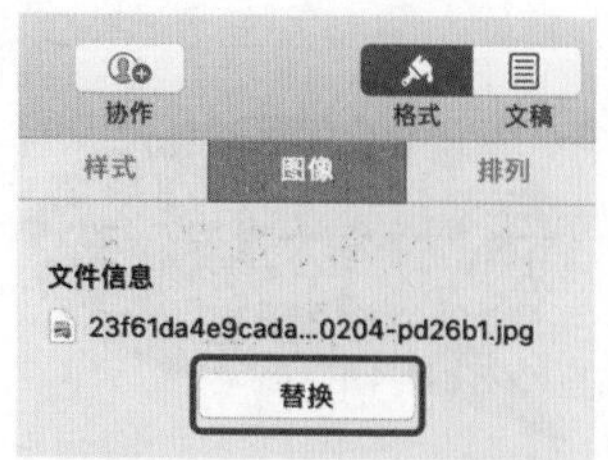

图 4-61　单击“替换”按钮

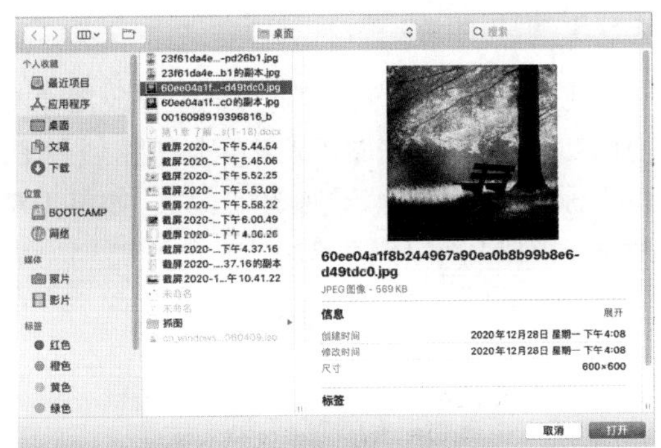

图 4-62　选择要替换的照片

4.5.2　应用案例——创建图像画廊

在 Pages 中可以制作类似网页轮播图的图像画廊效果。

01 单击工具栏上的“媒体”按钮，在弹出的下拉菜单中选择“图像画廊”选项，如图 4-63 所示。在文稿页面中插入一个图像占位符，如图 4-64 所示。

图 4-63　选择“图像画廊”选项

图 4-64　图像占位符

02 用户可以通过拖曳占位符四周的控制点调整图像画廊的尺寸，如图 4-65 所示。单击占位符右下角的图标或直接将图像从外部拖曳到占位符上，完成图像的插入操作，如图 4-66 所示。

图 4-65　调整占位符尺寸

图 4-66　拖入图像

03 拖入的图像将自动覆盖占位符，效果如图 4-67 所示。用户可以双击图像下方的文本，为图像输入说明文字，如图 4-68 所示。

图 4-67　图像效果

图 4-68　输入说明文字

04 继续使用相同的方法拖入图像，完成图像画廊的制作，如图 4-69 所示。单击说明文字下方的黑点或图像两侧的箭头，可以实现在不同的图像间快速切换，如图 4-70 所示。

图 4-69　图像画廊效果

图 4-70　切换图像效果

05 双击图像画廊中的任意一张图像，可以通过拖曳调整图像的显示位置，如图 4-71 所示。拖曳底部的滑块可以实现放大或缩小图像的操作，如图 4-72 所示。

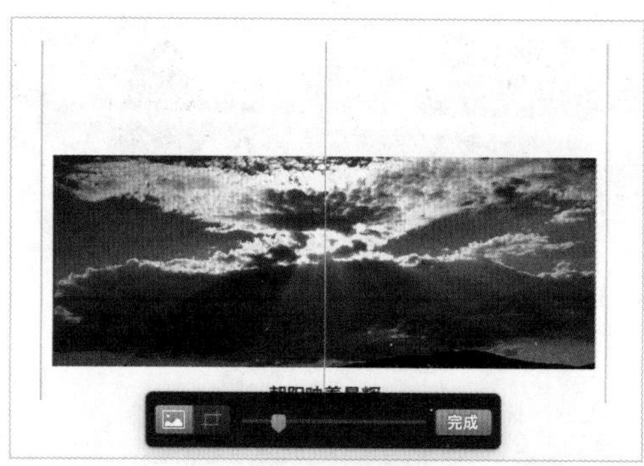

图 4-71　拖曳图像

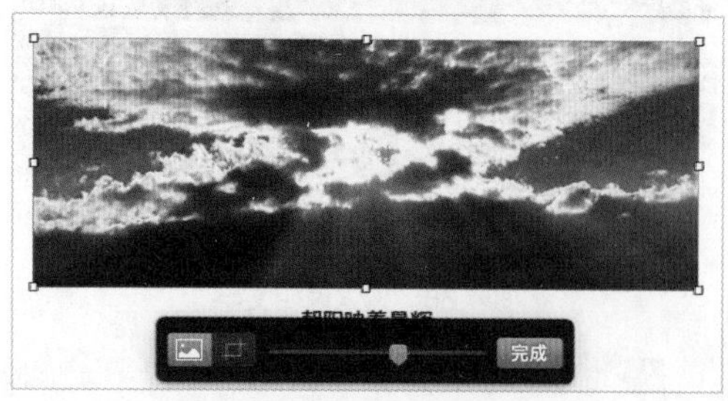

图 4-72　缩放图像

4.5.3　遮罩照片

遮罩是一种隐藏图像局部而不修改图像本身的处理方式。双击图像或者单击右侧边栏“图像”标签下方的“编辑遮罩”按钮，如图 4-73 所示，图像上将出现遮罩。

图 4-73　单击“编辑遮罩”按钮

默认遮罩的大小与图像相同，可以通过拖曳控制框调整遮罩的位置，如图 4-74 所示，然后单击“完成”按钮，即可完成遮罩照片的操作。

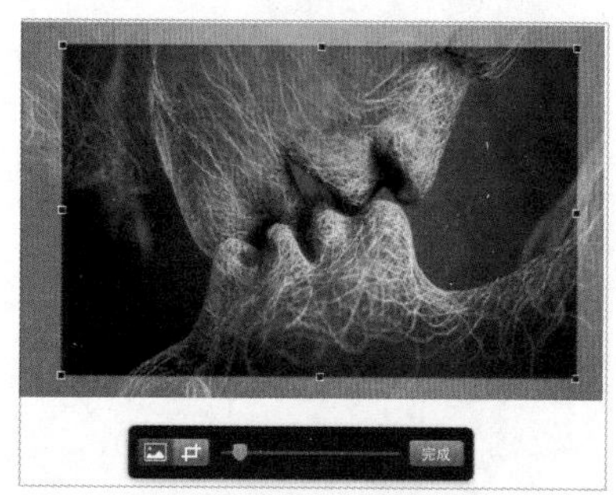

图 4-74　遮罩照片效果

> **提示**
>
> 在完成遮罩操作的图像上单击鼠标右键，在弹出的快捷菜单中选择“还原遮罩”选项，即可将图像恢复到最初状态。

4.5.4　使用即时 Alpha

使用“即时 Alpha”可以将图像的局部设置为透明，此功能适用于移除图像的背景或颜色，类似平面设计中的抠图操作。

选择图像，单击右侧边栏“图像”标签下方的“即时 Alpha”按钮，如图 4-75 所示。

在图像上单击（或按住鼠标左键在想要透明的区域上拖曳）可以使单击的颜色区域透明，透明效果如图 4-76 所示。

图 4-75　单击“即时 Alpha”按钮

图 4-76　拖曳透明效果

单击“完成”按钮，即可完成“即时 Alpha”的操作；单击“还原”按钮，即可将图像还原到原始状态。

提示

拖曳时，按住 Option 键，将移除该颜色的所有内容；按住 Shift 键，会将移除的颜色添加回图像。

4.5.5　调整图像

为了获得更好的页面效果，用户可以调整插入页面中图片的曝光和饱和度等属性。选择要调整的图像（图 4-77），拖曳右侧边栏“调整”选项下的“曝光”和“饱和度”锚点，或直接在文本框中输入数值，如图 4-78 所示，可以得到调整图像曝光和饱和度后的效果。

图 4-77　选中图像

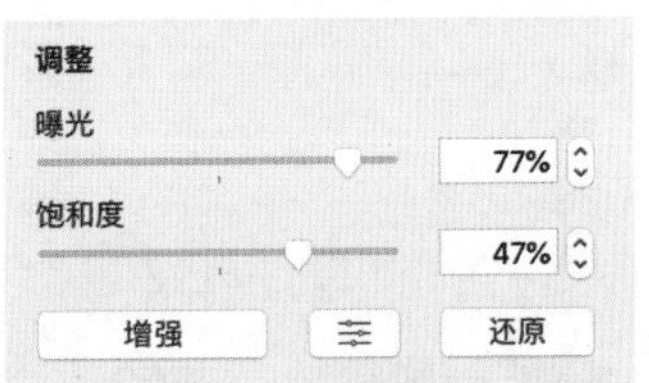

图 4-78　拖曳调整曝光和饱和度

调整后的图像效果如图 4-79 所示。用户也可以通过单击“增强”按钮，实现快速调整图像曝光和饱和度的操作，如图 4-80 所示。单击“还原”按钮会移除图像的调整效果，将图像恢复到插入时的状态。

图 4-79　图像调整效果

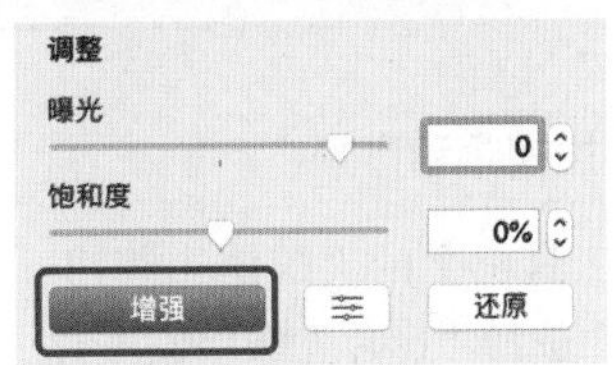

图 4-80　单击“增强”按钮

单击“切换高级调整选项”按钮，将弹出“调整图像”对话框，如图 4-81 所示。在该对话框中，用户可以对图像的曝光、对比度、饱和度、高光、暗调、清晰度、降噪、色温和色调进行调整，获得更符合要求的图像效果。

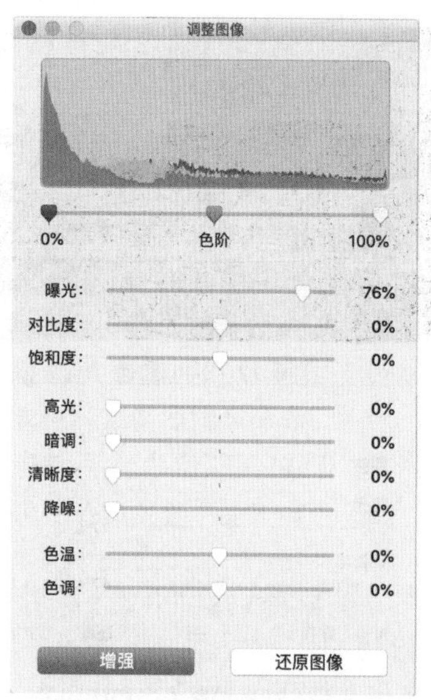

图 4-81 “调整图像”对话框

4.6 插入视频或音频

用户可以将视频或音频（音乐文件、iTunes 资料库中的播放列表或声音片段）添加到文稿中，以丰富文稿的功能和效果。

> **提 示**
>
> 视频和音频文件必须采用 Mac 上 QuickTime 支持的格式。如果不能添加或播放视频 / 音频文件，可尝试使用 iMovie、QuickTime Player 或 Compressor 将文件转换为 H.264（720p）视频或 MPEG-4 音频格式的 QuickTime 文件。

4.6.1 添加视频和音频

单击工具栏上的“媒体”按钮，在弹出的下拉菜单中选择“影片”选项或“音乐”选项，如图 4-82 所示。单击要添加的视频或音频，即可将视频或音频添加到当前文稿页面中，如图 4-83 所示。

用户也可以直接将外部的视频或音频拖曳到 Pages 文稿页面中，完成视频或音频的插入操作。

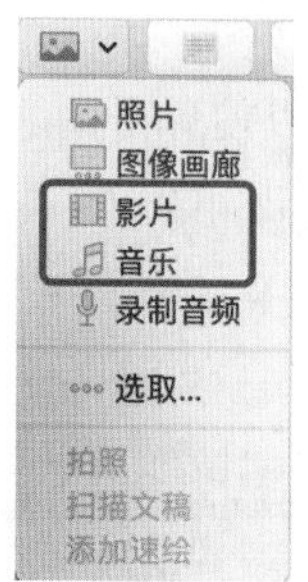

图 4-82 插入影片或音乐

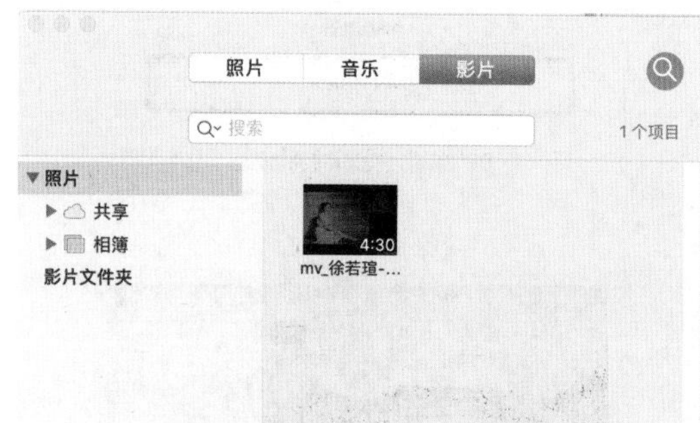

图 4-83 选择要添加的影片或音乐

4.6.2 编辑视频和音频

单击视频上的“播放”按钮，即可播放该视频，如图 4-84 所示。选中插入的视频，可以在右侧边栏“影片”标签下调整视频的“音量”和“重复”方式，也可以在“编辑影片”选项下完成“修剪”和“标记帧”的操作，如图 4-85 所示。

图 4-84 播放视频

用户可以使用相同的方法编辑插入到文稿页面中的音频，在右侧边栏“音乐”标签下调整音频的“音量”和“重复”方式，也可以在“编辑音频”选项下完成“修剪”音频的操作，如图 4-86 所示。

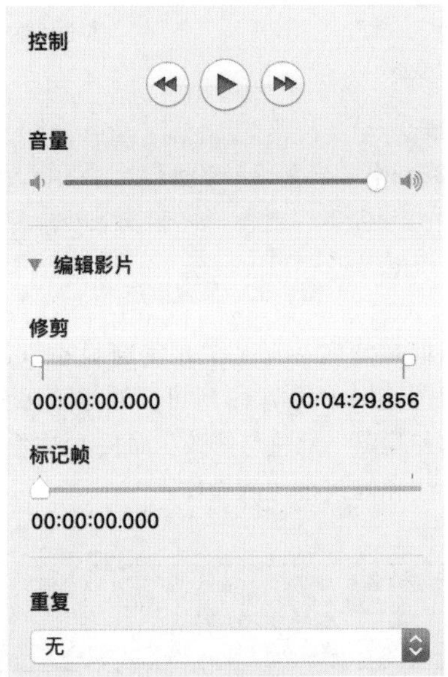

图 4-85　编辑影片

图 4-86　编辑音频

4.6.3　优化影片以用于 iOS

用户可以设置自动将文稿中的影片转换成 H.264（720p）格式，以便在 iOS 设备上播放。

执行“Pages 文稿→偏好设置”命令，在弹出的“通用”对话框中，勾选“为 iPhone 和 iPad 优化影片和图像”复选框，如图 4-87 所示，即可完成优化影片的操作。

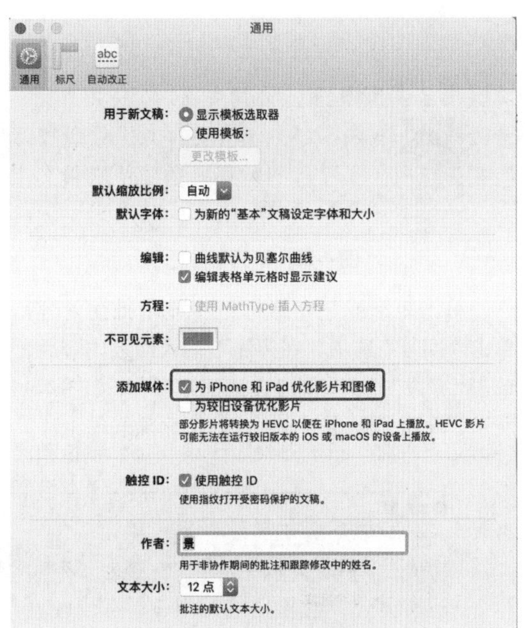

图 4-87　优化影片

4.7　插入批注

为了便于分享和修改，用户可以为文稿中的文本、对象、图表和表格单元格添加批注，向审阅者提问或提供编辑建议。

4.7.1　添加、查找和删除批注

当需要在文稿中添加批注时，选中需要添加批注的对象，单击工具栏中的“批注”按钮 或执行“插入→批注”命令，在文本框中输入如图 4-88 所示的批注内容后，单击“完成”选项，即可完成批注的添加。

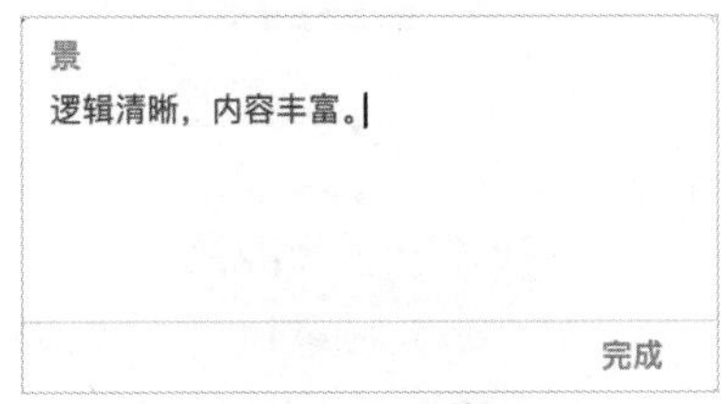

图 4-88　添加批注

添加批注的对象左上角会显示一个黄色的正方形，左侧会显示一个棕色的线条，看起来像一个飘扬的“旗帜”，如图 4-89 所示。

图 4-89　单元格批注

单击矩形或三角形标记将显示批注内容。单击“回复”选项，在标注下输入回复内容后，单击“完成”按钮，即可完成回复操作，如图 4-90 所示。单击“删除”选项，即可删除当前批注。

图 4-90　回复批注

添加批注时，在文稿顶部将显示批注工具栏，如图 4-91 所示。用户可以通过该工具栏完成显示和隐藏“批注与修改”面板、浏览批注、添加批注和修改批注的操作。

图 4-91　批注工具栏

4.7.2　显示、隐藏和跟踪批注

用户可以显示或隐藏文稿和“批注”边栏（如果显示）中的批注，执行以下操作。

单击工具栏中的“显示”按钮，在弹出的下拉菜单中选择“显示批注”选项或“隐藏批注”选项，即可实现显示或隐藏批注的操作，如图 4-92 所示。

图 4-92　显示 / 隐藏批注（一）

执行“显示→批注与修改→显示批注”或“隐藏批注”命令，也可以实现显示或隐藏批注的操作，如图 4-93 所示。

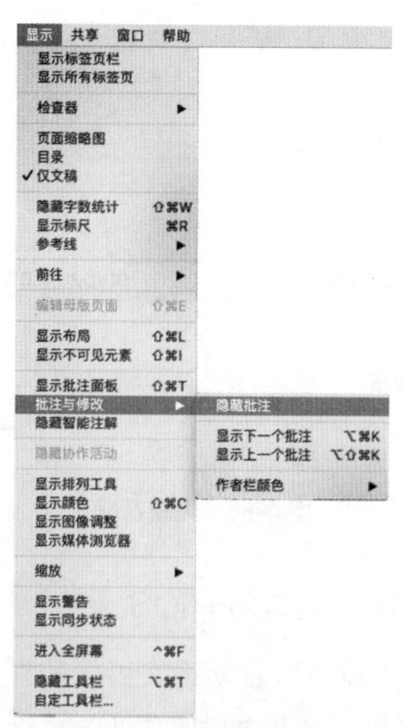

图 4-93　显示 / 隐藏批注（二）

用户可以通过单击批注工具栏右侧的“跟踪修改”选项（图 4-91），启动批注跟踪服务，如图 4-94 所示。当用户修改批注对象时，将激活工具栏中的“接受”按钮和“拒绝”按钮，用户可以根据需求选择接受或拒绝批注，如图 4-95 所示。

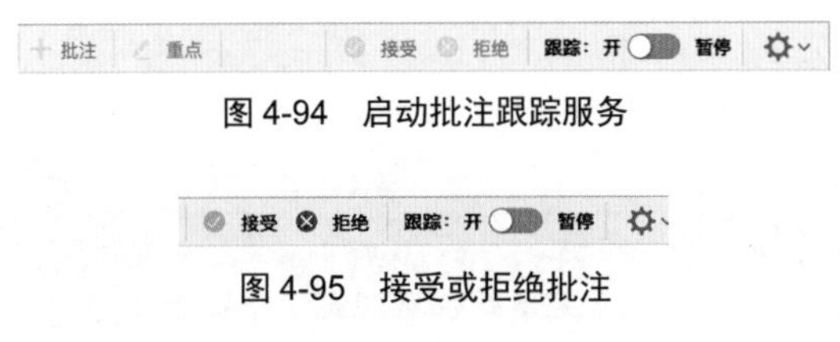

图 4-94　启动批注跟踪服务

图 4-95　接受或拒绝批注

单击批注工具栏右侧的⚙图标，弹出如图 4-96 所示的下拉菜单。用户可以选择不同的选项，完成显示哪些修改、接受或拒绝所有修改及停止跟踪修改等操作。

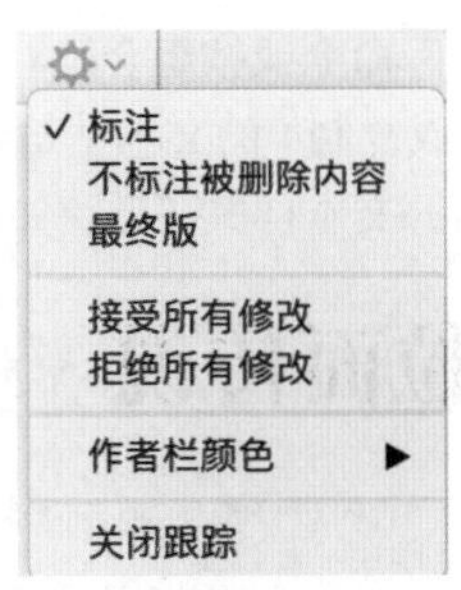

图 4-96　批注下拉菜单

4.7.3　更改批注文本的默认大小

执行“Pages 文稿→偏好设置”命令，弹出“通用”对话框，在该对话框底部的“文本大小”下拉列表中选择一个数值，用来设置批注文本的默认大小，如图 4-97 所示。

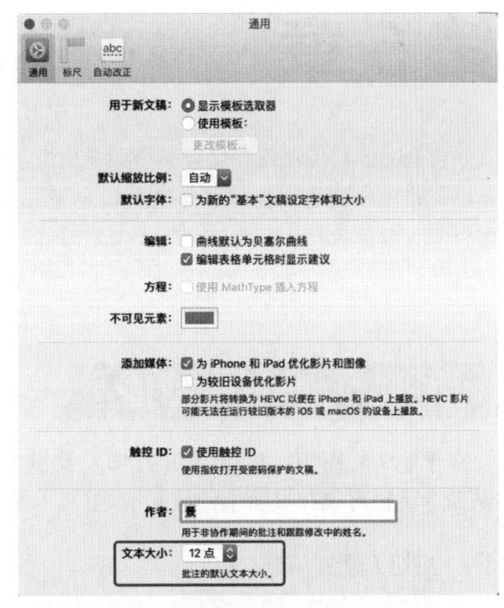

图 4-97　设置批注文本的默认大小

4.8　本章小结

单调的文字文稿很难吸引浏览者的注意，且文字又远不及图表和表格具有直观的说服力。Pages 文稿软件提供了多种可插入的对象供用户选择，如表格、图标、形状、线条、图像、视频、音频和标注等，通过使用这些对象，可以有效地提高文稿的美观性，增强页面的吸引力。

第 5 章 对象的基本操作

在 Pages 文稿中通常包含多种对象，用户可以通过复制、粘贴、对齐、分布、分层、绕排、大小、位置、旋转、翻转、分组和锁定等基本操作控制对象。本章中将详细讲解 Pages 文稿中对象的基本操作方法和技巧。

5.1 剪切 / 复制 / 粘贴对象

在 Pages 文稿中，可以通过剪切、复制和粘贴命令调整对象在页面中的位置或顺序。

5.1.1 剪切 / 复制 / 粘贴文本

选中要剪切（或复制）的文本，如图 5-1 所示。执行“编辑→剪切”命令或按组合键 Command+X，即可将文本剪切到内存中，如图 5-2 所示。

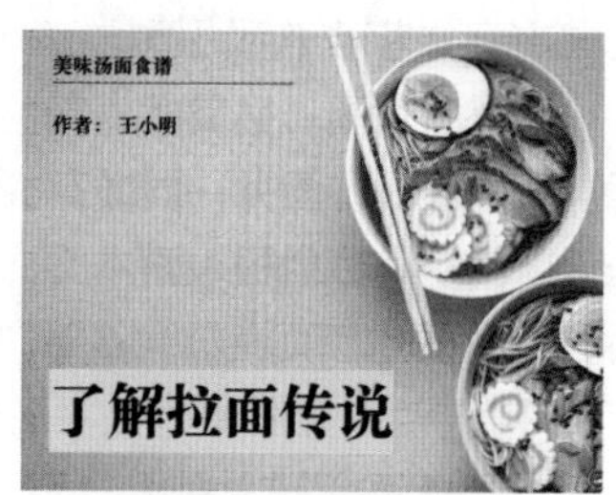

美味汤面食谱
作者：王小明
了解拉面传说

图 5-1 选中文本

美味汤面食谱
作者：王小明

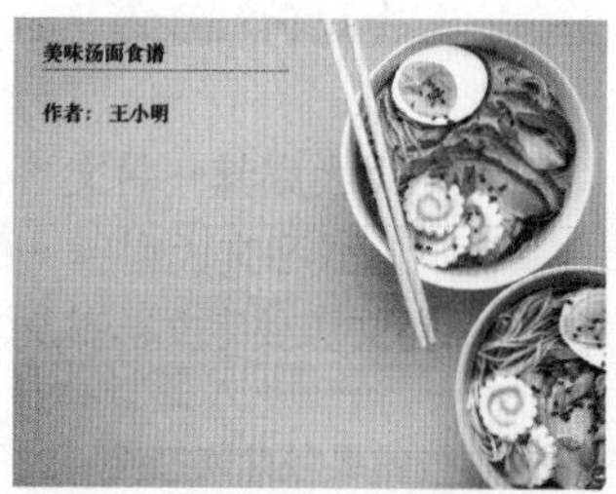

图 5-2 剪切文本效果

提示

剪切与复制的不同之处在于，“剪切”命令会删除源文字，而“复制”命令会保留源文字。

将光标移动到想要粘贴文本的页面，执行“编辑→粘贴”命令或按组合键 Command+V，即可将剪切（或复制）的文本粘贴到当前位置，粘贴的文本与原文本样式一致，如图 5-3 所示。

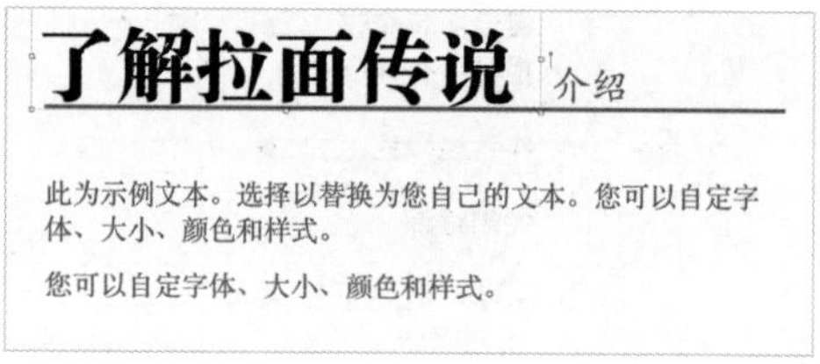

了解拉面传说
介绍
此为示例文本。选择以替换为您自己的文本。您可以自定字体、大小、颜色和样式。
您可以自定字体、大小、颜色和样式。

图 5-3 粘贴文本

将光标移动到想要粘贴文本的位置，执行“编辑→粘贴并匹配样式”命令，粘贴的文本将自动匹配粘贴入的段落样式，如图 5-4 所示。

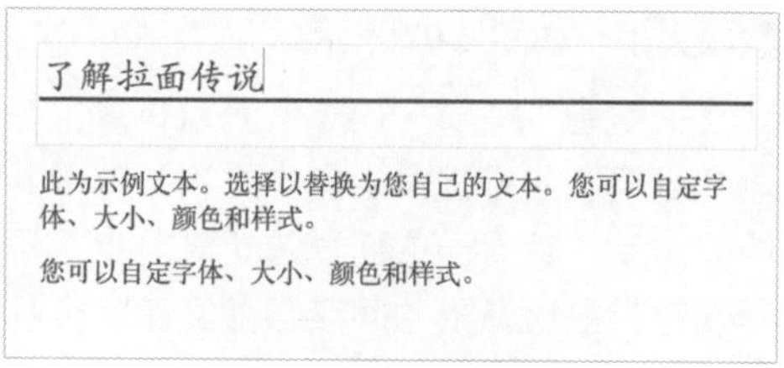

了解拉面传说
此为示例文本。选择以替换为您自己的文本。您可以自定字体、大小、颜色和样式。
您可以自定字体、大小、颜色和样式。

图 5-4 粘贴并匹配样式

5.1.2 复制和粘贴文本样式

用户除了可以复制文本以外，还可以只复制文本的文本样式，并可以将复制的文本样式粘贴到其他的文本中。

选中文本或将光标放在要复制样式的文本中，如图 5-5 所示，执行“格式→复制样式”命令。将光标移动到想要应用复制样式的文本段落中，执行“格式→粘贴样式”命令，即可将复制的样式应用到新的段落中，效果如图 5-6 所示。

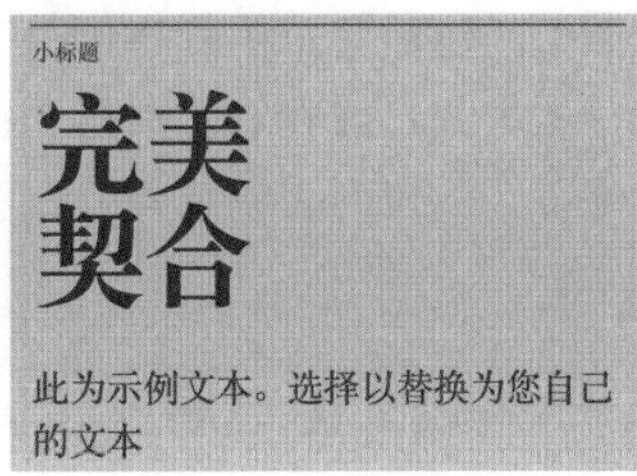

图 5-5　复制样式

小标题
完美
契合
此为示例文本。选择以替换为您自己的文本

图 5-6　粘贴样式

将光标放在段落中或选择整个段落、文本框、带文本的形状，执行“粘贴样式”命令后，现有的段落或字符样式被替换成所粘贴的样式。如果选择段落的局部粘贴样式，则粘贴的样式只会替换选中文本的样式。

在 Pages 文稿中进行各种操作时，使用快捷键可以帮助用户快速完成操作。表 5-1 所示为复制文稿时常用的快捷键。

表 5-1

操　作	快　捷　键
剪切所选部分	Command+X 键
复制所选部分	Command+C 键
复制段落样式	Option+Command+C 键
粘贴所选部分	Command+V 键
粘贴段落样式	Option+Command+V 键
粘贴并匹配目标文本的样式	Option+Shift+Command+V 键
复制文本的图形样式	Option+Command+C 键
粘贴文本的图形样式	Option+Command+V 键

5.2　对齐和分布对象

Pages 文稿为用户提供了多种对齐和分布对象的方式，可帮助用户快速对齐和分布文稿页面中的对象，获得更整齐的页面效果。

5.2.1　应用案例——对齐页面中的对象

01 在 Pages 文稿中新建一个“生日贺卡”信纸，如图 5-7 所示。单击工具栏中的“文本”按钮，在页面中插入文本框并输入文本，如图 5-8 所示。

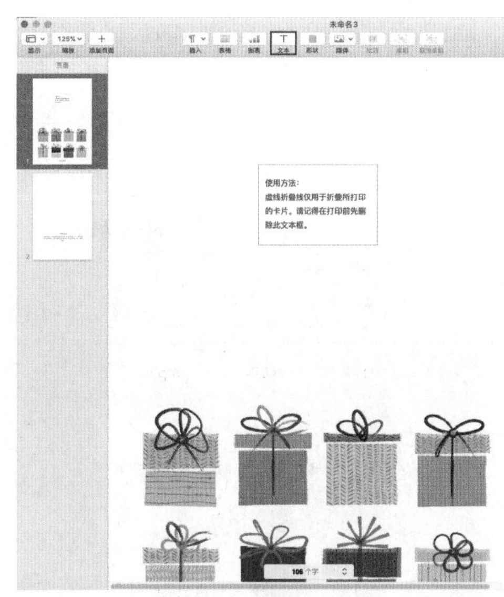

图 5-7　新建文稿

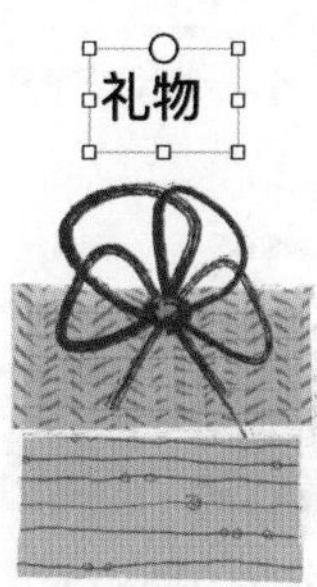

图 5-8　输入文本

02 继续使用相同的方法，插入文本框并输入文本，如图 5-9 所示。拖曳选中所有文本框，如图 5-10 所示。

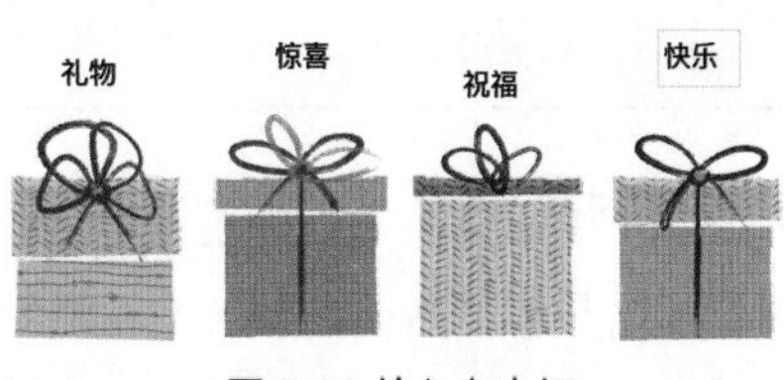

图 5-9　输入文本框

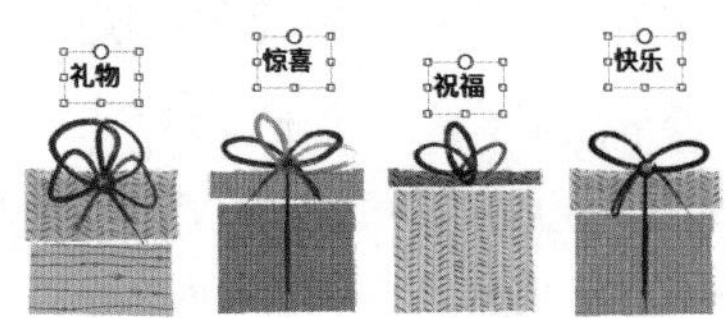

图 5-10　选中文本框

03 单击鼠标右键，在弹出的快捷菜单中选择“对齐对象→顶部”选项，或在右侧边栏“排列”标签下方“对齐”下拉列表中选择“顶部”选项，如图 5-11 所示。顶部对齐效果如图 5-12 所示。

图 5-11　选择对齐方式

图 5-12　顶部对齐效果

提示

对齐所选择的两个或两个以上的对象时，将与最靠近对齐方向的对象对齐。例如，如果将 3 个对象向左对齐，则与左侧距离最远的对象不会移动，其他对象与其对齐。

5.2.2　分布对象

用户可以在水平和垂直方向上等距的放置对象。选择 3 个或 3 个以上的对象，单击鼠标右键，在弹出的快捷菜单中选择“分布对象”选项下的分布方式，或在右侧边栏“排列”标签下方“分布”下拉列表中选择分布方式，如图 5-13 所示。

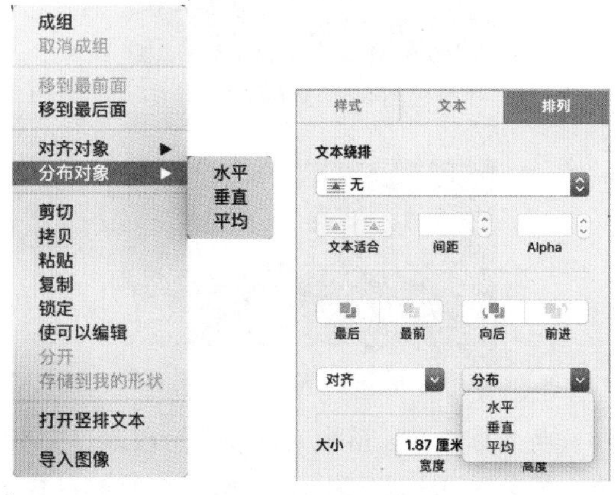

图 5-13　分布对象

分布方式共有水平、垂直和平均 3 种，每种方式的具体含义如下。

- 水平：对象在水平轴上等距。
- 垂直：对象在垂直轴上等距。
- 平均：对象在水平轴和垂直轴上都等距。

5.3　排列对象

Pages 文稿页面中的对象通常采用堆栈的方式排列，既方便管理又可以使页面中的对象呈现层次感。

一般情况下，后插入到页面中的对象将位于已经插入页面中所有对象的顶部，如图 5-14 所示。用户可以通过单击右侧边栏“排列”标签下的“向后”按钮或“前进”按钮，调整对象在页面中的层级，如图 5-15 所示。

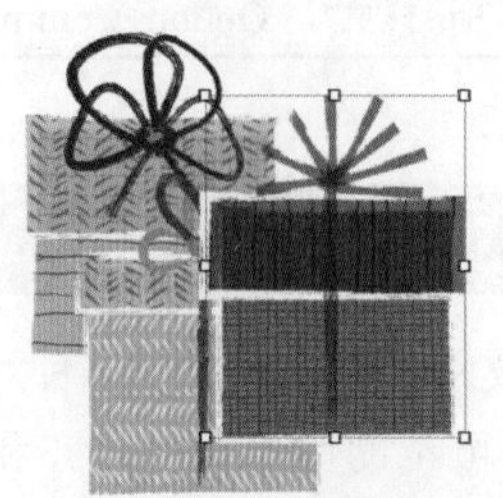

图 5-14　对象位于所有对象顶部

图 5-15　调整对象层级

单击“最后”按钮，可将对象移动到页面中所有对象的底层；单击“最前”按钮，可将对象移动到页面中所有对象的顶层，如图 5-16 所示。

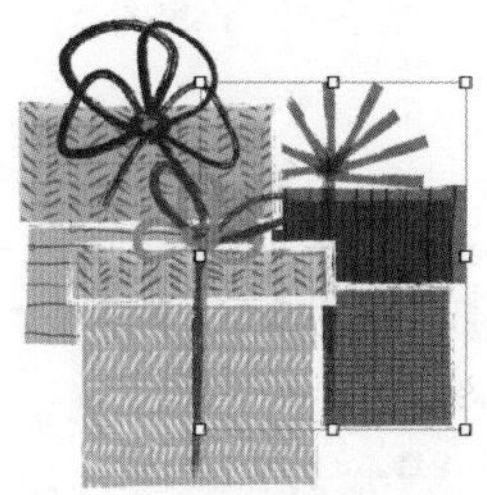

图 5-16　向后移动对象

选中对象后，单击鼠标右键，在弹出的快捷菜单中选择“移到最前面”选项或“移到最后面”选项，可以快速地将对象移动到页面中所有对象的顶层或底层，如图 5-17 所示。

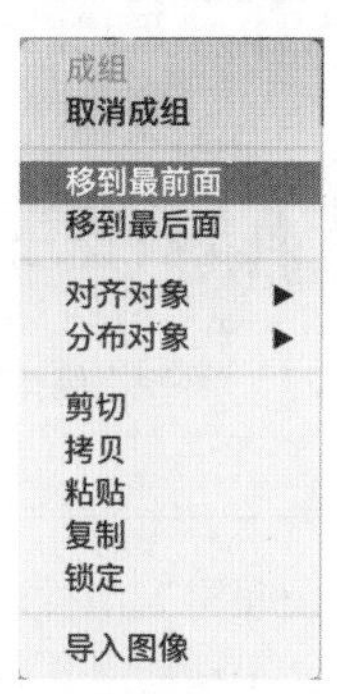

图 5-17　用快捷菜单移动对象

提示

执行“显示→显示排列工具”命令，可浮动显示“排列”面板。用户可以通过自定义工具栏，在工具栏上添加排列按钮，便于用户使用。

5.4　设置文本绕排

文本绕排是指文字围绕着图像、视频或形状排列的方法。文稿中通常包含图片和文字，为了获得更好的版面效果，常常会使用文本绕排。

在页面布局文稿中，绕排对象始终固定在页面中的某个位置，如图 5-18 所示。在文字处理文稿中，如果将对象直接放置在页面中，绕排时对象将不会移动。如果将对象放置到文本中（通过标记表示），当输入文本时，对象会随文本移动，如图 5-19 所示。

ASD荨麻（学名：*Urtica fissa* E. Pritz.）：多年生草本植物，高可达100厘米，四棱形，分枝少。叶片近膜质，宽卵形、椭圆形、五角形或近圆形轮廓，裂片自下向上逐渐增大，三角形或长圆形，上面绿色或深绿色，下面浅绿色，叶柄密生刺毛和微柔毛；托叶草质，绿色，雌雄同株，花序圆锥状，雄花具短梗，花被片在中下部合生，雌花小，几乎无梗；瘦果近圆形，表面有带褐红色的细疣点；8-10月开花，9-11月结果。

图 5-18　页面布局文稿中的文本绕排

ASD荨麻（学名：*Urtica fissa* E. Pritz.）：多年生草本植物，高可达100厘米，四棱形，分枝少。叶片近膜质，宽卵形、椭圆形、五角形或近圆形轮廓，裂片自下向上逐渐增大，三角形或长圆形，上面绿色或深绿色，下面浅绿色，叶柄密生刺毛和微柔毛；托叶草质，绿色，雌雄同株，花序圆锥状，雄花具短梗，花被片在中下部合生，雌花小，几乎无梗；瘦果近圆形，表面有带褐红色的细疣点；8-10月开花，9-11月结果。

图 5-19　对象放置在文本中

5.4.1　将对象放置到页面或文本

在文稿中选择对象，单击右侧边栏“排列”选项卡下的“停留在页面”按钮，如图 5-20 所示，则对象将保持在页面的固定位置，如图 5-21 所示。

图 5-20　单击“停留在页面”按钮

图 5-21　对象保持在固定位置

单击如图 5-22 所示的“随文本移动”按钮，对象通过📍标记被放置在文本中。文本移动时，对象会随着一起移动，如图 5-23 所示。

图 5-22 单击“随文本移动”按钮

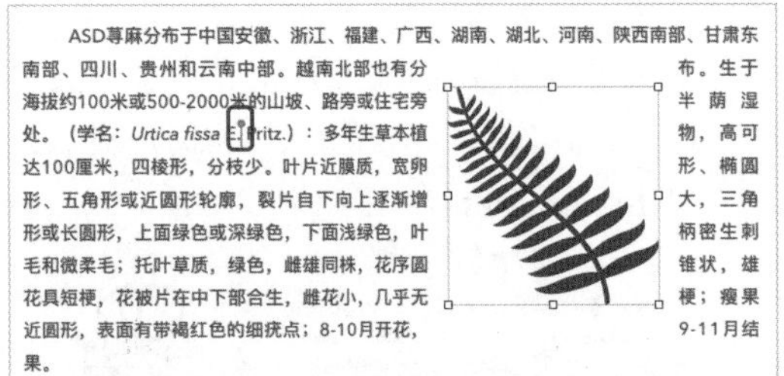

图 5-23 对象随文本移动

提示

如果“随文本移动”按钮为灰色，那么该文稿为页面布局文稿，这意味着无法将对象通过📍标记放置在文本中。

5.4.2 应用案例——围绕对象绕排文本

01 在 Pages 文稿中新建一个页面布局文稿，如图 5-24 所示。单击选中图像并向上拖曳，自动绕图效果如图 5-25 所示。

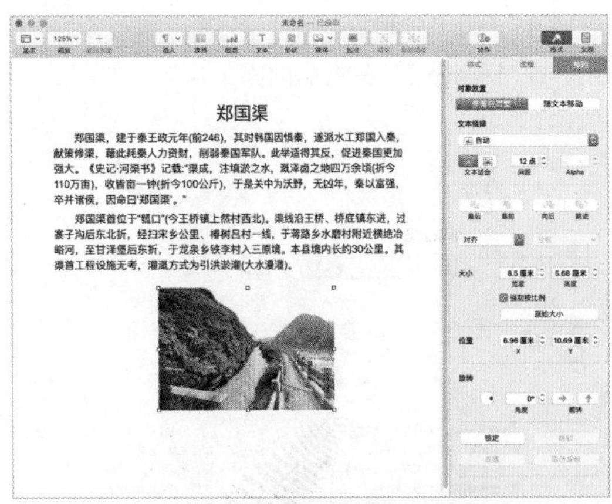

图 5-24 新建页面布局文稿

02 在右侧边栏“排列”选项卡下的“文本绕排”下拉列表中，选择“环绕”选项，如图 5-26 所示。文本绕排效果如图 5-27 所示。

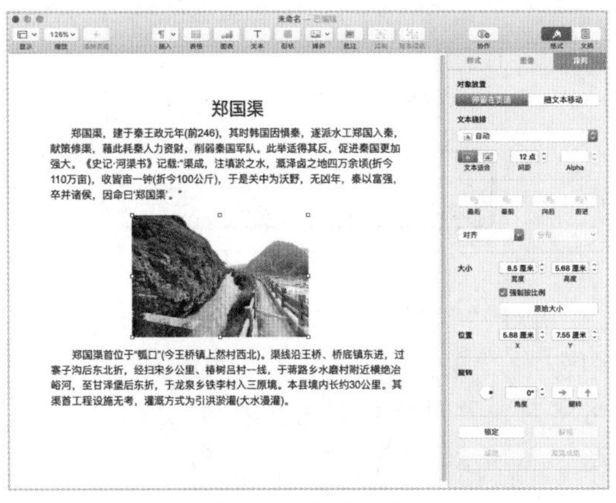

图 5-25 拖曳图像

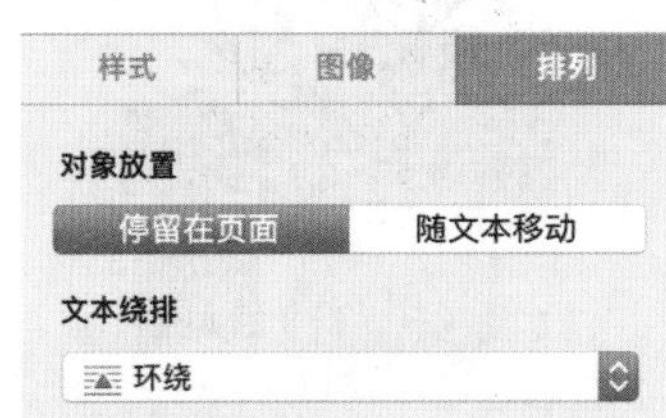

图 5-26 设置文本绕排方式

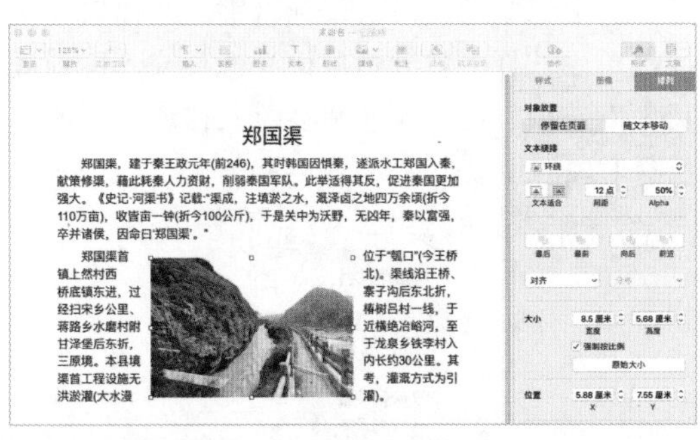

图 5-27 “环绕”绕排效果

提示

- 自动：将使用对象相对于页面和四周文本最适合的文本绕排选项来放置对象。
- 环绕：文本将在对象的四周绕排。
- 上方和下方：文本将在对象的上方和下方绕排，但不会在两侧绕排。
- 无：对象将不会影响文本的绕排。

03 设置“间距”为 30 点，用来设置对象和对象周围文本之间的间距，如图 5-28 所示。设置间距后的文本绕排效果如图 5-29 所示。

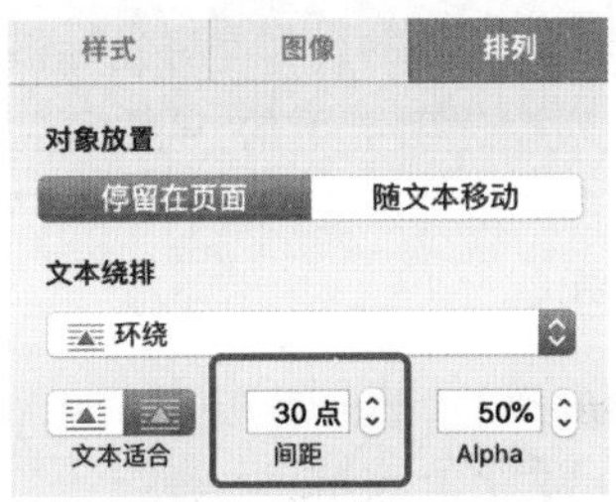

图 5-28　设置间距

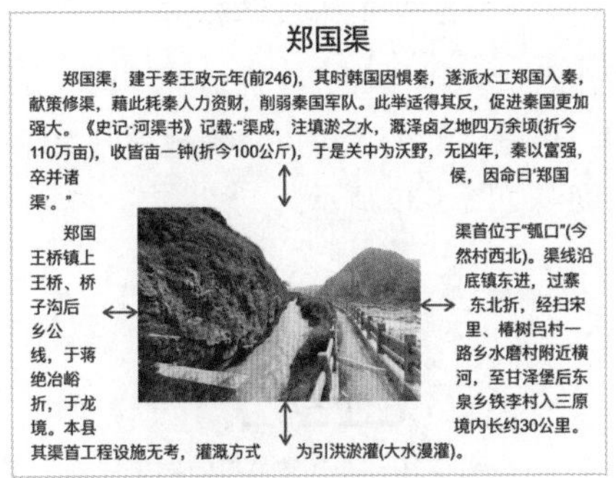

郑国渠

郑国渠，建于秦王政元年(前246)，其时韩国因惧秦，遂派水工郑国入秦，献策修渠，藉此耗秦人力资财，削弱秦国军队。此举适得其反，促进秦国更加强大。《史记·河渠书》记载:“渠成，注填淤之水，溉泽卤之地四万余顷(折今110万亩)，收皆亩一钟(折今100公斤)，于是关中为沃野，无凶年，秦以富强，
卒并诸　侯，因命曰‘郑国
渠’。”
郑国　渠首位于“瓠口”(今
王桥镇上　然村西北)。渠线沿
王桥、桥　底镇东进，过寨
子沟后　东北折，经扫宋
乡公　里、椿树吕村一
线，于蒋　路乡水磨村附近横
绝冶峪　河，至甘泽堡后东
折，于龙　泉乡铁李村入三原
境。本县　境内长约30公里。
其渠首工程设施无考，灌溉方式　为引洪淤灌(大水漫灌)。

图 5-29　设置间距后的绕排效果

5.4.3　文本适合

在使用不规则图形绕图时，可以通过设置“文本适合”获得更好的绕图效果。选择要绕排的图形，单击右侧边栏“排列”选项卡下“文本适合”左侧的按钮，使文本围绕对象的矩形边界绕排，如图 5-30 所示。

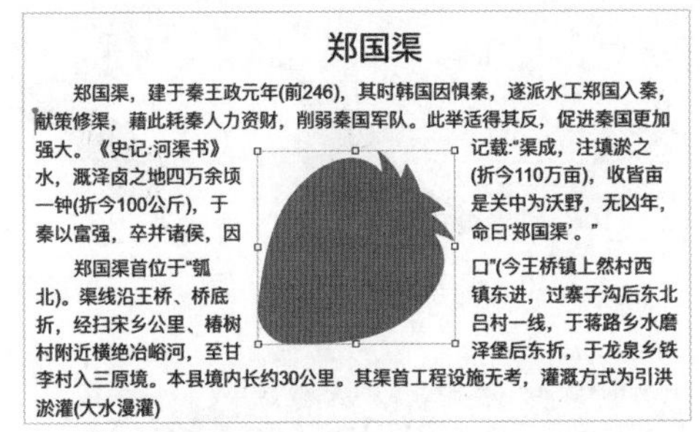

郑国渠

郑国渠，建于秦王政元年(前246)，其时韩国因惧秦，遂派水工郑国入秦，献策修渠，藉此耗秦人力资财，削弱秦国军队。此举适得其反，促进秦国更加
强大。《史记·河渠书》　记载:“渠成，注填淤之
水，溉泽卤之地四万余顷　(折今110万亩)，收皆亩
一钟(折今100公斤)，于　是关中为沃野，无凶年，
秦以富强，卒并诸侯，因　命曰‘郑国渠’。”
郑国渠首位于“瓠　口”(今王桥镇上然村西
北)。渠线沿王桥、桥底　镇东进，过寨子沟后东北
折，经扫宋乡公里、椿树　吕村一线，于蒋路乡水磨
村附近横绝冶峪河，至甘　泽堡后东折，于龙泉乡铁
李村入三原境。本县境内长约30公里。其渠首工程设施无考，灌溉方式为引洪淤灌(大水漫灌)

图 5-30　围绕矩形边界绕排

单击“文本适合”右侧的按钮，使文本沿着对象的轮廓绕排，如图 5-31 所示。

郑国渠

郑国渠，建于秦王政元年(前246)，其时韩国因惧秦，遂派水工郑国入秦，献策修渠，藉此耗秦人力资财，削弱秦国军队。此举适得其反，促进秦国更加
强大。《史记·河渠书》记载:“渠　成，注填淤之水，溉泽卤之地
四万余顷(折今110万亩)，收皆　亩一钟(折今100公斤)，于是
关中为沃野，无凶年，秦以　富强，卒并诸侯，因命曰
‘郑国渠’。”
郑国渠首位于“瓠　口”(今王桥镇上然村西北)。
渠线沿王桥、桥底镇东　进，过寨子沟后东北折，经
扫宋乡公里、椿树吕村一　线，于蒋路乡水磨村附近横绝冶
峪河，至甘泽堡后东折，于龙泉乡铁李村入三原境。本县境内长约30公里。其渠首工程设施无考，灌溉方式为引洪淤灌(大水漫灌)

图 5-31　沿对象轮廓绕排

5.5　大小和位置

在 Pages 文稿中，除了通过拖曳的方式调整对象的大小和位置以外，还可以通过在“排列”选项卡的“大小”文本框和“位置”文本框中输入数值，实现精确地控制对象的大小和位置。

选中对象，对象四周出现 8 个控制点，如图 5-32 所示。将光标移动到任意控制点上，按住鼠标左键拖曳，即可实现放大或缩小对象的操作。

图 5-32　选中对象

默认情况下，Pages 文稿采用等比例放大或缩小对象。操作时出现一条黄色的虚线（作为等比例缩放的辅助线），同时右侧出现提示对象大小的数值，如图 5-33 所示。

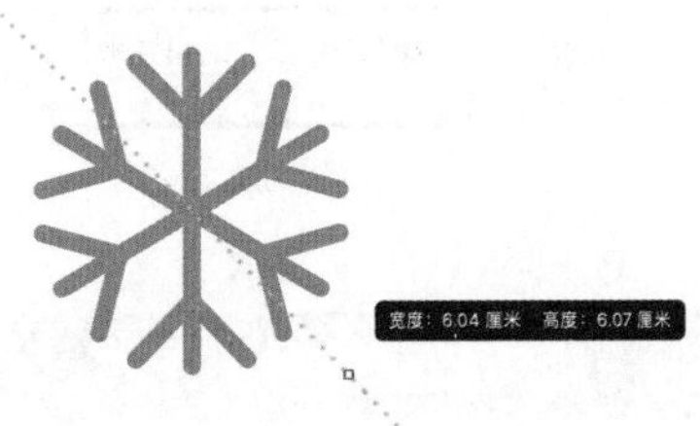

图 5-33　缩放对象

取消右侧边栏“排列”选项卡下的“强制按

比例”复选框（图 5-34），即可随意拖曳控制点来自由缩放对象。缩放效果如图 5-35 所示。

图 5-34　取消“强制按比例”复选框

图 5-35　自由缩放对象

用户可以在右侧边栏“排列”选项卡下的“宽度”文本框和“高度”文本框中输入数值，用来精准设置对象的大小，如图 5-36 所示。在“X”文本框和“Y”文本框中输入数值，以精确控制对象的位置，如图 5-37 所示。

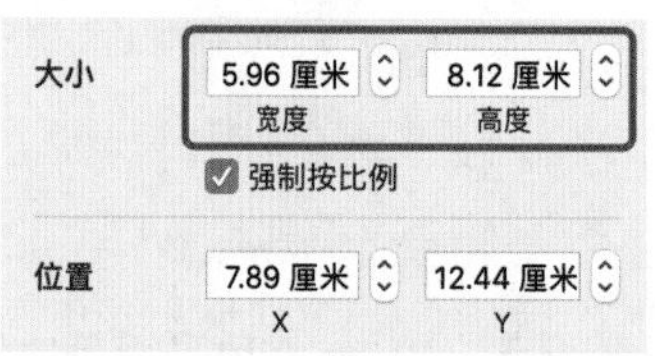

图 5-36　精确设置对象大小

图 5-37　精确控制对象位置

5.6　旋转和翻转对象

在 Pages 文稿中，用户可以旋转或翻转除表格和图表外的任意对象，例如图像、形状、文本框、线条、箭头和视频等。

5.6.1　旋转对象

选中想要旋转的对象，按住 Command 键，将光标移动到控制点上并按住鼠标左键拖曳，即可完成旋转对象的操作。将光标移动到右侧边栏“排列”选项卡下的◐图标上，按住鼠标左键拖曳，也可以实现旋转对象的操作，如图 5-38 所示。

图 5-38　拖曳旋转对象

在右侧边栏“排列”选项卡下的“角度”文本框中输入数值，可以精确地控制对象的旋转角度，如图 5-39 所示。

图 5-39　输入数值旋转对象

5.6.2　翻转对象

单击“水平翻转”按钮或执行“排列→水平翻转”命令，可以将选中的对象在水平方向上翻转，如图 5-40 所示。单击“垂直翻转”按钮或执行“排列→垂直翻转”命令，可以将选中的对象在垂直方向上翻转，如图 5-41 所示。

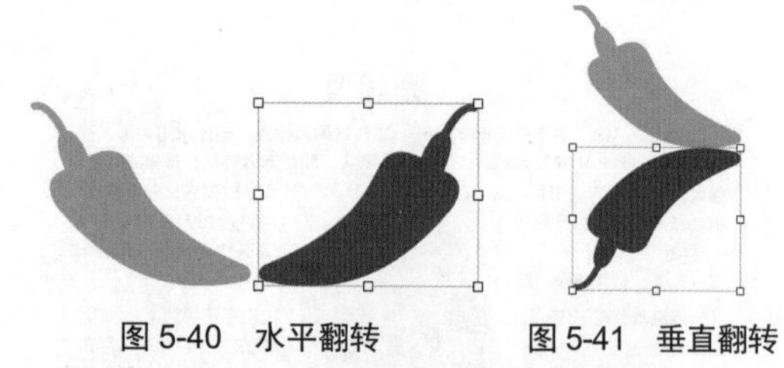

图 5-40　水平翻转　　图 5-41　垂直翻转

5.7　编组和锁定对象

为了方便移动、缩放和旋转多个对象，可将多个对象编组，作为一个对象参与编辑，还可以将对象锁定，以免进行移动和旋转等时出现误操作。

5.7.1　将对象编组或取消编组

拖曳选中想要编组的对象，如图 5-42 所示，然后单击鼠标右键，在弹出的快捷菜单中选择“成组”选项或单击右侧边栏“排列”选项卡下的“成组”按钮，即可将选中的对象编组，如图 5-43 所示。

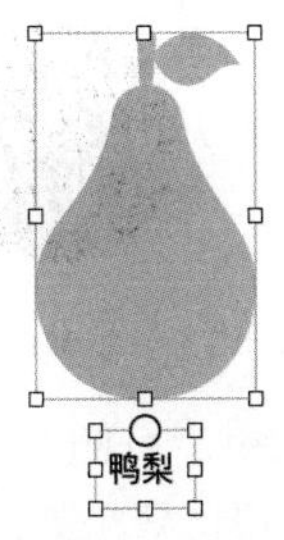

图 5-42　选中多个对象

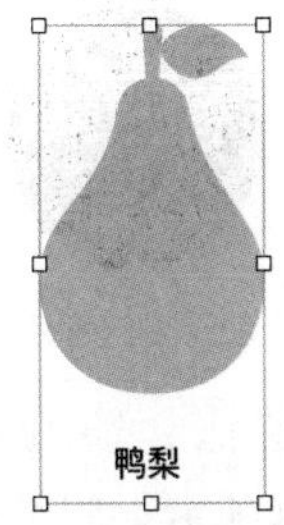

图 5-43　编组效果

编组后的对象将作为一个对象参与各种操作，双击成组对象，可选中组中的单个对象并进行编辑，如图 5-44 所示。

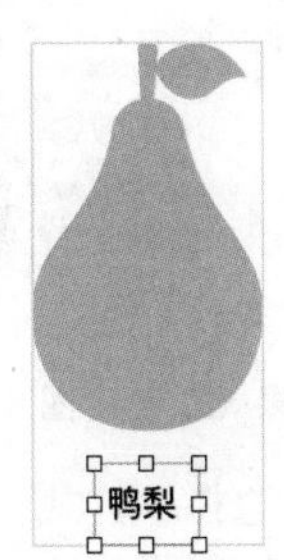

图 5-44　编辑单个对象

选中编组的对象，单击鼠标右键，在弹出的快捷菜单中选择“取消成组”选项或单击右侧边栏“排列”选项卡下的“取消成组”按钮，即可取消编组，如图 5-45 所示。取消编组后的对象将单独参与编辑。

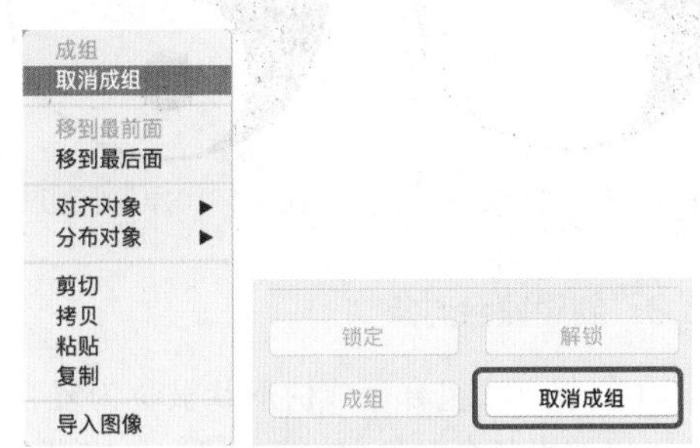

图 5-45　取消编组

5.7.2　锁定和解锁对象

选中要锁定的对象，单击“排列”选项卡下的“锁定”按钮，按组合键 Command+L 或执行“排列→锁定”命令，都可以完成锁定对象的操作，如图 5-46 所示。

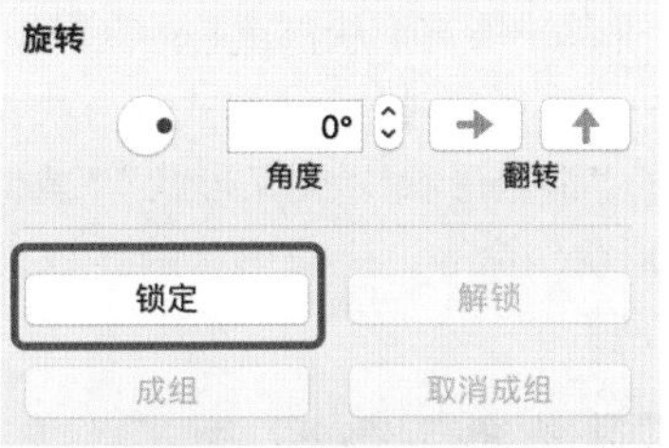

图 5-46　单击“锁定”按钮

锁定后对象四周的控制框呈现灰色，且无法以任何方式移动、删除或修改（除非进行解锁），如图 5-47 所示。

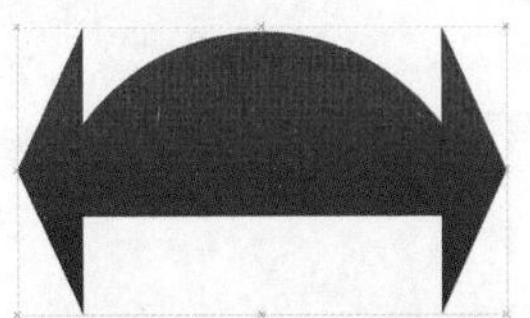

图 5-47　控制框为灰色

选中要解锁的对象，单击“排列”选项卡下的“解锁”按钮，按组合键 Option+Command+L 或执行“排列→解锁”命令，都可以解锁当前选中对象。

5.8　形状的计算

在 Pages 文稿中，通过将一个形状与另一个形状组合，可以创建新形状。

5.8.1　创建新形状

选中要组合的对象，在右侧边栏“排列”选项卡的底部有“混合”“交叉”“减少”“排除”4 种计算方法，如图 5-48 所示。

图 5-48　形状计算方法

- 混合：将所选形状合并成一个新形状。
- 交叉：用所选形状的交叉部分来创建新形状。
- 减少：通过用背面形状剪出前面形状来创建新形状。
- 排除：将所选形状合并成一个新形状，并移出所有形状都重叠的区域。

用户也可以通过执行“格式→形状和线条”命令下的“混合形状”“交叉形状”“减少形状”“排除形状”命令，完成形状的计算操作，如图 5-49 所示。

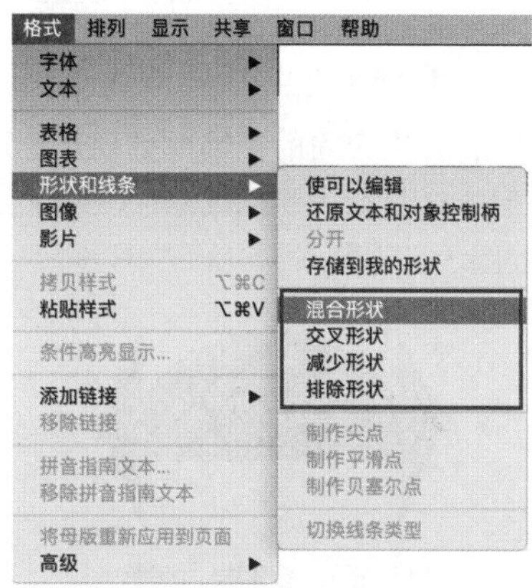

图 5-49　形状计算命令

5.8.2　应用案例——创建八卦图形状

01 新建一个 Pages 文稿，分别插入一个圆形和正方形形状，排列效果如图 5-50 所示。拖曳选中两个形状，单击右侧边栏“排列”选项卡下的“减少”按钮，效果如图 5-51 所示。

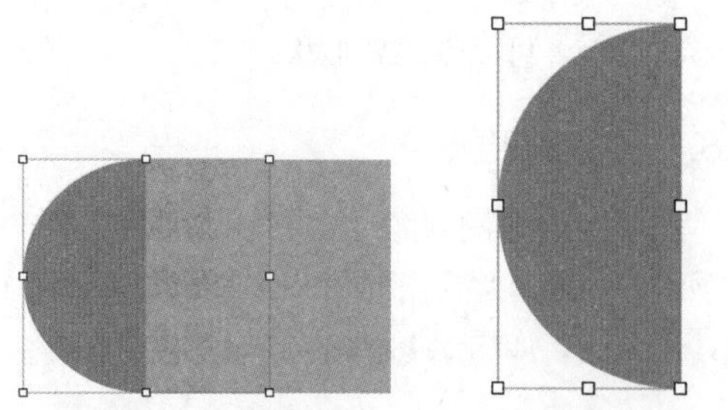

图 5-50　创建图形　　图 5-51　减少操作效果（一）

02 继续插入两个圆形，排列效果如图 5-52 所示。拖曳选中顶部的小圆和底部的半圆，单击右侧边栏“排列”选项卡下的“混合”按钮，效果如图 5-53 所示。

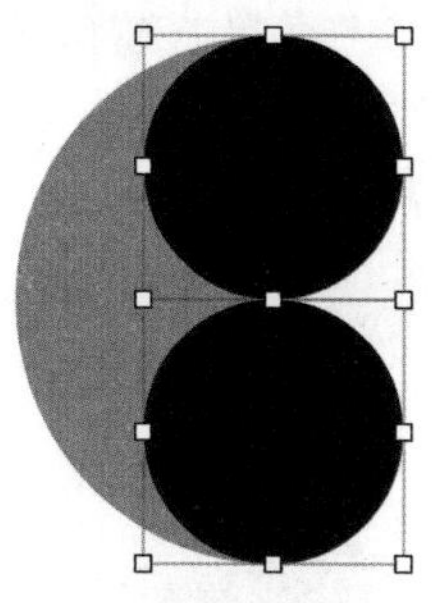

图 5-52　创建圆形　　图 5-53　混合操作效果

03 拖曳选中两个图形，单击右侧边栏“排列”选项卡下的“减少”按钮，效果如图 5-54 所示。继续插入一个圆形，调整大小和层级，效果如图 5-55 所示。

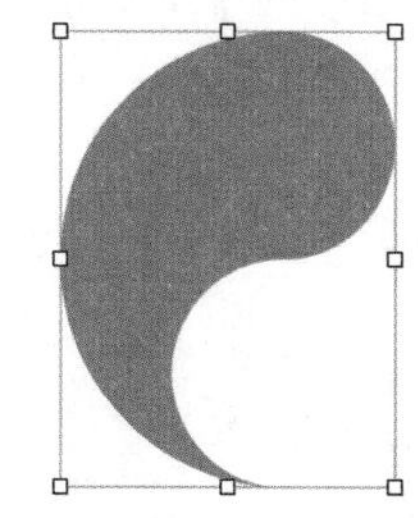

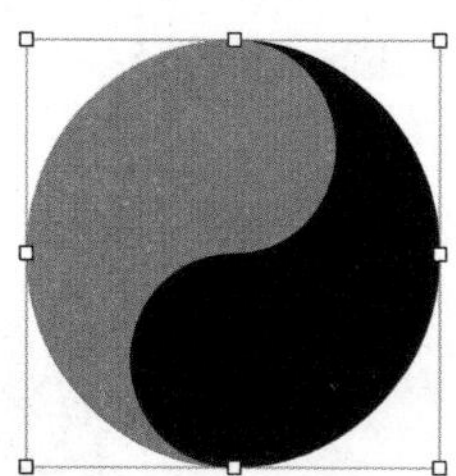

图 5-54　减少操作效果（二）　　图 5-55　插入圆形

04 修改右侧边栏“样式”选项卡中的“填充”和“边框”的参数，图形效果如图 5-56 所示。插入两个小圆形并分别调整至如图 5-57 所示的位置。

图 5-56　图形效果　　图 5-57　插入小圆形

5.8.3　创建复合对象

由多个形状组合而成的形状被称为复合对象。可以编辑复合对象中的每个部分，如图 5-58

所示。选中不相交的形状，单击右侧边栏“排列”选项卡底部的“混合”按钮，即可创建复合对象，如图 5-59 所示。

图 5-58　复合对象

图 5-59　创建复合对象

提示

复合对象与编组对象的区别在于，复合对象中的每个部分将共用同一个样式，而编组对象不能设置样式。

在复合对象上单击鼠标右键，在弹出的快捷菜单中选择“使可以编辑”选项，即可进入复合对象编辑模式，如图 5-60 所示。双击顶点可以在直线和曲线之间切换；拖曳两个顶点之间的中间点，将新添顶点。

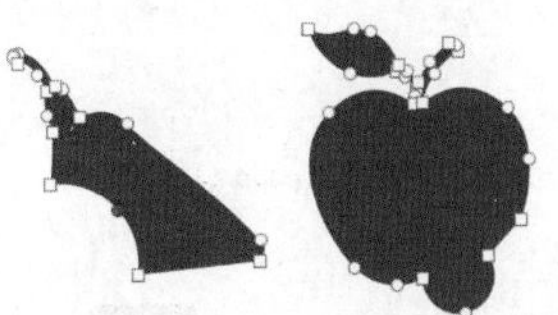

图 5-60　编辑复合对象

如图 5-61 所示，执行“格式→形状和线条→分开”命令，可将复合对象的各组成对象分开为单个对象。分开后的对象将单独参与编辑操作。

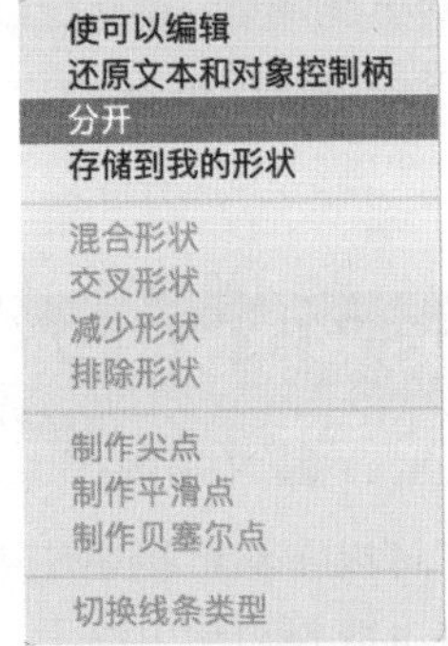

图 5-61　分开复合对象

5.9　本章小结

通过本章的学习，读者应掌握 Pages 文稿中对象的基本操作，例如熟练掌握复制对象、对齐和分布对象及排列对象的方法与技巧，并能够完成图片与文字的绕排、对象的编组和锁定、对象的旋转和翻转。通过掌握对象的基本操作，读者可以充分理解 Pages 文稿的工作流程和方法。

第 6 章　在 iOS 中使用 Pages 文稿

Pages 文稿拥有一个强大的功能，即它可以在移动端和 Mac 端间自由转换，实现 Mac 端与 iOS 移动端的无缝对接。通过前面章节的学习，读者对 Mac 端 Pages 文稿的操作已经有了一定的了解。本章将讲解如何在 iOS 移动端使用 Pages 文稿。

6.1　iOS 移动端的 Pages 文稿概述

用户除了可以在 Mac 端中使用 Pages 文稿外，还可以在 iOS 移动端中使用 Pages 文稿创建简单的文字处理文稿和页面布局文稿。

6.1.1　文稿管理器

单击 iOS 主界面中“Pages 文稿”图标，进入如图 6-1 所示的“文稿管理器”界面。在“文稿管理器（Pages 的默认界面）”界面中可以创建新文稿或打开现有文稿。

图 6-1　文稿管理器

在编辑文稿过程中，单击界面左上角的“文稿”按钮，可随时返回“文稿管理器”界面，如图 6-2 所示。

图 6-2　返回文稿管理器

6.1.2　文稿模板

单击“创建文稿”图标或界面右上角的＋按钮（图 6-3），进入如图 6-4 所示的“选取模板”界面。

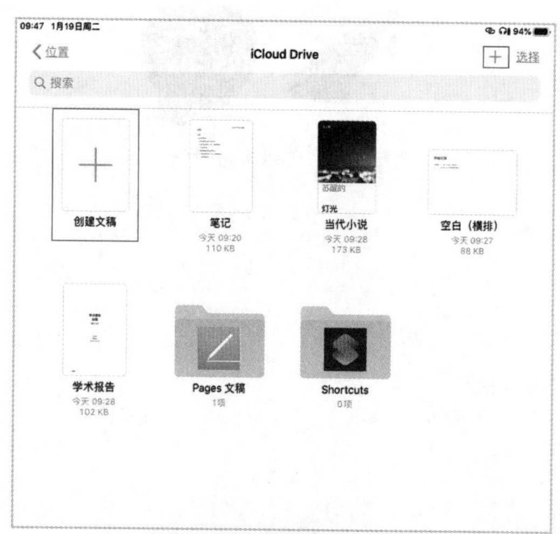

图 6-3　创建文稿

图 6-4　“选取模板”界面

“选取模板”界面中分为基本、报告、图书和信函等模板类型。如果想要创建简单的文稿，可以选择“基本”模板类型下的“空白”和“笔记”模板；如果想要创建较为复杂的文稿，可以选择“报告”“图书”或“信函”等文稿类型中的模板。

6.1.3　创建文稿

单击“选取模板”界面中“基本”模板类型下的“空白（黑色）”模板，进入黑色空白文稿的编辑界面，如图 6-5 所示。

单击复杂模板，将进入该文稿模板的编辑界面，如图 6-6 所示。用户可以在该文稿中完成添加文本、添加新对象（表格、图表、文本框、形状、线条和媒体）、替换占位符图形或删除对象等操作。

图 6-5　黑色空白文稿

图 6-6　复杂模板

6.1.4　导航栏

默认情况下，导航栏位于文稿编辑界面的顶部，其中包含多个编辑工具或按钮，如图 6-7 所示。用户使用这些工具可以完成丰富文稿效果的各种操作。

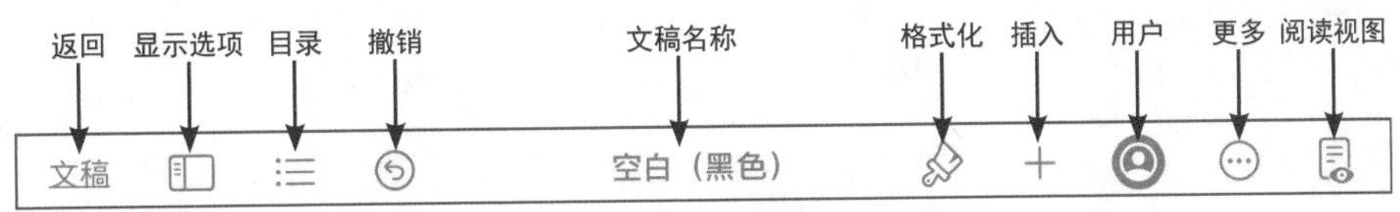

图 6-7　导航栏

6.1.5 存储和重命名

文稿制作完成后，单击界面左上角的“文稿”按钮，将关闭文稿并返回“文稿管理器”界面（用户的文稿会在工作时自动存储，关闭后将自动上传到 iCloud）。

单击导航栏中的文稿名称，弹出如图 6-8 所示的下拉列表。单击下拉列表中的“重新命名”选项，在文本框中删除文稿的旧名称并输入新名称，如图 6-9 所示。输入完成后，单击界面空白处即可完成对文稿的重命名操作。

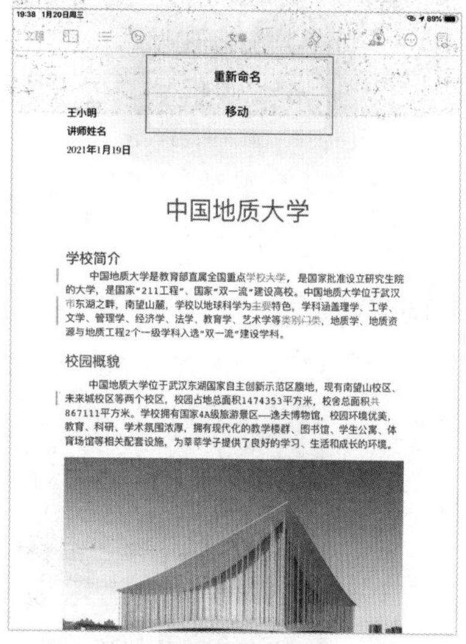

图 6-8　下拉列表

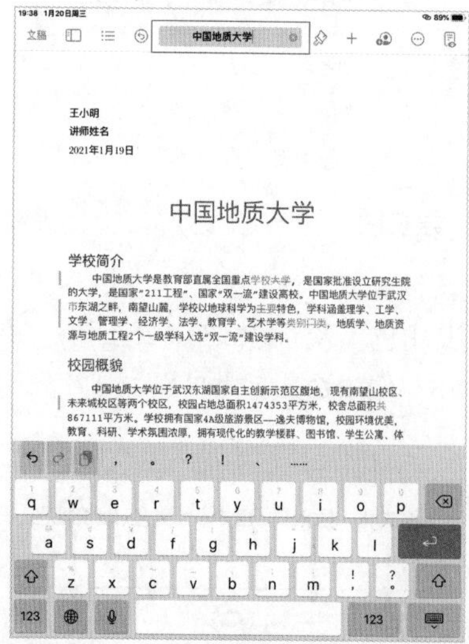

图 6-9　重命名

6.1.6 移动和复制

如果在弹出的下拉列表中选择“移动”选项，将弹出如图 6-10 所示的面板。用户可以在该面板中指定文稿移动的位置。

图 6-10　指定存储地址

长按需要复制的文稿图标，弹出如图 6-11 所示的编辑面板。选择“复制”选项，即可完成文稿的复制操作。

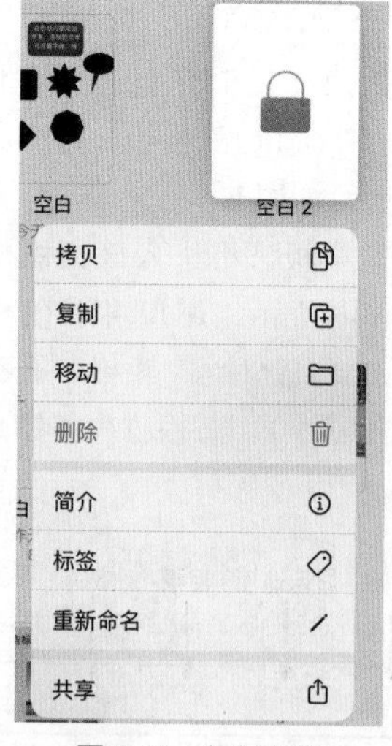

图 6-11　复制文稿

6.1.7　显示选项

单击导航栏中的“显示选项”按钮，弹出“显示选项”面板，如图 6-12 所示，用户可以在该面板中完成显示页面缩览图、双页显示页面、统计页面字数、显示标尺和智能注解等设置。

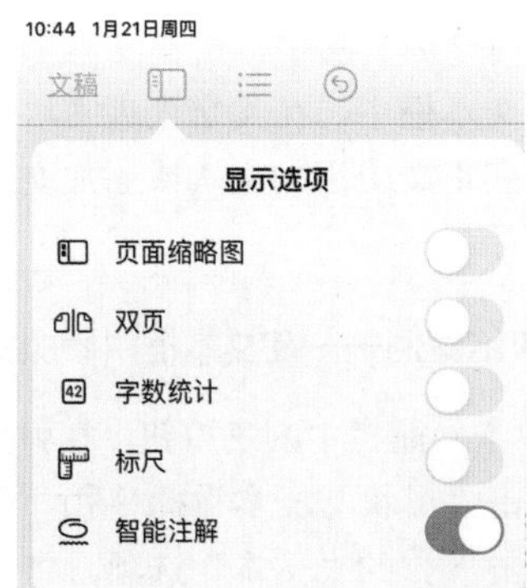

图 6-12　“显示选项”面板

6.1.8　目录

单击文稿中想要插入目录的位置，单击导航栏中的“目录”按钮，弹出“目录”面板，如图 6-13 所示。单击“插入目录”选项，文稿目录即可出现在输入点位置上。

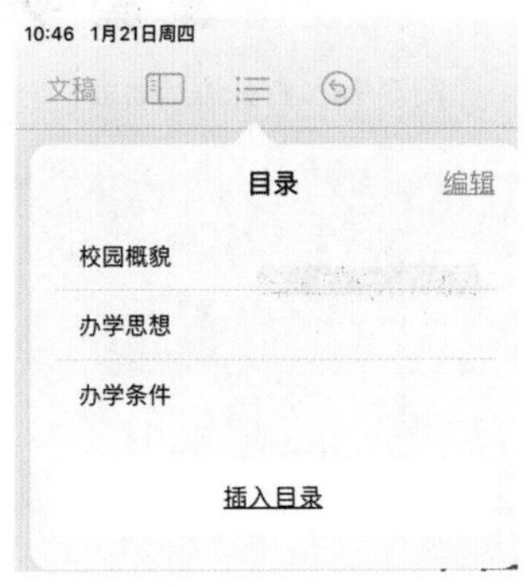

图 6-13　“目录”面板

“目录”面板中包含文稿的所有标题名称。单击面板右上角的“编辑”选项，用户可以在弹出的“选择样式”面板中为目录指定不同的样式，如图 6-14 所示。完成操作后，单击“选择样式”面板右上角的“完成”选项，退出“选择样式”面板。

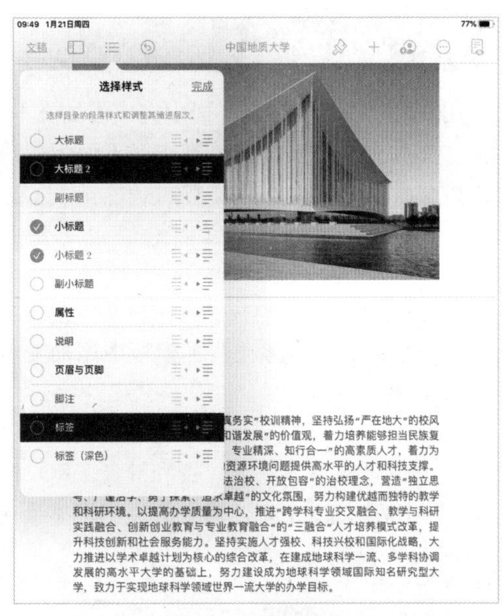

图 6-14　编辑目录

6.1.9　阅读视图

单击导航栏中的“阅读视图”按钮，进入“阅读视图”界面，如图 6-15 所示。此时，文稿变为不可编辑状态，导航栏中将删除“格式化”“添加”“撤销”“用户”等按钮。单击界面右上角的“编辑”选项，即可返回到文稿的编辑界面。

图 6-15　阅读视图

6.2 添加文本

用户可以在文稿编辑界面中完成添加文本、选择文本和设置文本样式等操作。下面为用户详细讲解添加和编辑文本的方法。

6.2.1 添加和选择文本

Pages 文稿可为空模板和占位符文本模板添加文本，下面分别讲解在两种模板中添加文本的方法。

- 空模板添加文本：进入任意空模板，界面将出现文本输入位置和键盘。用户使用键盘输入文字，输入的文字将显示在输入位置上，如图 6-16 所示。

图 6-16 在空模板中添加文本

- 占位符文本模板添加文本：单击选中占位符文本块，使用键盘输入文本，整个占位符文本块会被替换为用户输入的内容，如图 6-17 所示。

图 6-17 替换占位符文本

如果想要在文稿中编辑文本，必须先选择文本或将光标放置在用户想要开始编辑的字词或段落中。

- 选择字词：连续单击两次该字词。
- 选择段落：连续单击三次段落。
- 选择文本范围：连续单击两次某个字词，移动拖移点调整选择文本的范围。

在页面布局文稿中，所有文本都包含在一个或多个文本框中。在文字处理文稿中，用户可以在文稿正文中添加文本或添加文本框（如边栏和说明）。

6.2.2 应用案例——在文本框中添加文本

01 单击导航栏中的＋按钮，在弹出的添加面板中单击“形状与文本”标签，如图 6-18 所示。单击下方的“文本”选项，将文本框插入到页面中，如图 6-19 所示。再连续单击两次文本框，将文本框中的文字选中。

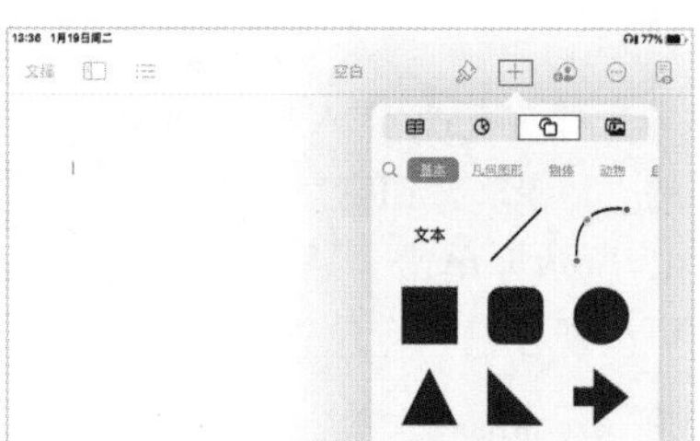

图 6-18 打开添加面板

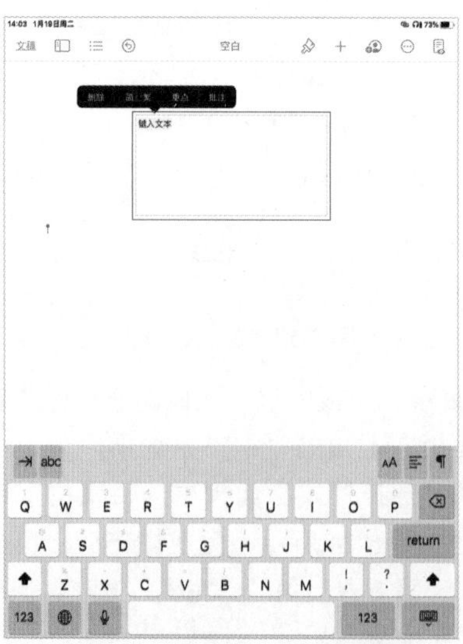

图 6-19 添加文本框并选中文本

02 输入文本后，再次选中文本，在键盘工具栏中设置文本字号，如图 6-20 所示。单击并拖曳文本框的边线，移动文本框到如图 6-21 所示的位置。

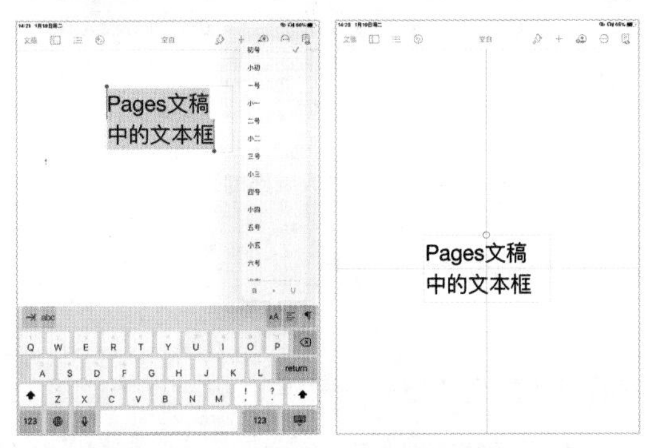

图 6-20　输入文本　　　图 6-21　移动位置

提 示

如果文本框不能移动，可在文本框以外的任意位置处单击取消文本框，再次单击文本框将其选中，完成移动文本框的操作。

03 向上或向左拖曳文本框的裁剪指示器缩小文本框，当文本溢出文本框时，裁剪指示器的底部出现溢出 ⊞ 标记，如图 6-22 所示。向下或向右拖曳文本框的裁剪指示器，溢出标记消失后，文本框将显示全部文本，如图 6-23 所示。

图 6-22　溢出标记　　　图 6-23　显示全部文本

6.2.3 “格式化”控制文本样式

在文稿的编辑界面中选中文本，单击导航栏中的“格式化”按钮，弹出“文本”面板，如图 6-24 所示。用户可以在“文本”面板中设置文本的段落样式、字体、大小、文本颜色、项目符号与列表、行间距、栏和首字下沉等属性。

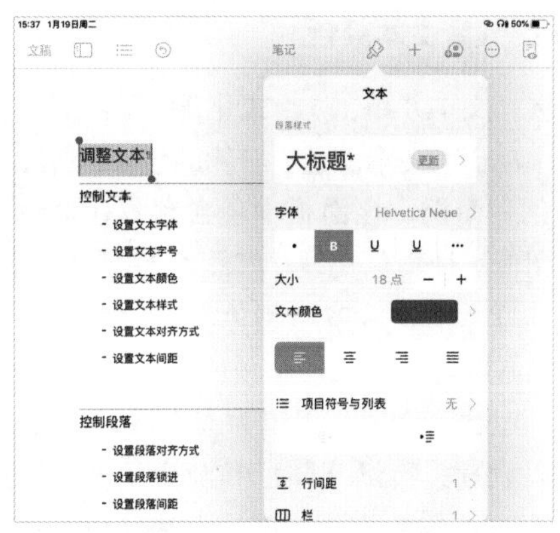

图 6-24　“文本”面板

1　控制文本字体

选择文本并单击“格式化”按钮后，在“文本”面板中单击文本的字体，弹出如图 6-25 所示的字体列表，在列表中选择一种字体，即完成更改文本字体的操作。单击“文本”选项，返回“文本”面板，为文本设置下画线样式，如图 6-26 所示。

图 6-25　字体列表

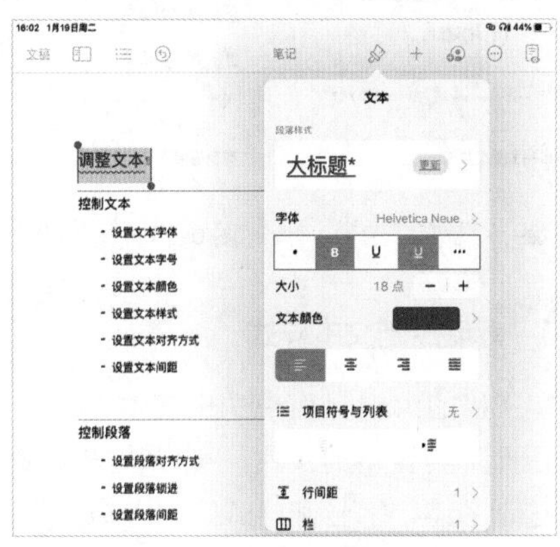

图 6-26　添加下画线样式

2 设置文本颜色

选择文本并单击“格式化”按钮，在“文本”面板中单击“文本颜色”右侧的色块，弹出“文本颜色”面板，该面板中包含预置、颜色、渐变和图像 4 种颜色类型，如图 6-27 所示。

选择“预置”或“颜色”选项后，可以为文本设置颜色表中的任意颜色，如图 6-28 所示。选择“渐变”选项后，可以为文本设置渐变填充，还可以设置翻转渐变颜色和渐变角度等属性，如图 6-29 所示。选择“图像”选项后，可以为文本设置图像填充，还可以为添加的图像设置图像的大小、拉伸和拼贴等属性，如图 6-30 所示。

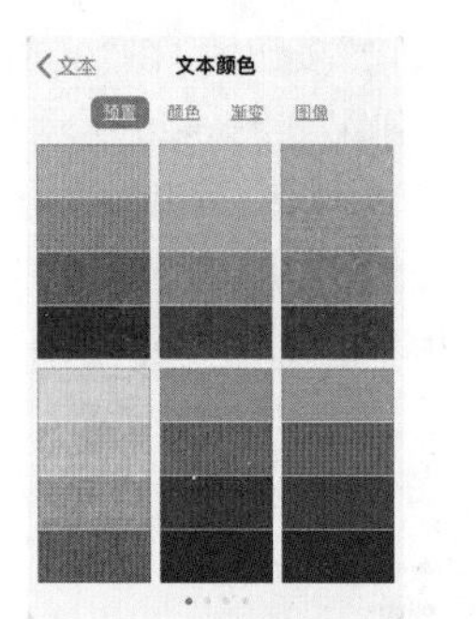

图 6-27 “文本颜色”面板

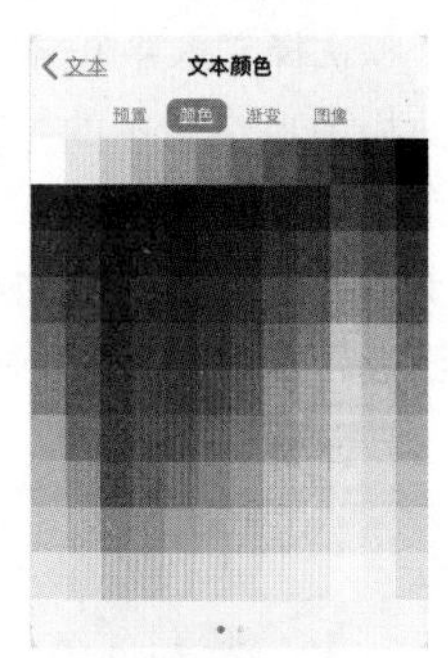

图 6-28 “颜色”选项

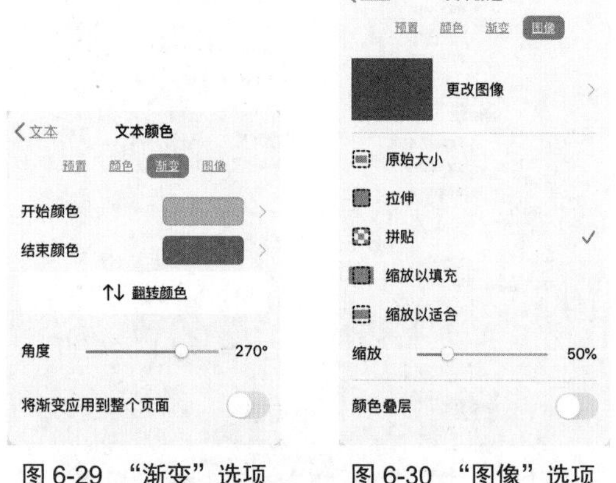

图 6-29 “渐变”选项　　图 6-30 “图像”选项

6.2.4 键盘控制文本样式

在文稿的编辑界面中选中文本，单击键盘面板顶部工具栏中的按钮，可以快速控制文本的缩进、字体、字号和样式、对齐方式和其他属性，如图 6-31 所示。

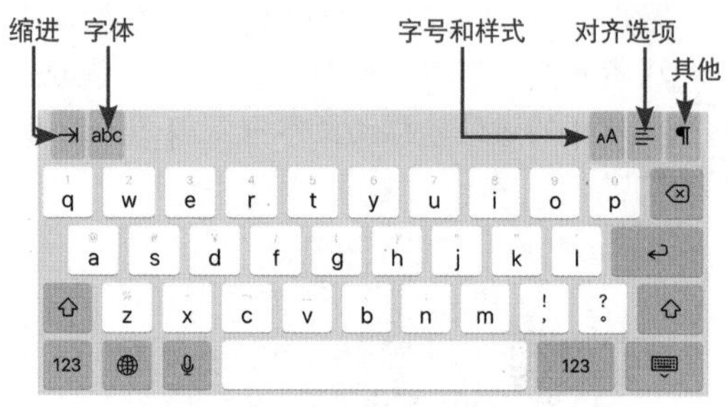

图 6-31 键盘面板顶部的工具栏

6.2.5 格式化文本列表

为文稿添加列表，可以使文本以规律且整齐的形式排列和布局。

1 创建自动列表

在文稿的编辑界面中插入输入点，单击导航栏中的“格式化”按钮，在弹出的“文本”面板中单击“项目符号与列表”选项，在弹出的编号列表中选择一种编号，即完成列表的创建。

例如，输入第 1 行项目文本后，按 Return 键或单击“换行”按钮，第 2 行将自动创建列表编号。

2 重新排序项目列表

如果想要更改项目文本的层级或序列号，可以执行以下的操作。

按住项目文本的项目符号（如果列表位于文本框、形状或表格单元格中，需要连续单击两次项目符号），拖曳项目文本，直到将项目文本移到需要放置的位置。

6.2.6 应用案例——创建文本列表

在 iOS 中编写 Pages 文稿时，如果文本以破折号、数字或字母开头，Pages 文稿将自动检测并创建文本列表。

01 在需要添加列表的位置上单击并输入文本，单击“格式化”按钮，在弹出的“文本”面板中单击“项目符号与列表”选项，在弹出的面板中选择一种样式，如图 6-32 所示。

02 按 Return 键，Pages 文稿将自动为列表中的后续项目添加项目符号，完成效果如图

6-33 所示。连续按两次 Return 键，即可结束列表添加。

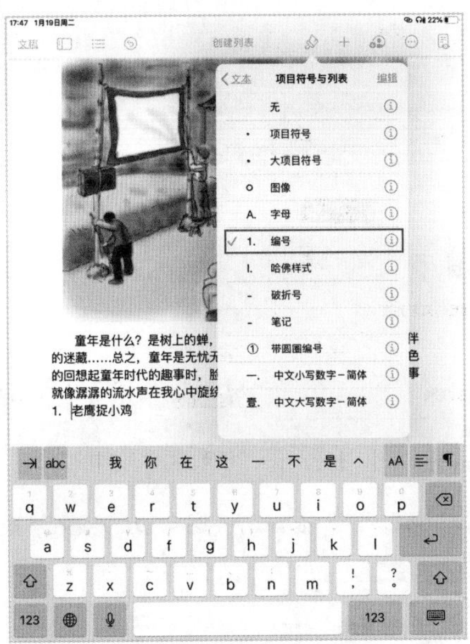

图 6-32　选择项目编号

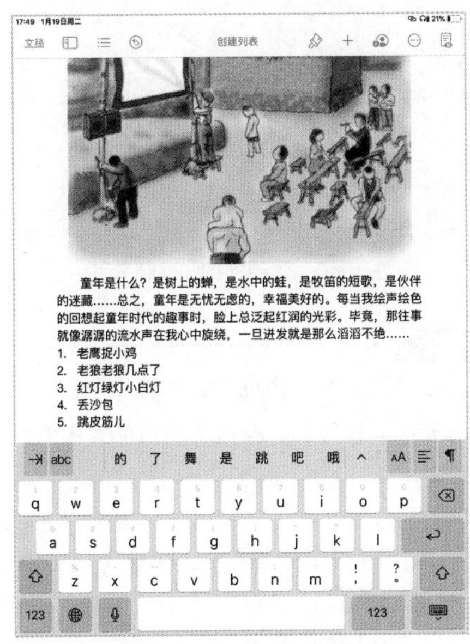

图 6-33　完成项目列表添加

03 选中全部项目列表，单击键盘工具栏左上角的“对齐”按钮⇥，在弹出的下拉菜单中连续选择“缩进”选项，如图 6-34 所示。单击选中项目文本开头的符号，拖曳更改项目的叠放顺序，效果如图 6-35 所示。

图 6-34　选择“缩进”选项

图 6-35　更改叠放顺序

04 选择所有列表项，单击“格式化”按钮，单击“项目符号与列表”选项，在弹出的编号列表中选择一种样式，为列表项设置新的列表样式，如图 6-36 所示。

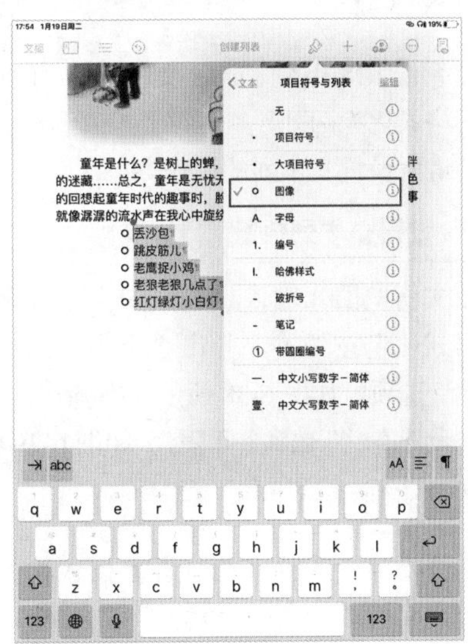

图 6-36　设置新的列表样式

05 单击“格式”面板左上角的“文本”选项，再单击“文本”面板中的“行间距”选项，设置列表行间距，如图 6-37 所示。

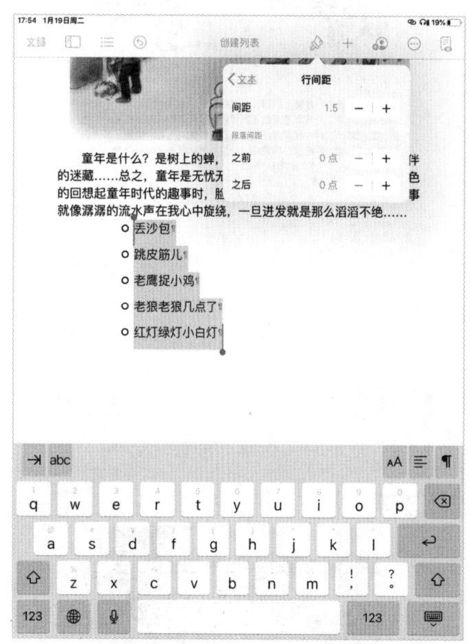

图 6-37 设置列表行间距

6.3 文本布局

在 Pages 文稿中制作文稿时，用户可以通过“格式”面板为段落文本设置分列或首行缩进。

6.3.1 文本列

在系统 iOS 下的 Pages 文稿中，可以将所选段落格式化为两列 / 多列的文本或图形。接下来详细讲解设置文本列的操作。

1 设置文本列数量

在文稿中插入输入点或选中文本段落，单击“格式化”按钮，弹出“文本”面板，单击“栏”选项，如图 6-38 所示。在弹出的“栏”面板中设置“栏”数和“间隔”，如图 6-39 所示。

2 强制换行或分页

在需要换行或分页的位置上插入输入点，单击键盘面板右上角的“其他”按钮 ¶，在弹出的下拉列表中选择“换行符”选项或“分页符”选项，输入点后面的文本会被强制换行或强制分页，如图 6-40 所示。

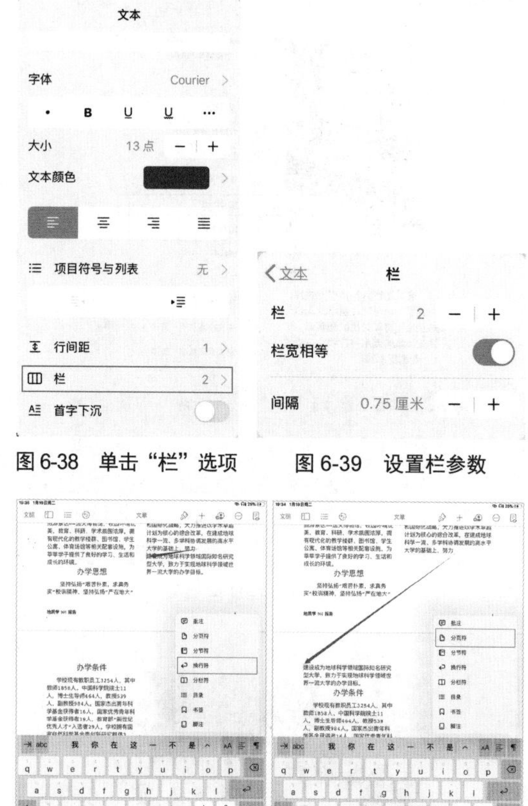

图 6-38 单击“栏”选项　图 6-39 设置栏参数

图 6-40 强制换行和强制分页

> **提示**
>
> 如果下拉列表中没有“分页符”选项，则表示当前文稿为页面布局文稿且没有使用分页符的需求。

插入换行符或分页符后，Pages 文稿中会插入不可见的格式化字符。选中含有格式化字符的文本，即可看到不可见的格式化字符，如图 6-41 所示。

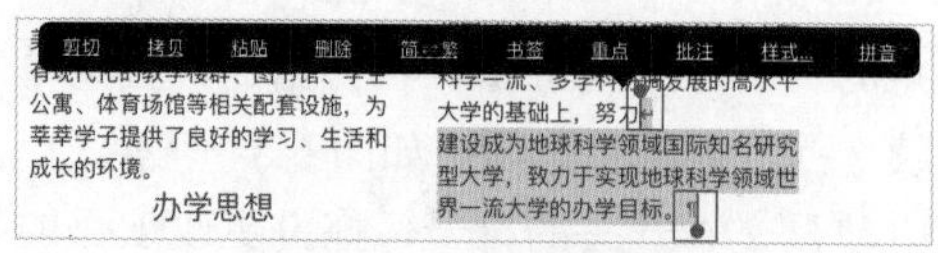

图 6-41 格式化字符

6.3.2　对齐文本

用户可以为段落文本设置左对齐、中间垂直、右对齐和两端对齐 4 种对齐方式。用户可以分别在键盘面板和“文本”面板中设置文本对齐方式。

1　在键盘面板上设置对齐方式

选择文稿中的段落文本或插入输入点，单击键盘面板右上角的“对齐选项”按钮，在弹出的下拉菜单中选择不同的对齐方式，如图 6-42 所示。

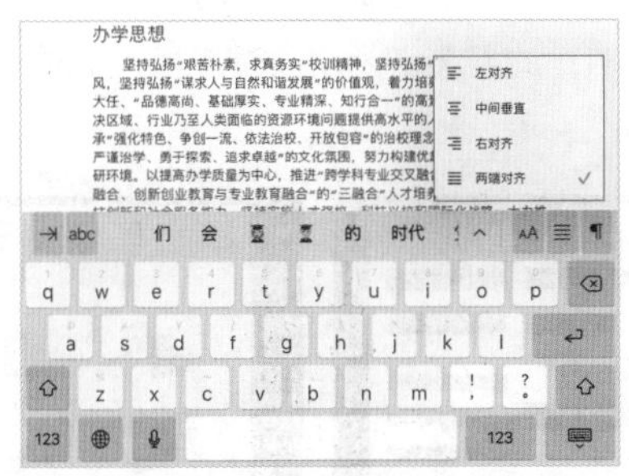

图 6-42　键盘面板上的对齐方式

2　在“文本”面板中设置对齐方式

选择段落文本或插入输入点，单击导航栏上的“格式化”按钮，弹出“文本”面板。在该面板的“文本颜色”选项下包含 4 种对齐方式，如图 6-43 所示。

图 6-43　“文本”面板中的对齐方式

6.3.3　使用制表符

在 Pages 文稿中，用户可以通过添加制表符实现文本向左、向右、居中或按小数点 4 种对齐效果。

> **提示**
>
> 单击导航栏中的“显示选项”按钮，在弹出的“显示”面板中单击“标尺”选项，可以将标尺显示出来。

1　在文本中插入制表符

在想要插入制表符的文本处单击放置输入点，如图 6-44 所示。单击键盘面板左上角的“缩进”按钮，单击弹出列表中的“制表符”选项，插入点（及其后面的所有文本）将向右移到下一个制表位，如图 6-45 所示。单击导航栏中的“撤销”按钮，可立即撤销当前键入的制表符。

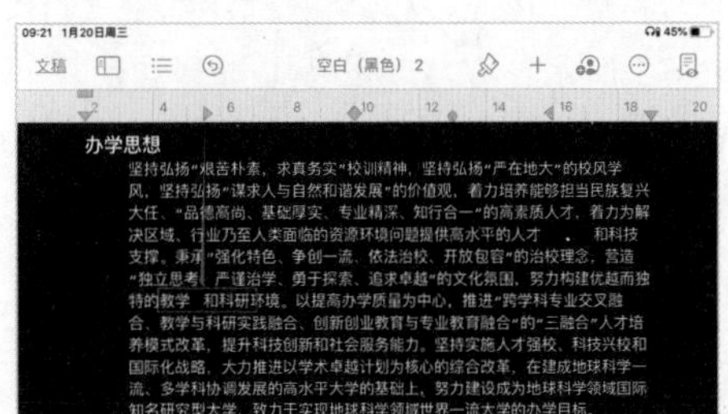

图 6-44　放置输入点

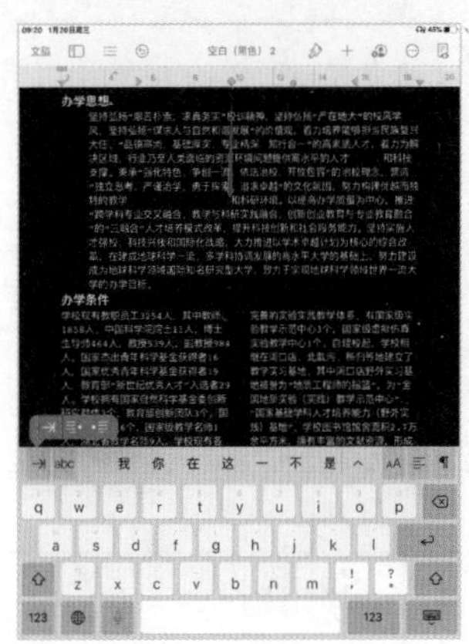

图 6-45　插入制表符

2　在标尺上设置制表符

选择想要格式化的段落文本，在标尺单击，默认情况下，该位置将放置一个左对齐制表符标记，如图 6-46 所示；而长按标记向左或向右拖曳，可以移动制表符的位置。

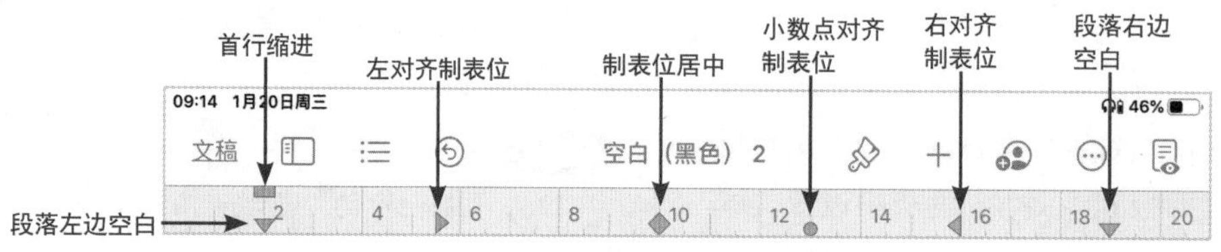

图 6-46　设置制表符

小技巧： 在标尺的任意位置上单击，可以添加一个左对齐制表符标记；连续单击制表符，可以更改该制表符的类型；按住制表符标记，将其拖曳到标尺下方，直至其消失，即可删除该制表符。

6.3.4　格式符号

在文稿中单击键盘面板上的空格键或 Return 键，以及添加换行符、分列符、分页符或分节符后，Pages 文稿将自动添加格式符号，如表 6-1 所示。在 iOS 设备上选择含有不可见格式符号的文本时，大多数的不可见格式符号可显示。

表 6-1　格式符号

格式符号	表　示
•	空格
	非换行空格（Option+ 空格键）
→	Tab 键
↵	换行符（Shift+Return 键）
¶	分段符（Return 键）
	分页符
	分列符
	布局分隔符
	分节符
	设置为“随文本移动”及所有文本绕排选项的对象锚点
+	如果文本超出下边界，文本框底部会出现溢出标记

6.4　插入对象

单击导航栏中的“添加”按钮＋，弹出对象面板。用户可以使用该面板在 Pages 文稿中插入表格、形状、文本和媒体，如图 6-47 所示。用户可以根据自己的需求，选择在文稿中插入不同的对象。

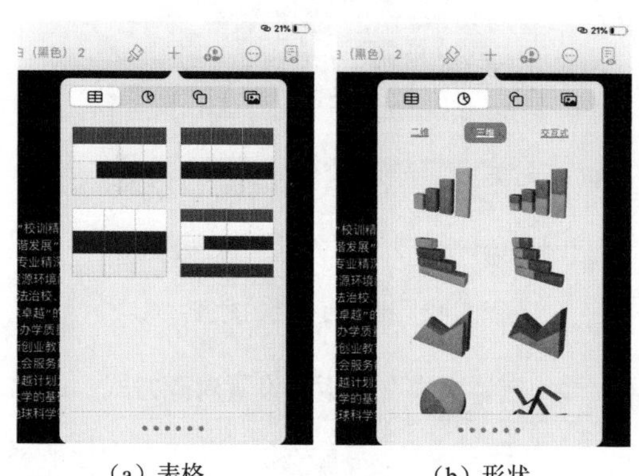

（a）表格　　（b）形状

（c）形状和文本　　（d）媒体

图 6-47　对象面板

6.4.1　表格类型

在页面布局文稿中，新添加的表格始终放置在文稿编辑界面中。根据位置和移动方式，可以将表格分为固定表格和活动表格两种类型。

1　放置固定表格

在文本中想要放置表格的位置上单击插入输入点，此时插入的表格将会随文本移动。如果在表格前输入文本，表格将会向后移动。表格添加后，将与段落的对齐方式一致。

2　放置活动表格

单击文本外的任意位置，消除文本中的输入点后，再添加表格。此时的表格将直接插入在页面中，可以对其进行拖曳自由移动。

6.4.2　应用案例——插入表格

01 进入 Pages 文稿，新建一个空白文稿，如图 6-48 所示。单击导航栏中的“添加”按钮＋，单击弹出的对象面板中的“表格”按钮，左右滑动可以查看更多表格样式，如图 6-49 所示。

图 6-48　新建空白文稿

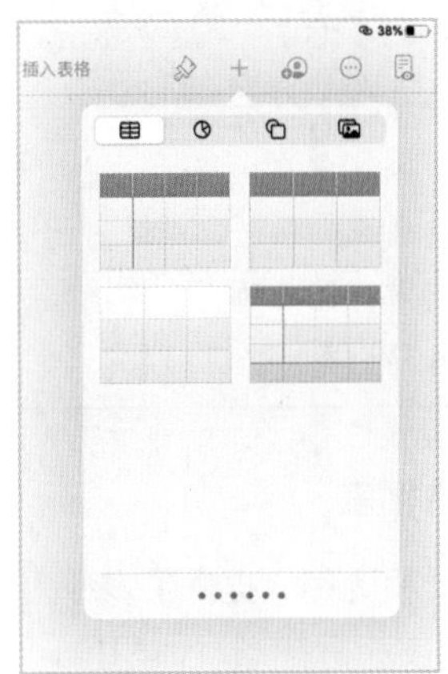

图 6-49　查看表格样式

02 单击选择一个表格样式，该表格会被添加在文稿的编辑界面中，显示效果如图 6-50 所示。连续单击两次任意单元格，将输入点插入该单元格中，使用键盘面板为单元格输入文本，如图 6-51 所示。

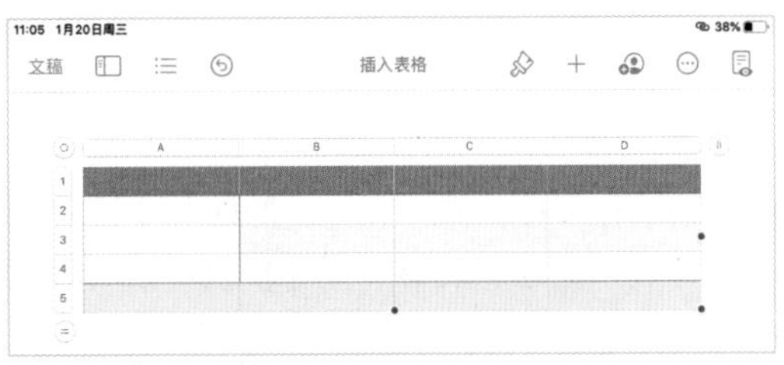

图 6-50　添加表格

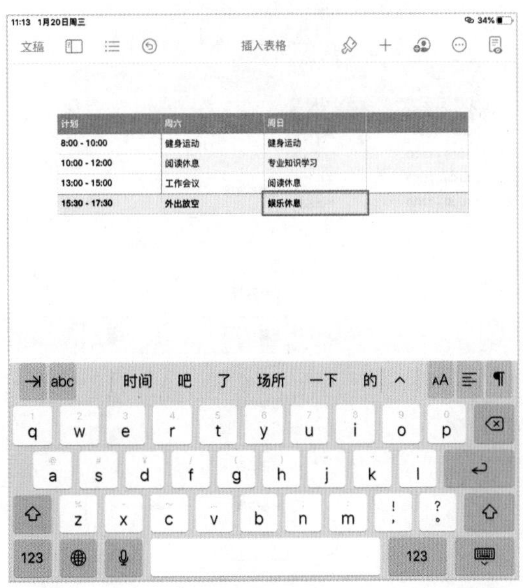

图 6-51　输入文本

03 文本输入完成后，单击按钮，关闭键盘。选中表格，单击表格右侧的按钮，如图 6-52 所示。在弹出的列选项中设置表格的列数，如图 6-53 所示。

图 6-52　单击按钮

图 6-53　设置列数

04 选中表格或任意单元格，单击导航栏中的“格式化”按钮，在弹出的面板中设置表格的外观、标题和表格字体等参数，如图 6-54 所示。

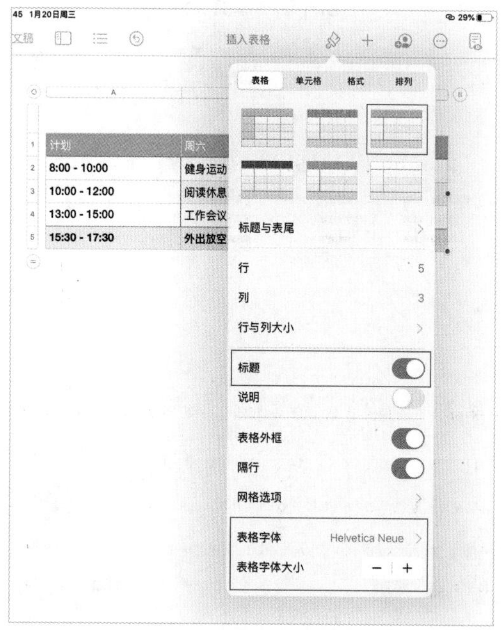

图 6-54　设置表格样式

05 在编辑界面中选择标题文本并重命名，然后选中表格，单击并拖曳移动表格右下角的顶点，以调整表格的宽度和高度，如图 6-55 所示。

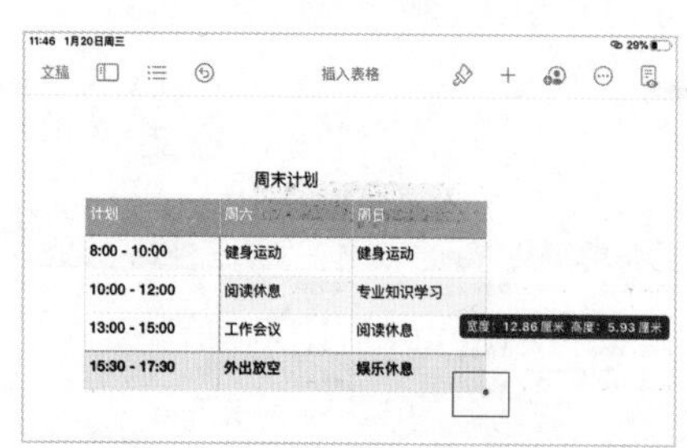

图 6-55　重命名标题并调整表格的宽、高

06 选择表格并单击“格式化”按钮，在弹出的格式面板中单击“单元格”标签，设置表格的字体大小和对齐方式，如图 6-56 所示。完成设置后，单击表格，拖曳移动表格左上角的◎按钮，将表格移动到如图 6-57 所示的显示位置。

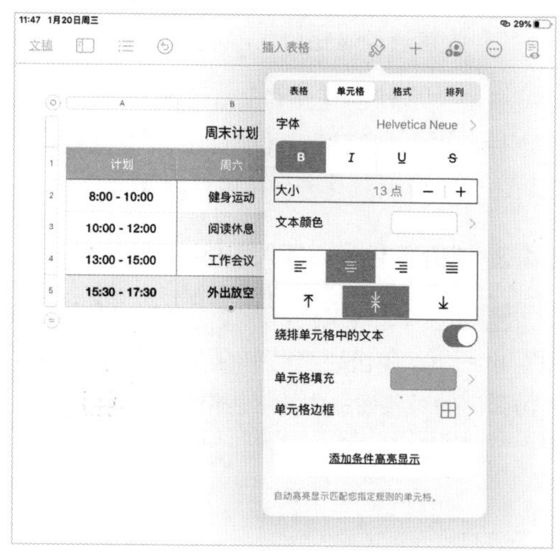

图 6-56　设置单元格

图 6-57　移动表格

提示

如果表格不能自由移动，可以选择该表格并单击“格式化”按钮，在弹出的面板中单击“排列”标签，然后单击“环绕”选项，关闭“随文本移动”选项。

6.4.3　插入图表

Pages 文稿为用户提供了多种图表，包括柱形图、条形图、折线图、面积图、饼状图、散点图和气泡图等。这些图表被分为二维、三维和交互式 3 种类型。

单击导航栏中的“添加”按钮＋，单击弹出的对象面板顶部的“图表”标签◷，再单击“交互式”选项，并浏览想要添加的图表类型，如图 6-58 所示。在图表列表中选择一种图表，该图表会被插入到文稿的编辑界面中，如图 6-59 所示。

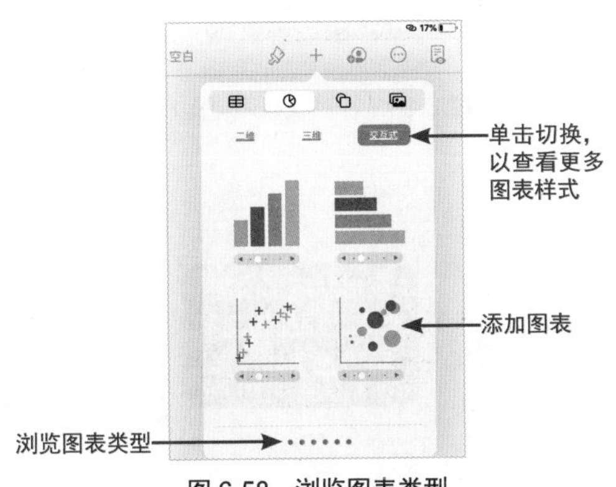

图 6-58　浏览图表类型

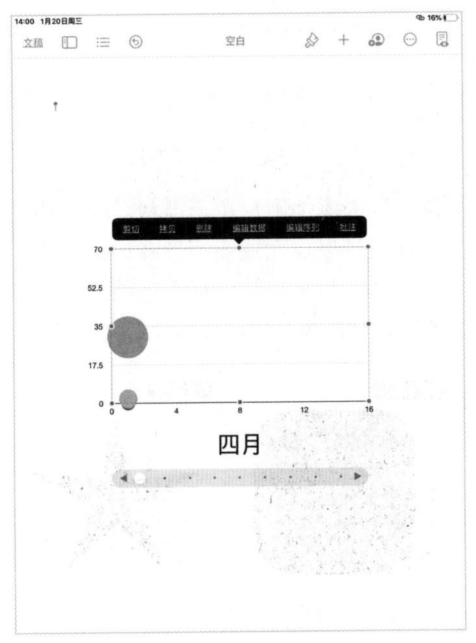

图 6-59　添加图表

将三维图表添加到文稿的编辑界面中，图表的中心位置将显示一个三维旋转标记⊕，拖曳移动此标记可以控制图表的方向。图 6-60 所示为同一个三维图表在不同方向的效果。

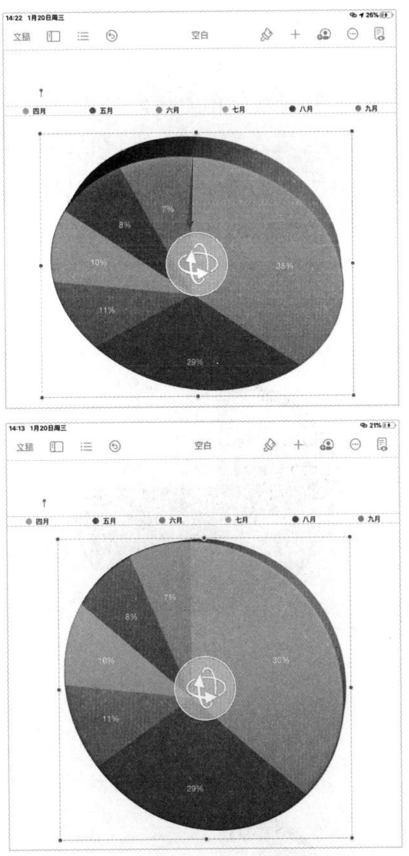

图 6-60　三维图表在不同方向的效果

单击选中图表，在弹出的列表中单击“编辑数据”选项，如图 6-61 所示。进入“编辑图表数据”界面，单击界面左上角的⚙按钮，可以在“根据行绘制序列”和“根据列绘制序列”方式间自由切换，如图 6-62 所示。

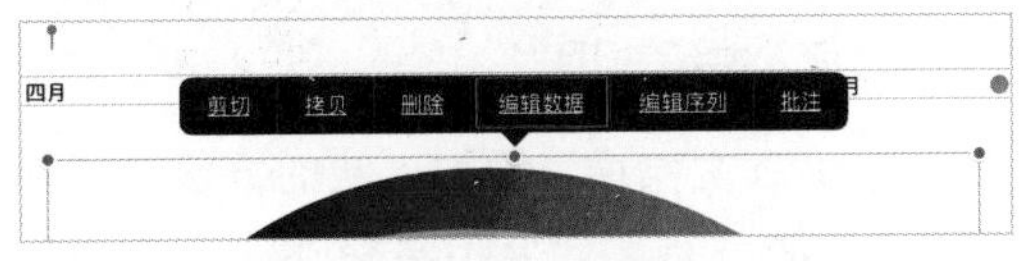

图 6-61　单击“编辑数据”选项

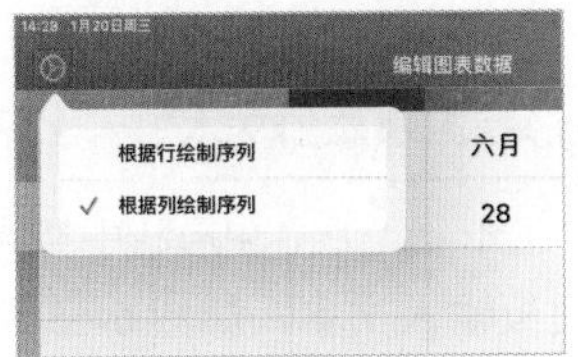

图 6-62　切换绘制序列

单击任意数据，使用键盘面板可以完成数

据的编辑。输入数据后，单击界面右上角的“完成”选项，即可返回文稿的编辑界面。

单击选中图表，在弹出的列表中选择“编辑序列”选项，进入“所有序列”面板，如图 6-63 所示。单击任意序列，即可进入该序列的样式面板，如图 6-64 所示。

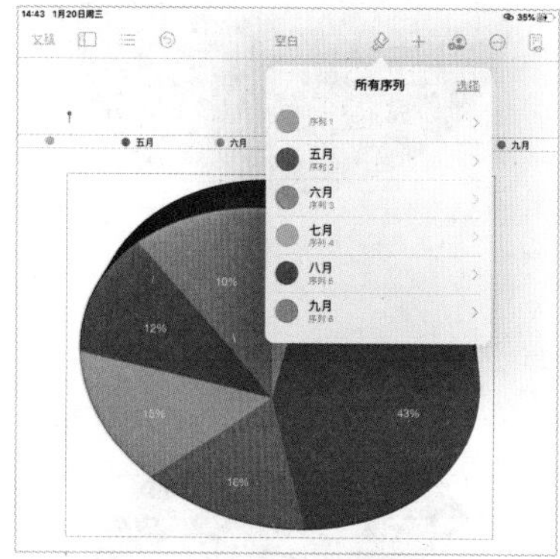

图 6-63　所有序列

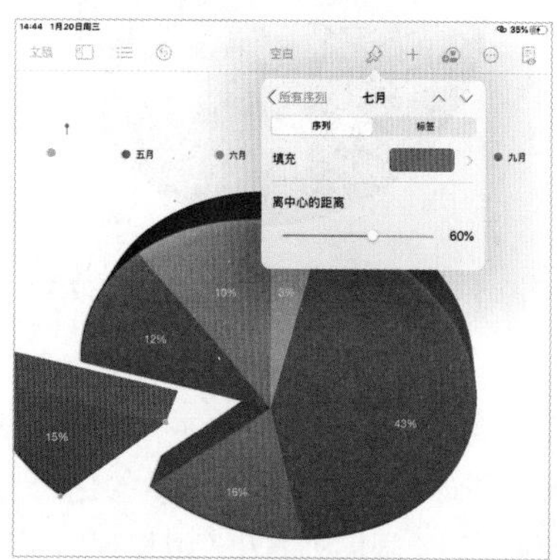

图 6-64　序列样式面板

6.4.4 插入并编辑图形

在 Pages 文稿中，添加形状的方法与添加文本的方法一致，此处不再赘述。在文稿中添加形状后，可以使用多种方式改变形状的轮廓。

1 在形状内部添加文本

连续单击形状两次，在形状中插入输入点，使用键盘面板输入文本，如图 6-65 所示。如果形状中的文本太多而超出形状所能放置的范围，则形状底部的边线上会出现溢出标记▣，如图 6-66 所示。单击并拖曳边线调整形状的大小，可显示全部文本内容。

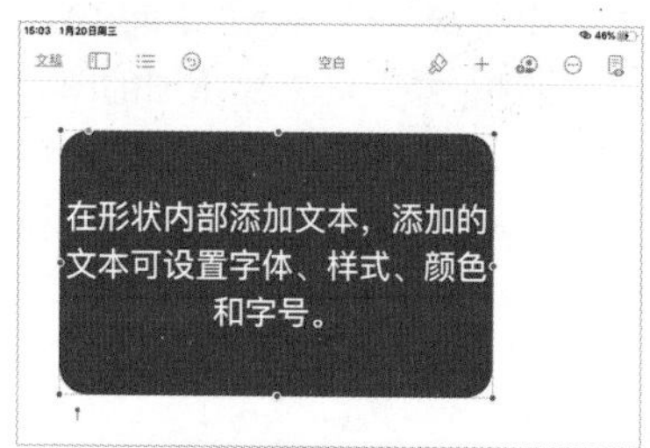

图 6-65　在形状中添加文本

图 6-66　溢出标记

2 调整形状的特征

用户可以采用多种方法更改形状的外观轮廓。

- 调整形状的半径值

在文稿中添加圆角矩形形状，拖曳移动图形上的绿点可以放大或缩小形状的圆角值；在文稿中添加五角星形状，拖曳移动内侧的绿点可以调整形状的半径值，如图 6-67 所示。

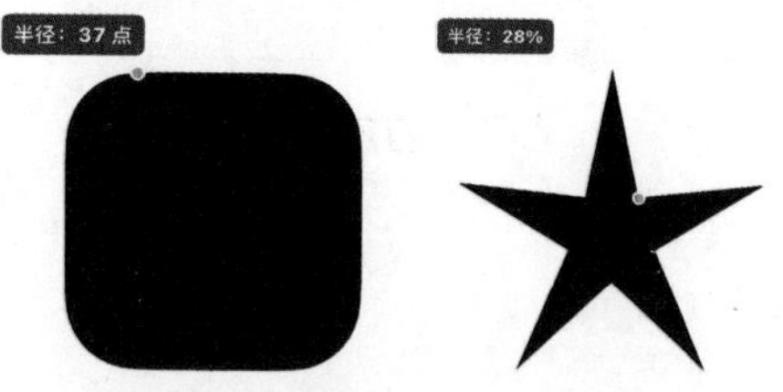

图 6-67　调整形状的半径值

- 调整形状的边数

在文稿中添加五角星形状，拖曳移动五角星外侧的绿点可以增加或减少五角星的边数。在文稿中添加五边形形状，拖曳五边形的绿点可以添加或减少五边形的边数，如图 6-68 所示。

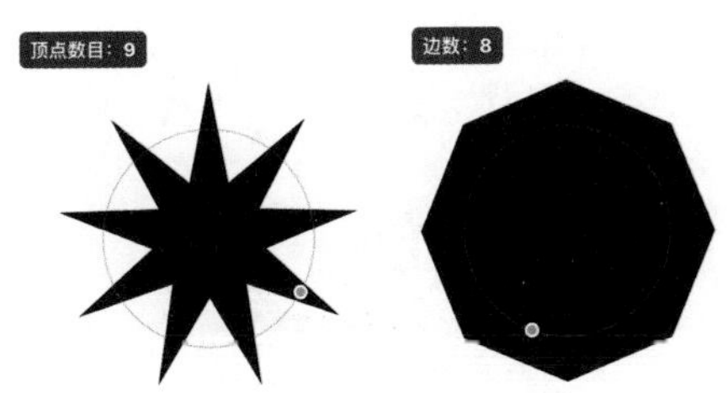

图 6-68　调整形状的边数

6.4.5　插入图像

用户可以将照片和图形添加到 Pages 文稿页面中，还可以使用现有图像替换媒体占位符。用户可以直接使用设备相簿中的照片，也可以使用 iCloud 中的照片，还可以使用当前设备拍摄的照片。

1　添加现有图像

打开一个带有媒体占位符的文稿，单击媒体右下角的⊕按钮，弹出如图 6-69 所示的相簿选项列表，单击任意选项，在打开的图像列表中选择替换的媒体。

在文稿中单击插入输入点，单击导航栏中的“添加”按钮＋，在弹出的“对象”面板中单击“媒体”标签，在展开的面板中会显示“照片或视频”“相机”“录制音频”等媒体类型。选择任意媒体类型后，继续在打开的媒体列表中选择一种媒体，将其添加到文稿中，如图 6-70 所示。

在替换或添加媒体后，单击“格式化”按钮，弹出如图 6-71 所示的“格式”面板。用户可以在该面板中单击“样式”“图像”“排列”标签，为媒体设置各项参数。

图 6-69　选择替换的媒体

图 6-70　添加媒体

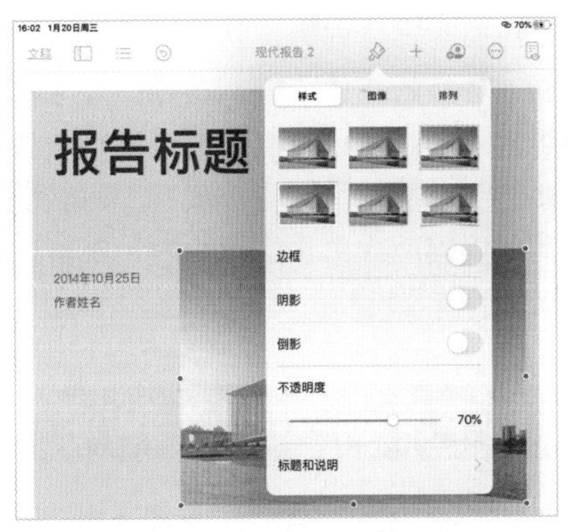

图 6-71　设置样式和排版布局

2　遮罩图像

Pages 文稿中的遮罩是将媒体框以外的部分隐藏，同时不修改媒体本身的一种表现方式。

连续单击两次图像，或者单击导航栏中的“格式化”按钮，再单击“图像”标签下的“编辑遮罩”选项（图 6-72），可以显示遮罩，如图 6-73 所示。

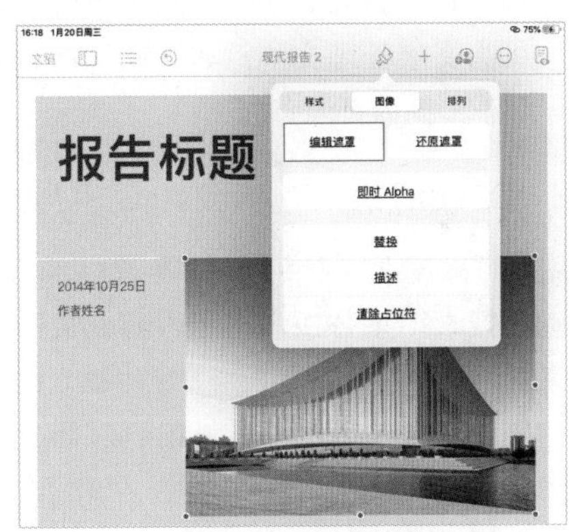

图 6-72　编辑遮罩

图 6-73　显示遮罩

新添加的媒体内容，其媒体尺寸与遮罩大小相同；替换的媒体内容，其媒体尺寸与遮罩大小出现差别。使用控制条可以调整图像的遮罩尺寸，完成调整后单击“完成”选项确认操作。无论何时连续两次单击媒体内容，都可以再次调整媒体的遮罩尺寸。

6.5 Pages 文稿的实用功能

Pages 文稿为用户提供了多种实用功能，例如查找和替换、跟踪修改、文稿设置、密码设置和打印等。下面为用户详细讲解这些功能的使用方法。

6.5.1 查看文稿类型

打开文稿或模板，在文稿的任意位置上单击，插入输入点后，单击“格式化”按钮，在弹出的面板中单击“文稿”标签，查看“文稿正文”选项是否打开。如果此选项已打开，表示该文稿为文字处理文稿；如果此选项为关闭状态，则该文稿为页面布局文稿。

6.5.2 查找和替换

用户可以搜索特定字词、短语、数字和字符，并自动将搜索结果替换为指定内容。文稿中的正文文本、页眉和页脚、表格、文本框、形状、脚注、尾注及批注等所有可见内容，都在搜索范围中。

1 搜索文本

单击导航栏中的“更多”按钮⊙，弹出“更多”面板，如图 6-74 所示。在其中单击“查找”选项，会出现如图 6-75 所示的搜索框。在搜索框中输入需要查找的字词或短语，例如“大学”，页面中会自动高亮显示匹配项，如图 6-76 所示。

如果用户在查找的文本中指定了英文大小写或需要将搜索结果限制为整个字词，可以单击搜索框左侧的⚙按钮，在弹出的列表中单击“区分大小写”选项或“全字匹配”选项，如图 6-77 所示。

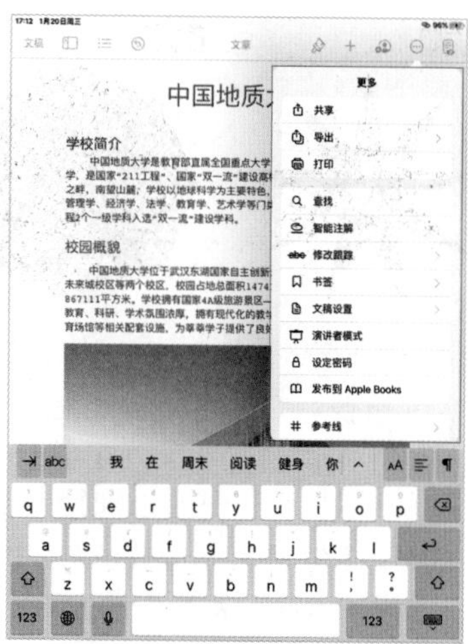

图 6-74 “更多”面板

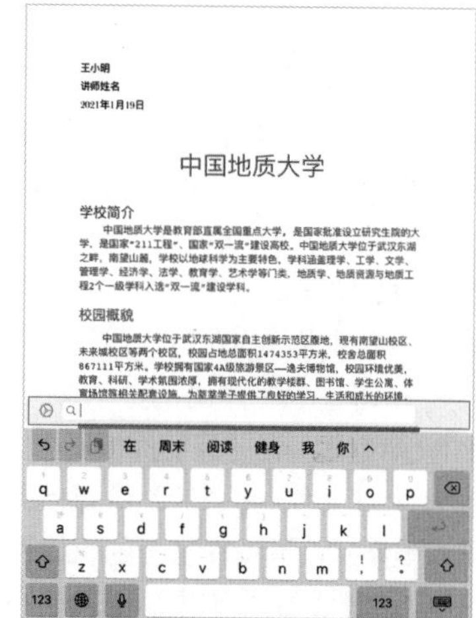

图 6-75 搜索框

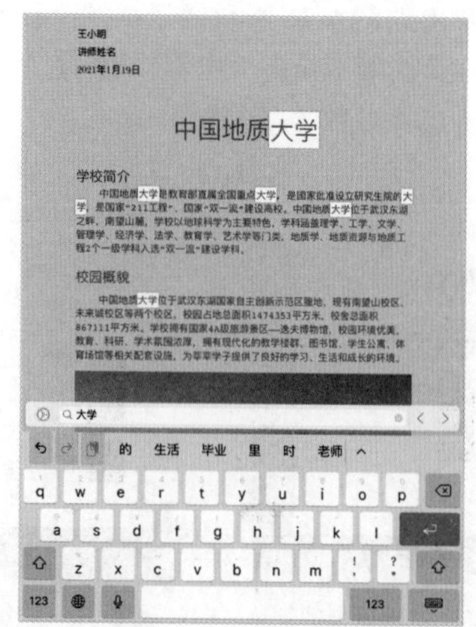

图 6-76 高亮显示匹配项

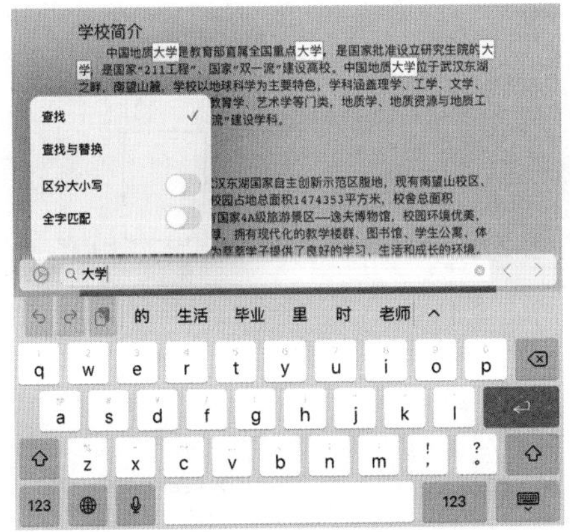

图 6-77　特定搜索

单击搜索框右侧的 < 按钮或 > 按钮可以查找下一个或上一个匹配项，如图 6-78 所示。单击文稿中的任意位置，关闭搜索结果。

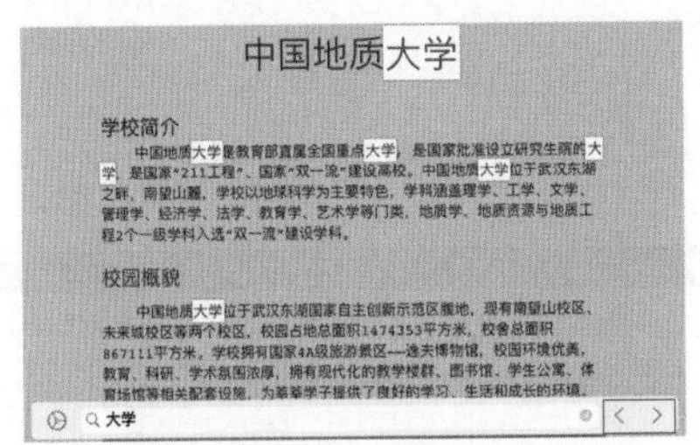

图 6-78　查找上一个或下一个匹配项

2　替换文本

单击导航栏中的“更多”按钮⊙，在弹出的面板中单击“查找”选项，然后单击搜索框左侧的⚙按钮，在弹出的列表中单击“查找与替换”选项，搜索框右侧出现替换文本框，如图 6-79 所示。

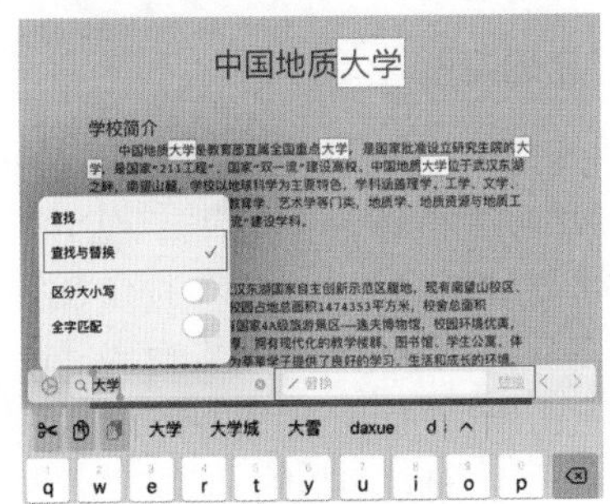

图 6-79　查找与替换

在搜索框和替换文本框中输入需要查找与替换的文本，单击替换文本框右侧的“下一项”按钮 >，文本中的高亮匹配项变为激活状态；单击替换文本框右侧的“替换”选项，即可替换高亮文本，如图 6-80 所示。

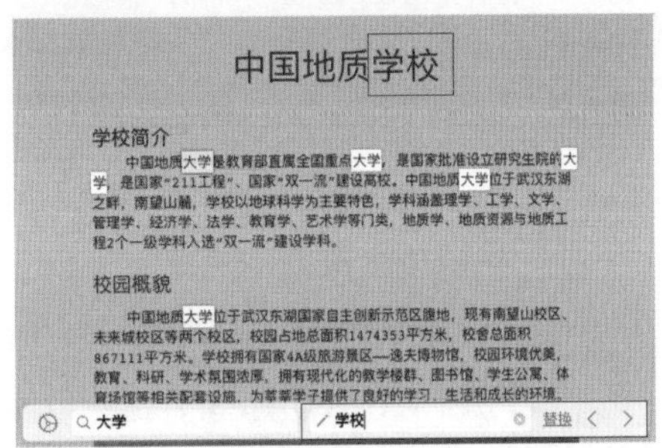

图 6-80　替换文本

> **提示**
>
> 如果替换文本框为空，单击“替换”选项后，高亮文本会被删除。

6.5.3　跟踪修改

在文字处理文稿中，用户可以对正文文本的修改进行跟踪。

1　跟踪文本的修改

单击导航栏中的“更多”按钮⊙，在弹出的面板中单击“修改跟踪”选项，如图 6-81 所示。

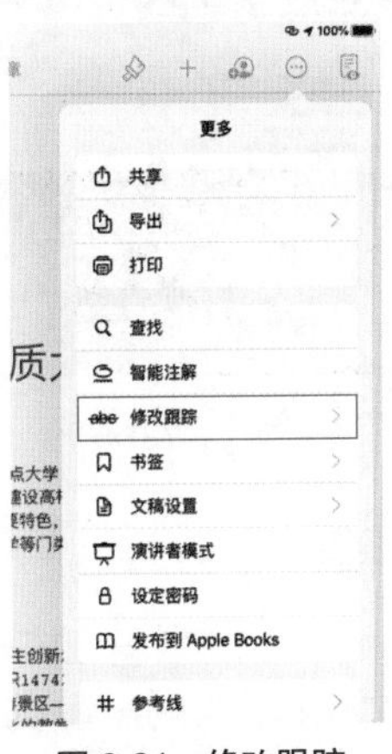

图 6-81　修改跟踪

> **提示**
>
> 如果进行修改的过程中不想被跟踪，可以单击“更多”面板中的“暂停”选项。

2 查看或隐藏修改

进入“修改跟踪”界面，打开“跟踪”选项，用户可以单击需要的视图选项，如图 6-82 所示。

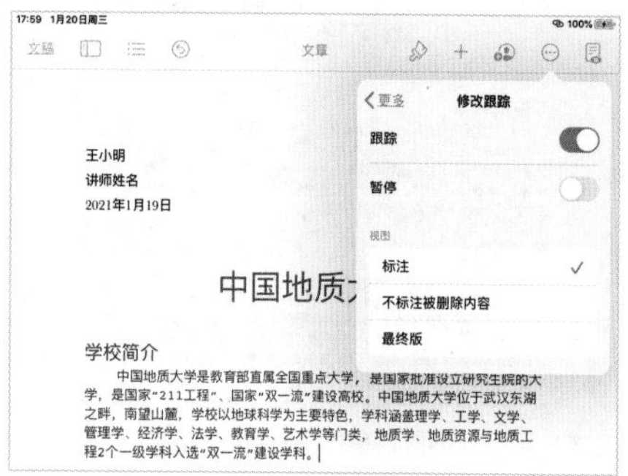

图 6-82 视图选项

在跟踪修改的过程中，被修改的文本将显示不同的颜色与标记，且界面空白处出现垂直的修改条。单击完成修改的文本，可弹出跟踪修改的检查面板，如图 6-83 所示。用户可以在该面板中单独或全部接受 / 拒绝修改的文本。

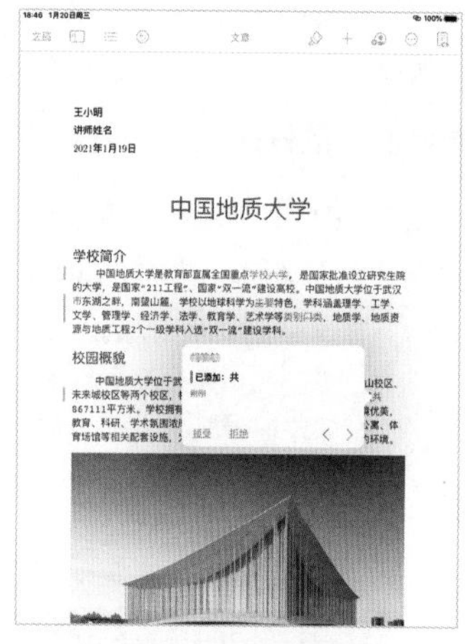

图 6-83 检查面板

6.5.4 文稿设置

单击导航栏中的“更多”按钮⊙，在弹出的面板中单击“文稿设置”选项，如图 6-84 所示。

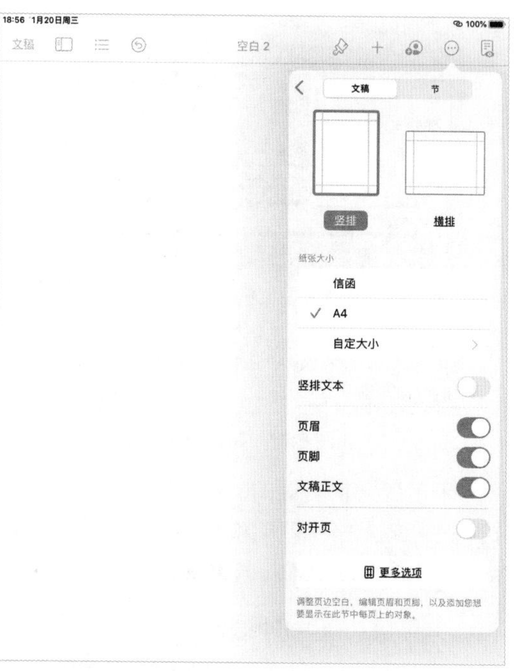

图 6-84 “更多”面板

单击面板底部的“更多选项”选项，进入“更多选项”界面，拖曳文稿正文四周的双箭头，调整页面四周的空白区域，如图 6-85 所示。单击“完成”选项，即可返回文稿的编辑界面。

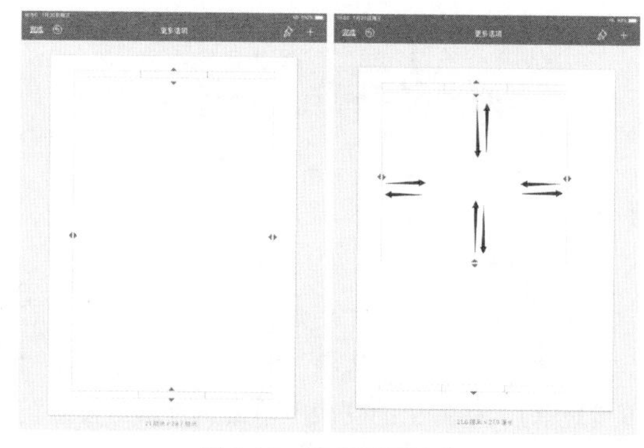

图 6-85 修改页面尺寸

6.5.5 密码设置

用户可以为文稿设置密码，以便保护文稿。密码由数字、大小写字母和特殊键盘字符组成。

单击导航栏中的“更多”按钮⊙，在弹出的“更多”面板中单击“设定密码”选项，弹出“设定密码”面板，如图 6-86 所示。输入密码后，单击“完成”选项，完成密码的设置。单击设置了密码的文稿时，会弹出如图 6-87 所示的两种界面，用户可以使用触控 ID 或密码进入文稿。

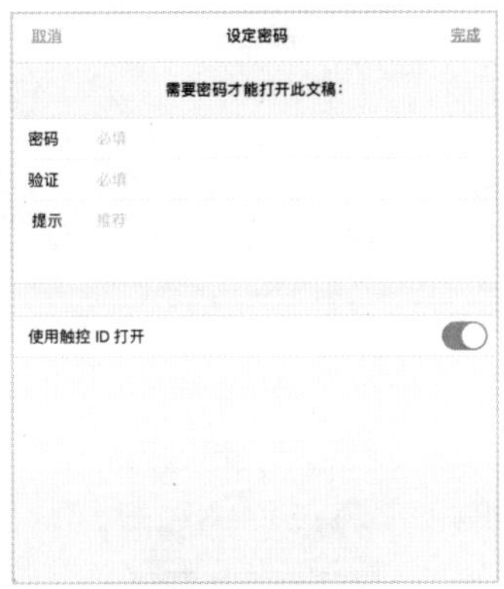

图 6-86　设定密码

图 6-87　输入密码

6.5.6　智能注解

“智能注解”功能可以在文本、对象或表格的单元格中添加标记。关联内容移动后，标记也随着移动。如果删除了关联内容，注解也随着删除。

单击导航栏中的“更多”按钮⊙，在弹出的面板中选择“智能注解”选项，界面底部弹出“智能注解”工具栏，如图 6-88 所示。

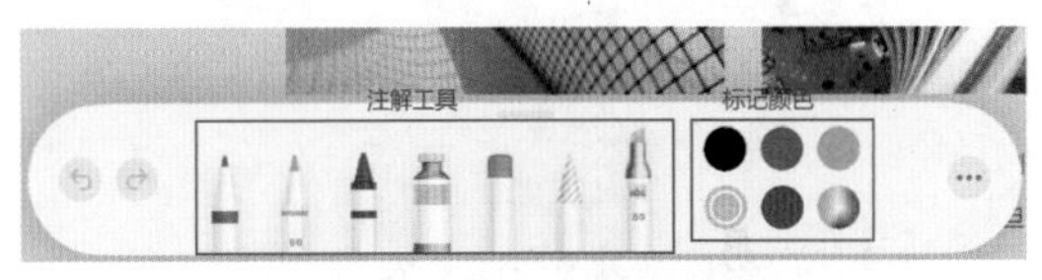

图 6-88　“智能注解”工具栏

单击“笔”或“荧光笔”工具，弹出“线条”面板，在其中可以拖曳不透明度滑块调整颜色标记的显示效果，还可以设置不同的线条宽度，如图 6-89 所示。

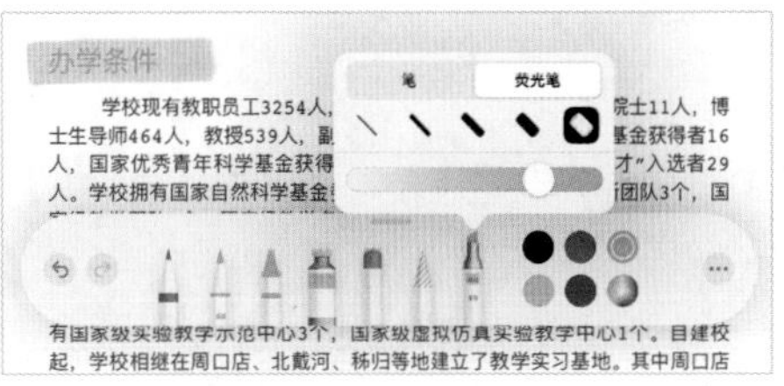

图 6-89　调整标记外观

如果想要删除智能注解，可以执行以下操作。

- 删除一项注解：如果正在为文稿添加注解，单击橡皮擦工具，使用橡皮擦工具单击注解即可将其删除。如果在编辑文稿时单击注解，在弹出的列表中单击“删除”选项即可将其删除，如图 6-90 所示。

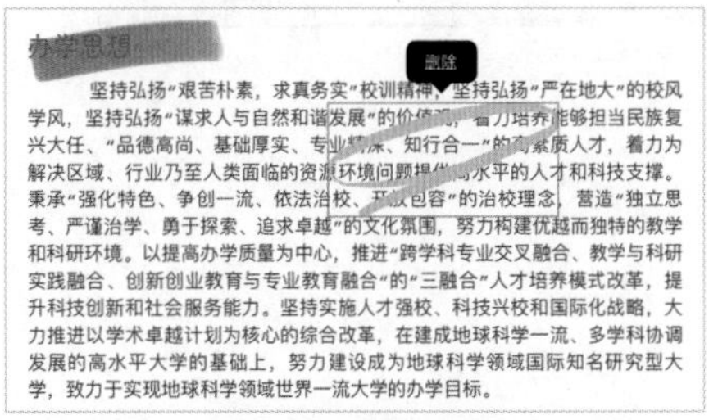

图 6-90　删除注解

- 删除所有注解：单击“智能注解”工具栏右侧的“更多”按钮，在弹出的列表中单击“擦除所有智能注解”选项，即可删除所有注解。

> **提示**
>
> 如果用户共享了文稿，接收者同样可以看到文稿注解。用户可以随时隐藏、显示或删除注解。

6.5.7　导出或打印文稿

文稿制作完成后，用户可以导出或打印当前文稿。

单击导航栏中的“更多”按钮⊙，在弹出的面板中单击“导出”选项，弹出“导出”面板，选择任意一种文件类型，Pages 文稿将自动创建导出文件，如图 6-91 所示。

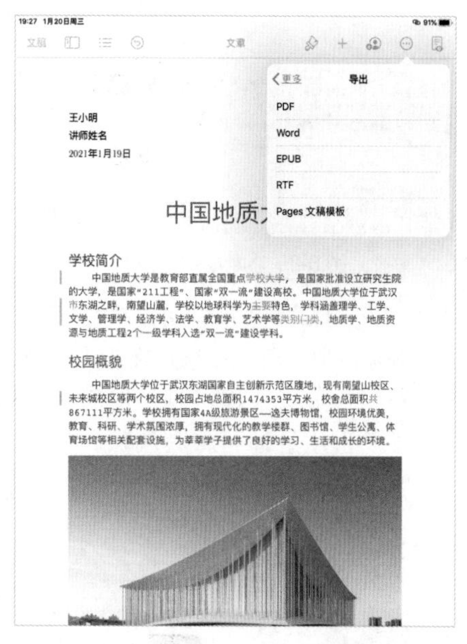

图 6-91　导出文稿

如果在弹出的“更多”面板中单击“打印”选项，会弹出“打印机选项”面板，如图 6-92 所示。设置各项参数后，即可打印文稿。

> **提示**
>
> 如果未选定任何打印机，单击“选择打印机”选项，设备将自动搜索附近的 AirPrint 打印机。选择打印机后，单击“打印”按钮，即可开始打印。

图 6-92　打印机选项

6.6　共享与协作

用户可以使用“共享”功能将文稿发送给其他用户，接收方可以在自己的设备上打开或编辑文稿，并且对文稿副本的修改不会影响原始文稿或其他副本。

打开需要发送的文稿，单击导航栏中的“更多”按钮⊙，弹出“共享”面板，如图 6-93 所示。单击“隔空投递”“信息”或“邮件”等选项，在面板中设置接收方信息，单击“发送”选项，即可完成共享操作。

单击“更多”按钮，弹出 App 面板，如图 6-94 所示。用户可以在该面板中选择更多的传送渠道。

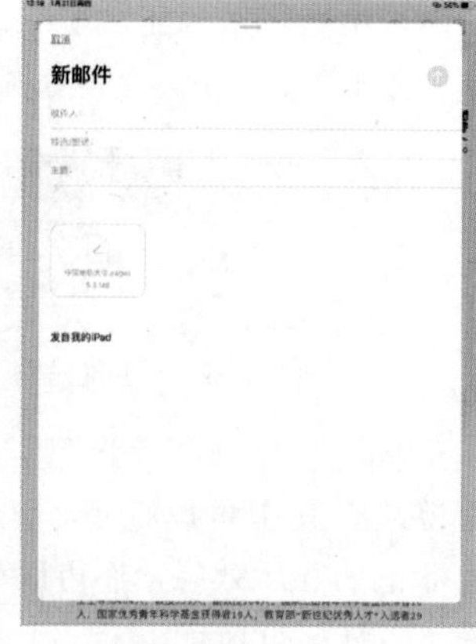

图 6-93　“共享”面板

图 6-94　更多 App

如果文稿为关闭状态，在“文稿编辑器”界面中单击右上角的“完成”按钮，进入“文稿选择”界面，如图 6-95 所示。单击选择任意文稿，单击界面底部的相关选项，即可完成共享、复制、移动或删除等操作。

图 6-95　选择文稿

如果接收方使用其他软件编辑文稿，用户可为其发送其他格式的文稿。将需要共享的文稿导出为接收方所需的文稿格式，导出完成后会出现如图 6-96 所示的“共享”面板，用户可以根据需求对导出文稿进行共享操作。

图 6-96　导出后共享文稿

在文字处理文稿中，用户可以使用演讲者模式实现自动滚动文本的操作。此种情况下，文本以大字体显示在黑色背景上，没有图像或其他媒体，方便阅读。单击“更多”按钮，在弹出的面板中选择“演讲者模式”选项，进入“演讲者模式”界面，如图 6-97 所示。

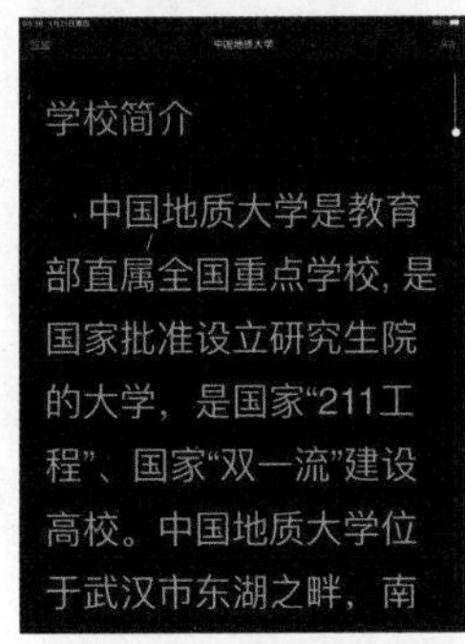

图 6-97　演讲者模式

6.7　帮助文件

Apple 公司提供了描述 Pages 文稿功能的帮助文件。单击导航栏中的“更多”按钮⊙，在弹出的面板中单击“Pages 文稿帮助”选项，弹出如图 6-98 所示的面板。

在面板中单击“目录”选项，面板显示如图 6-99 所示的“帮助”文件，用户可以在该帮助文件中查看和浏览 Pages 文稿的使用方法。

图 6-98　帮助面板

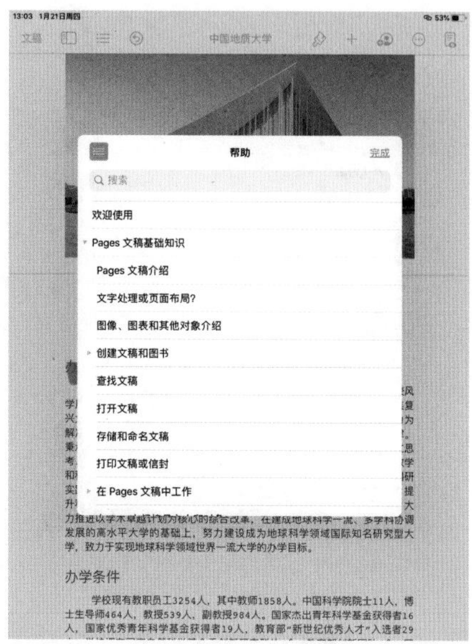

图 6-99　帮助目录

6.8　本章小结

本章主要讲解了 iOS 下 Pages 文稿的使用方法，包括文稿的创建、添加文本、文本布局、插入对象、共享文稿和更多操作等。通过本章的学习，读者应熟练掌握移动端 Pages 文稿的操作方法和技巧，能够完成各种文稿的创建和编辑。

Part 2

电子表格制作——Numbers表格

第 7 章 了解 Numbers 表格

Numbers 表格是由美国苹果公司开发的一款电子表单应用程序，可帮用户创建美观的电子表格。它作为办公软件 iWork 系列的一部分，与 Keynote 和 Pages 一起被捆绑出售。Numbers 与 Microsoft Office 中的 Excel 功能接近。

7.1 关于 Numbers 表格

Numbers 表格是一款只适用于 Mac 系统的图表制作软件，属于 Apple iWork 套装中的一员，具有轻松撰写公式、关联图表和关联格式栏等功能。

> **提示**
>
> 由于硬件的限制，因此为了帮助用户获得最优的用户体验，用户在不同系统中看到的 Numbers 界面并不相同。

7.1.1 iWork 三件套——Numbers 表格

Numbers 表格的最早版本发布于 2007 年 8 月 7 日，且只能运行在 Mac OS X v10.4 以上版本的操作系统中。Numbers 表格的主要竞争对手是 Microsoft Excel，但是它兼容 Excel 的文件格式。

> **提示**
>
> 在 2005 年 4 月 29 日举办的苹果全球开发者大会上，苹果公司正式发布了 OS X 10.4 Tiger。苹果公司宣称该版本的系统中包含 200 种以上的新功能。

Numbers 表格的主要特色功能包括智能表格、可移动画板和交互式打印等。Numbers 表格 10.3.5 版本的界面如图 7-1 所示。

图 7-1　Numbers 表格 10.3.5 版本的界面

7.1.2 Numbers 表格的特点

Numbers 表格是一款功能非常强大的电子表格应用软件，可以用来创建精美的电子表格，并在其中加入令人印象深刻的表格和图像。用户可以通过 Numbers 表格自由地在界面中添加表格、图表、文字、图像等内容，应用非常便捷。

1 强大的创意工具

电子表格不一定非要看起来像账目一样，Numbers 表格允许用户从空白画布而非从无数条框开始设计布局。此外，用户可以选择字体、设置单元格边框样式、修改大小和应用样式，也可以随意在画布上移动各项内容，如图 7-2 所示。

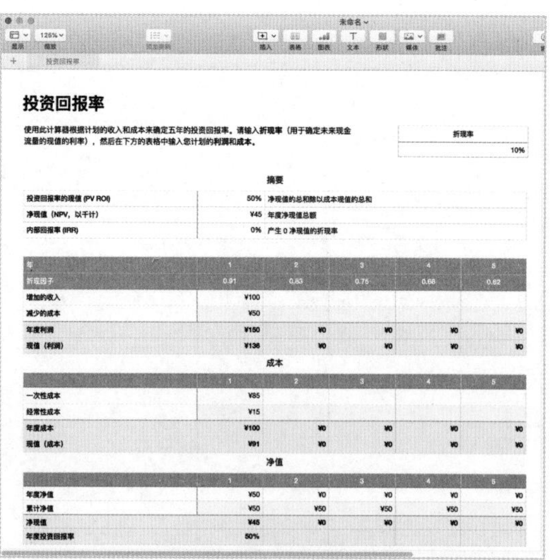

图 7-2　电子表格

2 简明的设计理念

Numbers 表格丰富的预置模板可满足用户

日常大多数的任务需要，辅助提示会应用户所需适时显现，如图 7-3 所示。如图 7-4 所示，直观的界面设计让查找所需工具变得更加简单，从始至终不会拖累用户的工作进度。

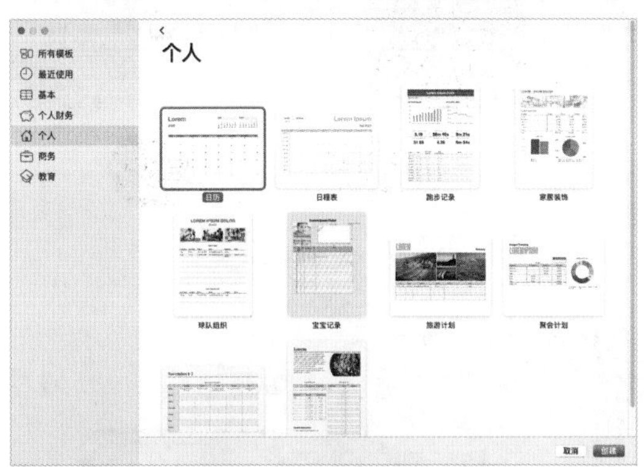

图 7-3　预置模板

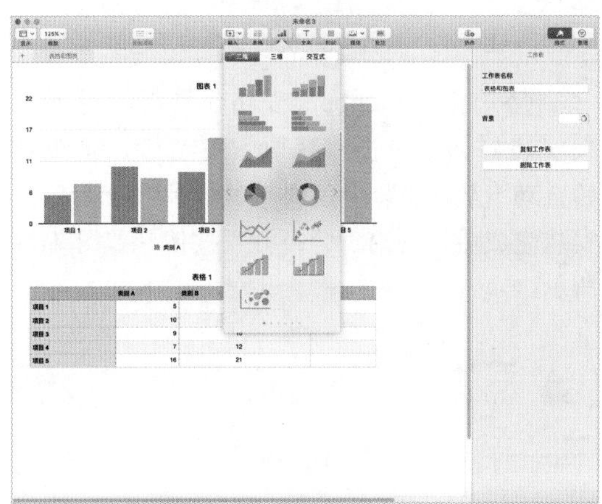

图 7-4　直观的界面设计

3　先进的工具

Numbers 表格支持超过 250 种函数，如图 7-5 所示。内置的精密工具让函数的使用比用户想象的简单得多，只需轻点几下，即可执行复杂运算、过滤数据和总计数据的操作。函数自动填充功能会在用户输入时自动推荐使用的公式，如图 7-6 所示。

4　视觉化数据

Numbers 表格为用户提供了动态方式显示数据，这种方式方便用户从数据中找出模式、识别趋势、发现关系，而且使用引人入胜的图表、图形和各种工具能够让内容一目了然，如图 7-7 所示。

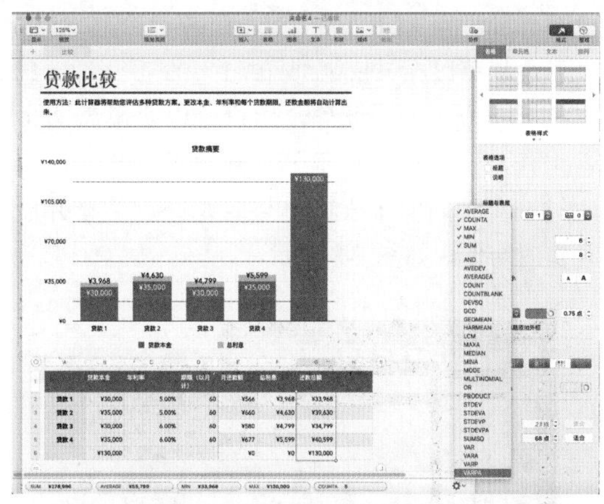

图 7-5　支持函数

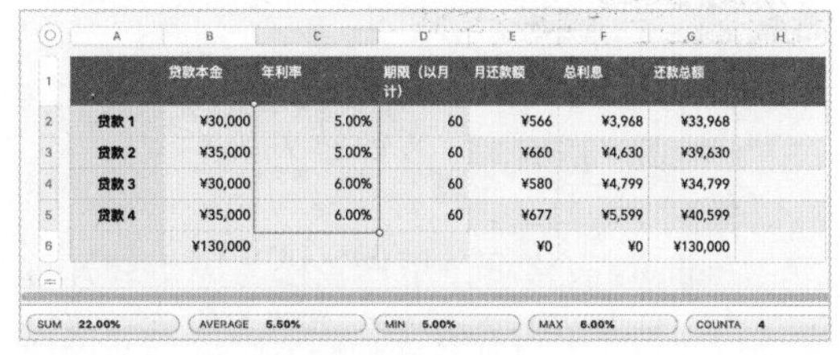

	贷款本金	年利率	期限（以月计）	月还款额	总利息	还款总额
贷款 1	¥30,000	5.00%	60	¥566	¥3,968	¥33,968
贷款 2	¥35,000	5.00%	60	¥660	¥4,630	¥39,630
贷款 3	¥30,000	6.00%	60	¥580	¥4,799	¥34,799
贷款 4	¥35,000	6.00%	60	¥677	¥5,599	¥40,599
	¥130,000			¥0	¥0	¥130,000

SUM 22.00%　AVERAGE 5.50%　MIN 5.00%　MAX 6.00%　COUNTA 4

图 7-6　推荐公式

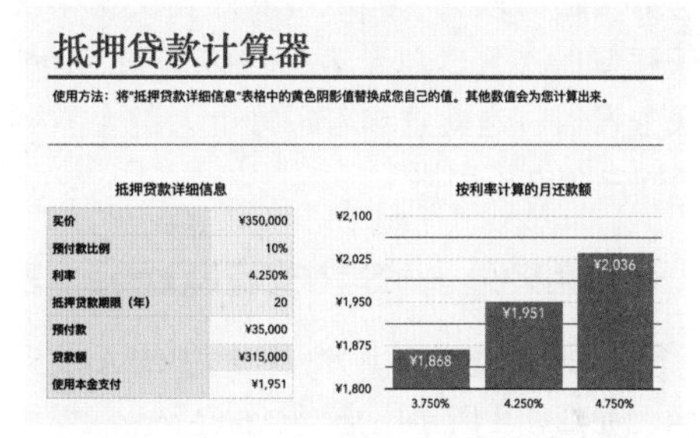

抵押贷款计算器

使用方法：将"抵押贷款详细信息"表格中的黄色阴影值替换成您自己的值。其他数值会为您计算出来。

抵押贷款详细信息

买价	¥350,000
预付款比例	10%
利率	4.250%
抵押贷款期限（年）	20
预付款	¥35,000
贷款额	¥315,000
使用本金支付	¥1,951

潜在支出

利率 / 贷款额	3.750%	4.000%	4.250%	4.500%	4.750%
¥243,741	¥1,445	¥1,477	¥1,509	¥1,542	¥1,575
¥256,569	¥1,521	¥1,555	¥1,589	¥1,623	¥1,658
¥270,073	¥1,601	¥1,637	¥1,672	¥1,709	¥1,745
¥284,288	¥1,686	¥1,723	¥1,760	¥1,799	¥1,837
¥299,250	¥1,774	¥1,813	¥1,853	¥1,893	¥1,934
¥315,000	¥1,868	¥1,909	¥1,951	¥1,993	¥2,036
¥330,750	¥1,961	¥2,004	¥2,048	¥2,092	¥2,137
¥347,288	¥2,059	¥2,104	¥2,151	¥2,197	¥2,244
¥364,652	¥2,162	¥2,210	¥2,258	¥2,307	¥2,356
¥382,884	¥2,270	¥2,320	¥2,371	¥2,422	¥2,474
¥402,029	¥2,384	¥2,436	¥2,490	¥2,543	¥2,598

图 7-7　动态显示数据

5 多种设备协同工作

用户的工作地点可能不止一处，使用的设备也可能不止一部。对于 Numbers 表格来说，也是如此。在 Mac 上使用 Numbers 表格创建的电子表格可以在 iPhone 或 iPad 上查看，且看起来效果丝毫不差。此外，用户可以毫不费力地将工作从一部设备移至另一部设备，甚至可以通过网页访问电子表格，与他人进行共享并展开实时协作，如图 7-8 所示。

图 7-8　协同工作

6 轻松共享

Numbers 表格可让用户轻松与同事展开远程合作。只需单击“协作”按钮，即可完成发送文件的操作。另外，也可以将电子表格链接共享给指定的人员，甚至可以处理使用第三方服务存储的文件。电子表格可以通过 Dropbox 等服务发送。这就意味着，每个人都会看到并使用同一个电子表格。

7.1.3 应用案例——获得并安装 Numbers 表格

01 单击系统界面下方程序坞中的 App Store 图标，如图 7-9 所示。启动 App Store，界面如图 7-10 所示。

图 7-9　App Store 图标

02 单击“类别”按钮，选择“商务”类别，在对话框左上角的搜索框中输入 umbers，快速查找 Numbers 表格应用程序，如图 7-11 所示。

图 7-10　App Store 界面

图 7-11　查找 Numbers 表格应用程序

03 单击“Numbers 表格”图标，进入下载安装界面，单击“获取”按钮，系统开始自动下载、安装应用程序，如图 7-12 所示。安装完成后，将出现“打开”按钮，如图 7-13 所示。

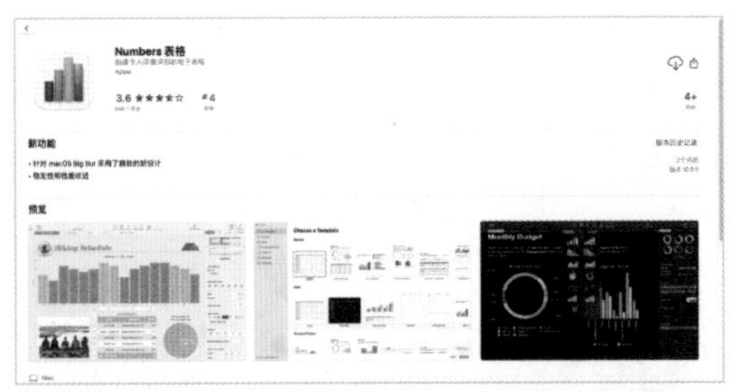

图 7-12　下载界面

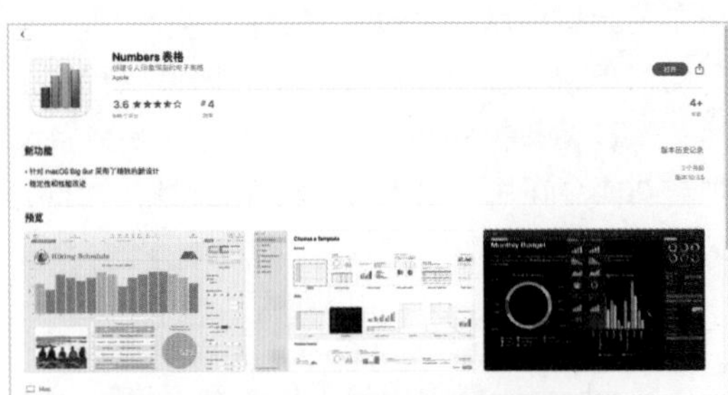

图 7-13　安装完成界面

04 单击“打开”按钮或单击系统界面底部程序坞上的 Numbers 表格启动图标，如图 7-14 所示。第一次启动 Numbers 表格，将弹出如图 7-15 所示的界面。

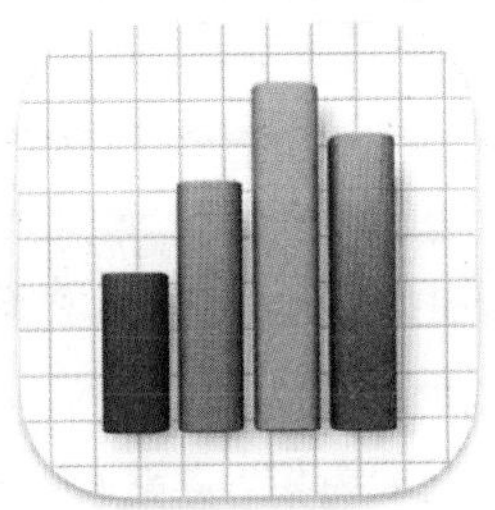

图 7-14　启动图标

图 7-15　Numbers 表格软件界面

05 单击“创建表格”按钮，进入选取模板界面。选择任意模板，这里选择“基本→空白”模板（图 7-16），单击“创建”按钮，即可完成表格的创建，如图 7-17 所示。

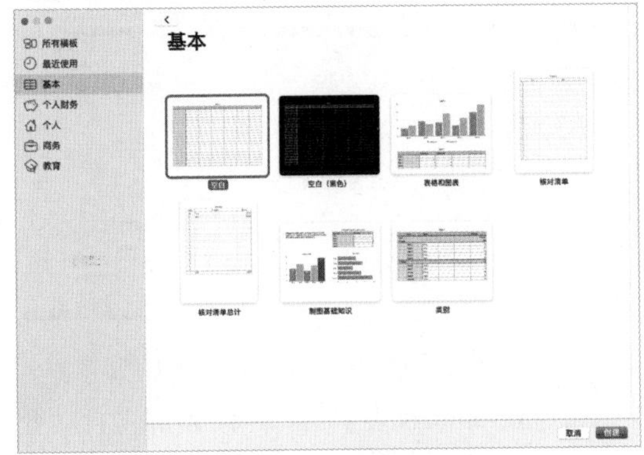

图 7-16　选取模板

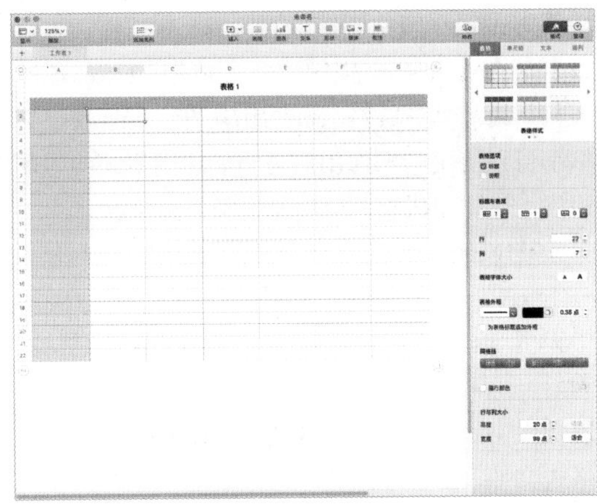

图 7-17　创建表格

7.1.4　卸载 Numbers 表格

如果用户决定不再使用 Numbers 表格编辑表格，可以通过以下操作将其从系统中删除。

单击界面底部程序坞上的“启动台”图标，将光标移动到“Numbers 表格”图标上，按住鼠标左键将其拖曳到右下角的“废纸篓”图标上，如图 7-18 所示。弹出如图 7-19 所示的提示对话框，单击“删除”按钮，即可将“Numbers 表格”应用软件从系统中卸载。

图 7-18　拖曳“Number”表格图标到“废纸篓”图标上

图 7-19　卸载 Numbers 表格

7.1.5　Numbers 表格与 Excel

Numbers 表格兼容 Microsoft Excel，用户可

以将 Numbers 表格直接保存为 Excel 文件，也可以直接在 Numbers 表格中导入并编辑 Excel 电子表格。对于大多数 Excel 常用功能，Numbers 表格都可以使用。即便用户与同事使用不同的应用程序，合作完成同一个项目也不再是难题。

在 Numbers 表格中执行“文件→导出为→ Excel”命令（图 7-20），在弹出的对话框中设置导出文件的各项参数，默认情况下导出为 .xlsx 格式文件；单击“高级选项”，用户可以在“格式”下拉列表中选择将表格导出为 .xls 格式文件，如图 7-21 所示。

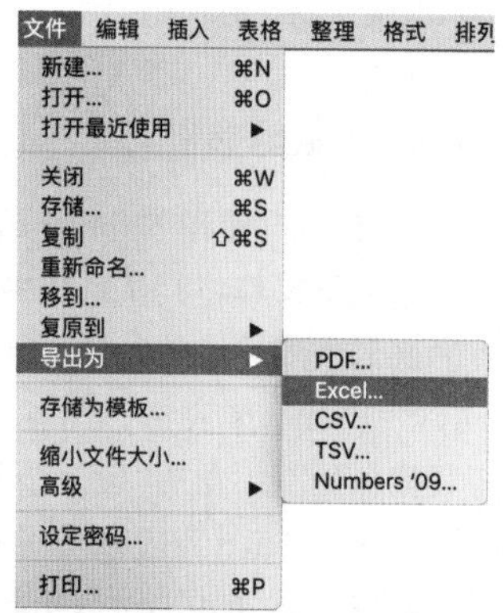

图 7-20　导出为 .xlsx 格式

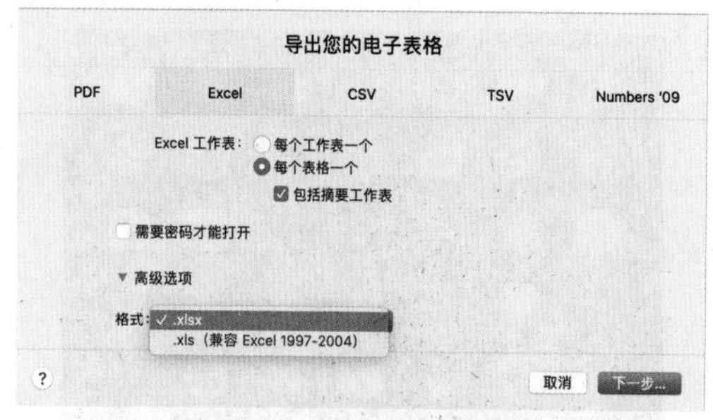

图 7-21　设置导出文件参数

单击“下一步”按钮后，在新对话框中为文件命名，设置标签并指定位置，单击“导出”按钮，如图 7-22 所示。完成 Excel 电子表格的导出后，导出文件如图 7-23 所示。

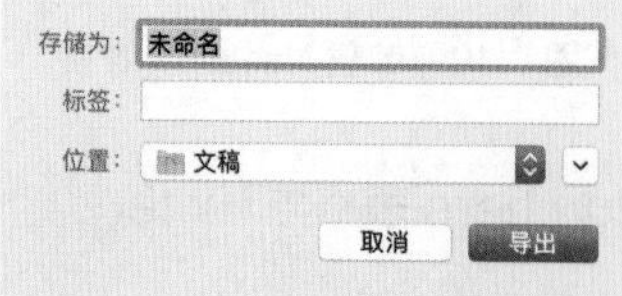

图 7-22　设置导出文件参数

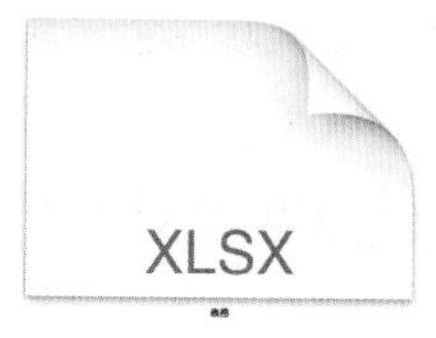

图 7-23　导出文件

7.2　Numbers 表格的工作界面

单击界面底部程序坞上的“Numbers 表格”图标，进入“选取模板”界面，如图 7-24 所示。单击选择右侧“基本”选项下的“空白”模板，单击“创建”按钮，即可启动 Numbers 表格工作界面，如图 7-25 所示。

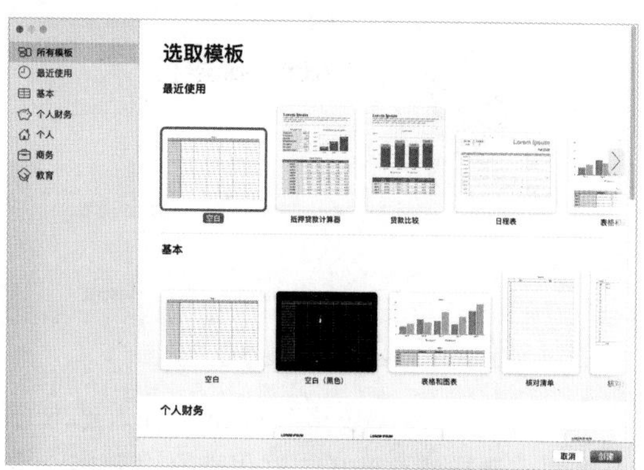

图 7-24　“选取模板”界面

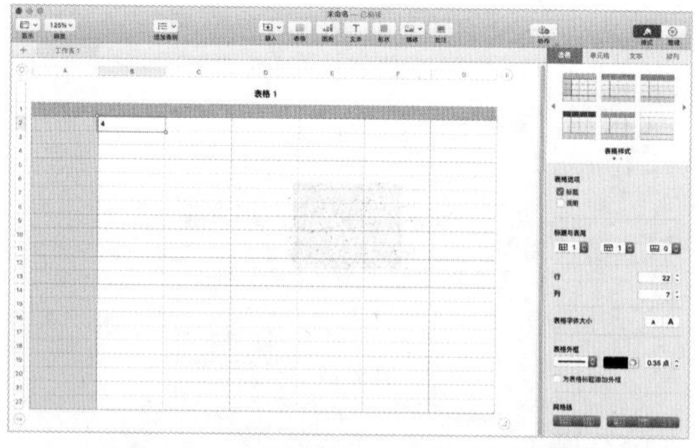

图 7-25　启动 Numbers 表格工作界面

启动 Numbers 表格后，系统顶部将自动变为 Numbers 表格软件的工作菜单，如图 7-26 所示。该菜单栏按功能被划分为 Numbers 表格、文件、编辑、插入、表格、整理、格式、排列、显示、共享、窗口和帮助 12 个菜单。

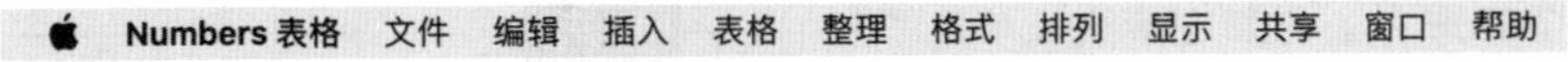

Numbers 表格　文件　编辑　插入　表格　整理　格式　排列　显示　共享　窗口　帮助

图 7-26　Numbers 表格软件菜单

Numbers 表格软件界面顶部的工具栏为用户提供了一些常用的工具和操作命令，如图 7-27 所示。

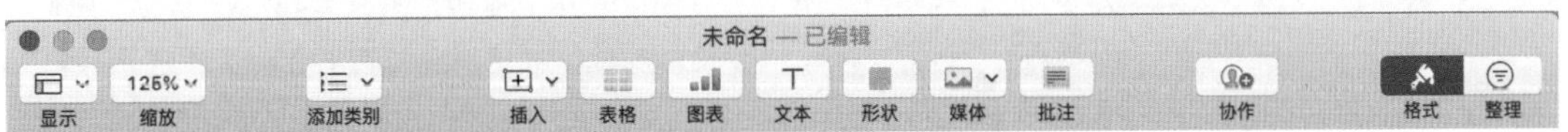

图 7-27　Numbers 表格工具栏

工具栏的右侧包含“格式”和“整理”两个按钮。单击“格式”按钮，将显示或隐藏格式和样式选项，右侧边栏显示效果如图 7-28 所示。单击“整理”按钮，将显示或隐藏排序、过滤和分类选项，右侧边栏显示效果如图 7-29 所示。

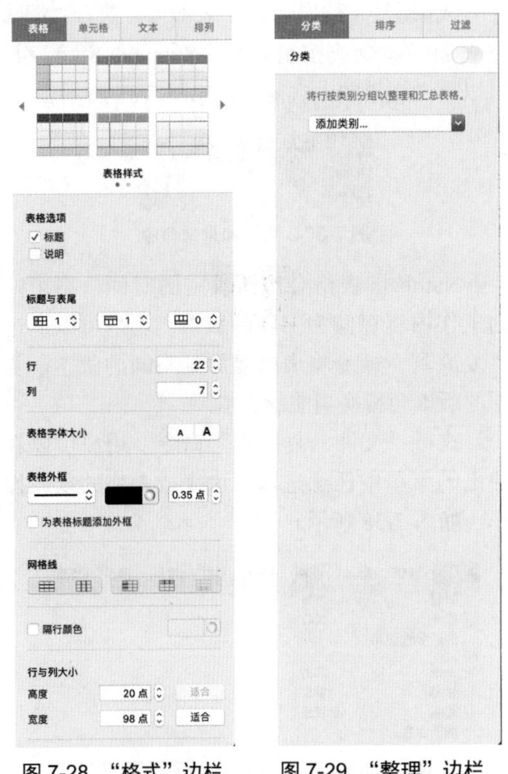

图 7-28　“格式”边栏　　图 7-29　“整理”边栏

7.3　自定义工具栏

为了方便用户的使用，Numbers 表格提供了自定义工具栏的功能。用户可以根据个人的操作习惯自定义工具栏上的选项。

在软件工具栏上单击鼠标右键，在弹出的快捷菜单中选择“自定工具栏”选项，如图 7-30 所示。或者执行如图 7-31 所示的“显示→自定工具栏”命令，弹出自定义工具栏对话框，如图 7-32 所示。

✓ 图标和文本
仅图标
自定工具栏...

图 7-30　快捷菜单

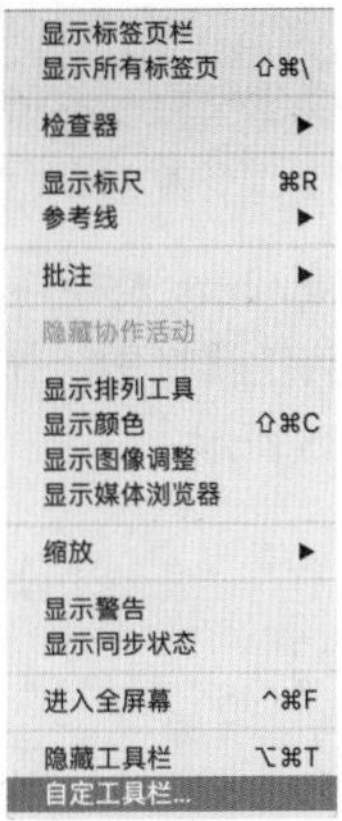

显示标签页栏
显示所有标签页　⇧⌘\
检查器 ▶
显示标尺　⌘R
参考线 ▶
批注 ▶
隐藏协作活动
显示排列工具
显示颜色　⇧⌘C
显示图像调整
显示媒体浏览器
缩放 ▶
显示警告
显示同步状态
进入全屏幕　^⌘F
隐藏工具栏　⌥⌘T
自定工具栏...

图 7-31　菜单命令

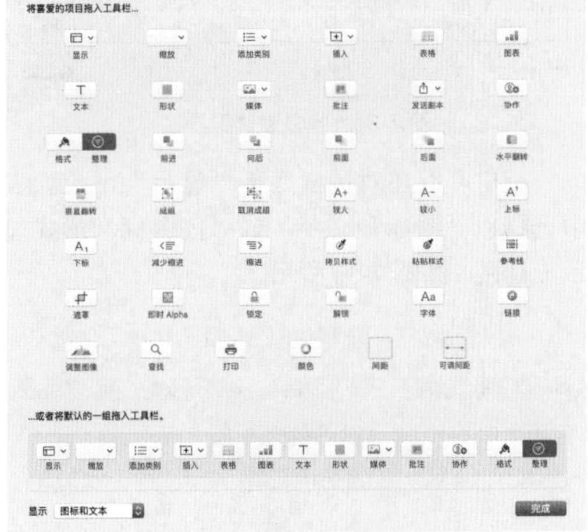

图 7-32　自定义工具栏对话框

用户可以直接将工具图标向上拖曳到工具

栏上，如图 7-33 所示。设置完成后，单击“完成”按钮，完成自定义工具栏的操作，如图 7-34 所示。

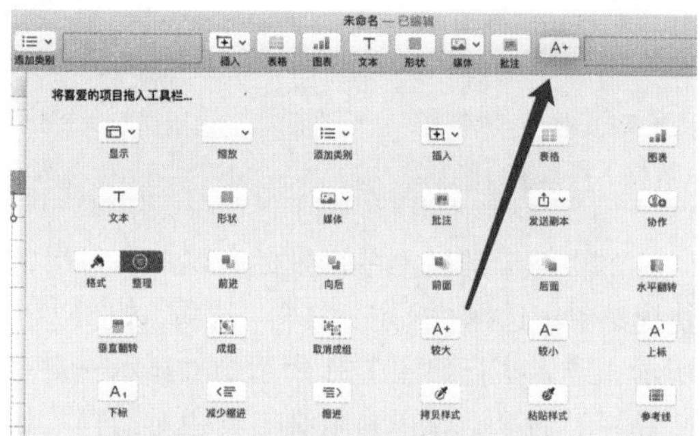

图 7-33　拖曳图标自定义工具栏

图 7-34　自定义工具栏效果

Numbers 表格还允许用户将一组默认工具拖入到工具栏中，恢复软件的默认工具栏，如图 7-35 所示。

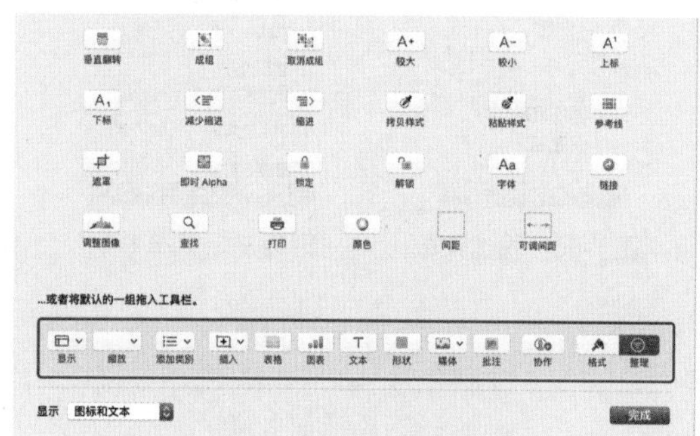

图 7-35　恢复默认工具栏

用户可以在对话框底部“显示”下拉列表中选择以“图标和文字”或“仅图标”形式显示工具栏，如图 7-36 所示。

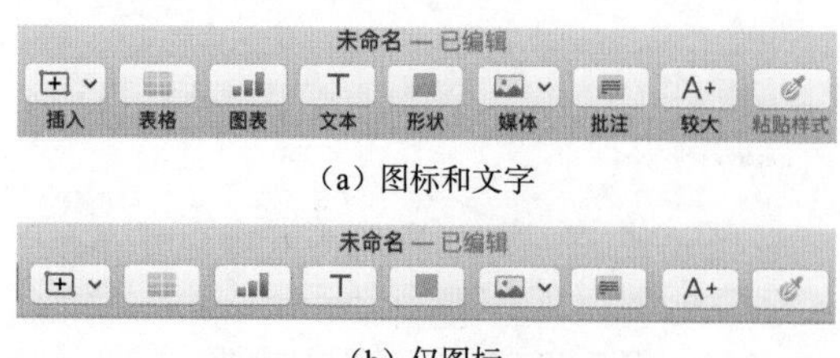

（a）图标和文字

（b）仅图标

图 7-36　设置工具显示形式

> **提示**
>
> 用户可以通过执行“显示→隐藏工具栏”命令，或者在软件工具栏上单击右键，在弹出的快捷菜单中选择“隐藏工具栏”选项，将工具栏隐藏，以便获得范围更大的工作区。

7.4　撤销与重做

在制作 Numbers 表格时，通常会出现操作失误的情况，可以通过执行“撤销”命令撤销最近对表格所做的更改，也可以通过执行“重做”命令在改变主意时重做更改。

当需要撤销上次操作时，执行“编辑→撤销”命令或按组合键 Command+Z 即可。执行“编辑→重做”命令或按组合键 Command+Shift+Z，可以重做撤销的上次操作，如图 7-37 所示。

图 7-37　撤销和重做命令

Numbers 表格会按照设定的时间，将用户的工作内容存储为不同的版本。用户可以通过“复原到”命令将表格复原到不同的版本，复原的版本会替换当前的版本。

执行“文件→复原到”命令，用户可以在弹出的菜单中任意选取一项完成表格的复原操作，如图 7-38 所示。

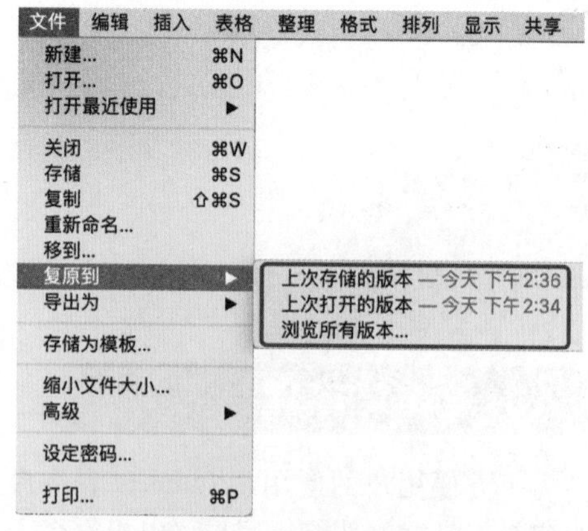

图 7-38　“复原到”命令

- 上次存储的版本：上次存储后对表格的所有更改会被删除。
- 上次打开的版本：上次打开后对表格的所有更改会被删除。
- 浏览所有版本：表格的时间线被打开，当前版本显示在左侧的窗口上，较早版本显示在右侧的窗口上，如图 7-39 所示。用户可以在此视图中编辑当前版本，无法编辑较早版本，但可以从中复制文本和对象。

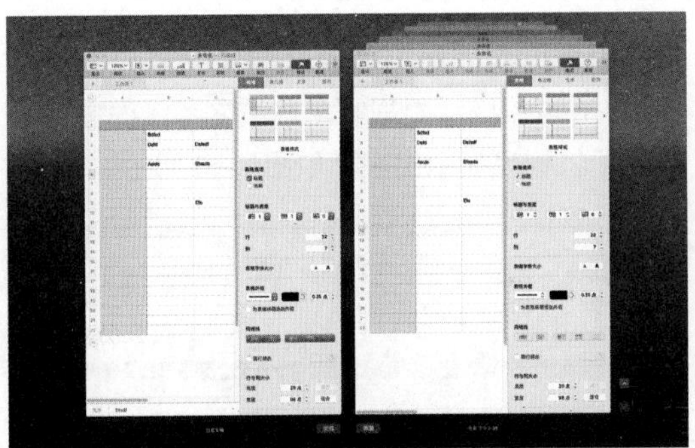

图 7-39　浏览所有版本

提示

拥有编辑权限的协作者可以复制表格内容及将表格恢复为用户共享后创建的版本，仅具有查看权限的协作者不能访问其较早版本。

7.5　使用标尺

Numbers 表格提供了许多表格编辑的辅助功能，标尺和参考线是其中常用的功能。辅助功能能够帮助用户更好地完成表格的编辑工作。Numbers 表格的标尺工具能够帮助用户在表格中定位和对齐对象。通过为标尺设置不同的单位（磅、英寸或厘米），可以实现不同增量的操作。

7.5.1　显示或隐藏标尺

单击工具栏左侧的“显示”按钮，在弹出的下拉菜单中选择“显示标尺”命令（图 7-40），即可在表格的顶部和左侧显示标尺，如图 7-41 所示。再次单击“显示”按钮，选择“隐藏标尺”选项，即可将标尺隐藏。

图 7-40　“显示标尺”命令

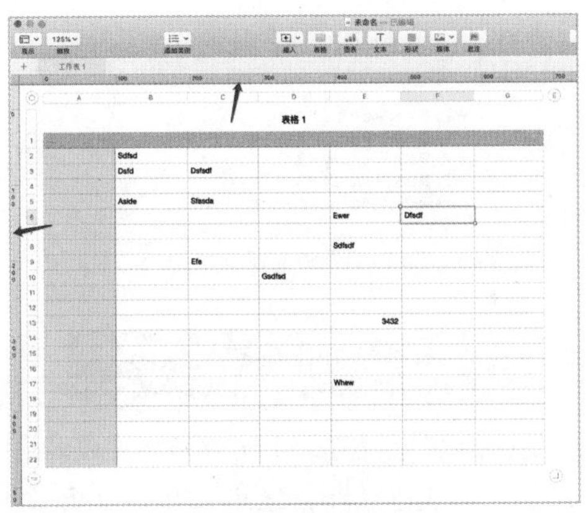

图 7-41　显示标尺效果

如果在移动或调整对象时需要显示对象的坐标和大小，可以执行“Numbers 表格→偏好设置”命令，单击切换到“标尺”选项卡，勾选“移动对象时显示大小和位置”复选框，如图 7-42 所示。在调整对象大小、拖移或旋转对象时显示大小和位置，如图 7-43 所示。

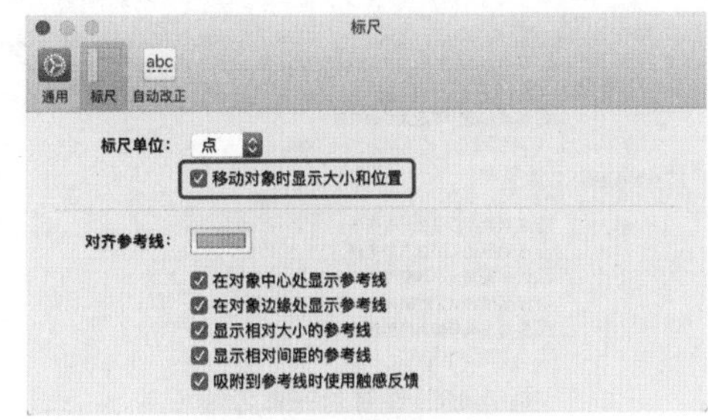

图 7-42　偏好设置

图 7-43　显示对象的坐标

7.5.2 更改标尺单位

用户可以随时更改标尺的单位，即使表格处于打开状态。执行“Numbers 表格→偏好设置”命令，单击切换到“标尺”选项卡，在“标尺单位”下拉列表中可以选择“点”“英寸”或“厘米”作为标尺的单位，如图 7-44 所示。

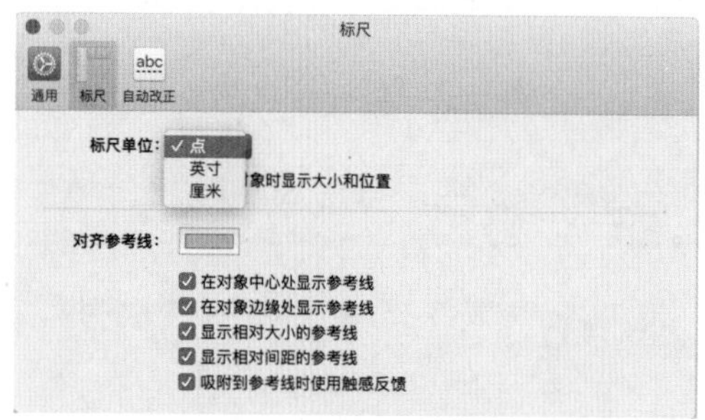

图 7-44　设置标尺单位

7.6 参考线

使用参考线能够帮助用户精确地定位表格中的对象。用户可以根据需要选择关闭或打开参考线。

7.6.1 打开参考线

执行“Numbers 表格→偏好设置”命令，单击切换到“标尺”选项卡，用户可以在“对齐参考线”选项下设置参考线的颜色和对齐方式，如图 7-45 所示。

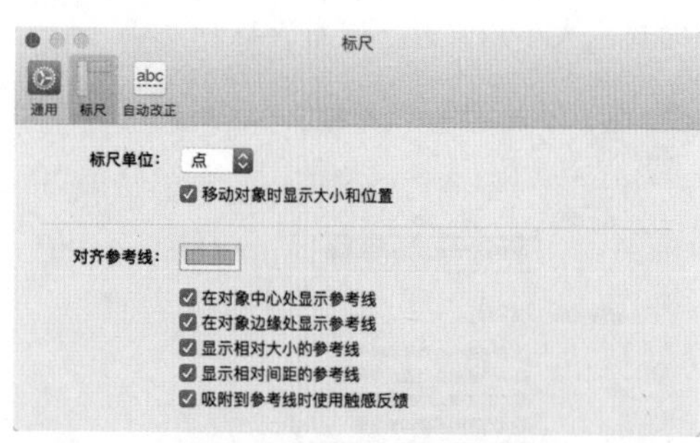

图 7-45　设置对齐参考线

默认情况下，参考线的颜色为黄色。单击“对齐参考线”右侧的色块，可以任意选择一种颜色作为参考线的颜色。

关于参考线的对齐方式，现介绍如下。

- 在对象中心处显示参考线：在对象中心处显示对齐参考线。
- 在对象边缘处显示参考线：在对象边缘处显示对齐参考线。
- 显示相对大小的参考线：在对象调整彼此的相对大小时显示对齐参考线。
- 显示相对间距的参考线：在对象调整彼此的相对间距时显示对齐参考线。
- 吸附到参考线时使用触感反馈：在配备力度触控板的 Mac 上接收触感反馈。

7.6.2 添加对齐参考线

用户可以按照需要通过拖曳的方式添加参考线，并可以随时根据需求调整参考线的位置。首先，将标尺显示出来，如图 7-46 所示。

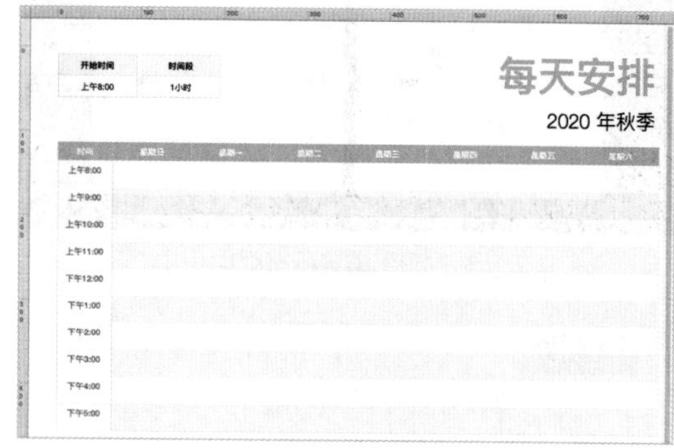

图 7-46　显示标尺

将光标移动到垂直或水平标尺的上方，按住鼠标左键并向右或向下拖曳，即可在表格中创建一条垂直或水平的参考线，如图 7-47 所示。将光标移动到已有的辅助线上，按住鼠标左键拖曳，即可移动该参考线。

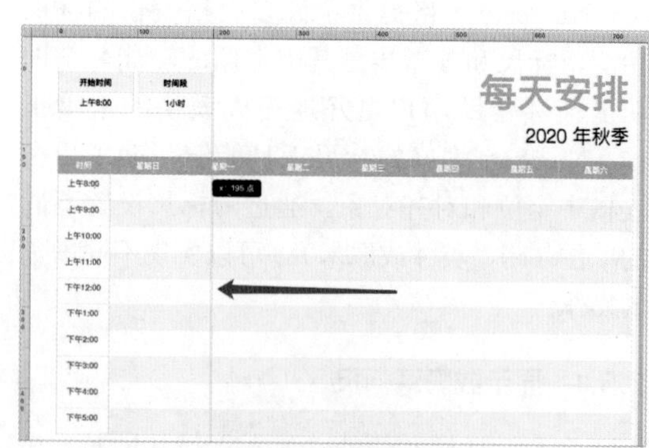

图 7-47　拖曳创建参考线

7.6.3 移除、隐藏和清除参考线

将光标移动到想要移除的参考线上，按住鼠标左键向上或向左拖曳，将参考线拖曳到标尺内，松开鼠标左键，即可完成移除参考线的操作。执行“显示→参考线→隐藏参考线”命令，如图 7-48 所示，即可将当前表格中的参考线隐藏。

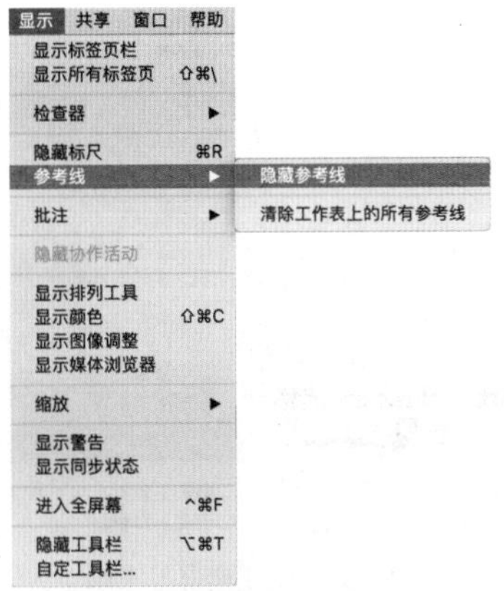

图 7-48　“隐藏参考线”命令

执行“显示→参考线→显示参考线”命令，可以将当前表格中隐藏的参考线显示出来，如图 7-49 所示。执行“显示→参考线→清除工作表上的所有参考线”命令，即可将当前表格中所有的参考线清除。

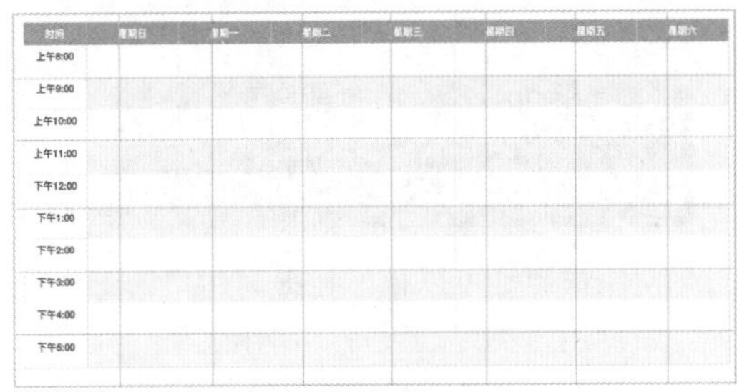

图 7-49　显示参考线

7.7 缩放调整表格

在编辑表格过程中，通过放大表格内容，可以方便用户查看和编辑；通过缩小表格内容，可以方便用户整体浏览表格。

7.7.1 应用案例——缩放查看表格

01 在 Numbers 表格中新建一个表格文件，如图 7-50 所示。默认情况下，Numbers 表格会在软件界面左上角显示“缩放”比例，默认为 125%，如图 7-51 所示。

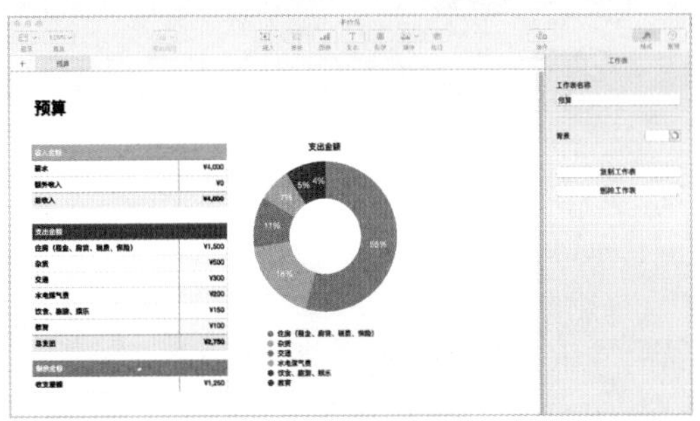

图 7-50　新建表格文件

图 7-51　“缩放”比例

> **提示**
>
> 执行“Numbers 表格→偏好设置”命令，在对话框顶部单击“通用”按钮，用户可以从“默认缩放比例”下拉列表中选择不同的缩放比例作为默认缩放比例。

02 单击工具栏左侧的“缩放”下拉按钮，在弹出的下拉列表中选择不同的缩放比例，即可完成表格的放大和缩小操作。图 7-52 所示为 200% 和 75% 比例下的表格效果。

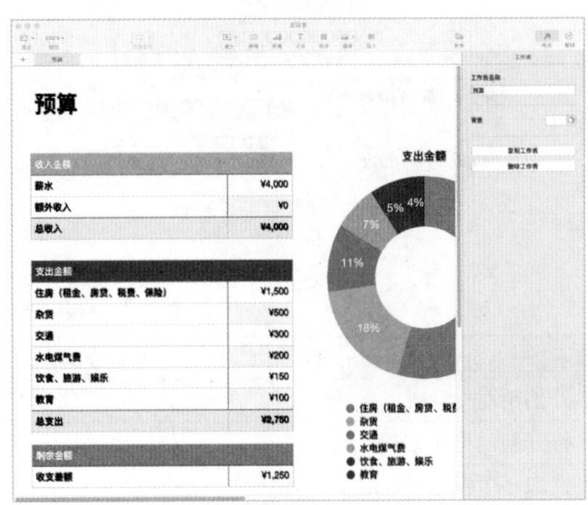

（a）200% 比例

图 7-52　不同缩放比例显示效果

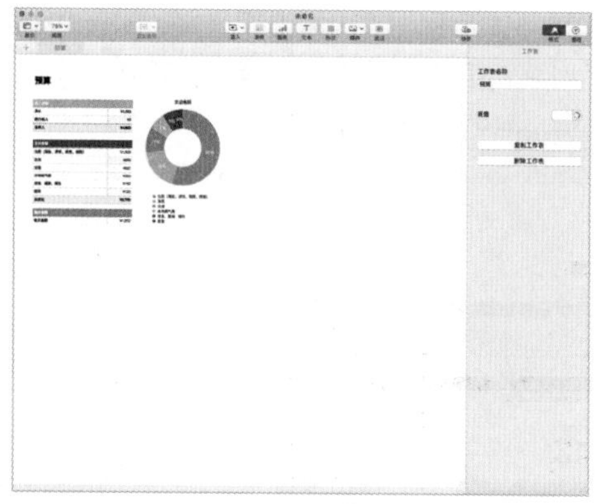

（b）75% 比例

图 7-52　不同缩放比例显示效果（续）

7.7.2　全屏幕显示 Numbers 表格

在编辑一些复杂的表格时，为了获得更多的视觉窗口，可以将 Numbers 表格窗口扩展填满整个计算机屏幕。单击 Numbers 表格软件窗口左上角的按钮或执行“显示→进入全屏幕”命令，即可进入全屏幕模式，如图 7-53 所示。

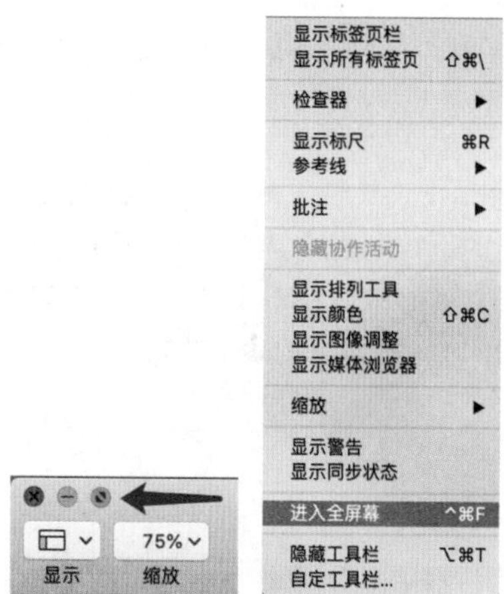

图 7-53　进入全屏幕操作

进入全屏幕后，将光标移到屏幕顶部，即可显示 Numbers 表格的菜单栏和工具栏。单击按钮或执行“显示→退出全屏幕”命令，即可退出全屏幕模式，如图 7-54 所示。

图 7-54　退出全屏幕操作

提示

将光标移动到按钮上，在弹出的下拉菜单中可以选择将窗口拼贴到屏幕左侧或右侧。拼贴后的窗口只能用来观察，不能进行编辑操作。

7.8　Numbers 表格的常用快捷键

使用快捷键可以很好地提高用户的工作效率，帮助用户更好地设计、制作表格。为了方便用户查用使用，表 7-1 中为用户列出了 Mac 端 Numbers 表格常用的快捷键。

表 7-1　Numbers 表格常用的快捷键

操　作	快　捷　键
开始听写	按 Fn 键两次
打开新的电子表格	Command+N 键
选取一个模板并创建新电子表格	Return 键
打开现有电子表格	Command+O 键
关闭模板选取器	Esc 键

续表

操　作	快　捷　键
存储电子表格	Command+S 键
存储为	Option+Shift+Command+S 键
结束编辑电子表格或工作表名称	Return 键
复制电子表格	Shift+Command+S 键
结束编辑电子表格或工作表名称并恢复原始名称	Esc（退出）键
打印电子表格	Command+P 键
添加新工作表	Shift+Command+N 键
切换到上一个工作表	Command+Shift+ 左大括号 ({) 键
切换到下一个工作表	Command+Shift+ 右大括号 (}) 键
切换到第一个工作表	Option+Command+Shift+ 左大括号 ({) 键
切换到最后一个工作表	Option+Command+Shift+ 右大括号 (}) 键
在打印预览中向上滚动一页	Page Up 键
在打印预览中向下滚动一页	Page Down 键
预览工作表或电子表格	Option+Command+P 键
打开 Numbers 表格帮助	Command+Shift+ 问号 (?) 键
关闭窗口	Command+W 键
关闭所有窗口	Option+Command+W 键
最小化窗口	Command+M 键
将所有窗口都最小化	Option+Command+M 键
进入全屏幕视图	Command+Control+F 键
放大	Command+ 右尖括号 (>) 键
缩小	Command+ 左尖括号 (<) 键
显示“偏好设置”窗口	Command+ 逗号键 (,) 键
缩放所选内容	Shift+Command+0 键
返回实际大小	Command+0 键
显示电子表格标尺	Command+R 键
显示“颜色”窗口	Command+Shift+C 键
隐藏或显示工具栏	Command+Option+T 键
重新排列工具栏中的项目	按住 Command 键拖移
从工具栏中移除项目	按住 Command 键拖出工具栏
隐藏或显示边栏	Option+Command+I 键
打开边栏的下一个制表符	Control+ 重音符 (`) 键
打开边栏的上一个制表符	Shift+Control+ 重音符 (`) 键
隐藏 Numbers 表格	Command+H 键
隐藏其他窗口	Command+Option+H 键
撤销上次操作	Command+Z 键
重做上次操作	Command+Shift+Z 键
退出 Numbers 表格	Command+Q 键
退出 Numbers 表格并保持打开窗口	Option+Command+Q 键

用户可以使用键盘快捷键快速完成许多常见任务，菜单选项后通常显示其操作快捷键。这些快捷键通常以符号的形式显示，表 7-2 为快捷键对应的符号。

表 7-2 快捷键对应的符号

快捷键	符 号
Command 键	⌘
Shift 键	⇧
Option 键	⌥
Control 键	^
Return 键	↩
功能键	fn

7.9 使用帮助

在学习 Numbers 表格软件时，可以通过“帮助”菜单获得 Apple 公司提供的 Numbers 表格帮助、键盘快捷键、公式与函数帮助、Numbers 表格的新功能和服务与支持等帮助信息，如图 7-55 所示。

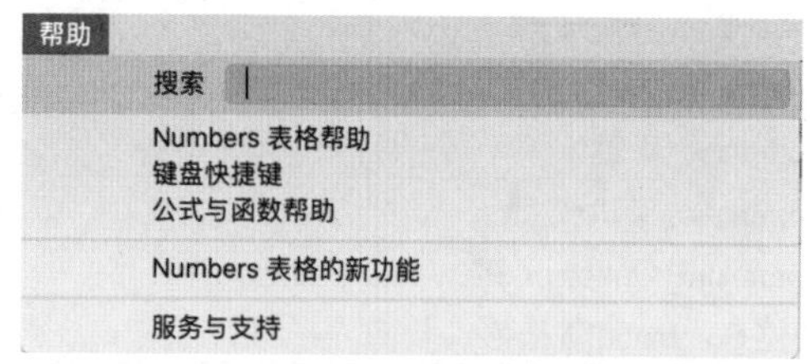

图 7-55 帮助菜单

7.9.1 Numbers 表格帮助

为了帮助初学者学习 Numbers 表格的功能，Apple 公司提供了 Numbers 表格的帮助文件。执行“帮助→ Numbers 表格帮助”命令，可以联机到 Apple 网站查看帮助文件，如图 7-56 所示。

7.9.2 键盘快捷键

用户可以使用键盘快捷键在 Numbers 表格中快速完成各种操作。执行“帮助→键盘快捷键”命令，即可弹出“在 Mac 上的 Numbers 表格中使用键盘快捷键”界面，如图 7-57 所示。

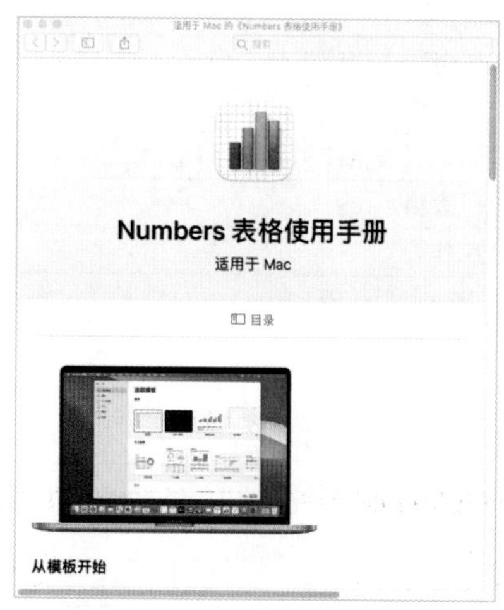

图 7-56 Numbers 表格帮助界面

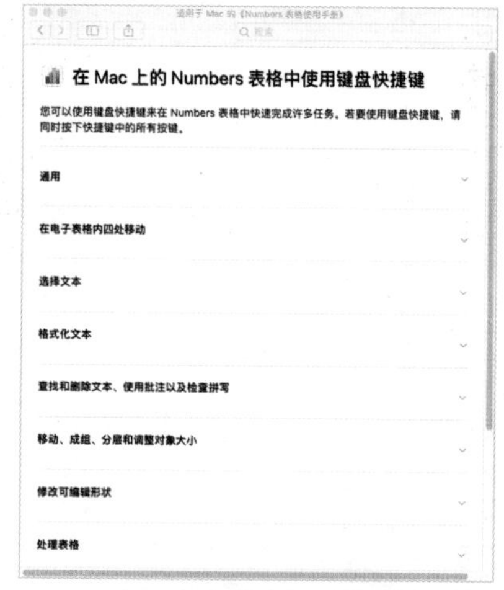

图 7-57 键盘快捷键帮助界面

7.9.3 公式与函数帮助

在 Mac 上的 Numbers 表格中，可以使用公式和函数执行计算或显示结果的操作。在最新版本的 Numbers 表格软件中，用户可以使用 250 多种函数。

执行“帮助→公式与函数帮助”命令，进入公式与函数帮助页面，如图 7-58 所示。用户可以直接在搜索文本框中输入想要查找的公式或函数，获得帮助；也可以单击“目录”选项，按照功能分类学习公式和函数，如图 7-59 所示。

图 7-58　公示与函数帮助界面

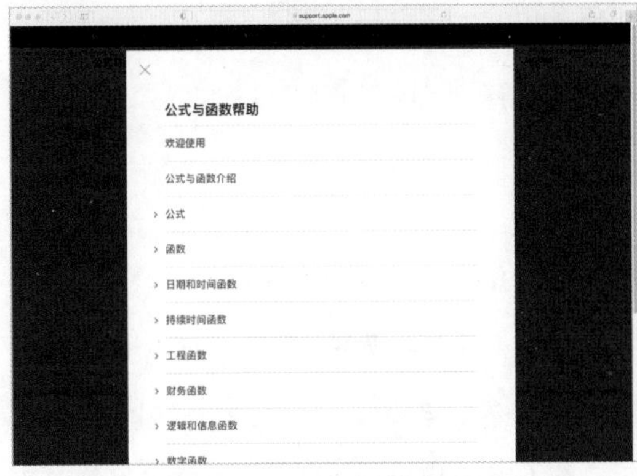

图 7-59　公式与函数帮助目录

7.9.4　Numbers 表格的新功能

本书的 Numbers 表格版本除了继承曾经版本的功能外，还新增了许多新功能。

安装 Numbers 表格后，第一次启动或执行"帮助→ Numbers 表格的新功能"命令，系统会自动弹出"Numbers 表格的新功能"界面，用户可以在该界面中了解该版本 Numbers 表格的新增功能，如图 7-60 所示。

7.9.5　服务与支持

Apple 官网中的 Numbers 表格软件服务社区可以帮助用户更好地使用 Numbers 表格。图 7-61 所示为 Numbers 表格支持界面。用户可以在该网站中找到 Numbers 表格的使用技巧、教程和故障诊断等内容，以解决各种疑难问题。

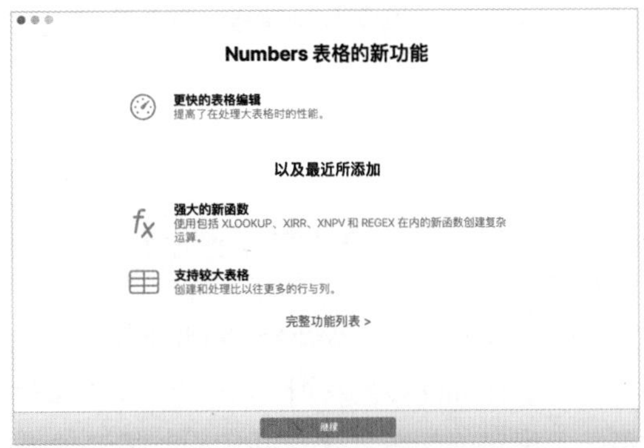

图 7-60　Numbers 表格的新功能界面

图 7-61　Numbers 表格支持界面

7.10　本章小结

本章主要针对 Numbers 表格的发展历史、安装与卸载、工作界面、辅助功能和 Numbers 表格帮助等内容进行了详细介绍。通过本章学习，读者在了解 Numbers 表格的发展和特点的同时，还需掌握软件的安装和卸载方法、自定义软件工作界面的方法和该软件的各种基本操作等内容。

第 8 章 Numbers 表格的基本操作

本章通过基础知识和应用案例相结合的方式，着重讲解 Numbers 表格的基本操作。通过本章学习，读者应掌握新建表格、打开表格、存储表格和自定义表格模板等各种操作，为完成更复杂的操作打下基础。

8.1 使用模板创建 Numbers 表格

创建 Numbers 表格时，用户可以选择创建一个空白的模板以便在其中添加表格、图表、文本和其他对象，也可以选择创建一个包含文本、表格和图像等占位符元素的预设模板。Numbers 表格为用户提供了“基本”“个人财务”“个人”“商务”和“教育”5 种模板。

8.1.1 基本模板

基本模板通常使用率较高，包括“空白”“空白（黑色）”“表格和图表”“核对清单”“核对清单总计”“制图基础知识”“类别”7 种模板样式，如图 8-1 所示。

单击选中“空白”模板，再单击“创建”按钮或直接双击“空白”模板，即可完成空白模板的创建，如图 8-2 所示。用户可以在空白模板的表格中直接输入文字。

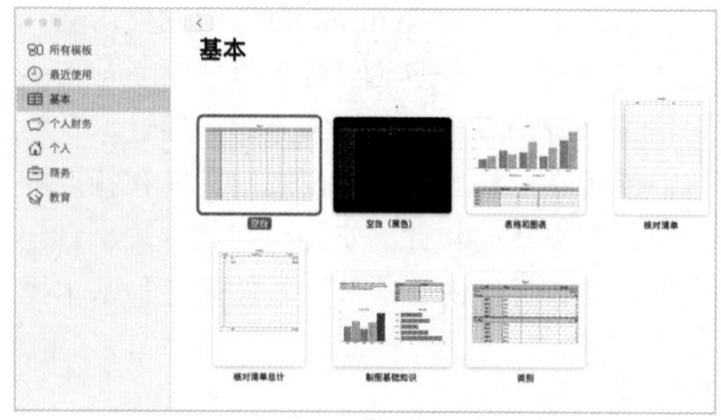

图 8-1 基本模板

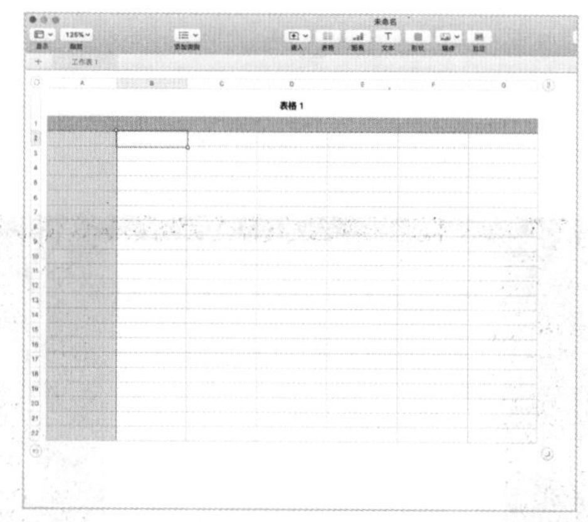

图 8-2 新建“空白”模板

8.1.2 个人财务模板

个人财务模板包括“简单预算”“个人预算”“个人储蓄”“净值”“教育储蓄”“退休储蓄”“贷款比较”“抵押贷款计算器”8 种模板样式，如图 8-3 所示。

个人财务模板在统计个人财务数据时非常实用，用户只需要根据实际情况更改模板中的数值即可。图 8-4 所示为个人预算模板的效果。

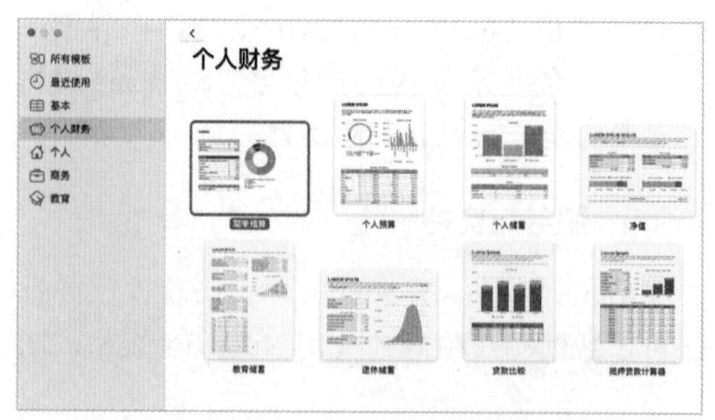

图 8-3 个人财务模板

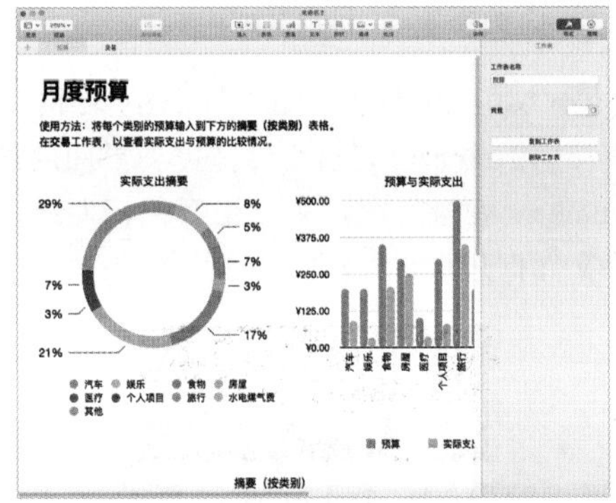

图 8-4　新建“个人预算”模板

8.1.3　个人模板

个人模板包括“日历”“日程表”“跑步记录”“家居装饰”“球队组织”“宝宝记录”“旅游计划”“聚会计划”“膳食计划”“食谱”10 种模板样式，如图 8-5 所示。

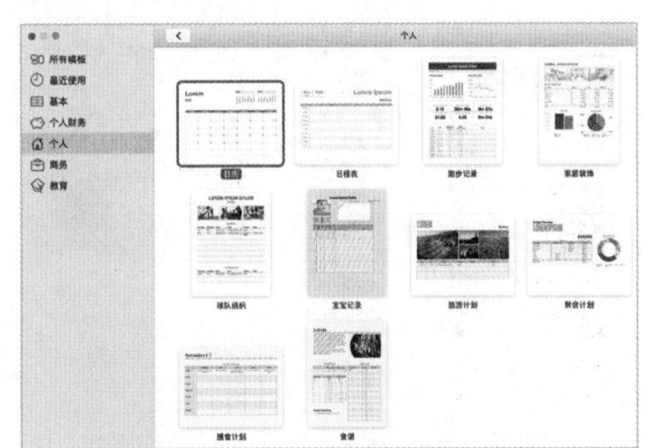

图 8-5　个人模板

个人模板主要用来整理个人数据。用户可以通过使用此类模板，将个人数据以表格的形式呈现出来。图 8-6 所示为“旅游计划”模板的效果。

图 8-6　新建“旅游计划”模板

8.1.4　商务模板

商务模板包括“员工工资表”“发票”“投资回报率”“盈亏平衡分析”4 种模板样式，如图 8-7 所示。

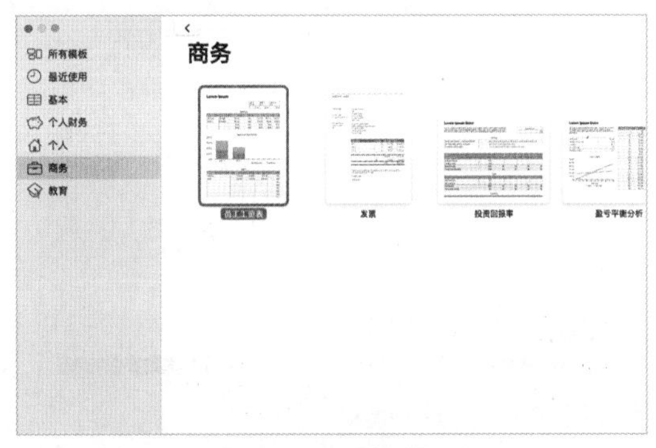

图 8-7　商务模板

商务模板主要用于商务场景中，由于商务的特殊性，Numbers 表格提供的模板并不多。图 8-8 所示为“投资回报率”模板的效果。

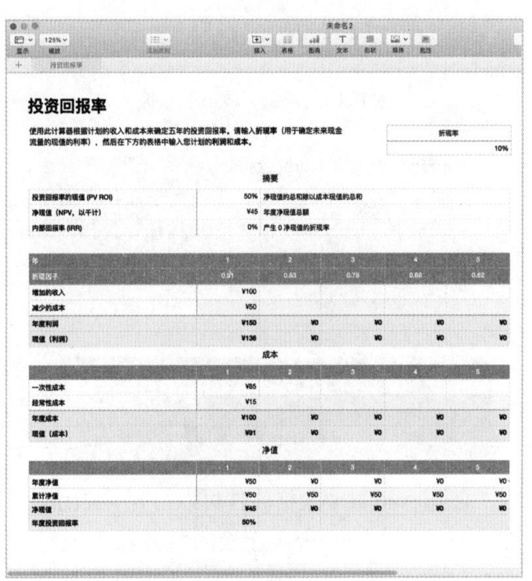

图 8-8　新建“投资回报率”模板

8.1.5　教育模板

教育模板包括“出勤”“成绩簿”“概率实验”“相关性项目”“校历”5 种模板样式，如图 8-9 所示。教育模板多用于教育行业，图 8-10 所示为“校历”模板的效果。

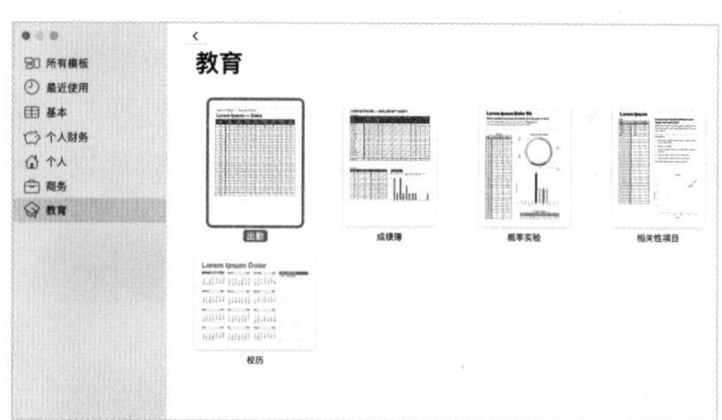

图 8-9　教育模板

图 8-10　新建“校历”模板

小技巧：执行“Numbers 表格→偏好设置”命令，在“通用”选项卡中选择“用于新电子表格”选项下的“使用模板”选项，单击“更改模板”按钮，选择一个模板作为新电子表格的通用模板。再次新建表格时，都会使用通用模板新建表格。

8.2　打开和关闭 Numbers 表格

使用 Numbers 表格软件可以打开 / 关闭存储在 Mac 上、iCloud 中、连接的服务器上及第三方存储提供商处的电子表格，还可以打开和编辑 Microsoft Excel 电子表格。

提示

如果无法打开 Numbers 表格文件，请确定使用的是新版本的 Numbers 表格；如果电子表格显示为灰色且不能被选定，则表示它不能使用 Numbers 表格打开。

8.2.1　应用案例——打开电子表格

01 双击 OS 界面上的 Numbers 表格文件或直接将 Numbers 表格文件拖曳到界面底部的“Numbers 表格”图标上，松开鼠标左键，即可将文件打开，如图 8-11 所示。

图 8-11　打开 Numbers 表格

02 执行“文件→打开”命令，如图 8-12 所示。选择要打开的表格文件后，单击“打开”按钮，即可将文件打开。

03 执行“文件→打开最近使用”命令，在弹出的子菜单中选择最近使用的表格文件，即可打开电子表格。如图 8-13 所示，该子菜单中最多可显示最近使用的 10 个表格文件。

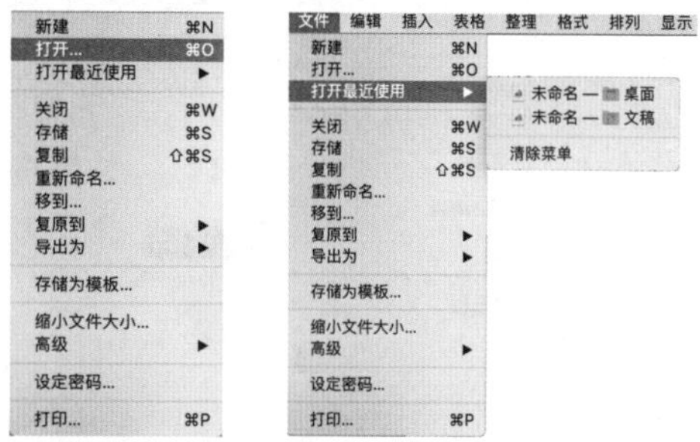

图 8-12　“打开”命令　图 8-13　打开最近使用的表格

04 执行“文件→清除菜单”命令，如图 8-14 所示，即可清除最近使用的表格文件。

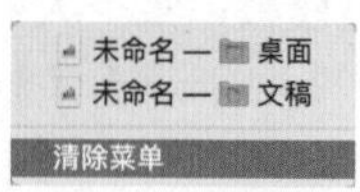

图 8-14　清除菜单

提示

如果用户收到协作处理电子表格的邀请，单击邀请中的链接地址即可打开协作处理电子表格。

8.2.2　关闭和退出 Numbers 表格

单击 Numbers 表格软件窗口左上角的“关闭”按钮或按组合键 Command+W，即可关闭当前 Numbers 表格窗口，如图 8-15 所示。执行“Numbers 表格→退出 Numbers 表格”命令，即可完全退出 Numbers 表格，如图 8-16 所示。

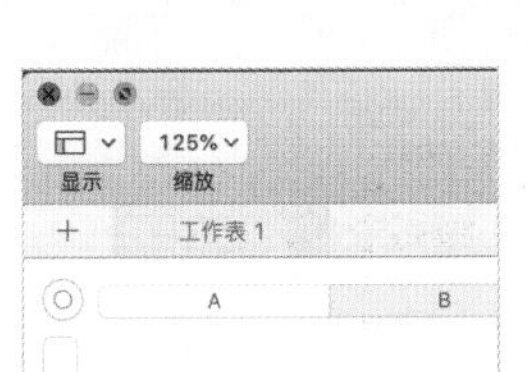

图 8-15　关闭 Numbers 表格

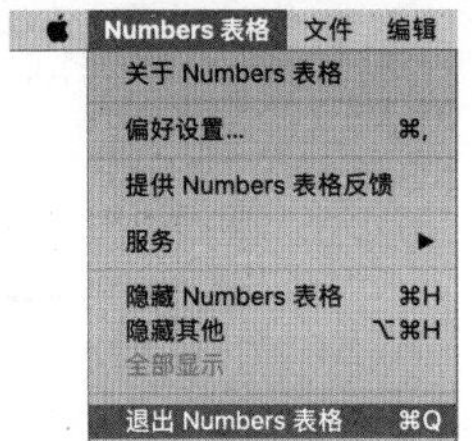

图 8-16　退出 Numbers 表格

8.3　存储和重命名电子表格

Numbers 表格会在用户工作时自动存储电子表格，并为其赋予一个默认名称。如果想要更方便地随时查找电子表格，用户可以为电子表格指定名称和存储位置。在任何时候，用户都可以重新命名电子表格或以不同名称复制电子表格。

8.3.1　应用案例——存储和命名电子表格

01 在 Numbers 表格中新建一个“食谱”模板文件，如图 8-17 所示。在电子表格窗口的任意位置上单击，执行“文件→存储”命令，如图 8-18 所示。

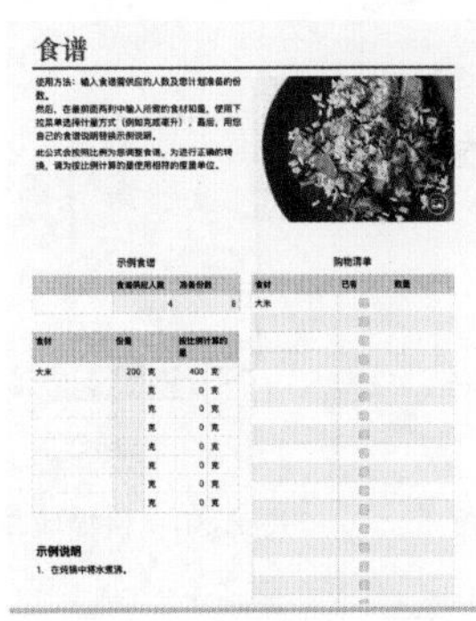

图 8-17　新建模板文件

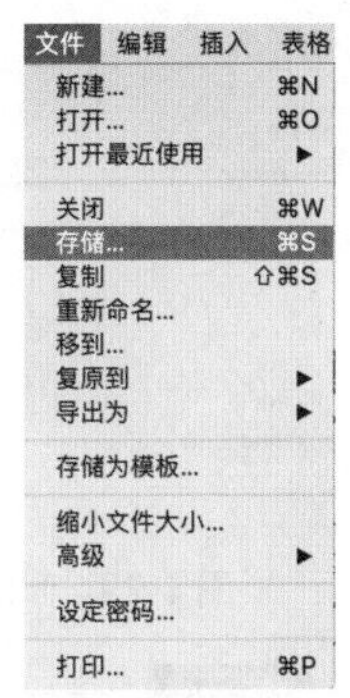

图 8-18　存储文件

02 单击“位置”选项后面的文本框，选择存储位置，如图 8-19 所示。或者单击“位置”选项右侧的 按钮，在展开的对话框中选择电子表格存储的位置，如图 8-20 所示。

图 8-19　指定存储位置

图 8-20　选择存储位置

03 在“存储为”文本框中输入电子表格的存储名称，如图 8-21 所示。在“标签”文本框中选择或输入标签，如图 8-22 所示。单击“存储”按钮，即可完成存储操作。

图 8-21　指定表格名称　　图 8-22　添加标签

提示

标签是一个字词或短语，通过将它分配给电子表格，可以帮助用户将它与相关项目成组或在搜索时找到它。此外，可以将多个标签分配给一个电子表格。

8.3.2　重命名电子表格

用户在制作电子表格的过程中可以随时修改表格的名称。单击 Numbers 表格窗口顶部的电子表格名称，在弹出对话框的“名称”文本框中输入新名称，如图 8-23 所示。单击对话框外的任意位置关闭对话框，即可完成重命名电子表格的操作，如图 8-24 所示。

图 8-23 重命名电子表格

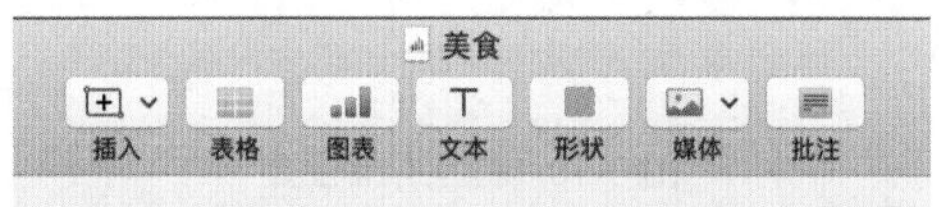

图 8-24 完成重命名操作

8.4 自定电子表格模板

用户可以将正在编辑的电子表格存储为模板文件，并将其添加到模板选取器中，也可以将其单独存储为模板文件，以便与他人共享或在 iOS 设备上使用。

8.4.1 将电子表格存储为模板

执行“文件→存储为模板”命令（见图 8-25），弹出如图 8-26 所示的对话框。

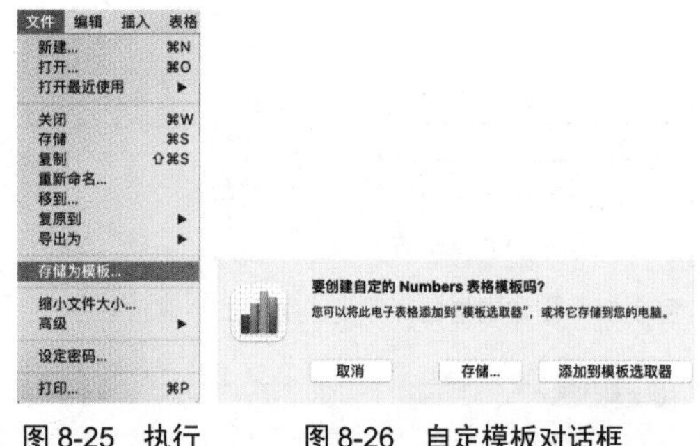

图 8-25 执行命令　　图 8-26 自定模板对话框

如果单击“添加到模板选取器”按钮，进入“选取模板”对话框，在“我的模板”分类下输入新建模板的名称，单击“创建”按钮，如图 8-27 所示，即可将电子表格保存为模板。

如果单击“存储...”按钮，在弹出的对话框中输入模板的名称并指定存储位置，单击“存储”按钮，如图 8-28 所示，即可将电子单独保存为模板文件。

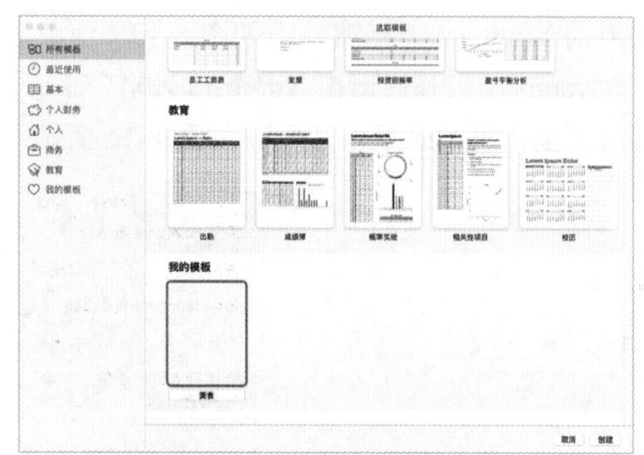

图 8-27 添加模板到模板选取器

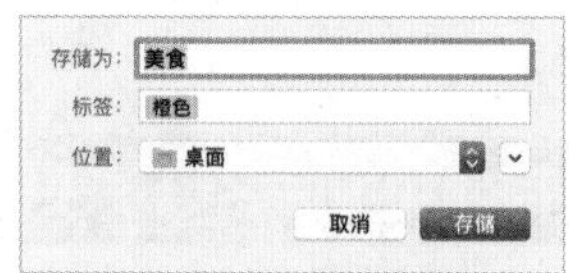

图 8-28 存储模板

> **提示**
> 如果将模板存储到 iCloud 中，则下次在 iOS 设备上打开 Numbers 表格时，模板在电子表格管理器中将显示为可下载文件。

8.4.2 自定模板的管理

存储后的模板将显示在模板选取器的“我的模板”类别下，如图 8-29 所示。在模板选取器中，按住 Control 键单击模板名称，或直接在模板名称上单击鼠标右键，弹出如图 8-30 所示的快捷菜单。

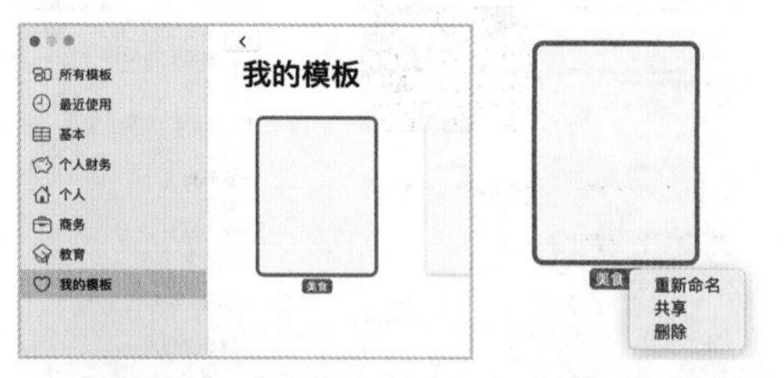

图 8-29 我的模板　　图 8-30 快捷菜单

> **提示**
> 自定模板总是显示在模板选取器的“我的模板”分类中。用户不能重新排列模板，且不能删除 Numbers 表格默认自带的模板。

在图 8-30 中，选择“重新命名”选项，输入新名称，即可完成重命名模板文件的操作；选择“共享”选项，用户可以通过“邮件”“信息”“隔空投送”“备忘录”的方式将文件共享给其他用户，如图 8-31 所示；选择“删除”选项，单击如图 8-32 所示提示面板中的“删除”按钮，即可将当前模板文件删除。

图 8-31　共享模板

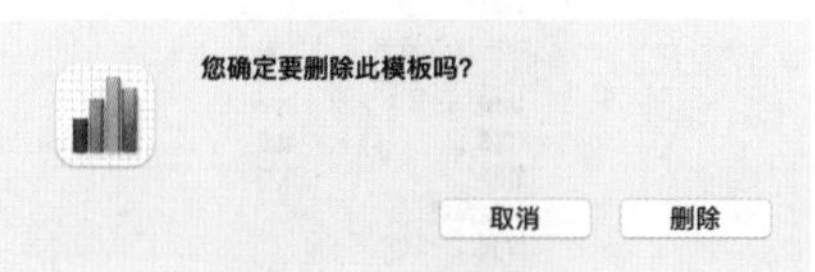

图 8-32　删除模板

8.4.3　编辑自定模板

在 Numbers 表格中，自定模板不允许被编辑。如果想编辑自定模板，用户可以先以该自定模板为基础，创建一个新文件，编辑后存储为一个新的模板文件，再将原自定模板文件删除。

8.5　复制电子表格

单击电子表格窗口将其激活，执行“文件→复制”命令（图 8-33），即可将当前电子表格复制一份，如图 8-34 所示。

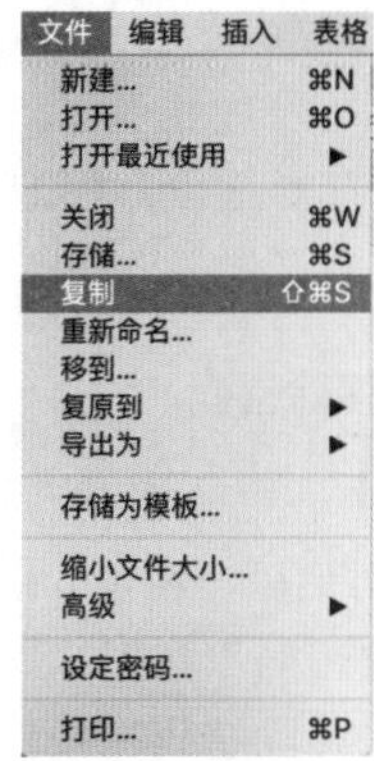

图 8-33　“复制”命令

图 8-34　复制效果

8.6　导出电子表格

用户可以将 Numbers 电子表格导出为其他格式副本文件，以方便用户在不同设备、不同软件中使用。执行“文件→导出为”命令，弹出如图 8-35 所示的子菜单。用户根据需要，可以选择导出 PDF、Excel、CSV、TSV 和 Numbers'09 格式。

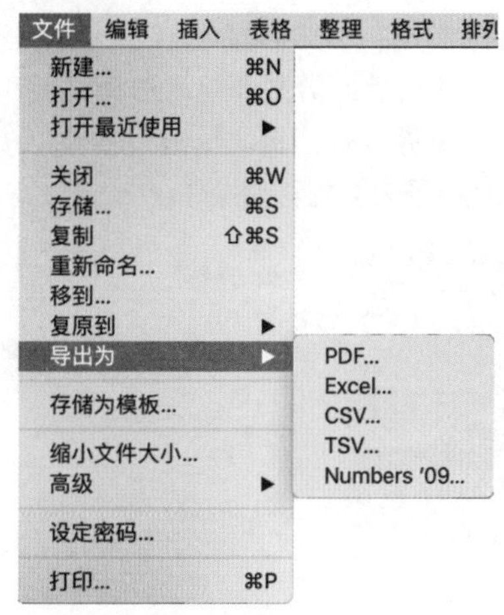

图 8-35　导出格式

执行“文件→导出为→ PDF”命令，弹出“导出您的电子表格”对话框，如图 8-36 所示。设置各项参数后，单击“下一步”按钮，在弹出的对话框中指定文件名称和导出位置，单击“导出”按钮，即可将电子表格导出为 PDF 格式文件，如图 8-37 所示。

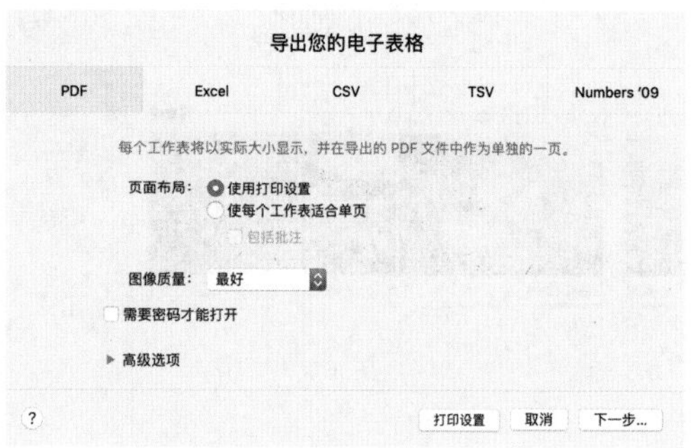

图 8-36 “导出您的电子表格”对话框

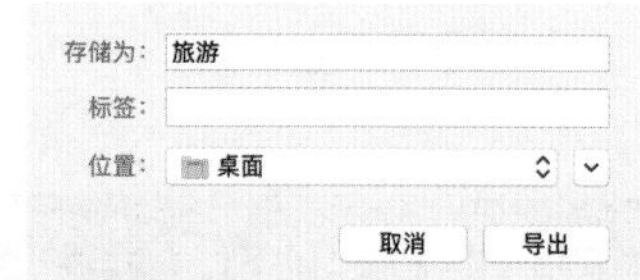

图 8-37 指定文件名称和导出位置

8.7 移动电子表格

用户可以将电子表格移动到其他文件夹或服务器中，也可以将电子表格在 iCloud 和 Mac 间移动。

执行“文件→移到”命令（图 8-38），单击“位置”选项后面的文本框，选择将要移动到的位置，如图 8-39 所示。单击“存储”按钮，即可完成电子表格的移动操作。

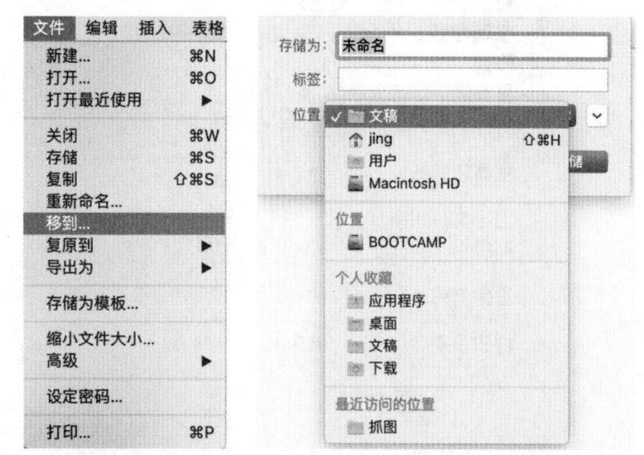

图 8-38 “移到”命令 图 8-39 选择移动的位置

8.8 使用密码保护电子表格

在使用 Numbers 表格制作电子表格时，为了增加其安全性，可以为电子表格添加密码。此后，只有知道密码的人员才可以打开该电子表格文件。

8.8.1 设置密码保护

密码可以由数字、大写字母或小写字母和特殊字符任意组合而成。执行“文件→设定密码”命令（图 8-40），在弹出对话框的“密码”文本框中输入密码，在“验证”文本框中再次输入密码，单击“设定密码”按钮，即可完成密码保护操作，如图 8-41 所示。

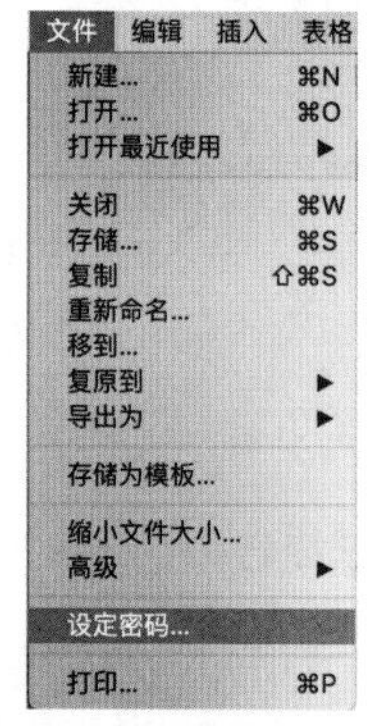

图 8-40 “设定密码”命令

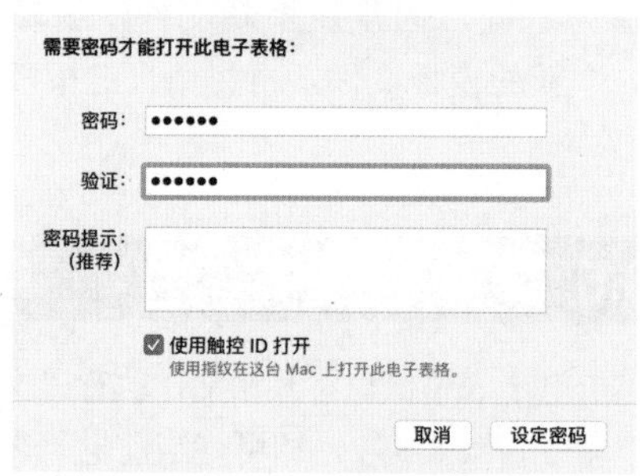

图 8-41 设置密码对话框

用户可以在“密码提示”文本框中输入与密码相关的内容，帮助用户记忆密码。勾选“使用触控 ID 打开”复选框，用户将可以在这台 Mac 上使用指纹打开电子表格。

8.8.2 更改或移除密码

执行“文件→更改密码”命令，弹出如图 8-42 所示的对话框，在输入旧密码和新密码后，单击“更改密码”按钮，即完成更改密码的操作。单击“移除密码”按钮，即可将当前电子表格的密码移除。

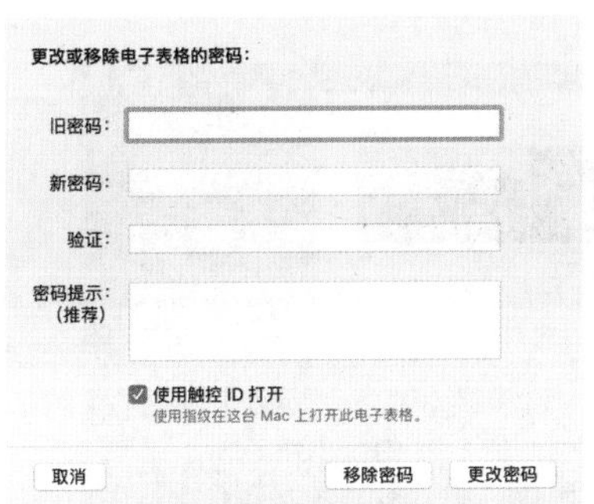

图 8-42　更改或移除密码

8.9　高级选项

高级选项主要是满足特殊用户的要求，其中包括“缩小文件大小”“优化影片以用于 iOS”“更改文件类型”3 类。

8.9.1　更改文件类型

Numbers 表格可以将文件存储为单个文件或包。默认情况下，Numbers 表格会将电子表格存储为单个文件。如果电子表格大小超过 500 MB，建议更改文件类型为包。

执行“文件→高级→更改文件类型→包”命令，即可将文件保存为包，如图 8-43 所示。包是多个文件的集合，Mac 会将这些文件作为一个文件进行读取。如果用户在编辑电子表格时出现等待光标或性能变慢等问题，建议更改文件类型为包。

图 8-43　更改文件类型为包

如果用户想要将电子表格发送到非 iCloud 互联网服务（如 iTunes U、Dropbox、Gmail），或者发送到可通过网页浏览器上传文件的其他网站，可以执行“文件→高级→更改文件类型→单个文件”命令，更改文件类型为单个文件，如图 8-44 所示。

更改文件类型　✓单个文件
语言与地区...　包

图 8-44　更改文件类型为单个文件

> **提示**
>
> 在网页浏览器中将存储为包的电子表格上传到电子邮件或文件共享服务中时，这些电子表格有时会受损。如果尝试打开受损的文件，将收到一条提醒信息，提示电子表格无法打开。如果收到这条提醒信息，请让文件所有者将它存储为单个文件后再发送。

8.9.2　语言与地区

创建电子表格后，用户可以在电子表格打开时更改其语言设置。

执行“文件→高级→语言与地区”命令，弹出“电子表格语言与地区”对话框，如图 8-45 所示。

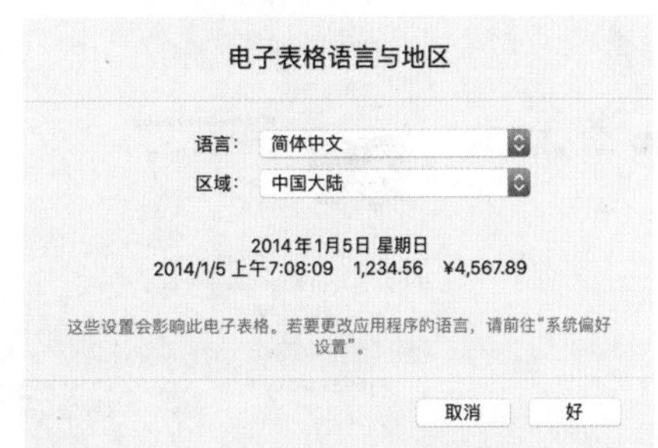

图 8-45　“电子表格语言与地区”对话框

在“语言”下拉列表中选择语言的种类，在“区域”下拉列表中选择区域位置。

> **提示**
>
> 更改电子表格的语言和地区后，任何新输入的表格和图表数据都会使用新的语言。对于现有的表格和图表数据，日期的语言（例如，月份名称）会更改，但日期的年 - 月 - 日顺序不会更改。

8.10　打印电子表格

用户可以在 Mac 上设置打印机并打印 Numbers 电子表格。单击软件界面顶部菜单栏左侧的图标，在弹出的下拉菜单中选择“系统偏好设置”选项，单击“打印机与扫描仪”

图标，如图 8-46 所示。弹出的“打印机与扫描仪”对话框如图 8-47 所示。

图 8-46　系统偏好设置

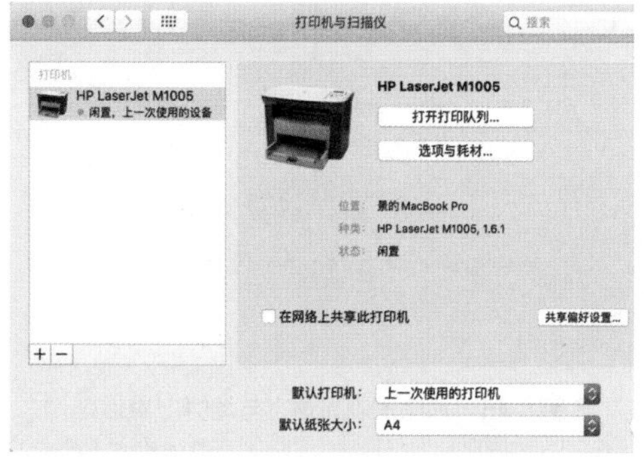

图 8-47　“打印机与扫描仪”对话框

> **提示**
>
> 如果没有安装打印机，可以先将设备与 Mac 连接，然后单击“打印机与扫描仪”左侧的+图标，选择打印机后，单击“添加”按钮。

执行“文件→打印”命令或按组合键 Command+P，进入打印状态，如图 8-48 所示。用户可以通过右侧边栏设置打印的各项参数，如图 8-49 所示。

图 8-48　进入打印状态

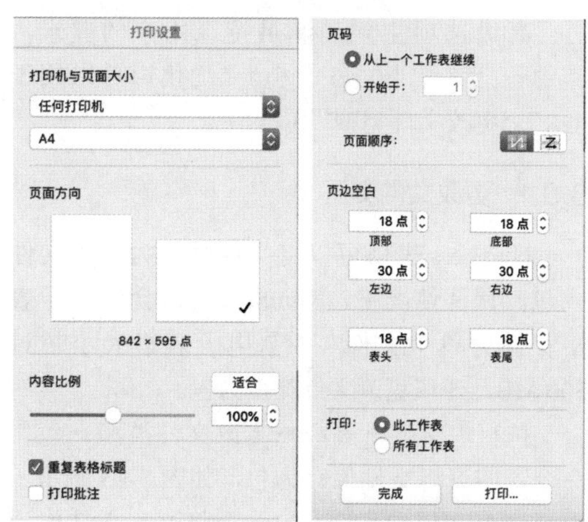

图 8-49　设置打印参数

8.11　本章小结

表格作为数据记录和展示的主要工具，是非常重要的。本章主要讲解了使用 Numbers 表格完成创建表格、打开表格、存储表格、关闭表格、自定表格、复制表格和密码保护等基本操作。通过本章学习，读者应熟练掌握电子表格的操作方法和技巧，为日后进一步学习 Numbers 表格的其他功能打下基础。

第 9 章 编辑 Numbers 表格

本章通过基础知识和实际操作相结合的方式，着重讲解 Numbers 表格的编辑方法和技巧。通过本章的学习，读者应能够掌握使用表格、选择表格和编辑表格的方法，并能够使用表格样式控制 Numbers 表格的显示效果。

9.1 使用 Numbers 表格

用户可以根据需要调节 Numbers 表格的大小、位置和外观等属性。下面详细讲解使用 Numbers 表格的方法和技巧。

9.1.1 添加表格

单击工具栏中的“表格”按钮，在弹出的面板中单击选择一个表格样式或按住鼠标左键拖曳任意一个表格样式到界面中，都可以完成添加表格的操作，如图 9-1 所示。用户可以单击弹出面板上的〈图标和〉图标，查看更多表格样式，如图 9-2 所示。

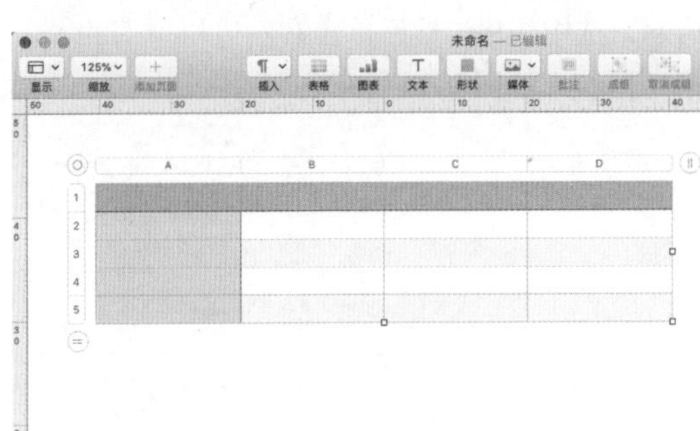

图 9-1 添加表格

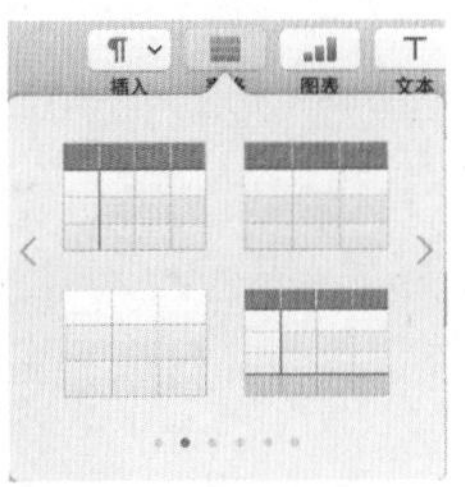

图 9-2 查看表格样式

完成添加表格的操作后，单击或双击选中单元格，即可输入文本，如图 9-3 所示。单击工具栏右侧的“格式”按钮，可以使用右侧边栏“表格”选项卡中的参数控制表格和单元格的外观，如图 9-4 所示。

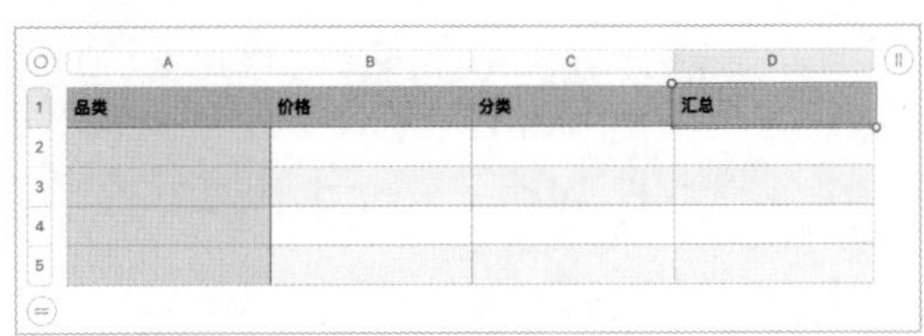

图 9-3 输入文本

图 9-4 “表格”选项卡和“单元格”参数

提示

选中表格，单击表格左上角的◎按钮选择表格，按 Delete 键，即可删除当前选中的表格。

9.1.2 调整表格大小

单击选中表格，将光标移动到表格边缘的控制柄上，按住鼠标左键拖曳，即可实现放大或缩小表格的操作，如图 9-5 所示。执行缩放操作时，按 Shift 键，将实现等比例的缩放效果。

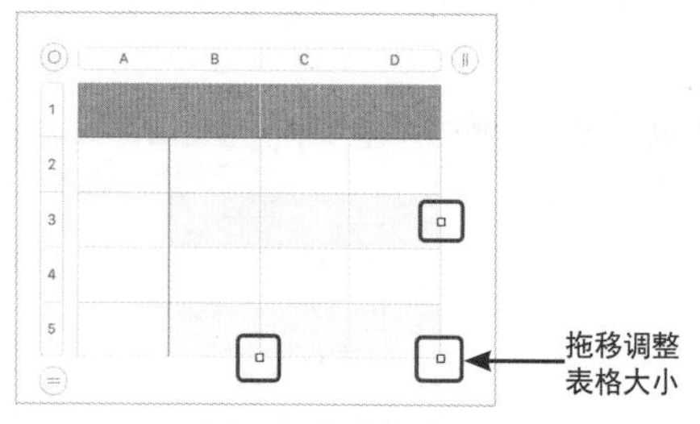

图 9-5 缩放表格

9.1.3 移动表格

在页面布局文稿模式，如果需要移动表格的位置，单击选中表格，将光标移动到左上角的◎图标上，按住鼠标左键拖曳，即可移动表格，如图 9-6 所示。

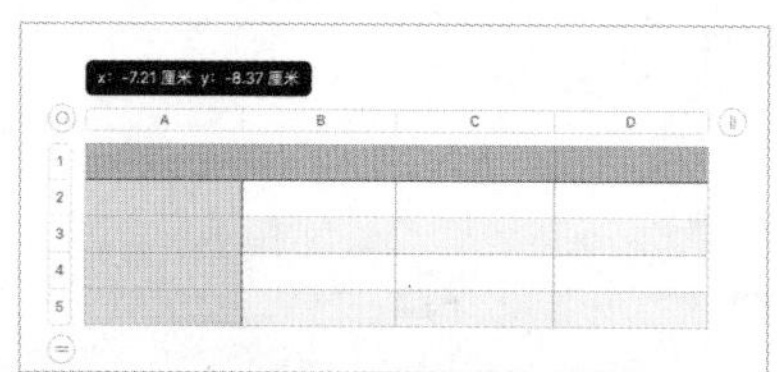

图 9-6 移动表格

9.1.4 锁定和解锁表格

在制作电子表格时，可以锁定表格，使用户无法完成编辑、移动和删除等操作。

选择表格，单击右侧边栏顶部的“排列”标签，单击“锁定”按钮，锁定所选对象以防止编辑，如图 9-7 所示。单击“解锁”按钮，即可解锁当前选中的表格，如图 9-8 所示。

图 9-7 锁定表格

图 9-8 解锁表格

9.1.5 应用案例——更改表格网格线和颜色

用户可以通过更改表格的外框、显示 / 隐藏网格线或使用备选行颜色，获得更丰富的网格效果。

01 新建一个“空白”模板电子表格，如图 9-9 所示。选中表格，然后单击右侧边栏顶部的“表格”标签，如图 9-10 所示。

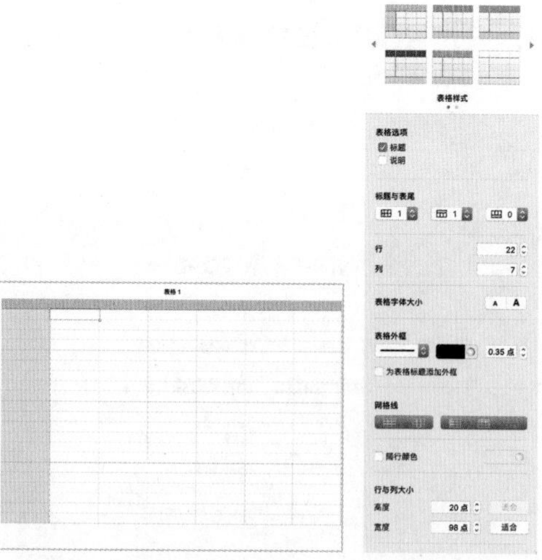

图 9-9 新建空白电子表格　图 9-10 表格参数

02 单击右侧边栏“表格样式”中的任意一

种样式，表格效果如图 9-11 所示。在右侧边栏“表格外框”选项下设置表格的线条类型、粗细和颜色，如图 9-12 所示。

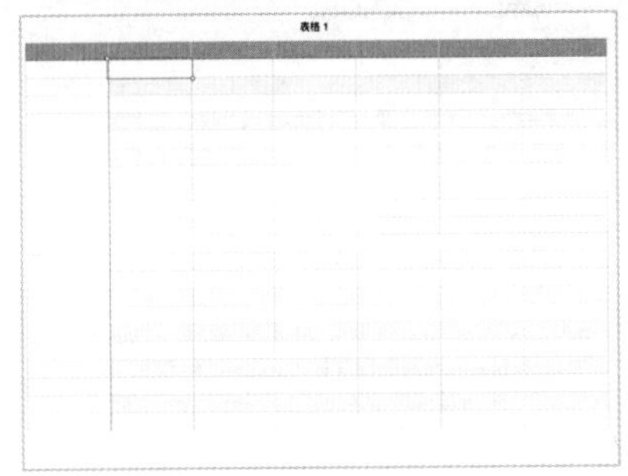

图 9-11　设置表格样式

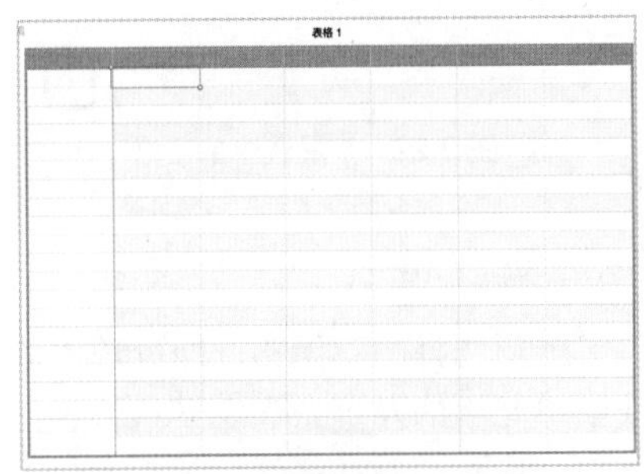

图 9-12　设置表格外框

03 在右侧边栏“网格线”选项下可以选择在正文中或标题中显示/隐藏网格线，如图 9-13 所示。单击“在正文行中显示或隐藏垂直网格线”按钮，表格效果如图 9-14 所示。

图 9-13　网格线参数

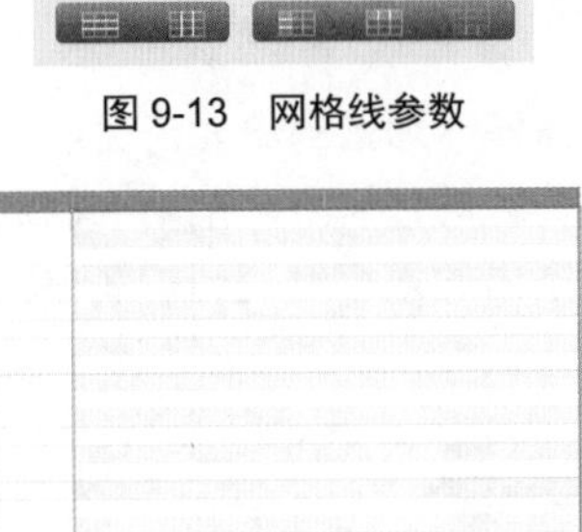

图 9-14　隐藏垂直网格线效果

04 单击右侧边栏顶部的“单元格”选项卡，在“边框”选项下设置边框样式为无，设置有边框样式如图 9-15 所示。单元格边框效果如图 9-16 所示。

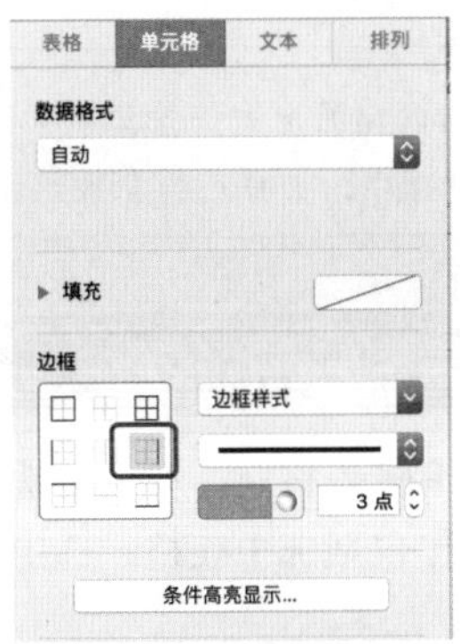

图 9-15　边框样式

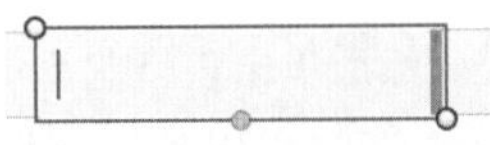

图 9-16　单元格边框效果

提示

用户可以在“数据格式”下拉列表中选择一种格式作为单元格中输入文本的类型。例如，选择“数字”，则该单元格内只能输入数字。

05 单击“填充”选项右侧的色块，在弹出的面板中选择一种颜色作为单元格的背景色，如图 9-17 所示。单元格背景颜色效果如图 9-18 所示。

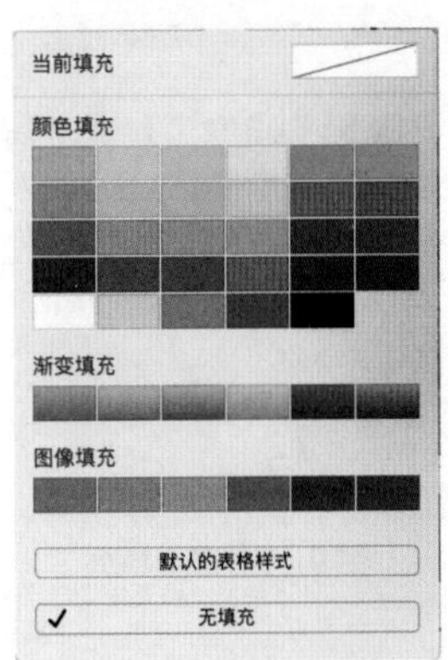

图 9-17　选择单元格背景颜色

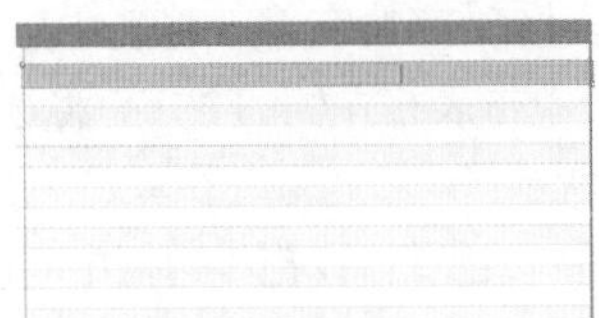

图 9-18　单元格背景颜色效果

提示

用户可以在弹出的下拉菜单中选择“创建自定格式”选项，创建个性化数据格式。

9.2 表格的选择技巧

在开始编辑表格前，首先要选中表格。选中表格的操作包括选中表格、选中行和列及选中单元格等。

9.2.1 选择表格

单击表格，然后单击表格左上角的◎图标，即可选中表格，如图 9-19 所示。选中表格后，表格的边缘将显示 3 个控制柄，表格顶部显示列，左侧显示行数，如图 9-20 所示。

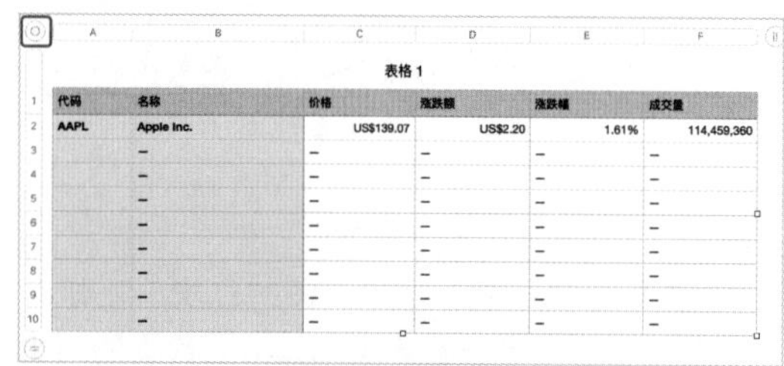

图 9-19　选择表格

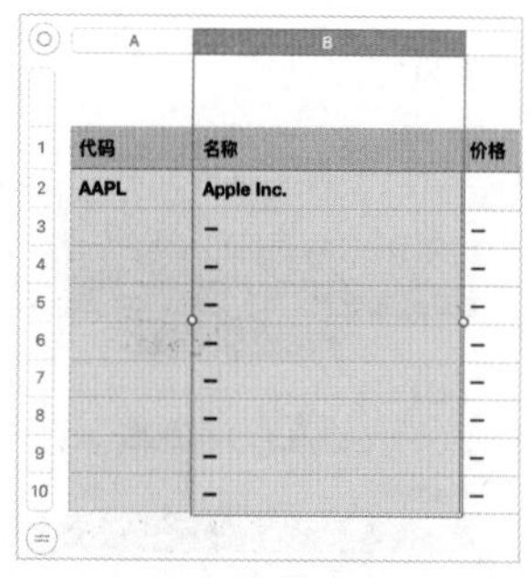

图 9-20　选中整列

9.2.2 选择行和列

单击表格顶部的字幕，将选中整列，如图 9-21 所示。单击表格左侧的数字，将选中整行，如图 9-22 所示。

选中整列或整行后，拖曳边框中间的控制柄，可以选择相邻的列或行。按住 Command 键的同时，单击行或列，将可以同时选中多个行或列。

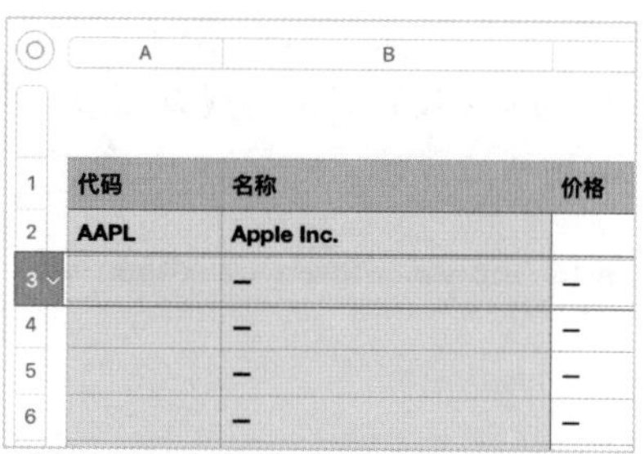

图 9-21　选中整行

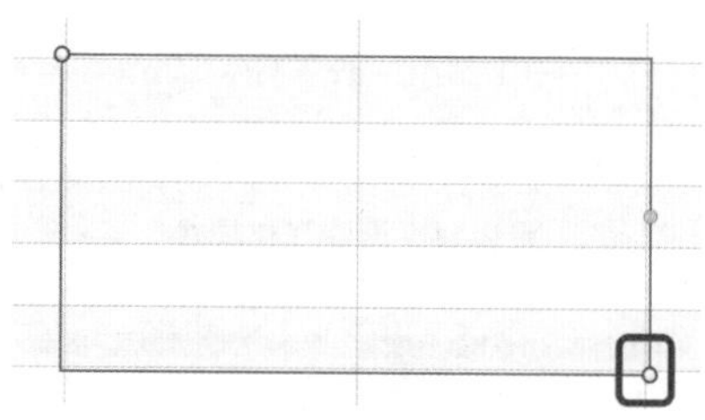

图 9-22　扩展选中单元格

9.2.3 选择单元格

单击想要选择的单元格，即可选中该单元格。选中单元格的左上角和右下角将各出现一个控制柄，拖曳控制柄能够在多个方向上扩展选中单元格的范围，如图 9-23 所示。

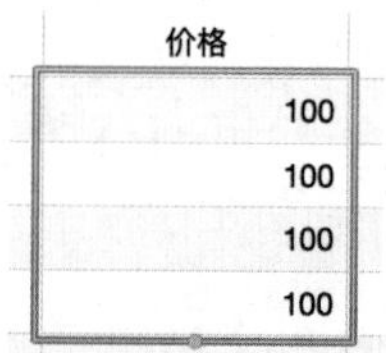

图 9-23　复制单元格内容

将光标移动到选中单元格上，边框中间将出现一个黄色的控制点。拖动控制点，可以将选中单元格内的内容复制到扩展单元格中，如图 9-24 所示。

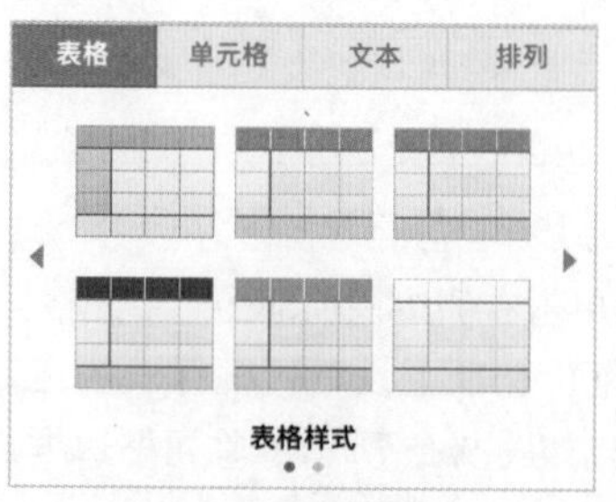

图 9-24　表格样式

小技巧： 选择单元格时，“智能单元格视图”将显示在 Numbers 表格窗口的底部，向用户显示所选单元格的实际值。如果所选单元格包含公式，“智能单元格视图”将向用户显示公式。如果正在编辑公式，“智能单元格视图”会向用户显示公式结果。

9.3　表格的样式

用户可以随时为表格设置不同的样式，更改表格的外观，并可以创建新的表格样式，新样式将随同模板附带的样式存储。Numbers 表格还可以基于某些常用的样式创建新的表格样式，如单元格、填充和边框样式。

9.3.1　应用样式到表格

选中表格，单击右侧边栏顶部的“表格”标签，在边栏顶部可以看到 Numbers 表格软件提供的表格样式，如图 9-25 所示。单击◀按钮和▶按钮，可以向左或向右滑动，查看更多表格样式。

应用表格样式
清除覆盖并应用样式
用所选部分重新定义样式
从图像创建样式
删除样式

图 9-25　清除覆盖并应用样式

如果用户在应用表格样式前更改了表格的外观，则应用新样式的表格依然会保留这些更改。按住 Control 键单击新的表格样式或在新样式上单击鼠标右键，在弹出的快捷菜单中选择“清除覆盖并应用样式”选项，即可去除更改、应用新样式。

9.3.2　存储新样式

完成表格外观的设置后，可以将外观保存为一种新的样式，供其他表格使用。选择包含新样式的表格，单击右侧边栏上方“表格样式”右侧的▶按钮，滑动到最后一组样式，如图 9-26 所示。单击➕图标，即可将当前表格的外观存储为一个新的表格样式，如图 9-27 所示。

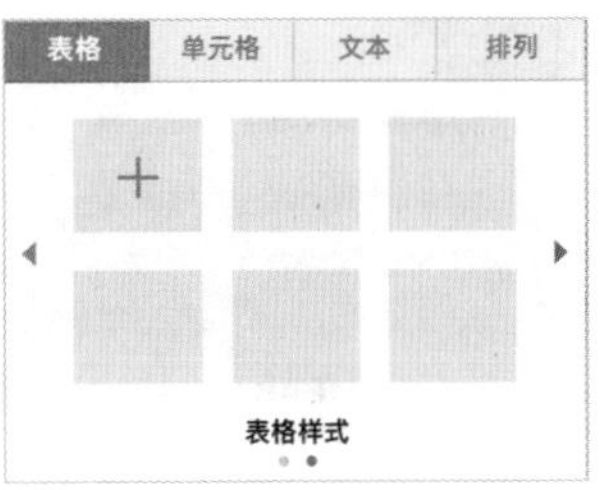

图 9-26　滑动到最后一组样式

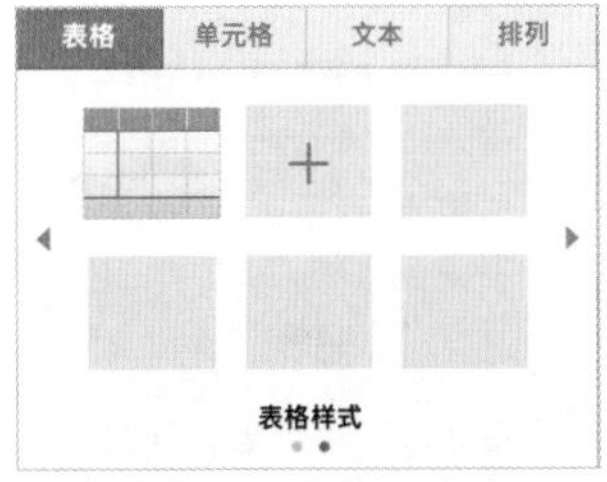

图 9-27　存储新样式

提示

新的表格样式默认被添加到右侧边栏顶部的第 1 个表格样式位置上。当有多个表格样式时，可以通过拖曳样式图标调整样式的位置。

9.3.3　应用案例——整理 / 删除表格样式

01 单击右侧边栏顶部的“表格”标签，将光标移动到表格样式中的任意表格样式上，按住鼠标左键向下拖曳，如图 9-28 所示。移动到想要放置的位置后，松开鼠标左键，如图 9-29 所示。

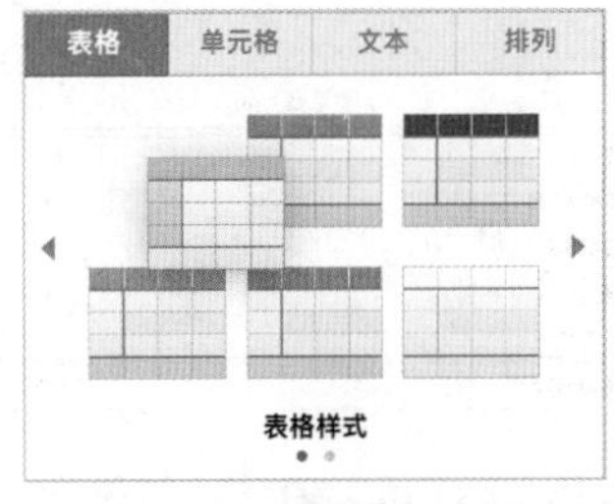

图 9-28　拖曳表格样式

02 按住鼠标左键将样式拖曳到◀或▶图标上，打开其他面板，将其拖到想要放置的位置后，松开鼠标左键，即可将样式从一个面板移到另一个面板，如图 9-30 所示。

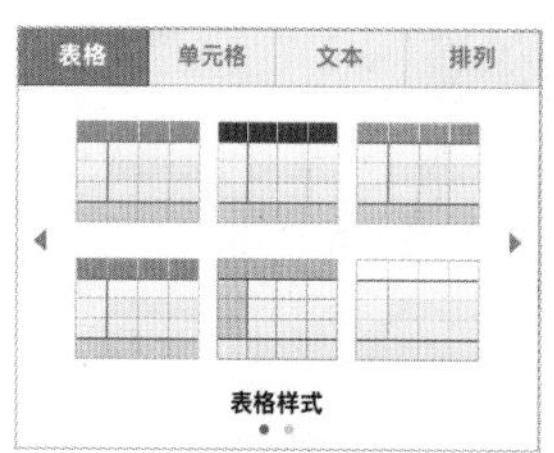

图 9-29　整理表格样式

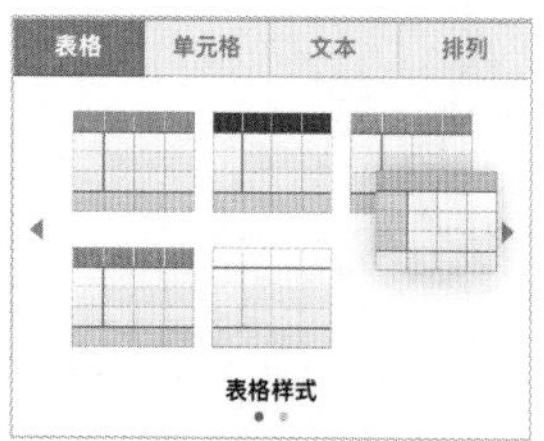

图 9-30　移动表格样式

03 按住 Control 键单击新的表格样式，或在新样式上单击鼠标右键，在弹出的快捷菜单中选择“删除样式”选项，即可删除选中的样式，如图 9-31 所示。

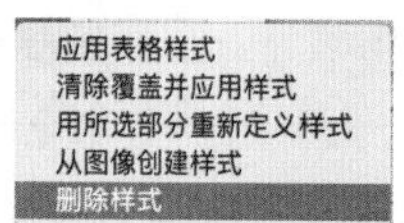

图 9-31　删除样式

9.4 编辑表格

Numbers 表格通常包括标题、正文和表尾 3 种类型的行和列，如图 9-32 所示。

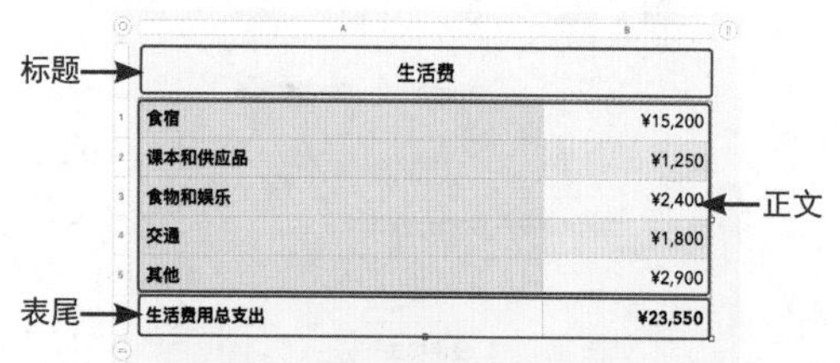

图 9-32　组成表格的 3 种类型

标题分为标题行和标题列。标题单元格中的数据不用于计算，但标题单元格中的文本可用于公式中，引用行或列。一个表格最多可以有 5 个标题行和 5 个标题列。可以冻结（或锁定）标题行或标题列，以便在滚动电子表格时总是可见。

正文分为正文行和正文列，主要用来放置表格数据。一个表格必须包含至少 1 个正文行和 1 个正文列。

表尾行显示在表格的底部，一个表格最多有 5 个表尾行。

9.4.1 添加 / 移除行和列

用户可以在 Numbers 表格中为电子表格边缘添加行 / 列或在表格内插入行 / 列。单击表格底部的⊜图标或顶部的⏸图标，即可为表格添加 1 行或 1 列；按住 Option 键单击表格底部的⊜图标或顶部的⏸图标，可删除 1 行或 1 列，如图 9-33 所示。

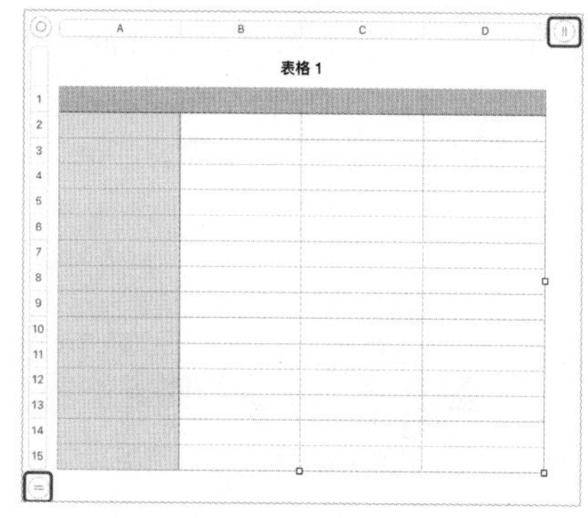

图 9-33　添加 / 删除 1 行或 1 列

按住鼠标左键拖曳可以实现添加 / 删除多行或多列的操作。只有所有单元格为空，才可以删除行或列，如图 9-34 所示。

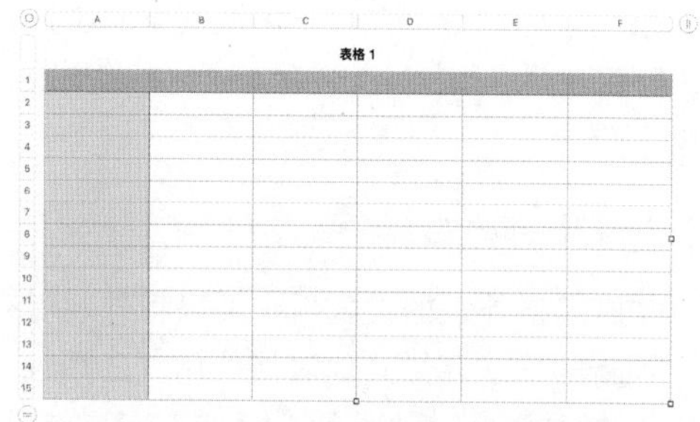

图 9-34　添加 / 删除多行或多列

将光标移到行号或列字母上方，单击右侧向下箭头，在弹出的菜单中选择相应的项，如图 9-35 所示。

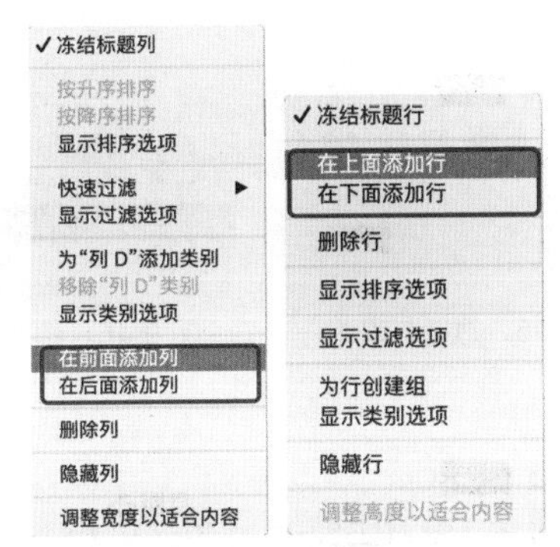

图 9-35　添加行或列

在行号或列字母上单击，选择行或列，单击右侧向下箭头，在弹出的菜单中选择“删除行”选项或“删除列”选项，即可删除所选行或列。

9.4.2　添加 / 移除 / 冻结标题

添加标题行、标题列或表尾行是将现有的行或列转换为标题或表尾。如果在包含数据的第 1 行添加标题行，则第一行将转换为包含相同数据的标题行。

单击选中表格，右侧边栏中“标题与表尾”选项下包含 3 个下拉列表框，如图 9-36 所示。单击并选择不同的数字，可以为表格设置不同的标题列、标题行和标题尾，如图 9-37 所示。

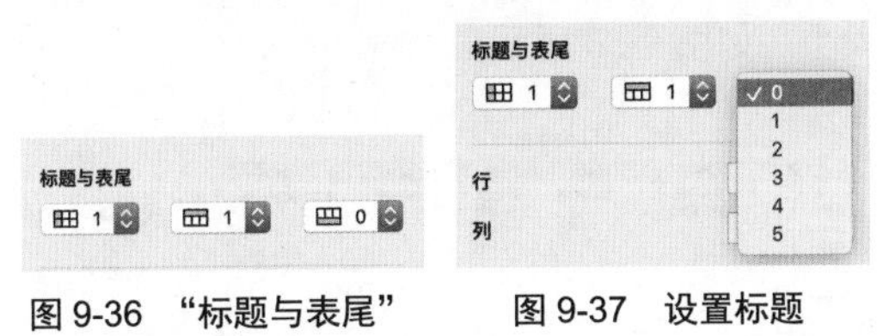

图 9-36　“标题与表尾”选项　　图 9-37　设置标题

默认情况下，标题列和标题行为冻结状态，如图 9-38 所示。取消冻结选项，则标题列或标题行将解冻，能够参与各种编辑操作，如图 9-39 所示。

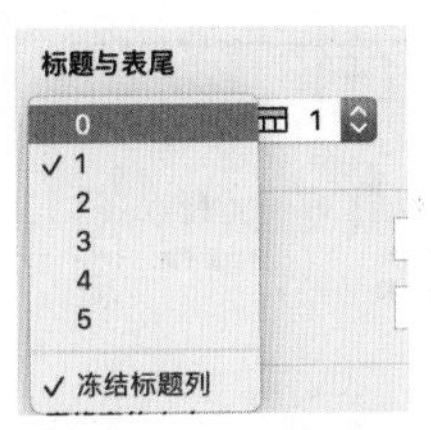

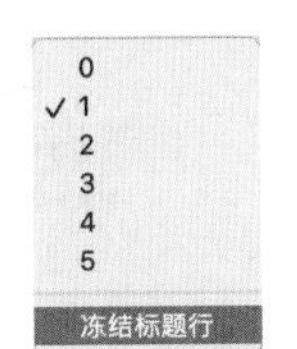

图 9-38　冻结标题　　图 9-39　解冻标题

9.4.3　表格内移动行和列

选择一个（或多个）行或列，将光标移动到行号或列字母上方，按住鼠标左键拖曳，即可实现移动行或列的操作，如图 9-40 所示。如果将行或列拖曳到现有表格的外部，将创建包含它们的新表格，如图 9-41 所示。

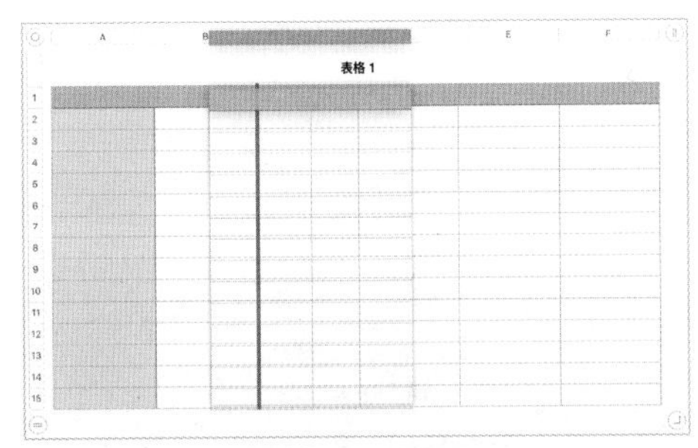

图 9-40　移动列

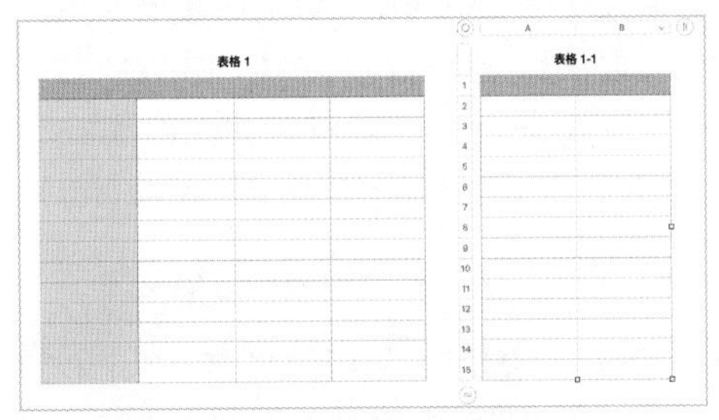

图 9-41　创建新表格

9.4.4　显示 / 隐藏行与列

选择用户想要隐藏的行或列，将光标移到行号或列字母的上方，单击右侧向下箭头，在弹出的菜单中选择“隐藏行”选项或“隐藏列”选项，如图 9-42 所示，即可显示或隐藏行与列。

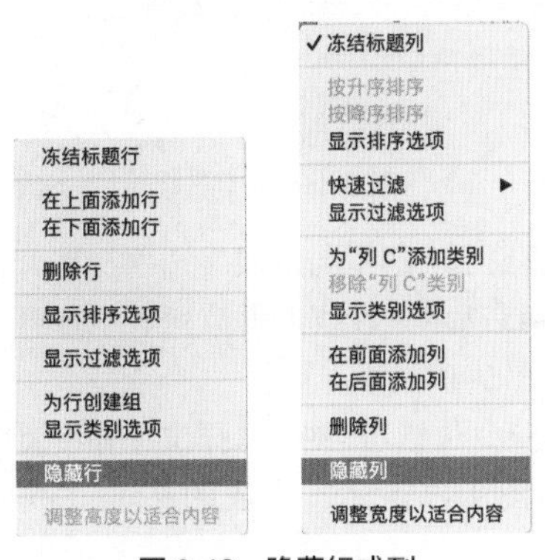

图 9-42　隐藏行或列

选择与隐藏行或列相邻的行或列，如C列～D列，将指针移到列字母或行号上方，单击右侧向下箭头，在弹出的菜单中选择“取消隐藏第C—D列”选项，即可取消隐藏，如图9-43所示。

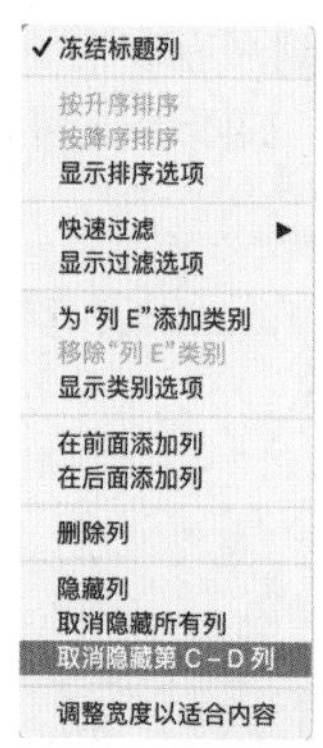

图9-43　取消隐藏

如果在菜单中选择“取消隐藏所有列”选项或“取消隐藏所有行”选项，或者执行“表格→取消隐藏所有行”命令或“取消隐藏所有列”命令，即可取消所选表格中所有隐藏的行或列。

9.4.5 应用案例——添加嵌线分隔文本

01 选中需要添加嵌线的文本，单击右侧边栏顶部的“文本”标签，单击“布局”按钮，如图9-44所示。

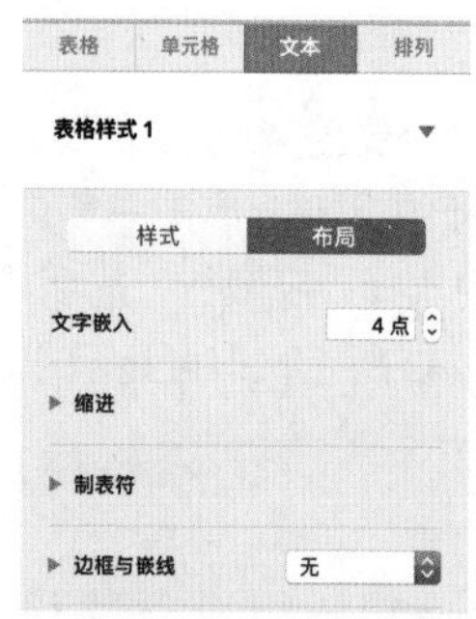

图9-44　布局选项

02 单击“边框与嵌线”选项，展开的界面如图9-45所示。在线形下拉列表中选择一种线形，如图9-46所示。

03 在“位置”选项中选择位置并设置“偏移”值，如图9-47所示。完成的文本嵌线效果如图9-48所示。

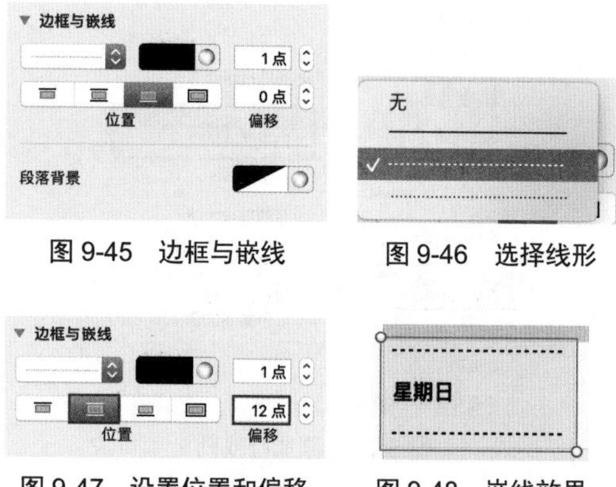

图9-45　边框与嵌线　　图9-46　选择线形

图9-47　设置位置和偏移　　图9-48　嵌线效果

9.5 调整行和列大小

除了可以更改电子表格的尺寸以外，用户还可以更改电子表格中特定列的宽度和特定行的高度，但不能更改列中单个单元格的宽度。

9.5.1 手动调整行或列的大小

选中需要调整的表格，将光标移动到边缘的控制柄上，按住鼠标左键拖曳，即可等比例调整行或列的大小，如图9-49所示。将光标移动到行号的下方或列字母的右侧，直到出现↔图标，按住鼠标左键拖曳，即可调整行或列的大小，如图9-50所示。

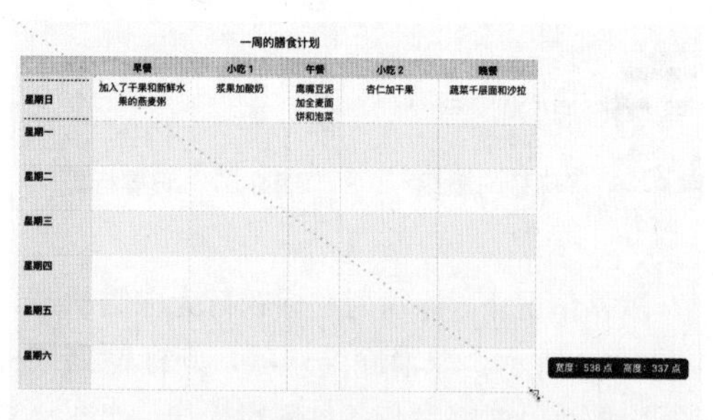

图9-49　等比例调整行或列的大小

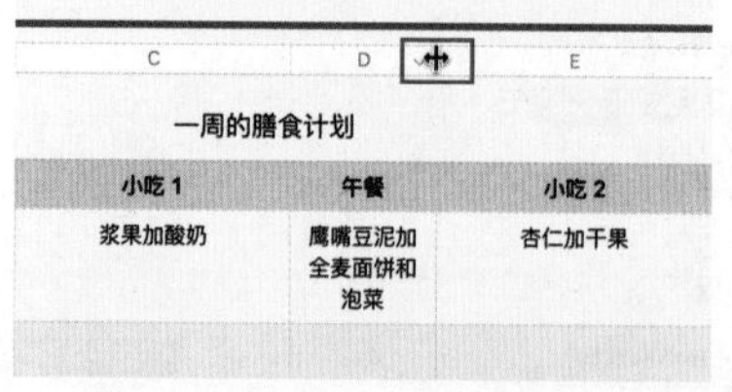

图9-50　拖曳调整行或列的大小

9.5.2　调整行或列的大小以适合内容

当单元格内容超出单元格范围时，移动光标到行号或列字母上，单击右侧向下箭头，在弹出的菜单中选择“调整高度以适合内容”选项或“调整宽度以适合内容”选项，如图 9-51 所示，即可以根据内容的大小调整行或列的大小。

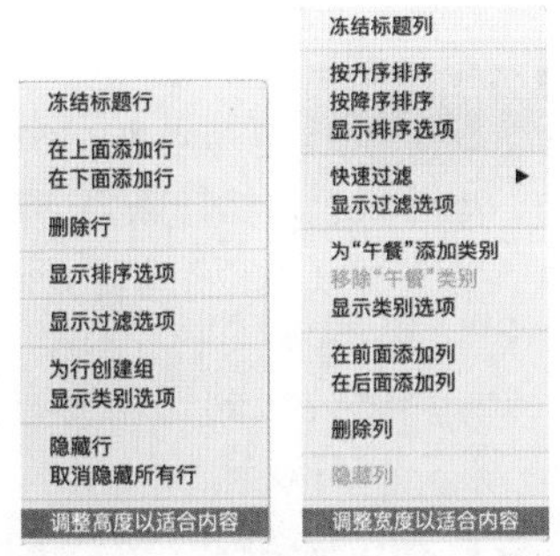

图 9-51　调整大小以适合内容

> **提示**
>
> 执行“表格→调整行大小以适合内容”命令或“表格→调整列大小以适合内容”命令，也可以实现快速调整行或列的大小以适合内容。

9.5.3　使行或列的大小相同

选择行或列，执行“表格→平均分配行高”命令或“表格→平均分配列宽”命令，如图 9-52 所示，即可平均分配表格行的高度或列的宽度。

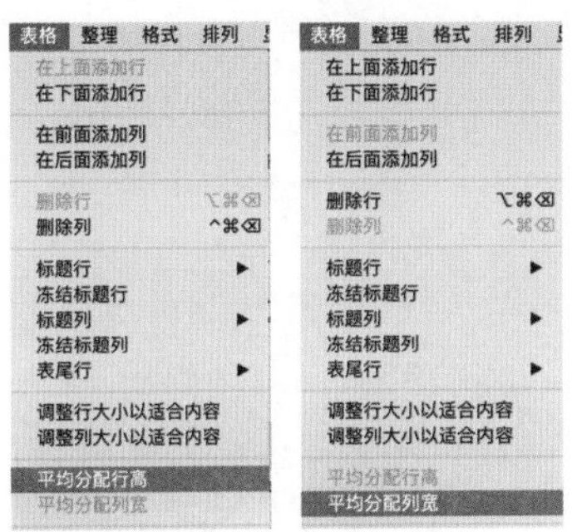

图 9-52　均分行或列

9.5.4　精确调整行或列的大小

单击选中想要精确调整大小的行或列中的单元格，单击右侧边栏顶部的“表格”标签，在“行与列大小”选项下方的文本框中输入数值，即可完成精确调整行或列大小的操作，如图 9-53 所示。单击“适合”按钮，可以使单元格大小适合单元格内容，如图 9-54 所示。

图 9-53　精确调整行或列大小　图 9-54　适合单元格内容

> **提示**
>
> 当行或列中的单元格已经完成适合操作后，右侧边栏“表格”选项卡底部的“适合”按钮将显示为灰色。

9.6　使用工作表整理电子表格

用户可以在一个电子表格中添加多个工作表，帮助用户更好地整理表格、图表及其他信息。单击页面顶部左侧的“+”图标，即可完成工作表的添加。添加后的工作表名称通常显示在当前页面的顶部，如图 9-55 所示。

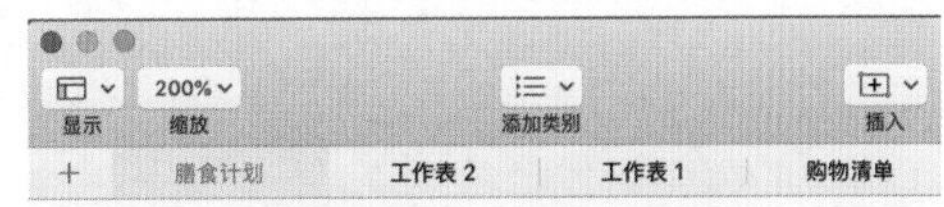

图 9-55　添加的工作表

将光标移动到工作表名称处，双击鼠标左键或单击右侧向下箭头，在弹出的菜单中选择“重新命名”选项，即可修改工作表名称，如图 9-56 所示。

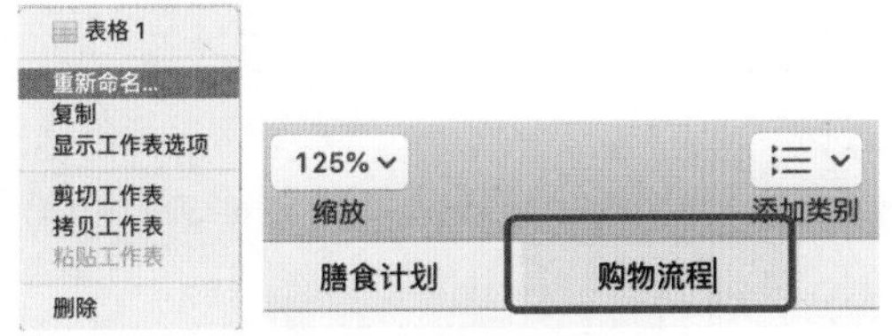

图 9-56　重命名工作表

将光标移动到工作表名称处，单击右侧向下箭头，在弹出的菜单中选择“拷贝工作表”

选项（见图 9-57），即可将当前工作表复制到内存中。选择“粘贴工作表”选项，即可将复制的工作表粘贴为一个新的工作表，如图 9-58 所示。

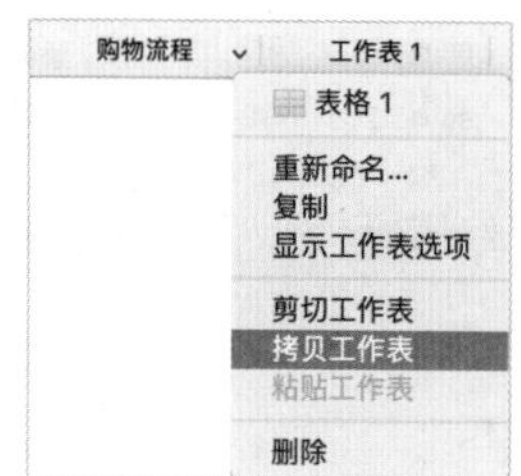

图 9-57　复制工作表

图 9-58　粘贴工作表

将光标移动到工作表名称处，单击右侧向下箭头，在弹出的菜单中选择“删除”选项（见图 9-59），即可删除当前工作表。将光标移动到工作表名称处，按住鼠标左键拖曳，即可更改工作表的排列顺序，如图 9-60 所示。

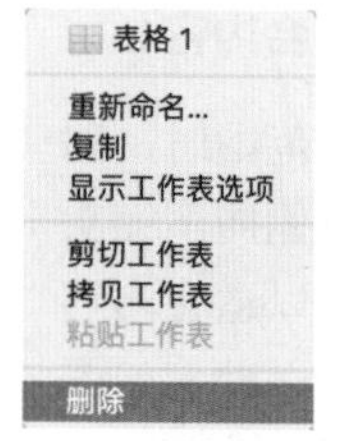

图 9-59　删除工作表

图 9-60　移动工作表

提示

用户可以在弹出的菜单中选择“剪切工作表”选项，将工作表剪切到内存中。执行“粘贴工作表”选项可以将其移动到其他电子表格中。

9.7　本章小结

本章主要讲解了 Numbers 表格的基本编辑方法。通过学习本章的内容，读者应掌握表格的添加方法、表格的选择技巧、表格样式的使用方法、编辑表格和调整表格行 / 列大小的方法等内容，为学习更复杂的操作打下基础。

第 10 章　编辑表格单元格

电子表格是由单元格组成的，对单元格的编辑操作就是对整个电子表格的编辑。本章通过 Numbers 表格基础知识和案例结合的方式，详细讲解了单元格中插入内容、单元格的操作、单元格的格式化和自定义单元格等内容，帮助读者理解单元格在电子表格中的作用。

10.1　添加和编辑单元格内容

如果想要将内容添加到表格中，可以在单元格中直接输入内容或复制并粘贴其他内容。将内容添加到单元格后，用户随时可以编辑或清除这些内容。

提示

锁定的表格无法输入内容，在右侧边栏顶部的“排列”选项卡中单击“解锁”按钮，即可解除锁定。如果面板中“解锁”按钮呈灰色，则说明表格未被锁定。

10.1.1　编辑单元格内容

双击单元格，单元格将显示为一个文本框，用户输入的内容将显示在光标的位置，如图 10-1 所示。单击单元格，即可开始输入内容，原单元格中内容会被覆盖，如图 10-2 所示。

生活费	
食宿	¥ 15,200
课本	¥ 1,250
食物和娱乐	¥ 2,400
交通	¥ 1,800
其他	¥ 2,900
生活费用总支出	¥ 23,550

生活费	
食宿	¥ 15,200
课本和供应品	¥ 1,250
食物和娱乐	¥ 2,400
交通	¥ 1,800
其他	¥ 2,900
生活费用总支出	¥ 23,550

图 10-1　在单元格中输入内容

生活费	
食宿	¥ 15,200
课本和供应品	¥ 1,250
食物和娱乐	¥ 2,400
交通	¥ 1,800
其他	¥ 2,900
生活费用总支出	¥ 23,550

图 10-2　覆盖单元格内容

10.1.2　清除单元格内容

单击选中单元格，按 Delete 键，即可删除单元格内的内容，如图 10-3 所示。执行“编辑→全部清除”命令，即可移除选中单元格中的所有内容，如图 10-4 所示。

生活费	
	¥ 15,200
	¥ 1,250
	¥ 2,400
	¥ 1,800
其他	¥ 2,900
生活费用总支出	¥ 23,550

图 10-3　删除单元格内容　图 10-4　全部清除内容

10.1.3　自动填充单元格

用户可以将相同的数据或逻辑顺序数据（如数字、字母或日期序列）快速填充到电子表格的单元格中。

选择包含要复制内容的单元格，将光标移动到单元格的边框上会出现黄色自动填充控制柄，如图 10-5 所示。拖曳控制柄到要添加内容的单元格上，即可完成单元格的自动填充，效果如图 10-6 所示。

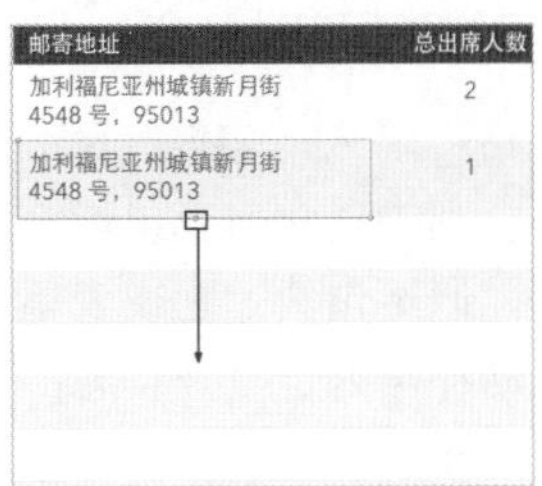

图 10-5　黄色自动填充控制柄

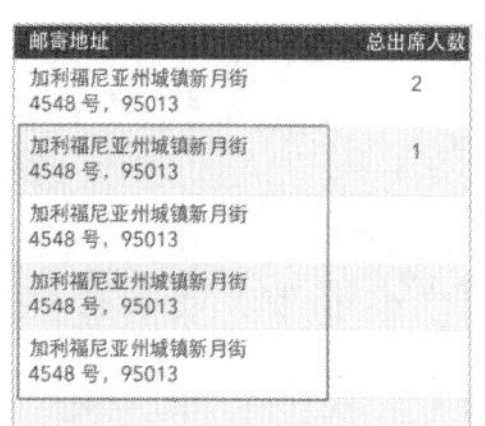

图 10-6　自动填充单元格

将序列中的前两项输入到要填充的行或列的前两个单元格中，选择这两个单元格，将光标移到所选内容的边框上会出现黄色的自动填充控制柄，如图 10-7 所示。拖曳控制柄到想要填充的单元格上，填充效果如图 10-8 所示。

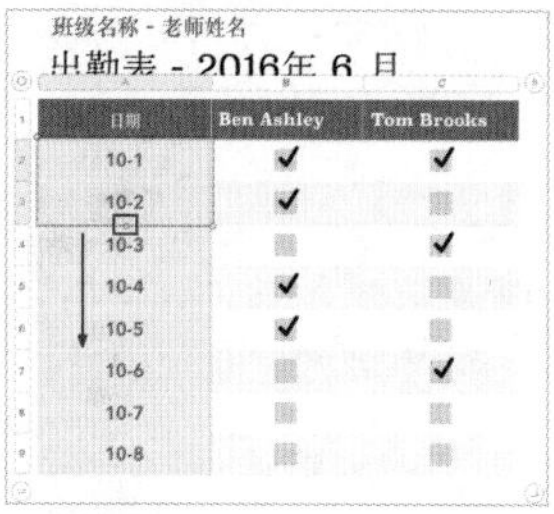

图 10-7　黄色自动填充控制柄

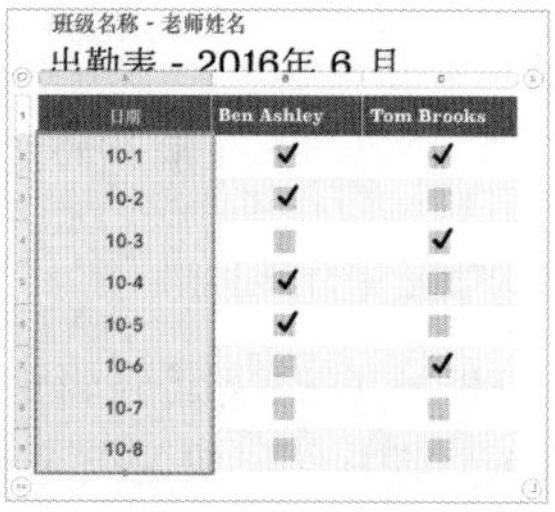

图 10-8　自动填充单元格

> **提示**
>
> 完成自动填充后，用户可以单独更改其中任意单元格中的内容。

10.1.4　打开或关闭自动补全

在单元格中输入内容时，Numbers 表格会显示自动补全列表。此列表包括输入到该单元格中的文本，但不包括标题或表尾文本。默认情况下，自动补全处于打开状态，用户可以选择随时将其关闭。

执行“Numbers 表格→偏好设置”命令（图 10-9），取消对“通用”对话框中“编辑”选项下“编辑表格单元格时显示建议”复选框的勾选，即可关闭自动补全功能，如图 10-10 所示。若再次勾选该复选框，则会打开自动补全功能。

图 10-9　“偏好设置”命令

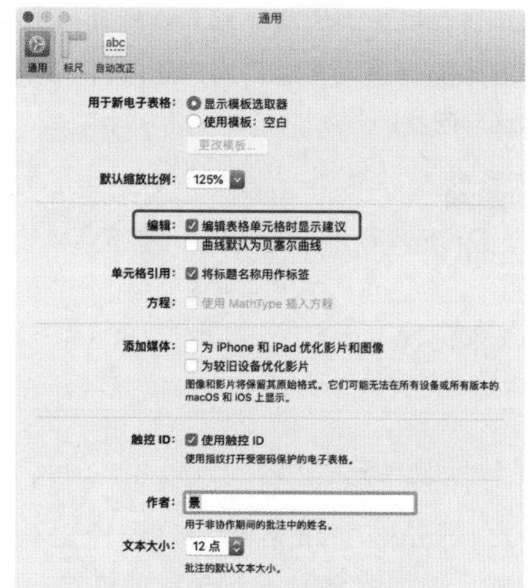

图 10-10　“通用”对话框

10.1.5　显示单元格的行和列

为了便于识别表格中单元格的分类，用户可以将单元格的行和列临时高亮显示为蓝色。按住 Option 键的同时，将光标在电子表格上移动，光标经过的行或列会显示为蓝色，如图 10-11 所示。

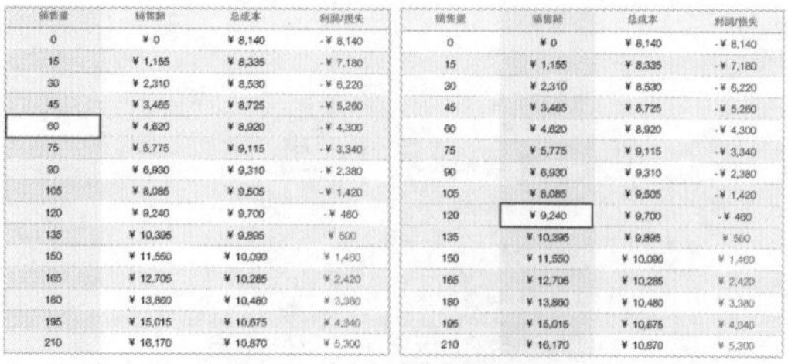

图 10-11　高亮显示单元格

10.1.6　复制和移动单元格

当复制某个单元格或将单元格数据移到表格中的新位置时，还将复制或移动单元格的所有属性，包括其数据格式、填充、边框和批注。

在表格单元格上按住鼠标左键，直至单元格呈现浮起状态，将单元格拖曳到表格中的另一个位置，即可将现有数据替换为新数据，如图 10-12 所示。

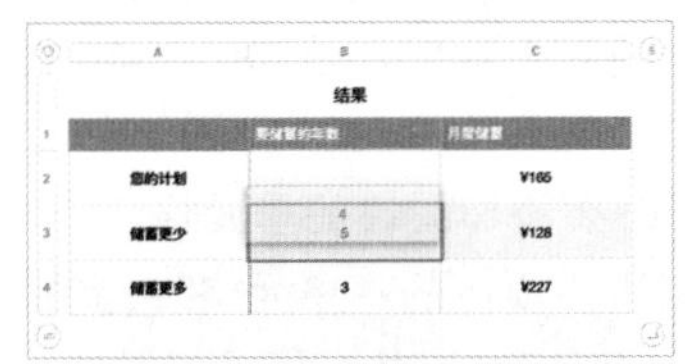

图 10-12　拖曳替换内容

选择想要复制的单元格，执行“编辑→拷贝”命令，将单元格内容复制到剪贴板中。单击另一个单元格，执行“编辑→粘贴”命令，即可使用复制的内容替换单元格中现有内容，如图 10-13 所示。

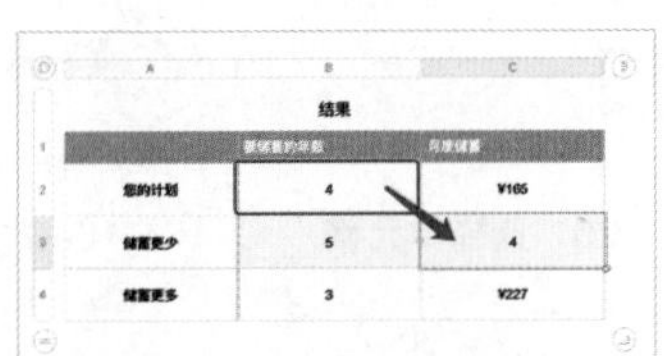

图 10-13　复制粘贴内容

> **提示**
>
> 如果数据范围包含公式，而用户只想粘贴结果，可以执行“编辑→粘贴公式结果”命令。

选中一个单元格，执行“编辑→拷贝”命令后，再执行“插入→已拷贝的行”命令或“插入→已拷贝的列”命令，如图 10-14 所示。将复制的单元格添加为新行或新列后，效果如图 10-15 所示。

执行“格式→拷贝样式”命令，将当前单元格的样式复制到剪贴板中，然后选择要复制样式的单元格，执行“格式→粘贴样式”命令，如图 10-16 所示。将单元格样式复制到选中的单元格上后，效果如图 10-17 所示。

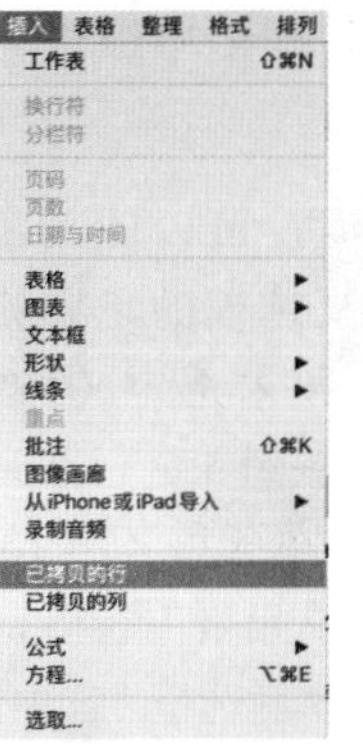

图 10-14　执行插入命令

图 10-15　插入已复制的行

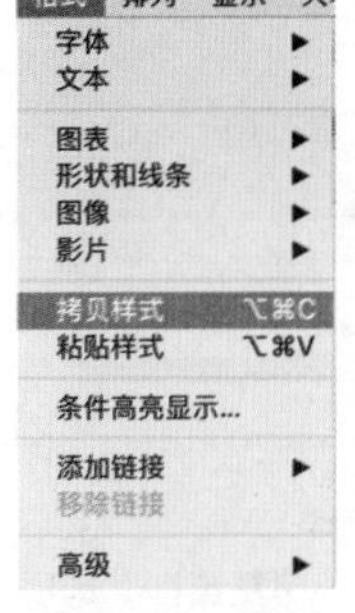

图 10-16　复制单元格样式

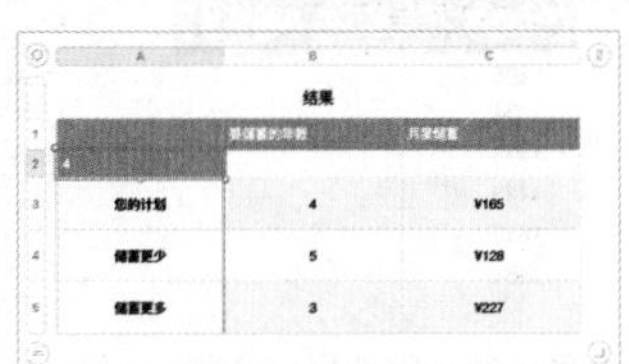

图 10-17　粘贴单元格样式效果

执行“编辑→拷贝”命令，复制单元格内容，再执行“编辑→粘贴并匹配样式”命令，如图 10-18 所示。粘贴的内容将采用原单元格的样式，效果如图 10-19 所示。

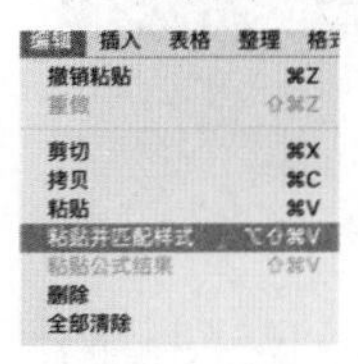

图 10-18　粘贴并匹配样式

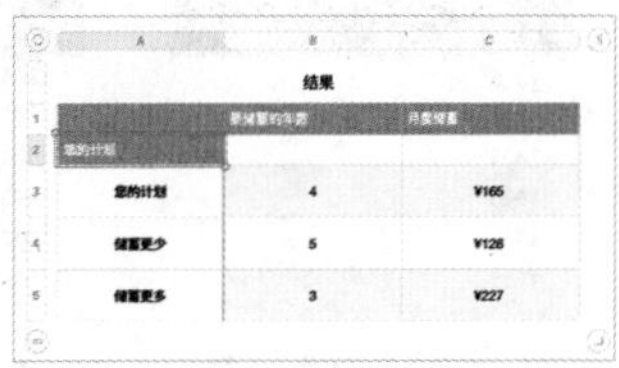

图 10-19　粘贴单元格样式效果

10.2　添加复选框和星级评分

用户通过为单元格添加控制项，例如复选框、星级评分、滑块、步进器和弹出式菜单等，可以实现动态更新表格数据的效果。

10.2.1 应用案例——将复选框和星级评分添加到单元格

在创建简单的核对清单时，可以使用复选框来格式化单元格。包含复选框的单元格状态只能为选定（1 或 true）和未选定（0 或 false）。单元格的星级评分为 0 星到 5 星。

01 选择想要添加复选框的单元格（图 10-20），单击右侧边栏顶部的“单元格”标签，在“数据格式”下拉列表中选择“复选框”选项，如图 10-21 所示。

员工编号	评分	升值与否
1305		
1331		
1334		
1423		
1532		
1551		

图 10-20　选择文本框

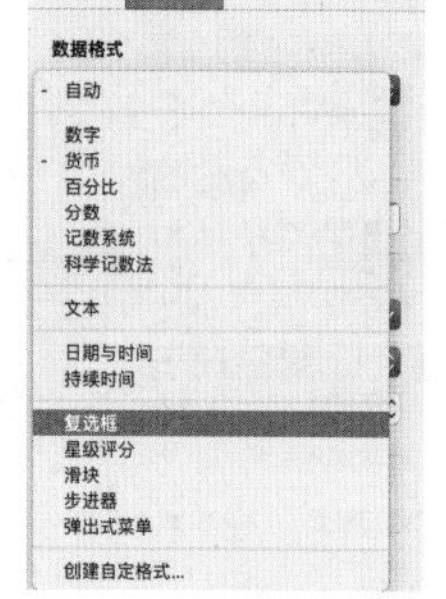

图 10-21　“复选框”选项

02 默认插入的复选框为选中状态，单击复选框可修改文本框的状态，如图 10-22 所示。选择多个单元格，按 0 键，可将复选框设置为未选中状态；按 1 键，可将复选框设置为选中状态，如图 10-23 所示。

员工编号	评分	升值与否
1305		☐
1331		✓
1334		☐
1423		☐
1532		✓
1551		☐

图 10-22　单击设置复选框状态

员工编号	评分	升值与否
1305		☐
1331		✓
1334		✓
1423		✓
1532		✓
1551		☐

图 10-23　设置复选框为选中状态

03 选中单元格，在“数据格式”下拉列表中选择“星级评分”选项，如图 10-24 所示。将光标移动到黑点上单击，即可将黑点显示为星形，效果如图 10-25 所示。

> **小技巧：** 用户可以通过按键盘上 0～5 的数字或按键盘上的“+”和“-”，快速设置星级评分效果。

图 10-24　选中“星级评分”

员工编号	评分	升值与否
1305	★★★★•	☐
1331	•••••	✓
1334	•••••	✓
1423	•••••	✓
1532	★★★••	✓
1551	•••••	☐

图 10-25　设置星级

10.2.2 添加滑块和步进器

使用滑块和步进器可以更改单元格中的值，便于用户随时查看变量是如何影响数据或图表总体的。

选择想要添加滑块的单元格（图 10-26），单击右侧边栏顶部的“单元格”标签，在“数据格式”下拉列表中选择“滑块”选项，如图 10-27 所示。

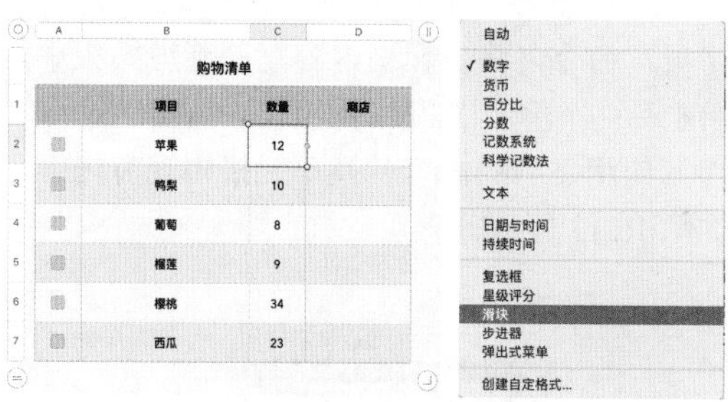

图 10-26　选择单元格　　图 10-27　“滑块”选项

用户可以在文本框中输入数值，分别控制滑块的最小值、最大值和增量，还可以对格式和小数进行设置，如图 10-28 所示。添加的滑块效果如图 10-29 所示。

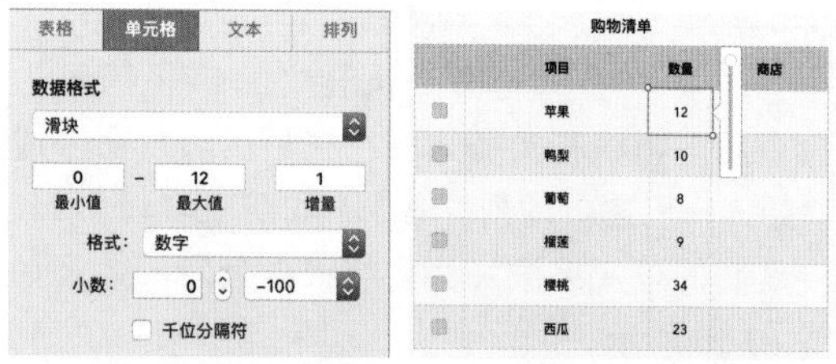

图 10-28　设置滑块参数　　图 10-29　滑块效果

使用相同的方法，可以在单元格中插入步进器，步进器的各项参数如图 10-30 所示。添加的步进器效果如图 10-31 所示。

表格
单元格
文本
排列
数据格式
步进器
0
12
1
最小值
最大值
增量
格式：
数字
小数：
0
-100
千位分隔符

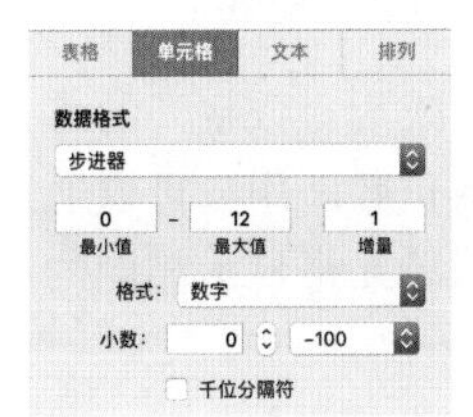

图 10-30　设置步进器参数

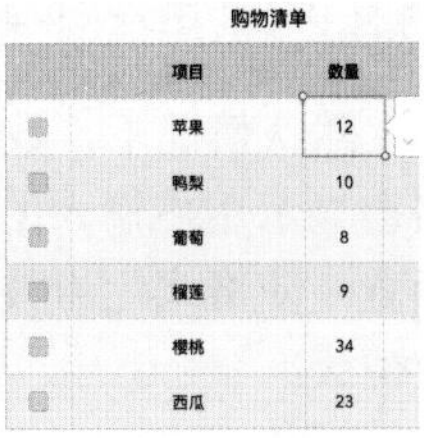

购物清单
项目
数量
苹果
12
鸭梨
10
葡萄
8
榴莲
9
樱桃
34
西瓜
23

图 10-31　步进器效果

10.2.3　添加弹出式菜单

用户可以将弹出式菜单添加到单元格中，并可以指定弹出式菜单中出现的选项。Numbers 表格能够识别数值形式的菜单项目，包括日期、持续时间和文本。公式能够引用弹出式菜单被设置为数字项目的单元格。

选中想要添加弹出式菜单的单元格，单击右侧边栏顶部的“单元格”标签，在“数据格式”下拉列表中选择“弹出式菜单”选项，如图 10-32 所示。单击单元格右侧的⌄图标，即可弹出添加的菜单，如图 10-33 所示。

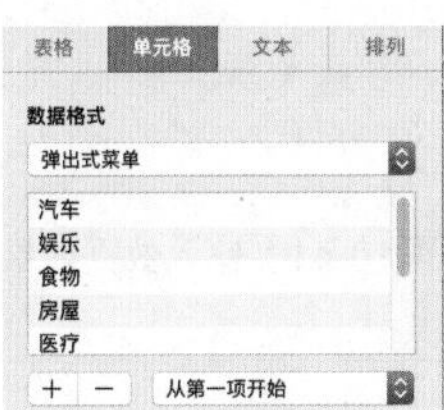

表格
单元格
文本
排列
数据格式
弹出式菜单
汽车
娱乐
食物
房屋
医疗
+
−
从第一项开始

图 10-32　选择数据格式

摘要（按类别）
类别
预算
实际支出
差额
汽车
娱乐
食物
房屋
✓医疗
个人项目
旅行
水电煤气费
其他
总计

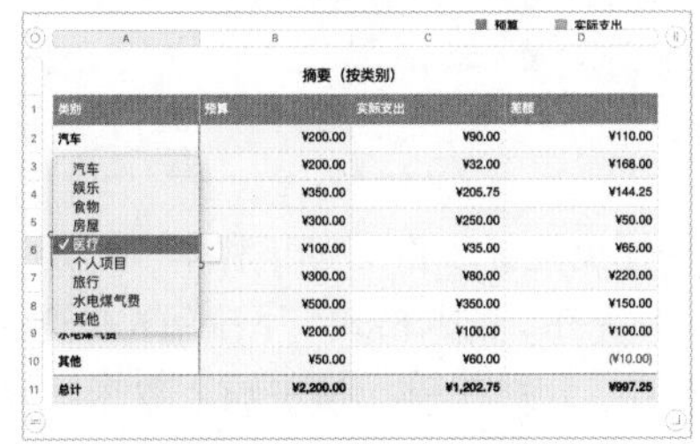

图 10-33　弹出式菜单效果

> **提示**
>
> 如果用户选定的部分或全部单元格已经包含数据，则显示的弹出式选项是所选单元格的值（最多 250 个单元格）。所选单元格中重复的值将作为单个弹出式菜单项。

如果选择空的单元格，则弹出式菜单选项将显示为占位符项，如图 10-34 所示。单击 + 按钮或 − 按钮，可以实现添加或删除菜单选项的操作；双击想要修改的选项，即可修改选项内容，如图 10-35 所示。

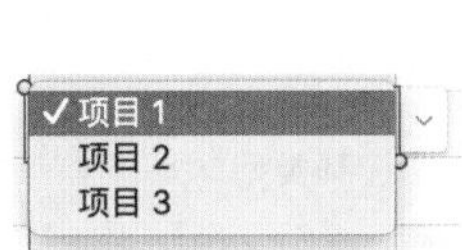

✓项目 1
项目 2
项目 3

图 10-34　占位符项

数据格式
弹出式菜单
项目 1
项目 2
项目 3
新项目
+
−
从第一项开始

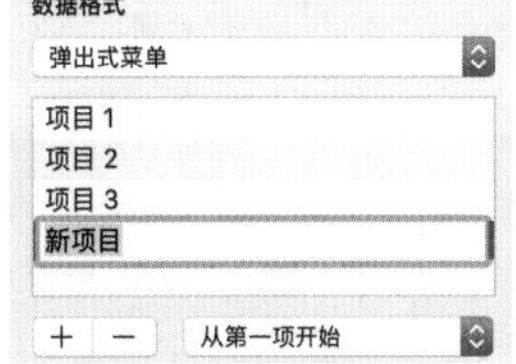

图 10-35　添加、修改选项

> **提示**
>
> 浏览表格时，按空格键可打开所选单元格的弹出式菜单，使用方向键可浏览选项，再次按空格键即可选择一个值。

10.2.4　应用案例——移除或更改设置

01 选择一个单元格或多个单元格，按 Delete 键，即可移除单元格中的所有内容，如图 10-36 所示。

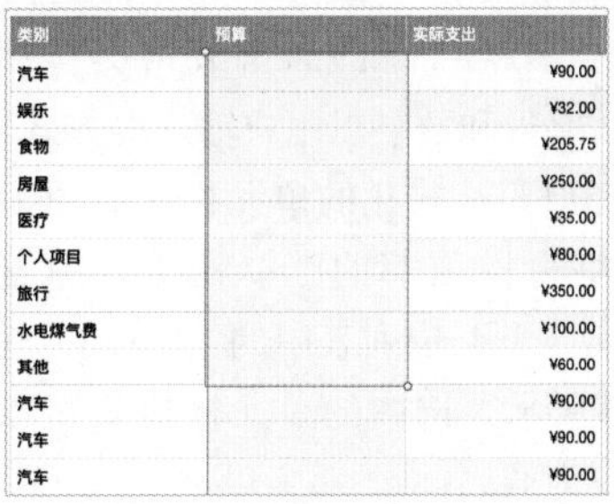

类别
预算
实际支出
汽车
¥90.00
娱乐
¥32.00
食物
¥205.75
房屋
¥250.00
医疗
¥35.00
个人项目
¥80.00
旅行
¥350.00
水电煤气费
¥100.00
其他
¥60.00
汽车
¥90.00
汽车
¥90.00
汽车
¥90.00

图 10-36　移除单元格内容

02 单击右侧边栏顶部的“单元格”标签，在“数据格式”下拉列表中选择其他选项，即可更改当前单元格的控制类型，如图 10-37 所示。

> **提示**
>
> 当用户改变所选单元格的“数据格式”类型时，单元格的值会转换为另一种类型。如果用户尝试转换不兼容的单元格类型，则该单元格控制将不会从单元格中移除。

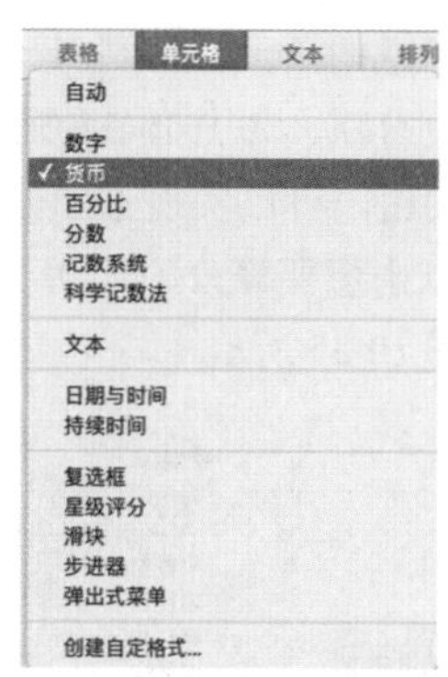

图 10-37　设置单元格控制类型

10.3　格式化单元格的值

用户可以为单元格应用格式，使其值以某种特定方式显示。例如，可以将货币格式应用于具有货币值的单元格，使货币符号（如 $、£或¥）显示在单元格中的数字前面。

使用一个单元格的格式时，只能设置值的显示特征。当值在公式中使用时，会使用实际值，而不使用格式化的值。唯一的例外是当小数点后面有太多数字时，数字会被四舍五入。

10.3.1　自动格式化单元格

默认情况下，Numbers 表格会自动格式化单元格，字母和数字以用户输入的方式显示。

选择想要格式化的单元格（见图 10-38），单击右侧边栏顶部的“单元格”标签，选择“数据格式”下拉列表中的 “自动”选项，如图 10-39 所示。选中的单元格格式将以用户输入的格式为准。

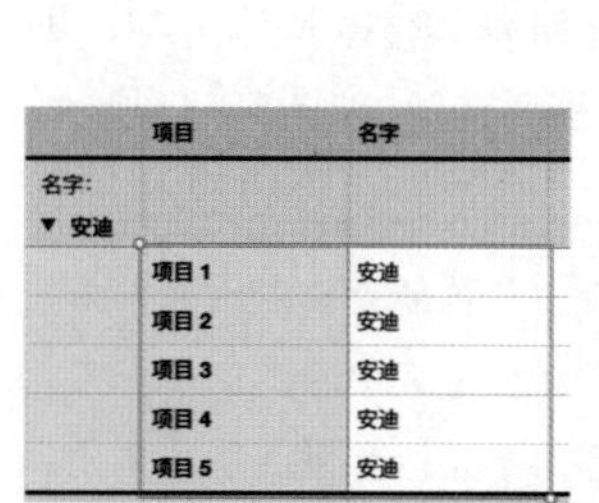

	项目	名字
名字:		
▼ 安迪		
	项目 1	安迪
	项目 2	安迪
	项目 3	安迪
	项目 4	安迪
	项目 5	安迪

图 10-38　选择单元格

表格　单元格　文本　排列
数据格式
✓ 自动
数字
货币
百分比
分数
记数系统
科学记数法
文本
日期与时间
持续时间
复选框
星级评分
滑块
步进器
弹出式菜单
创建自定格式...

图 10-39　设置数据格式

10.3.2　应用案例——使用数字格式

默认情况下，数据格式为“数字”的单元格会显示用户输入的小数位数。用户可以通过设置，使格式化为数字的单元格显示相同的小数位数。

01 拖曳选择表格的“期限”单元格，单击右侧边栏顶部的“单元格”标签，在“数据格式”下拉列表中选择“数字”选项，如图 10-40 所示。分别在单元格中输入数据，效果如图 10-41 所示。

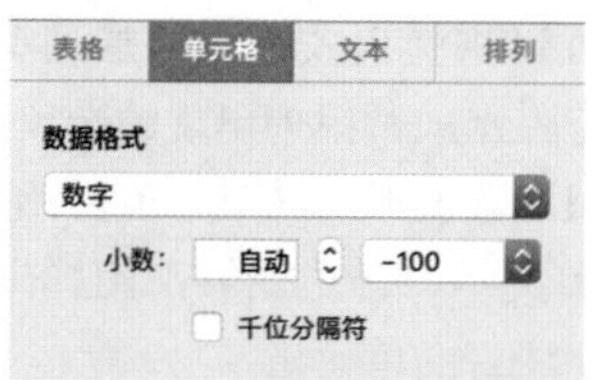

图 10-40　选择“数字”数据格式

贷款记录

	贷款本金	年利率	期限	总利息
贷款1			60	
贷款2			60	
贷款3			60	
贷款4			60	

图 10-41　输入数据效果

> **提示**
>
> 用户可以通过设置“小数”的数值设定要显示的小数位数和显示负数的方式。勾选“千位分隔符”复选框，将在数字中显示千位分隔符。

02 拖曳选择表格的“年利率”单元格（见图 10-42），在“数据格式”下拉列表中选择“分数”选项，分别在单元格中输入数据，效果如图 10-43 所示。

年利率	期限
5%	60
5%	60
6%	60
6%	60

图 10-42　选中单元格

年利率	期限
1/20	60
1/20	60
3/50	60
3/50	60

图 10-43　分数数据效果

> **提示**
>
> Numbers 表格一共为用户提供了 9 种显示分数的方式。用户可以在“精确度”下拉列表中选择显示分数的方式。

10.3.3　使用货币格式

默认情况下，格式化为货币的单元格显示两位小数。用户通过设置，可以使单元格显示实际输入的小数位数或所有单元格均显示相同的小数位数。

选择想要格式化的单元格，单击右侧边栏顶部的“单元格”标签，在“数据格式”下拉列表中选择“货币”选项，并在“货币”下拉列表中选择“人民币（¥）”选项，如图 10-44 所示。格式化后的单元格效果如图 10-45 所示。

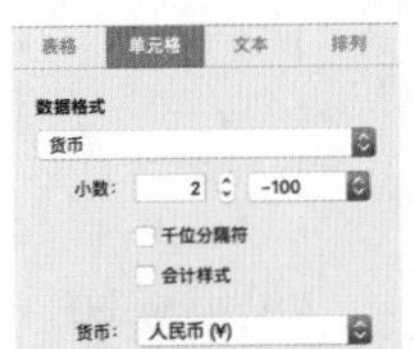

图 10-44　货币数据格式

贷款记录

	贷款本金	年利率
贷款1	¥30000.00	1/20
贷款2	¥35000.00	1/20
贷款3	¥50000.00	3/50
贷款4	¥56000.00	3/50

图 10-45　格式化后的单元格效果

> **提示**
>
> 勾选“会计样式”复选框，负数显示方式将不可选；货币符号将左对齐显示在单元格边缘，而数字将右对齐显示。

10.3.4　使用百分比格式

使用百分比格式可以显示带百分号（%）的数值。如果值在公式中使用，则会使用它的小数样式。例如，值为 3.00%，在公式中使用 0.03。

如果在使用自动格式进行格式化的单元格中输入 3%，然后将百分比格式应用到单元格，则显示的值为 3%。如果在使用自动格式进行格式化的单元格中输入 3，然后将百分比格式应用到单元格，则显示的值为 300%。

选择想要格式化的单元格，单击右侧边栏顶部的“单元格”标签，在“数据格式”下拉列表中选择“百分比”选项，如图 10-46 所示。格式化后的单元格效果如图 10-47 所示。

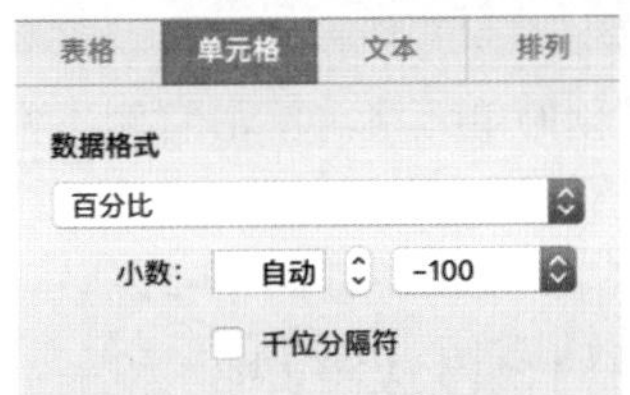

图 10-46　百分比数据格式

年利率
5%
5%
6%
6%

图 10-47　百分比效果

10.3.5　使用日期和时间格式

选择想要格式化的单元格，单击右侧边栏顶部的“单元格”标签，在“数据格式”下拉列表中选择“日期与时间”选项，如图 10-48 所示。

用户可以在“日期”下拉列表中选择显示日期的方式，在“时间”下拉列表中选择显示时间的方式，如图 10-49 所示。格式化后的单元格效果如图 10-50 所示。

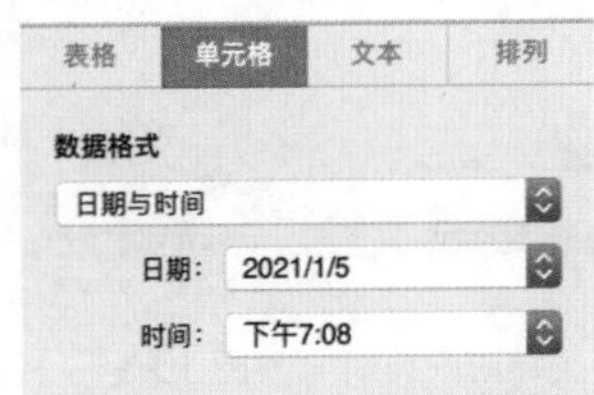

图 10-48　日期与时间数据格式

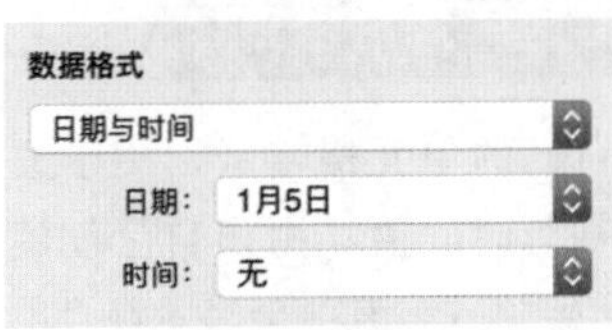

图 10-49　选择日期和时间的显示方式

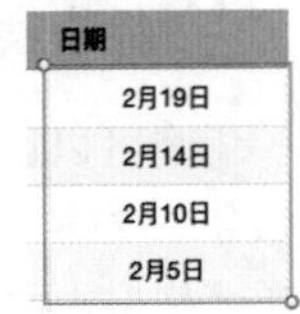

日期
2月19日
2月14日
2月10日
2月5日

图 10-50　日期效果

> **提示**
>
> 如果未完整输入日期和时间，Numbers 表格将为用户添加默认值。例如，如果输入“下午 1:15”，默认情况下将添加当天的日期。

10.3.6 使用持续时间格式

默认情况下，包含持续时间数据的单元格将自动格式化为显示用户输入的所有时间单位。用户通过设置，可以使持续时间单元格仅显示某些时间单位。

选择想要格式化的单元格，单击右侧边栏顶部的“单元格”标签，在“数据格式”下拉列表中选择“持续时间”选项，如图 10-51 所示。格式化后的单元格效果如图 10-52 所示。

图 10-51　持续时间数据格式

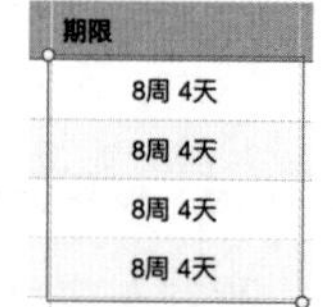

图 10-52　持续时间效果

用户可以在“样式”下拉列表中选择持续时间的方式，如图 10-53 所示。单击“自定单位”按钮，可以选择持续时间的单位。Numbers 表格为用户提供了周、天、小时、分、秒和毫米 6 种单位，如图 10-54 所示。

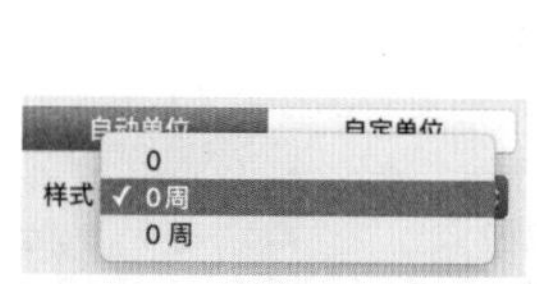

图 10-53　持续时间样式

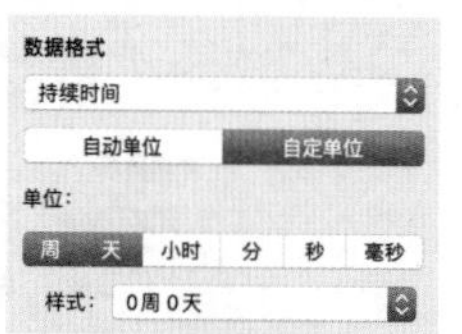

图 10-54　持续时间单位

10.4 创建自定单元格格式

用户可以创建自己的单元格格式，用于显示数字、文本及日期与时间值。用户自己创建的单元格格式称为自定格式，该项会显示在“单元格格式”下拉列表中。

10.4.1 创建自定数字格式

选择想要格式化的单元格，单击右侧边栏顶部的“单元格”标签，在“数据格式”下拉列表中选择“创建自定格式”选项，如图 10-55 所示。在弹出的对话框中输入格式名称并选择格式类型，如图 10-56 所示。

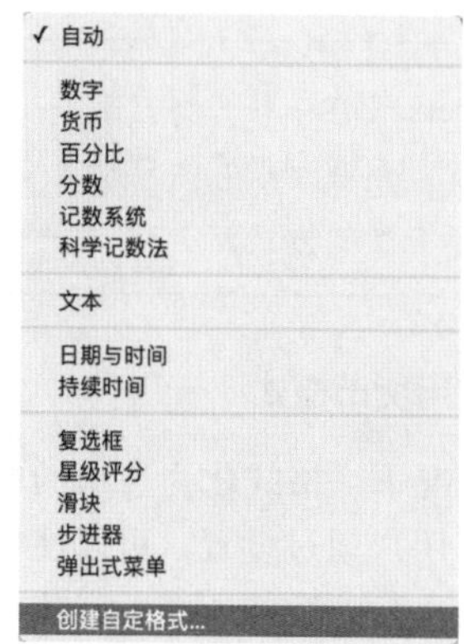

图 10-55　创建自定格式

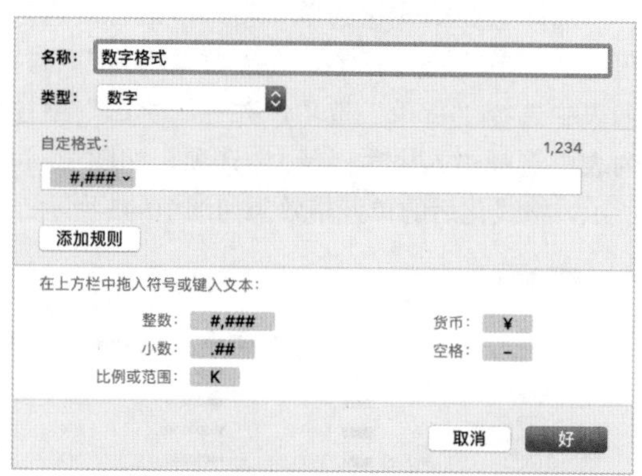

图 10-56　输入格式名称并选择格式类型

在“自定格式”文本框中输入的格式将应用在单元格中。用户可以将下面的“整数”“小数”“货币”　“空格”和“比例或范围”符号直接拖曳到“自定格式”文本框中，如图 10-57 所示。例如，如果在自定格式中输入美国邮政编码，则可以使用包含 5 位数字的整数符号。通过拖曳文本框中的符号，可以重新排列自定格式的顺序，如图 10-58 所示。

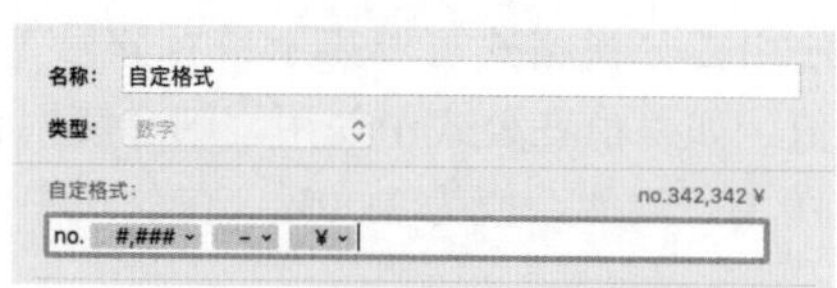

图 10-57　拖曳符号自定格式

图 10-58　拖曳重新排列格式

单击符号右侧的箭头，用户可以在弹出的下拉菜单中设置格式化选项，例如货币符号的类型或要显示的数字位数，如图 10-59 所示。

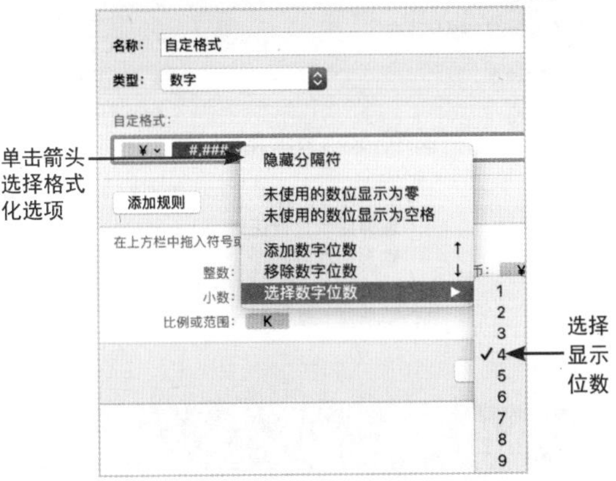

图 10-59　自定符号元素

基于所定义的特定条件，用户可以最多添加 3 条规则来以不同的方式格式化单元格。如图 10-60 所示进行设置，输入的所有正数将显示为带有区号“（010）”的电话号码，单击“好”按钮。例如，在单元格中输入“3445667”，将会显示为“（010）344-5667”，如图 10-61 所示。在单元格中输入“0”，单元格将显示“请输入正确的号码”。

图 10-60　添加规则

图 10-61　带区号的电话号码效果

10.4.2　创建自定日期和时间格式

选择想要格式化的单元格，单击右侧边栏顶部的“单元格”标签，在“数据格式”下拉列表中选择“创建自定格式”选项，在弹出的对话框中输入格式的名称并选择“类型”为“日期与时间”，如图 10-62 所示。

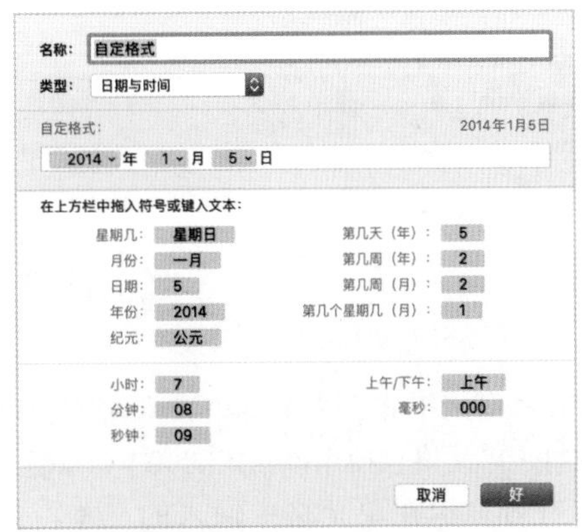

图 10-62　输入名称并选择类型（一）

图 10-63 所示为使用年份符号（“5”）的日期和自定文本。在单元格中输入“2021-2-19”，单击“好”按钮，单元格显示效果如图 10-64 所示。

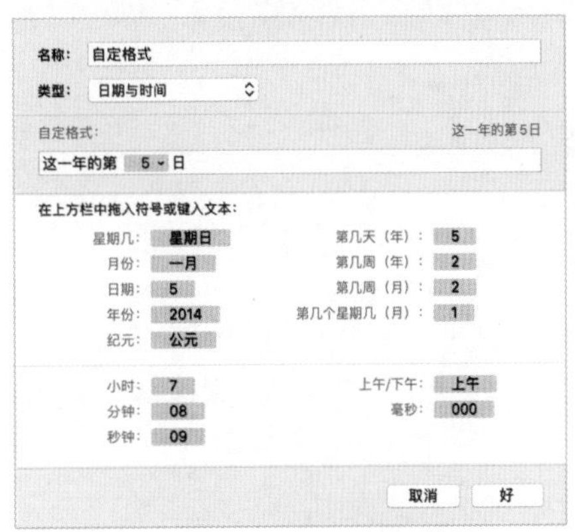

图 10-63　自定日期和时间格式

图 10-64　日期天数显示效果

提示

如果输入的值中包含连字符 (-) 或斜线 (/)，如“2021/6/4”，Numbers 表格会将其假定为日期并自动为其分配日期和时间格式。

10.4.3 创建自定文本格式

选择想要格式化的单元格，单击右侧边栏顶部的“单元格”标签，在“数据格式”下拉列表中选择“创建自定格式”选项。输入格式的名称并选择“类型”为“文本”，如图 10-65 所示。

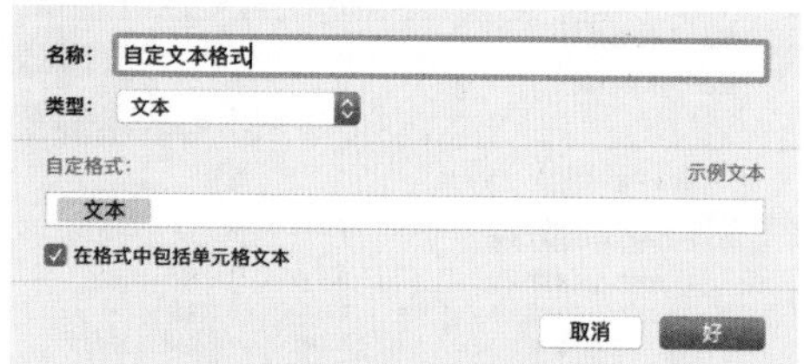

图 10-65 输入名称并选择类型（二）

在“自定格式”文本框中输入需要自动出现在每个单元格且使用该格式的文本，蓝色“文本”符号表示在单元格中输入的文本，如图 10-66 所示。这里在单元格中输入“请正确输入文本内容”，单击“好”按钮，效果如图 10-67 所示。

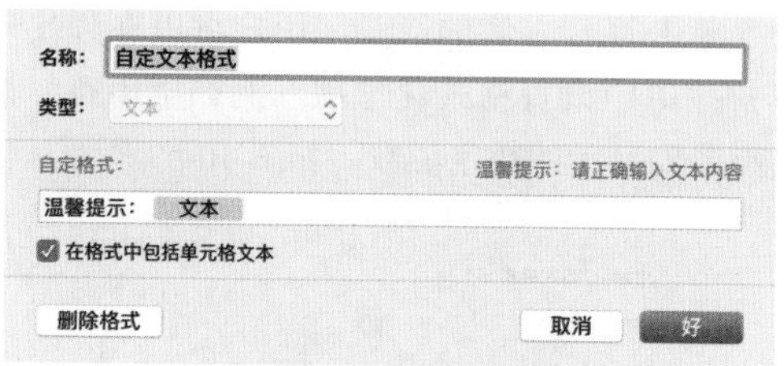

图 10-66 自定文本规则

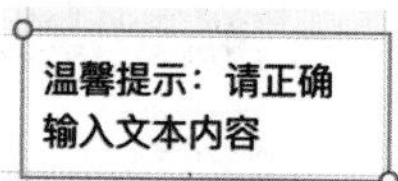

图 10-67 提示文本效果

10.5 本章小结

本章主要讲解 Numbers 表格处理表格单元格的方法和技巧。通过本章的学习，读者应掌握添加和编辑单元格内容的方法、添加复选框和星级评分的方法、格式化单元格值的方法和自定单元格格式的方法，并能综合运用到实际工作中。

第 11 章 处理表格文本

本章将着重介绍 Numbers 表格处理文本的方法和技巧，主要包括文本的添加和选中、复制 / 粘贴 / 删除文本、格式化文本、设置文本对齐、制表符的使用、列表的使用及文本框的使用等内容。通过本章的学习，读者应掌握在 Numbers 表格中输入与编辑文本的方法和技巧。

11.1 添加文本

用户可以通过直接替换占位符文本，完成文本的添加；也可以通过先添加文本框或形状，然后在其中输入文本来实现。

11.1.1 替换占位符文本

多数占位符文本的功能是为了解释表格的使用方法。选中如图 11-1 所示的占位符文本，输入新文本，即可完成替换占位符文本的操作，如图 11-2 所示。

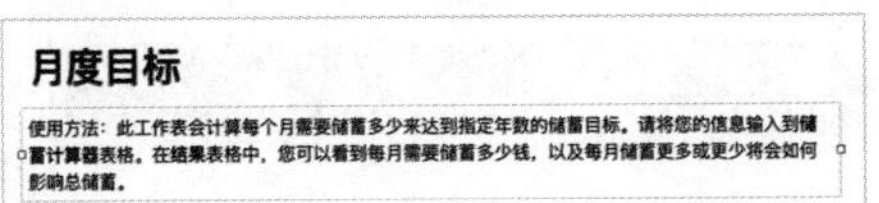

图 11-1 选中占位符文本

月度目标

输入文本，即可完成占位符文本的替换操作。

图 11-2 替换占位符文本（一）

11.1.2 应用案例——添加和删除文本框

01 新建一个“日历”电子表格，效果如图 11-3 所示。单击工具栏中的“文本”按钮 T ，添加文本框到页面中，如图 11-4 所示。

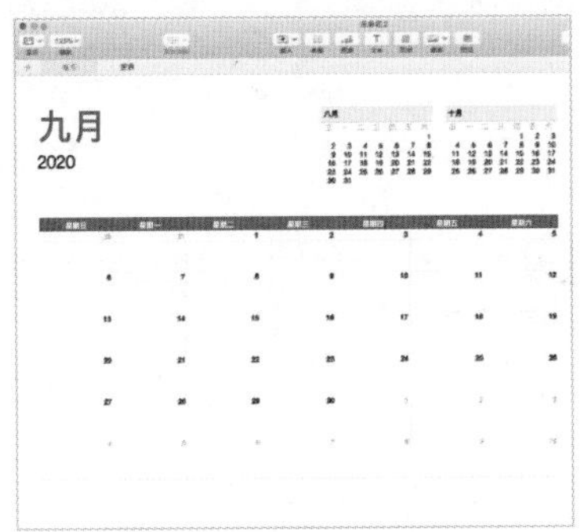

图 11-3 新建电子表格

图 11-4 添加文本框

02 选中文本框，输入文本替换占位符文本，如图 11-5 所示。单击右侧边栏顶部“文本”标签，设置文本样式，效果如图 11-6 所示。

图 11-5 替换占位符文本（二）　图 11-6 设置文本样式

> **提示**
>
> 文本框本身与其他大多数对象类似，用户可以按同样的方法对其进行修改，如旋转文本框、更改其边框、使用颜色填充文本框、将其与其他对象分层等。

11.1.3 在形状内部添加文本

双击要添加文本的形状，显示插入点后即可输入文本，如图 11-7 所示。如果文本内容超出形状的显示范围，在形状的下面会显示裁剪指示器（+）。选择形状并拖曳控制柄，即可将隐藏文本显示出来，如图 11-8 所示。

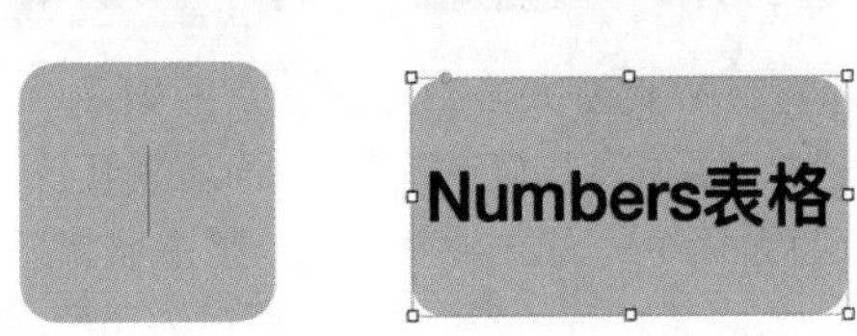

图 11-7 显示插入点　图 11-8 显示隐藏文本

11.2 复制和粘贴文本及其样式

在 Numbers 表格的日常使用过程中，用户通过复制并粘贴文本的操作，能够快速重新使用文本。

11.2.1 复制和粘贴文本

选择要复制的文本，执行“编辑→拷贝”命令或按组合键 Command+C，将文本复制到内存中。

将光标移动到想让文本出现的位置，执行“编辑→粘贴”命令或按组合键 Command+V，将文本及其格式粘贴到新段落中，效果如图 11-9 所示。执行“编辑→粘贴并匹配样式”命令或按组合键 Shift+Option+Command，粘贴并匹配粘贴处的文本样式，效果如图 11-10 所示。

图 11-9 粘贴文本及其格式

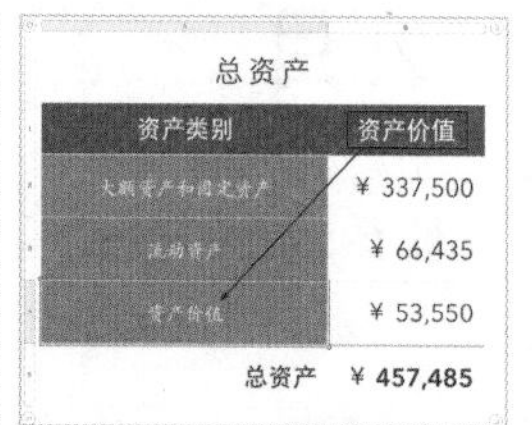

图 11-10 粘贴文本并匹配格式

11.2.2 应用案例——复制和粘贴文本样式

01 选择文本或将光标放置在要复制样式的文本中，如图 11-11 所示。执行“格式→拷贝样式”命令或按组合键 Option+Command+ C，将文本样式复制到内存中，如图 11-12 所示。

图 11-11 选择文本

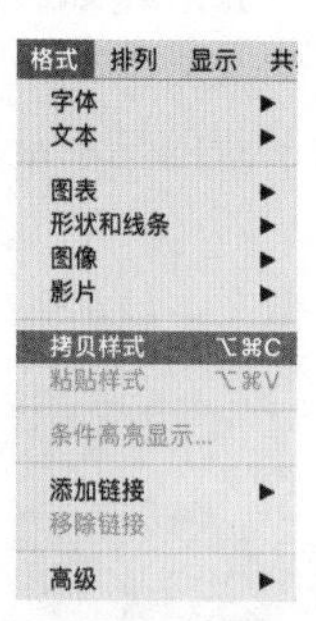

图 11-12 执行“拷贝样式”命令

02 选择要应用样式的文本或将光标放置在文本中，执行“格式→粘贴样式”命令或按组合键 Option+Command+V，如图 11-13 所示。粘贴文本样式效果如图 11-14 所示。

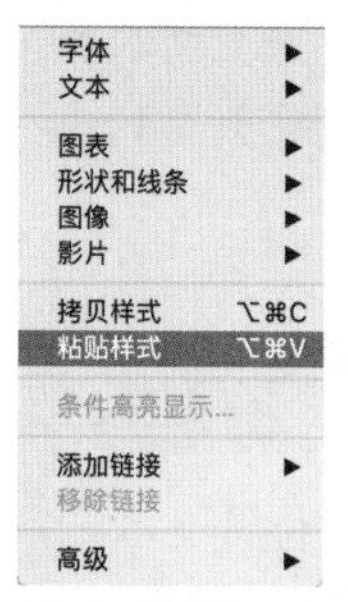

图 11-13 执行“粘贴样式”命令

图 11-14 粘贴文本样式效果

小技巧： 若将光标放置在段落中或选择整个段落、文本框、带文本的形状，现有的段落或字符样式将替换成用户所粘贴的样式。如果选择段落的一个或多个部分，那么只会为所选文本应用字符样式。

11.3 格式化文本

通过格式化文本，用户可以快速改变文本的字体、大小、平滑度、上标和下标等格式，实现更丰富且更美观的显示效果。

11.3.1 应用案例——更改文本字体及大小

01 新建一个预算电子表格，效果如图 11-15 所示。单击选中想要更改的文本框，如图 11-16 所示。

预算

收入金额	
薪水	¥4,000
额外收入	¥0
总收入	¥4,000

图 11-15 新建电子表格

预算

收入金额	
薪水	¥4,000
额外收入	¥0
总收入	¥4,000

图 11-16 选中文本框

提 示

如果只是想更改单个文字的格式，可以先双击文本框显示光标，拖曳选中想要更改的文字。

02 单击右侧边栏顶部的“文本”标签，单击“样式”按钮，如图 11-17 所示。在“字体”选项下的下拉列表中选择一种字体，如图 11-18 所示。

图 11-17　“文本”选项卡　　图 11-18　选择字体

03 单击激活如图 11-19 所示的文本框，输入数值设置字体的大小。设置完成后的文本效果如图 11-20 所示。

图 11-19　设置字体大小　　图 11-20　文本效果

11.3.2　粗体、斜体和下画线

单击右侧边栏顶部的“文本”标签，用户为文本指定一种字体后，接着选取“斜体”字样，如图 11-21 所示。不同的字体提供的字样也不同，图 11-22 所示为 Avenir 字体对应的字样列表。

图 11-21　选择“斜体”字样

选中文本框或单个文字，单击 B 按钮，即可将文本变成粗体，如图 11-23 所示。单击 U 按钮，即可为文本添加下画线，如图 11-24 所示。单击 U 按钮，即可使用波浪下画线着重标记文本，如图 11-25 所示。

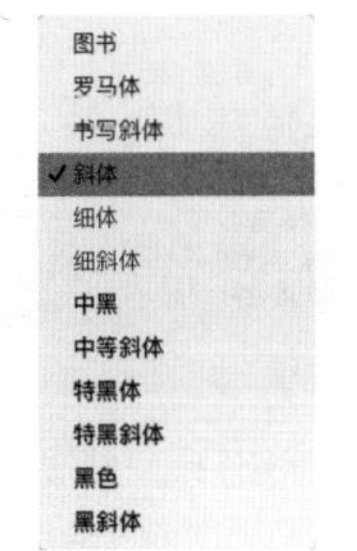

图 11-22　字样列表

¥4,000

图 11-23　粗体

¥4,000

图 11-24　下画线

¥4,000

图 11-25　波浪下画线

11.3.3　上标和下标

选择要制作上标或下标的文字，如图 11-26 所示。单击右侧边栏顶部的“文本”标签，单击“字体”选项下的 按钮，用户可以在弹出对话框的“基线”下拉列表中选择将文字设置为上标或下标，如图 11-27 所示。

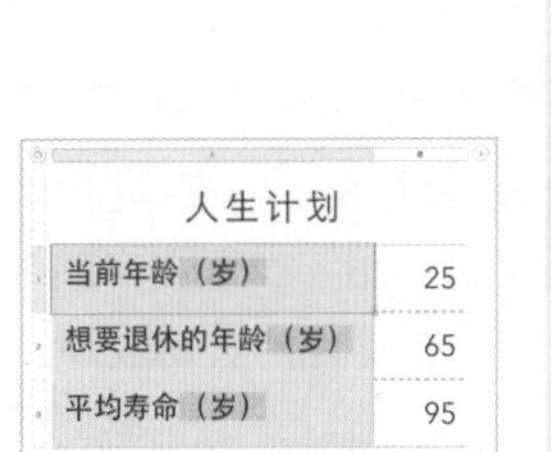

图 11-26　选择文字

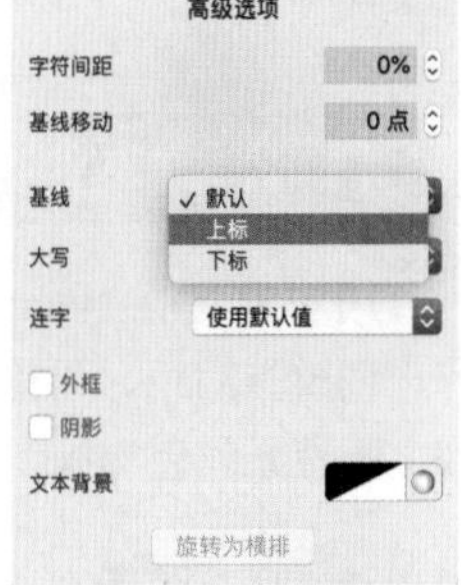

图 11-27　“基线”下拉列表

小技巧： 用户可以将上标和下标功能添加到 Numbers 表格工具栏中，以快速应用到所选文本。执行“显示→自定工具栏”命令，将“上标”按钮和“下标”按钮拖曳到工具栏上，单击“完成”按钮即可。

11.3.4　智能引号和破折号

用户可以指定电子表格中单引号和双引号的样式。选择文本，执行“编辑→替换→显示替换项”命令，如图 11-28 所示。

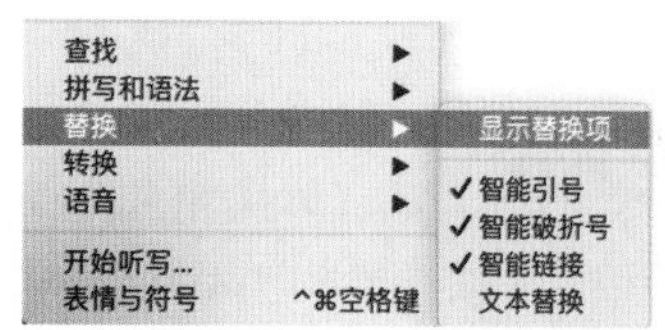

图 11-28 执行“显示替换项”命令

勾选“替换”界面中的“智能引号”复选框，在执行替换操作时，将使用设置的双引号或单引号替换引号；勾选“智能破折号”复选框，在执行替换操作时，会自动将连续的破折号转换为合适的字体排印格式，如图 11-29 所示。

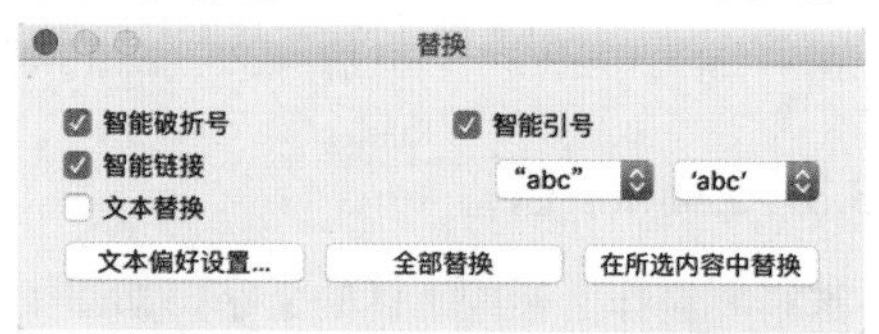

图 11-29 勾选“智能引号”复选框

单击“全部替换”按钮，立即将所选替换项目应用到整篇文稿；单击“在所选内容中替换”按钮，立即将所选替换项目应用到所选文本。

11.4 文本对齐、缩进和间距

用户通过在 Numbers 表格中对文本进行对齐、调整行间距、调整字符间距、设置文本颜色和文本背景颜色等操作，获得美观的页面效果。

11.4.1 文本对齐

选择文本框或带文本的形状，单击右侧边栏顶部的“文本”标签，单击如图 11-30 所示的按钮，即可完成文本对齐操作。

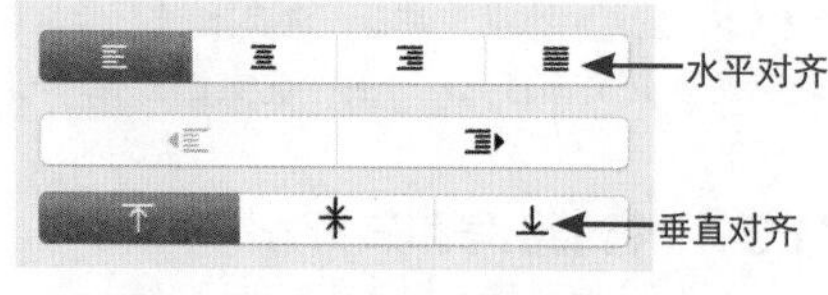

图 11-30 文本对齐按钮

在图 11-30 中，顶部按钮从左至右分别为左对齐、居中对齐、右对齐和两端对齐；底部按钮从左至右分别为顶对齐、中间对齐和底对齐。

选择表格单元格，面板中将增加一个按钮。单击该按钮，可以使表格单元格中的文本向左对齐、数字向右对齐。

11.4.2 设置文本缩进

文本框、形状或表格单元格中的文本在文本和包含文本的对象之间默认有一段间距。用户可以通过设置不同的页边空白，调整该间距，还可以缩进段落的首行、创建可视化分隔符，以方便用户浏览文本。

在标尺显示的前提下，将光标放置在文本中，标尺上将出现一个蓝色的三角形，拖曳该三角形可以设置文本的缩进位置，如图 11-31 所示。单击“文本”选项卡中的缩进按钮，可以快速在左、右两个方向上缩进文本，如图 11-32 所示。

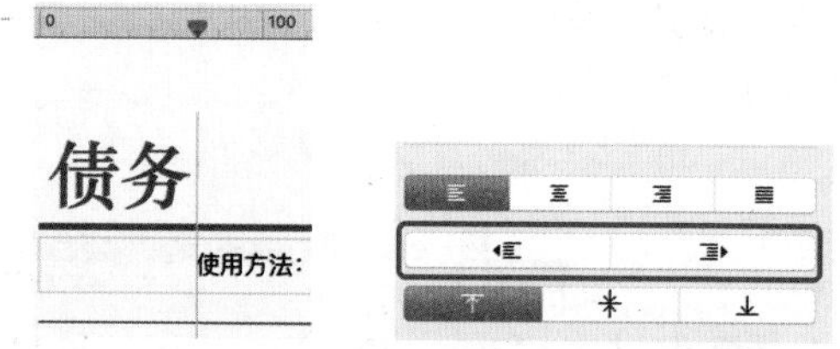

图 11-31 拖曳缩进文本　　图 11-32 缩进按钮

单击“文本”选项卡顶部的“布局”按钮，用户可以通过设置“缩进”选项下“首行”文本框、“左边”文本框和“右边”文本框中的值，实现文本首行缩进、左缩进和右缩进的效果，如图 11-33 所示。

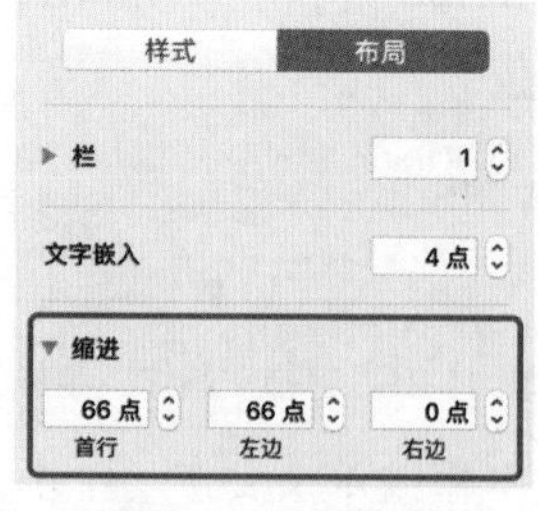

图 11-33 缩进设置

11.4.3 调整行间距

选择要更改间距的文本，单击右侧边栏顶部的“文本”标签，再单击“样式”按钮，用户可以在“间距”选项下设置行距、段前距和段后距，如图 11-34 所示。

在“行距”下拉列表中可选择设置行距类型，如图 11-35 所示。

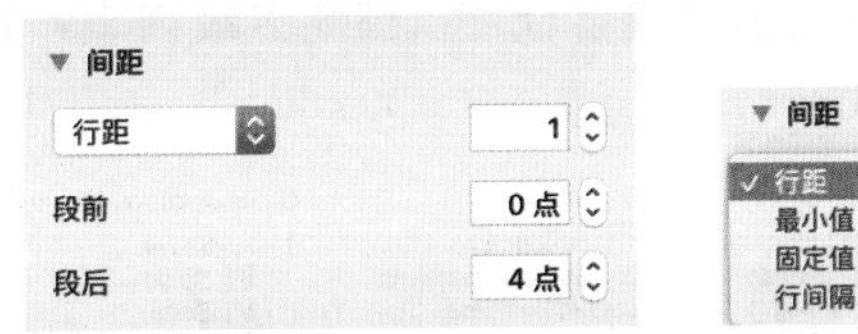

图 11-34　间距选项　　图 11-35　设置行距类型

- 行距：上行字母与下行字母之间的距离保持一致，行间距与字体大小成比例。
- 最小值：行之间的距离保持固定。一行与下一行之间的距离绝不会小于用户设置的数值，但用于较大字体时可能变化以防止文本行重叠。
- 固定值：该值设置了文本基线的精确距离，可能会导致部分重叠。
- 行间隔：设置的数值会增加行间距，而不会增加行高。与此相反，双倍间距会使每行的高度增加一倍。

11.4.4　调整字符间距

选择文本框或要调整字符间距的文本，单击右侧边栏顶部的“文本”标签，单击“字体”选项下的 按钮，弹出“高级选项”对话框，如图 11-36 所示。设置“字符间距”文本框的数值，即可设定文本字符间距。

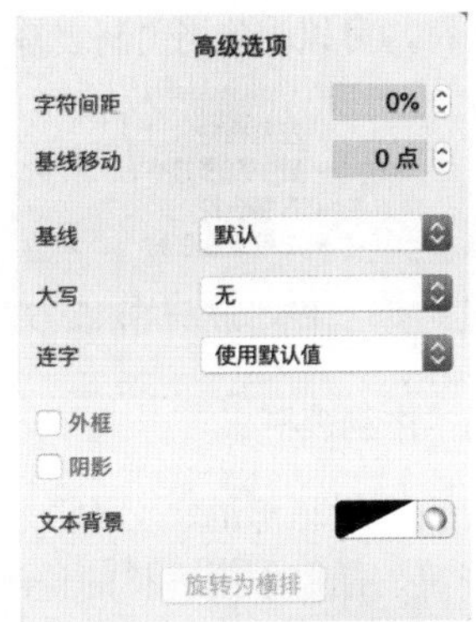

图 11-36　“高级选项”对话框

> **提 示**
>
> 用户可以通过创建并应用段落样式的方法，使一个电子表格中的所有文本具有相同的字符间距。

11.5　制表位的使用

按 Tab 键，插入点和其右边的文本将移动到下一个制表位。用户可以使用制表位对齐文本，可以设置制表位的对齐方式、更改用于小数点对齐制表位的符号及在制表位分隔项目之间添加前导符行。

11.5.1　在标尺上设置制表符

执行“显示→显示标尺”命令或按组合键 Command+R，在工作界面中显示标尺。选择一个或多个段落，在标尺上单击，即可放置一个制表符，如图 11-37 所示。

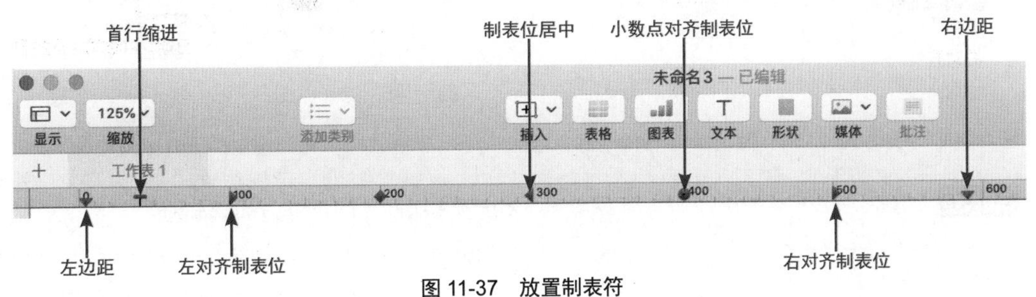

图 11-37　放置制表符

按住 Control 键单击制表符图标，或在制表符图标上单击鼠标右键，用户可以在弹出的快捷菜单中选择制表符的对齐方式，如图 11-38 所示。沿着标尺拖曳制表符，可以更改制表符的位置；向下拖曳制表符，可以删除当前制表符。

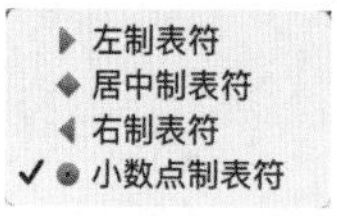

图 11-38　更改制表符的对齐方式

11.5.2　格式化制表符

单击右侧边栏顶部的“文本”标签，单击“布局”按钮，标尺中制表符的详细信息显示在“制表符”选项下，如图 11-39 所示。单击 + 按钮，即可为段落添加一个新制表位。选中一个制表位，单击 − 按钮，即可删除该制表位。

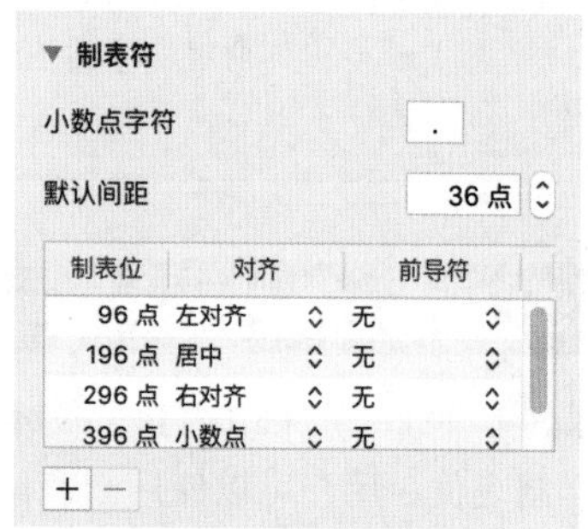

图 11-39　制表符参数

单击“对齐”栏中的上下箭头，可以在弹出的菜单中选择“左对齐”“居中”“右对齐”“小数点”对齐方式，如图 11-40 所示。单击“前导符”栏中的上下箭头，以连接制表符分隔项目。用户可以选取实线、圆点线或箭头等作为分隔项目，如图 11-41 所示。

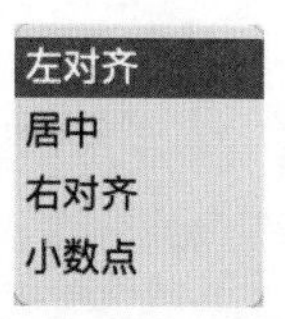

图 11-40　对齐方式 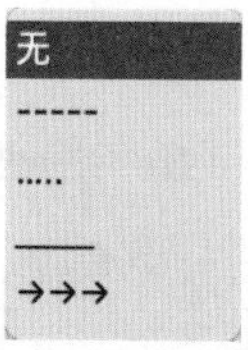　　图 11-41　分隔项目

> **提示**
>
> 在“默认间距”文本框中输入设置，用来设置制表符间的默认间距；在“小数点字符”文本框中输入符号，设置制表符要对齐的字符（例如，句号或逗号）。

11.6　使用项目符号与列表

用户可以创建包含项目符号、编号或字母的格式化列表。使用缩进可以创建层次列表，使用嵌套编号或字母可以创建多级列表，如图 11-42 所示。

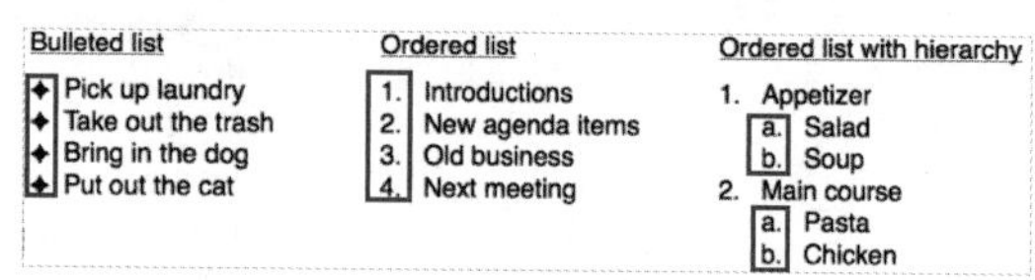

图 11-42　列表效果（一）

11.6.1　创建项目符号与列表

选中文本框，如图 11-43 所示，然后单击右侧边栏顶部的“文本”标签，单击“项目符号与列表”选项右侧的下拉按钮，弹出的“列表样式”下拉列表如图 11-44 所示。

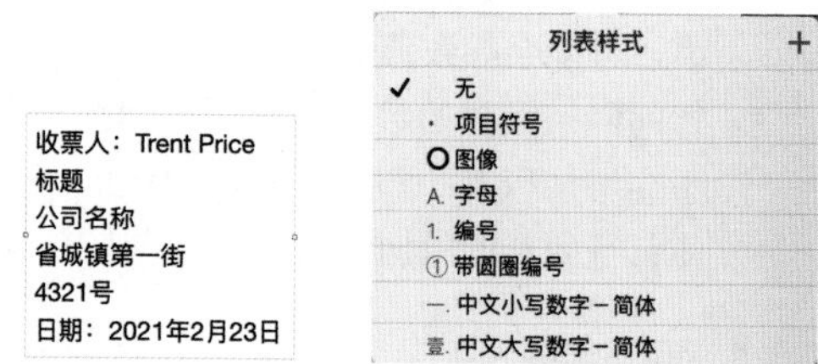

图 11-43　选中文本框　　图 11-44　列表样式

选择“•”项目符号样式，如图 11-45 所示。列表效果如图 11-46 所示。

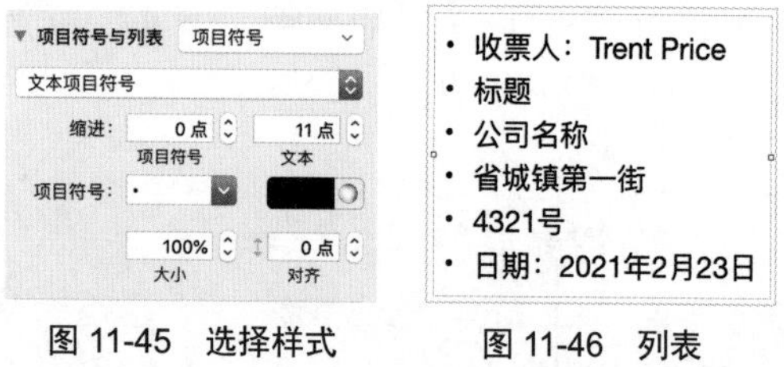

图 11-45　选择样式　　图 11-46　列表效果（二）

设置“缩进”选项后面“项目符号”文本框的数值，可以设置项目符号和左边空白之间的间距，如图 11-47 所示。设置“文本”文本框的数值，可以设置项目符号和文本之间的间距，如图 11-48 所示。

图 11-47　项目符号与左边空白之间的间距

收票人：Trent Price
标题
公司名称
省城镇第一街
4321号
日期：2021年2月23日

图 11-48　符号与文本之间的间距

用户可以在“项目符号”选项后面的文本框中选取项目符号，或者输入字符创建自己的项目符号，如图 11-49 所示。单击色块为项目符号指定一种颜色或创建自己的颜色，如图 11-50 所示。

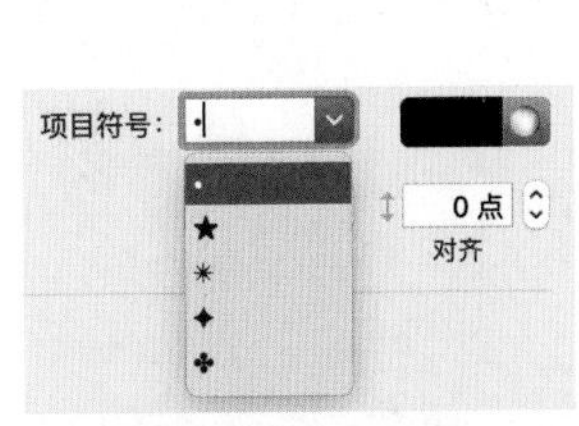

图 11-49　选取项目符号

图 11-50　指定颜色

设置“大小”文本框的数值，以文本大小的百分比来设置项目符号的大小；设置“对齐”文本框的数值，以设置项目符号相对于文本的垂直位置。

> **提示**
> 将光标移动到列表最后一项的位置上，按 Return 键，将自动新建一个列表；按两次 Return 键或按 Delete 键，即可结束列表。

11.6.2　创建图像项目符号

在“项目符号与列表”选项后面的下拉列表中选择“图像”选项（见图 11-51），即可为文本添加图像项目符号，如图 11-52 所示。

单击“当前图像”后面的 O 按钮，用户可以在弹出的下拉菜单中选择一种图像用作项目符号，如图 11-53 所示。如果希望采用其他图像作为项目符号，单击“自定图像”按钮，然后选择图像，单击“打开”按钮即可，效果如图 11-54 所示。

图 11-51　图像项目符号

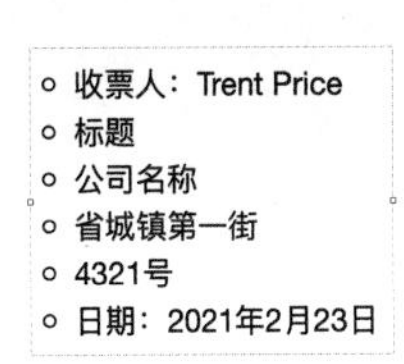

图 11-52　图像项目符号效果

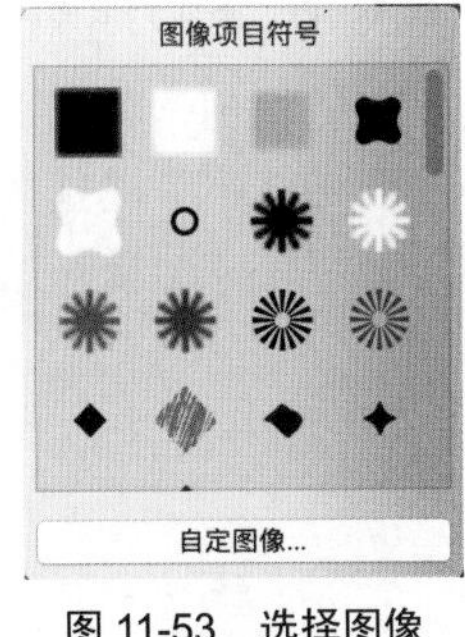

图 11-53　选择图像用作项目符号

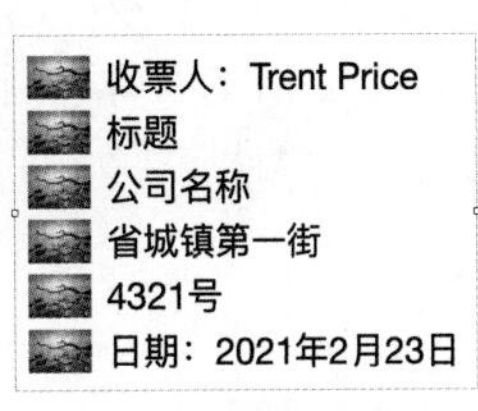

图 11-54　自定图像用作项目符号

11.6.3　创建字母项目符号

在“项目符号与列表”选项后面的下拉列表中选择“字母”选项（图 11-55），即可为文本添加字母项目符号，如图 11-56 所示。

图 11-55　字母项目符号

图 11-56　字母项目符号效果

单击“多级编号”复选框上的文本框，在弹出的列表中选取一种列表的编号格式，如图 11-57 所示。勾选“多级编号”复选框可以使用多级编号，例如 1、1.1、1.2。

将光标移动到列表中的任一项上，按 Tab 键，该项将向右移动，重新指定列表样式即可完成多级列表的制作，效果如图 11-58 所示。

按 Shift+Tab 键，该项将向左移动。

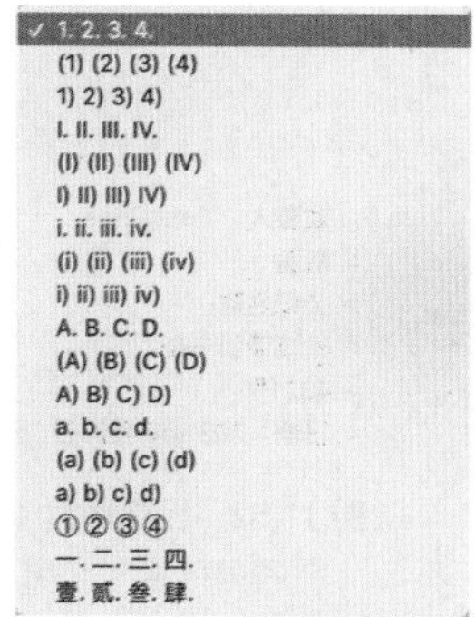

图 11-57　列表编号格式

1. 收票人：Trent Price
   - 标题
   - 公司名称
2. 省城镇第一街
3. 4321号
4. 日期：2021年2月23日

图 11-58　多级列表效果

选择“从上一个继续”单选按钮，将从上一个列表继续编号；选择“开始自：”单选按钮，在后面的文本框中输入文本，设置开始新列表的编号。

> **提示**
>
> 用户还可以为列表设置编号样式、带圆圈编号样式、中文小写数字 - 简体样式和中文大写数字 - 简体样式。这些样式的设置与“字母”项目符号相同，此处不再赘述。

11.7　本章小结

本章以基础知识和实际操作相结合的方式，通过添加文本、复制和粘贴文本、格式化文本、文本的对齐操作、制表符的使用和项目符号与列表的使用方法和技巧等，为读者详细讲解处理文本的常用方法和技巧。通过本章的学习，读者应掌握表格文本的处理方法和技巧，并能够熟练应用到实际的操作中。

第 12 章 使用图像和形状

本章着重介绍 Numbers 表格中图像、形状及其他对象的编辑和操作，其中主要包括图像的处理、形状的创建与编辑、声音和影片的使用、外观的更改及填充对象等内容。

12.1 添加和编辑图像

用户可以将照片资料库中的图像添加到任意工作表中，还可以调整图像的背景和曝光并使用遮罩裁剪图像，以获得更满意的图像效果。

12.1.1 应用案例——添加和替换图像

01 创建如图 12-1 所示的电子表格，单击工具栏中的“媒体”按钮，在弹出的下拉菜单中选择“照片”选项，将照片资料库中的图像拖曳到工作表中，如图 12-2 所示。

图 12-1 创建电子表格

图 12-2 拖曳图像到工作表中

02 单击工作表中图像右下角的占位符图标，如图 12-3 所示，可以打开照片资源库，然后单击图像，完成图像的添加。插入图像效果如图 12-4 所示。

图 12-3 单击占位符图标

图 12-4 添加图像效果

> **提示**
>
> 将图像占位符替换为图像后，新图像不再是占位符。如果尝试在添加的图像上添加其他图像，图像将重叠在一起。

12.1.2 创建图像占位符

使用图像占位符可以帮助用户快速更改工作表中的图像，且不影响工作表中的其他元素。

单击工具栏中的“媒体”按钮，在弹出的下拉菜单中选择“照片”选项，选择插入一张图像到工作表中，如图 12-5 所示。执行“格式→高级→定义为媒体占位符”命令，即可将选中图像定义为图像占位符，如图 12-6 所示。

图 12-5 插入图像

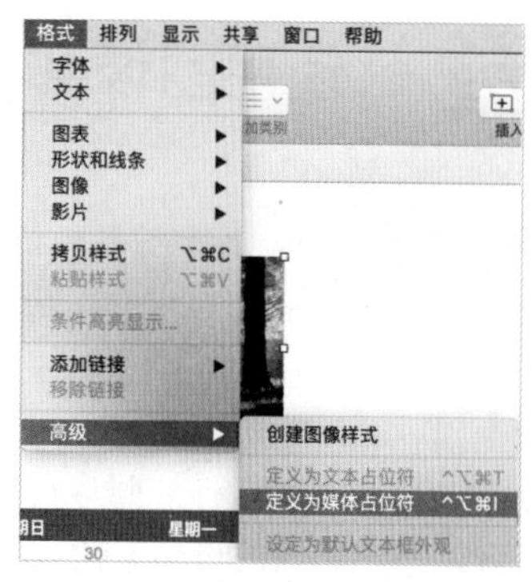

图 12-6 执行“定义为媒体占位符”命令

12.1.3 遮罩图像

用户可以隐藏图像中不想要的部分，而无须修改图像本身。双击图像，在软件界面底部出现遮罩控制面板，如图 12-7 所示。默认遮罩的大小与图像相同，拖曳滑块可以调整图像遮罩或图像的缩放比例，如图 12-8 所示。单击“完成”按钮，即可完成图像的遮罩操作。

图 12-7 遮罩控制面板

图 12-8 调整图像遮罩或缩放比例

> **提示**
> 用户可以将光标移动到图像上并按住鼠标左键拖曳，调整图像在遮罩中显示的范围，获得更准确的显示效果。

12.1.4 移除图像背景

选择图像，单击右侧边栏顶部的“图像”标签，单击“即时 Alpha”按钮，如图 12-9 所示。将光标移动到想要移除的颜色上，按住鼠标左键拖曳，选定部分将逐步扩大至包括使用相似颜色的区域，如图 12-10 所示。松开鼠标左键，即可删除选中颜色，效果如图 12-11 所示。

图 12-9 “即时 Alpha”按钮

图 12-10 选定并扩大颜色区域

图 12-11 删除颜色效果

单击“完成”按钮，即可完成移除图像颜色的操作；单击“还原”按钮，即可将图像恢复到原始状态。

> **提示**
> 按 Option 键的同时拖曳，可以将图像中所有相同颜色删除；按 Shift 键的同时拖曳，可以将颜色恢复到默认。

12.1.5 调整图像

选择图像，单击右侧边栏顶部的“图像”标签，用户可以通过调整“调整”选项下的参数，完成对图像曝光和饱和度的调整，如图 12-12 所示。

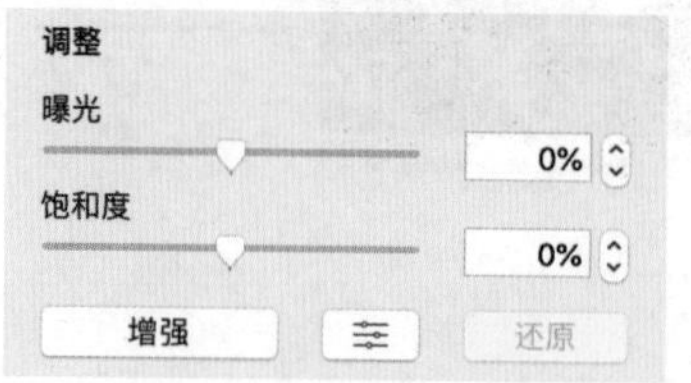

图 12-12 “调整”选项

拖曳调整“曝光”滑块，可以增加或减少图像的高光；拖曳调整“饱和度”滑块，可以增加或减少图像颜色的饱和度，其数值为 100% 时，颜色最鲜艳；其数值为　100% 时，图像将变成黑白图像。

单击“增强”按钮，将自动增强图像的颜色。单击“还原”按钮，将撤销对此图像所做的所有调整。单击 按钮，弹出“调整图像”对话框，用户可以在该对话框中完成调整图像曝光、对比度、饱和度、高光、暗调、清晰度、降噪、色温和色调等操作，如图 12-13 所示。

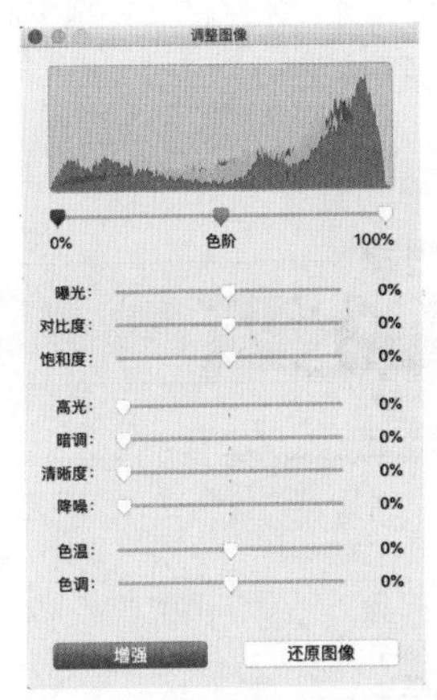

图 12-13　“调整图像”对话框

12.2　创建和编辑形状

用户可以将多种形状插入工作表中，以丰富工作表效果，并可以通过编辑形状，获得更丰富的效果。

12.2.1　添加形状

单击工具栏中的“形状”按钮，弹出如图 12-14 所示的对话框。该对话框左侧罗列了 Numbers 表格为用户提供的 16 种形状类型，右侧显示同类型的形状。选择一个形状并将其拖曳到工作表中，即可完成形状的添加，如图 12-15 所示。

单击对话框右上角的按钮，用户可以自由绘制想要的形状。单击可创建直线，按住鼠标左键拖曳可绘制曲线。将终点与起点重合，单击即可得到一个封闭的形状，如图 12-16 所示。按 Return 键，可得到不封闭形状，如图 12-17 所示。

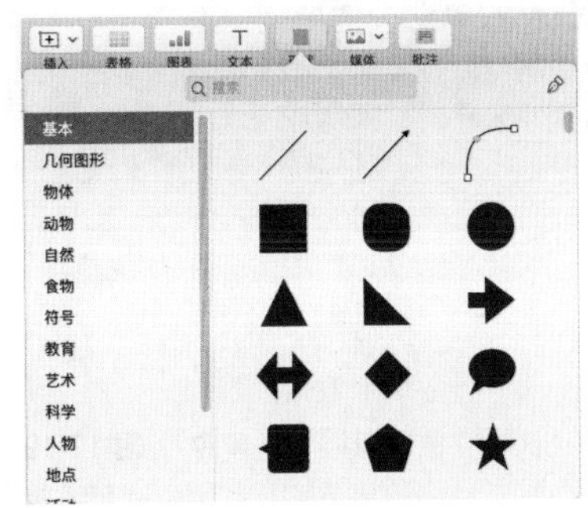

图 12-14　插入形状对话框

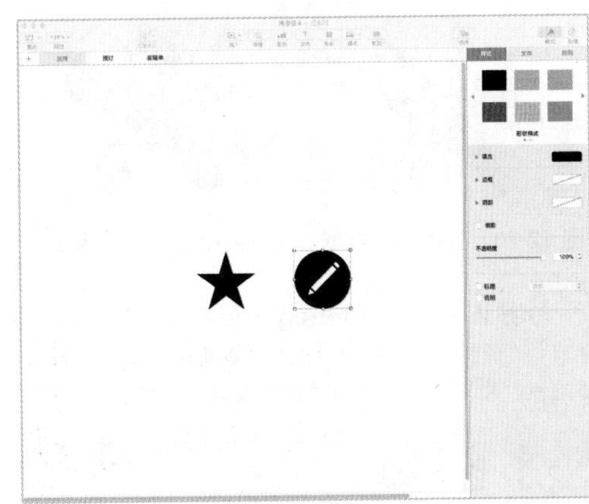

图 12-15　插入形状效果

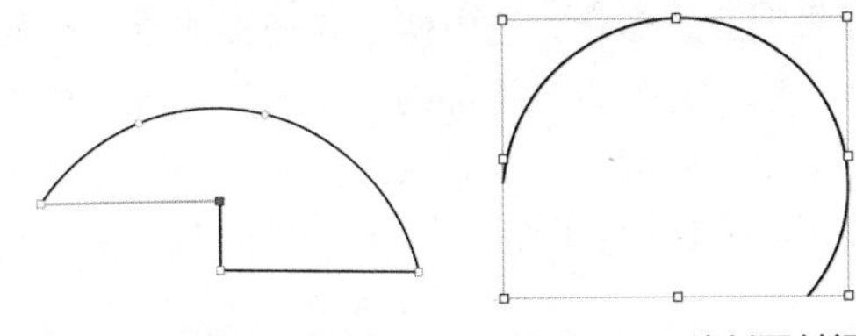

图 12-16　绘制封闭形状　　图 12-17　绘制不封闭形状

12.2.2　编辑形状

选择形状，执行“格式→形状和线条→使可以编辑”命令，如图 12-18 所示，形状将显示为可编辑状态，如图 12-19 所示。

将光标移动到锚点上，按住鼠标左键拖曳，可以调整锚点的位置。双击锚点，可以使锚点在直线锚点和曲线锚点间转换，如图 12-20 所示。将形状的所有顶点都转换为曲线锚点，效果如图 12-21 所示。

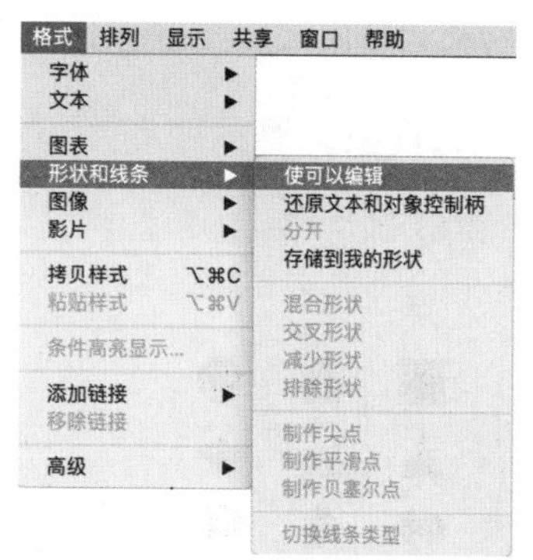

图 12-18 执行“使可以编辑”命令

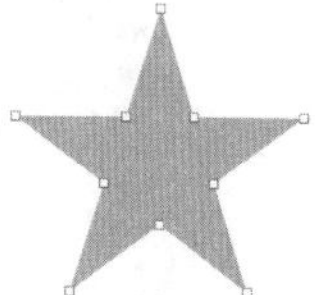

图 12-19 形状可编辑模式

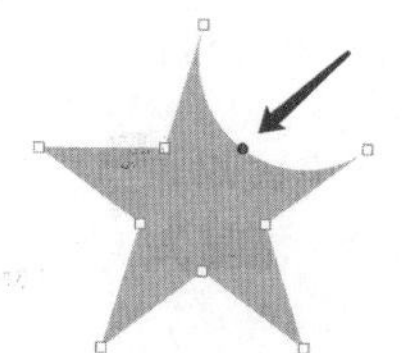

图 12-20 转换锚点类型

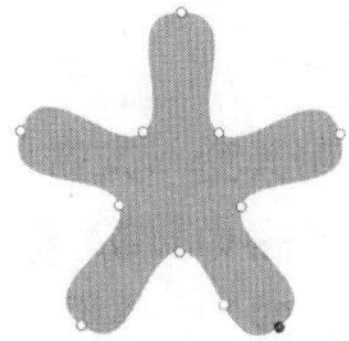

图 12-21 形状效果

小技巧：执行“Numbers→偏好设置”命令，在弹出的“通用”对话框中勾选“曲线默认为贝塞尔曲线”复选框，即可将默认曲线更改为贝塞尔曲线。

12.2.3 组合形状

用户可以通过将一个形状与另一个形状组合来创建新形状。选中两个相连接或重叠的形状，单击右侧边栏顶部的“排列”标签，可以通过单击底部的混合、交叉、减少和排除 4 个按钮，完成图像的组合操作，如图 12-22 所示。

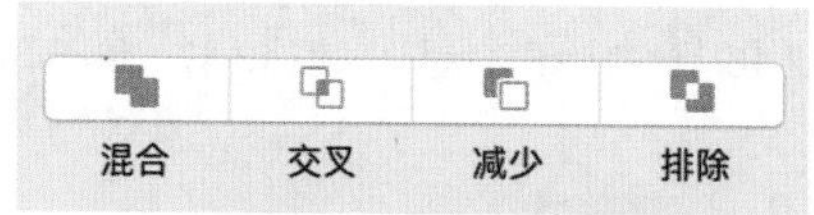

图 12-22 组合操作按钮

- 混合：将所选形状合并成一个新形状。
- 交叉：用所选形状的交叉部分来创建新形状。
- 减少：通过用背面形状剪出前面形状来创建新形状。
- 排除：将所选形状合并成一个新形状，并移出所有形状都重叠的区域。

12.3 使用视频和音频

用户可以将视频和音频（音乐文件、iTunes 资料库中的播放列表或声音片段）添加到工作表中，单击视频或音频上的“播放”按钮来观看或收听。

12.3.1 应用案例——添加音频和视频

01 在 Numbers 表格中新建电子表格，如图 12-23 所示。将音频媒体文件拖曳到工作表中，如图 12-24 所示。

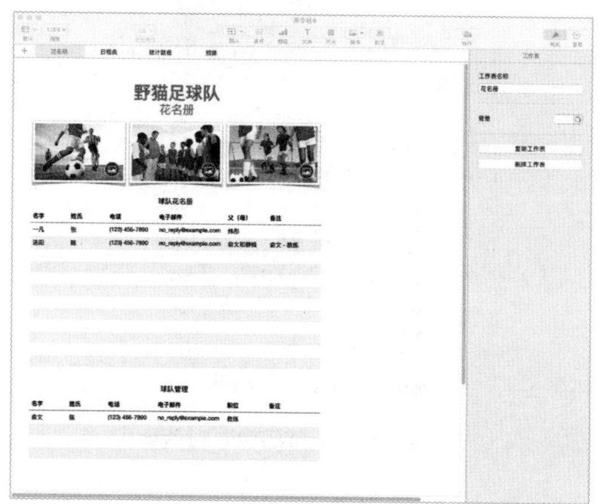

图 12-23 新建电子表格

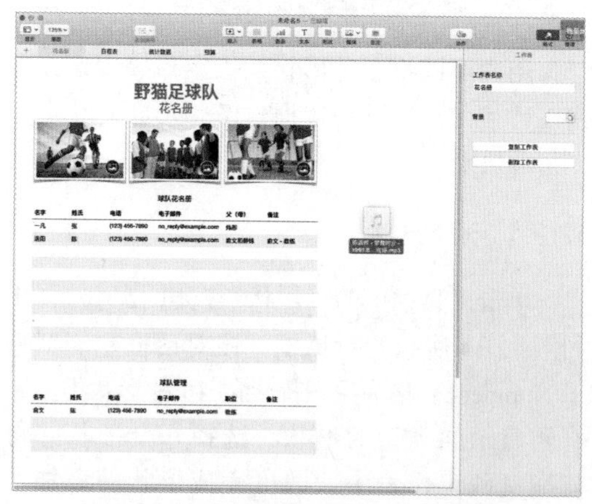

图 12-24 拖曳音频文件到电子表格中

02 单击工具栏中的“媒体”按钮，在弹出的下拉菜单中选择“影片”选项，如图 12-25 所示。单击一个视频文件，即可将视频插入到电子表格中，如图 12-26 所示。

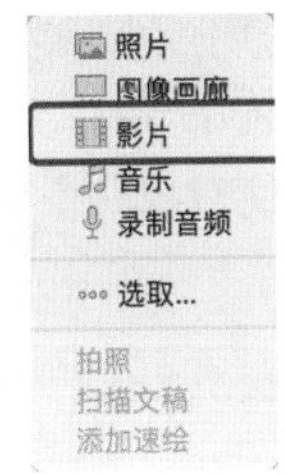

图 12-25 “影片”选项

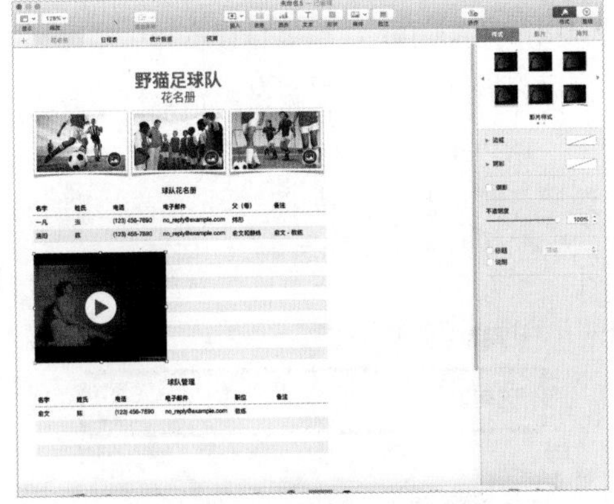

图 12-26 将视频插入到电子表格中

12.3.2 编辑视频

选中视频，单击右侧边栏顶部的“影片”标签，用户可以在“编辑影片”选项下完成“修剪”和“标记帧”的操作，如图 12-27 所示。如果选中的为音频对象，则“编辑音频”选项下只有“修剪”参数，如图 12-28 所示。

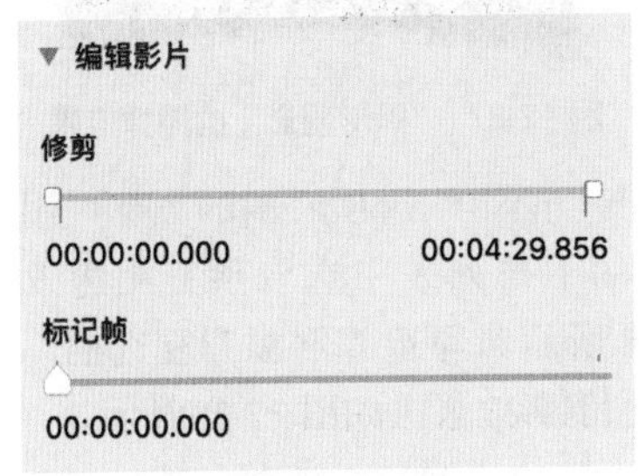

图 12-27 编辑影片

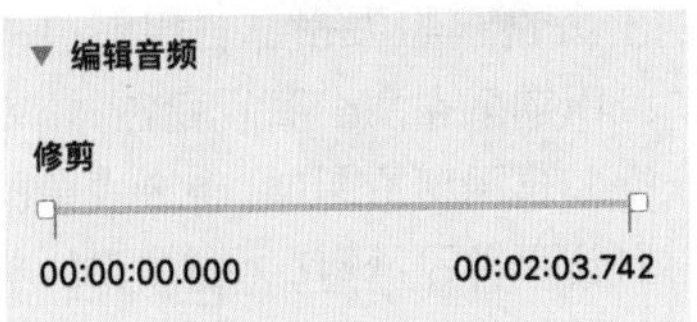

图 12-28 编辑音频

拖曳“修剪”选项下的滑块可以设置影片开始播放或停止播放的位置。拖曳“标记帧”选项下的滑块可以选取影片未播放时所显示的帧画面，如图 12-29 所示。

在“重复”选项下的下拉列表中选择“循环”选项，将反复播放媒体；选择“前后循环”选项，将不间断地向前播放媒体后进行反向播放，如图 12-30 所示。

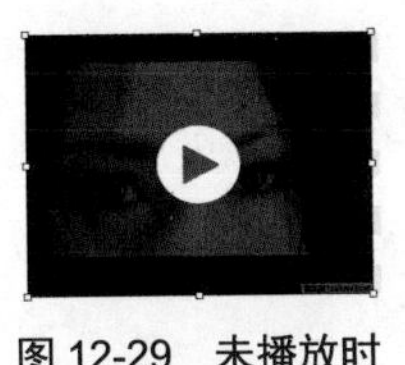

图 12-29 未播放时显示的帧

图 12-30 更改循环播放影片的方式

12.3.3 替换音频或视频

选择工作表上的音频或视频对象，单击右侧边栏顶部的“音频”标签或“影片”标签，单击“替换”按钮，如图 12-31 所示。在弹出的对话框中选取一个媒体文件来替换所选媒体文件。

图 12-31 单击“替换”按钮

12.4 对象基本操作

通常情况下，外部素材很难符合工作表的制作要求。用户可以通过调整对象的不透明度、翻转和旋转对象等操作，使对象符合制作的要求。

12.4.1 调整对象大小

选择对象，对象四周将出现一个控制框，拖曳控制框上的锚点可以放大或缩小对象，如图 12-32 所示。单击右侧边栏顶部的“排列”标签，通过设置“大小”选项右侧的“宽度”文本框和“高度”文本框的值可以调整对象的大小，如图 12-33 所示。

图 12-32　拖曳调整对象大小

图 12-33　设置对象大小

默认状态下，“强制按比例”复选框为选中状态，因此，在调整对象大小时将保持宽高比。如果取消该复选框，在调整对象大小时将不会保持宽高比缩放。

12.4.2　旋转和翻转对象

选择对象，单击右侧边栏顶部的“排列”标签，拖曳旋转轮或在“角度”文本框中输入角度值，即可更改对象的角度，如图 12-34 所示。

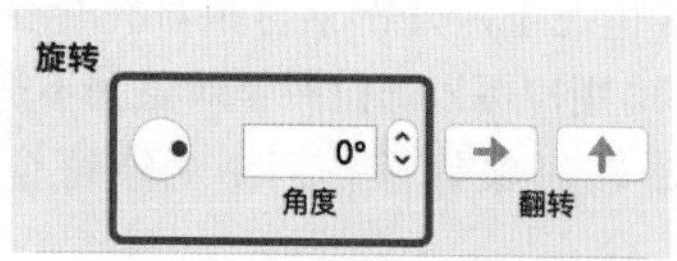

图 12-34　更改对象的角度

单击 → 按钮，即可水平翻转选中的对象；单击 ↑ 按钮，即可垂直翻转选中的对象。按住 Command 键，将光标移动到控制框上并按住鼠标左键拖曳，即可以任意角度旋转对象。

12.4.3　更改透明度

选择对象，单击右侧边栏顶部的“样式”标签，拖曳“不透明度”滑块，即可调整对象的透明，如图 12-35 所示。另外，也可以通过设置文本框的值，使对象获得精确的透明效果。

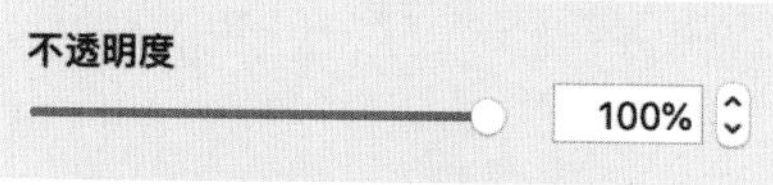

图 12-35　更改对象透明度

12.4.4　添加阴影

选择对象，单击右侧边栏顶部的“样式”标签，用户可以在“阴影”选项下的下拉列表中选择一种阴影类型，如图 12-36 所示。添加“弧形阴影”的图像效果如图 12-37 所示。

图 12-36　设置阴影类型

图 12-37　“弧形阴影”的图像效果

单击“阴影”选项右侧的图标，用户可以在弹出的下拉列表中选取预置阴影效果，如图 12-38 所示。勾选“倒影”复选框，可以为对象添加倒影效果，如图 12-39 所示。

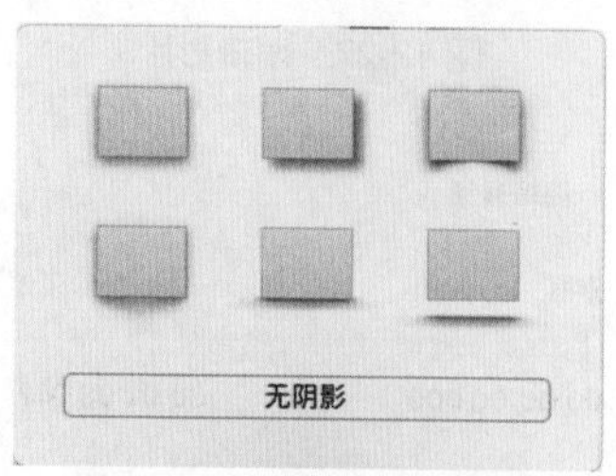

图 12-38　预置阴影效果

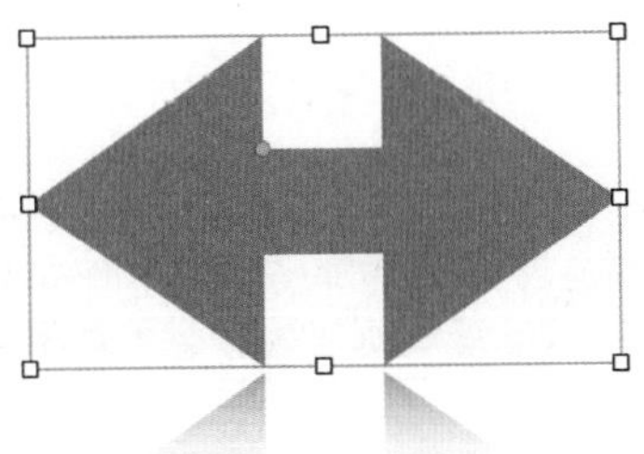

图 12-39　倒影效果

12.5　定位及对齐对象

在 Numbers 表格中，使用对象坐标指定对象的位置，可以获得更精确的效果。通过对齐多个对象，工作表效果更加整齐、统一。

选择对象，单击右侧边栏顶部的“排列”标签。拖曳移动对象时，“位置”选项右侧的 X 文本框和 Y 文本框中显示对象当前的坐标，如图 12-40 所示。在 X 文本框和 Y 文本框中输入数值，可以精确定位对象的坐标位置，如图 12-41 所示。

图 12-40　对象坐标位置

图 12-41　精确定位对象坐标位置

小技巧：选中对象，按一次键盘上的方向键，可将对象移动 1 个单位；按住 Shift 键的同时，按一次键盘上的方向键，可一次性地将对象移动 10 个单位。

12.6　本章小结

本章主要讲解在 Numbers 表格中使用图像、形状、视频和音频的方法与技巧，并针对电子表格中对象的基本操作进行讲解。通过本章的学习，读者应掌握编辑对象的方法，了解使用各种对象丰富工作表内容、增加工作表美观性的技巧。

第 13 章　在表格中使用公式

在 Numbers 表格、Pages 文稿和 Keynote 讲演中使用表格时，可以使用公式执行计算并显示结果。用户可以在公式中使用 250 多个函数执行计算、取回信息或处理数据。本章将针对在 Numbers 表格中使用公式的方法和技巧进行讲解，帮助读者快速掌握各种函数的使用。

13.1　公式概述

公式使用用户输入的值执行计算并在放置公式的单元格中显示结果。例如，在列底部单元格中，可以插入对其上方所有单元格中数字进行求和的公式，如图 13-1 所示。如果公式单元格上方单元格中的任意值发生更改，将更新公式单元格中显示的和，如图 13-2 所示。

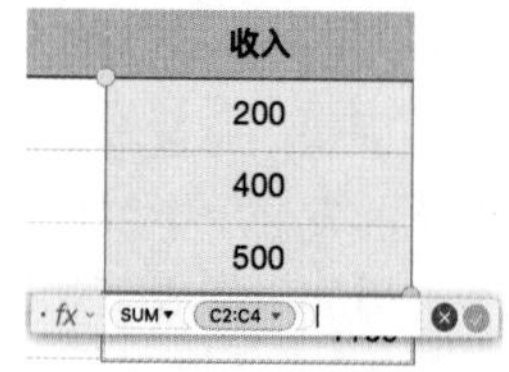

图 13-1　求和公式

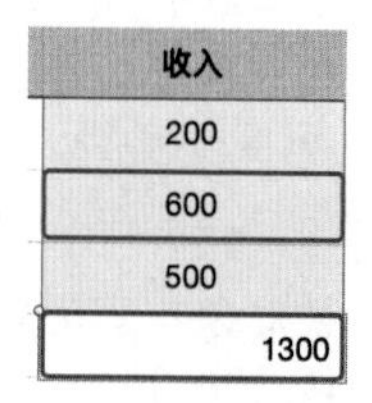

图 13-2　更新公式单元格

公式使用运算符和函数进行计算，“=”总是位于公式前面。公式中使用的值可以是直接输入的值，也可以是位于其他表格单元格中的值。

> **提示**
>
> 运算符是指发起算术、比较或并置运算的符号。用户可以在公式中使用这些符号来指明要进行的运算。例如，算术运算符“+”表示将值相加；比较运算符“=”表示比较两个值以确定它们是否相等；并置运算符“&”则起到连接两个字符串的作用。

接下来，通过实际操作讲解公式的基本用法。

图 13-3 所示为使用运算符“+”将单元格中的值与数字相加的示例，公式为“=A2+16”。

- “A2”即第 1 列中的第 2 个单元格，用于引用单元格的值。
- “+”为算术运算符，可将其前面的值与其后面的值相加。
- “16”为常数。

经过计算，结果为 21，并显示在添加公式的单元格中。

图 13-4 所示为使用 SUM 函数将单元格范围中的值相加的示例，公式为“=SUM(A1:A4) ”。

- “SUM”为求和函数。
- “A1:A4”用于引用单元格 A1 ～ A4（第 1 列中的 4 个单元格）中的值，其也是传递给函数的参数。SUM 函数将返回这些单元格中所包含数字的和。

经过计算，结果为 47，并显示在添加公式的单元格中。

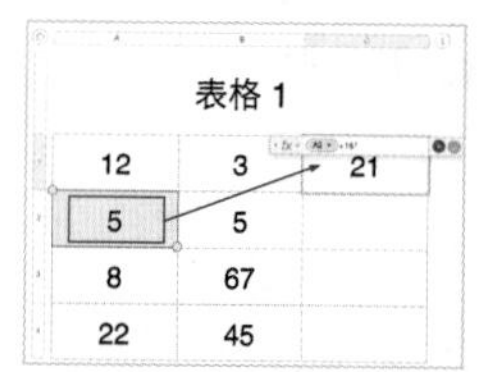

图 13-3　引用数值求和

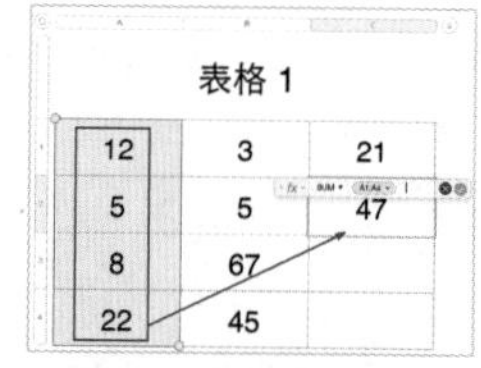

图 13-4　使用函数求和

13.2　计算单元格中的数据

用户可以使用公式或函数计算单元格中的数据，例如比较两个单元格中的值、计算单元格的和或积等。计算的结果将显示在使用公式或函数的单元格中。

13.2.1　查看计算公式

选择要查看其计算公式的列或行，单元格的计算公式将显示在软件窗口的底部，如图 13-5 所示。用户可以通过分析公式，查看与公式相关的单元格和数值。

16	15	2036	¥49,894	¥29,443	¥79,337	¥10,986	¥292,138	-¥79,337
17	16	2037	¥52,389	¥29,885	¥82,274	¥0	¥231,044	-¥82,274
18	17	2038	¥55,008	¥30,333	¥85,341	¥0	¥162,453	-¥85,341
19	18	2039	¥57,759	¥30,788	¥88,547	¥0	¥85,684	-¥88,547
20	19	2040	¥60,647	¥31,250	¥91,896	¥0	¥0	¥0
21	20	2041	¥63,679	¥31,718	¥95,398	¥0	¥0	¥0
22	21	2042	¥66,863	¥32,194	¥99,057	¥0	¥0	¥0
23	22	2043	¥70,206	¥32,677	¥102,883	¥0	¥0	¥0
24	23	2044	¥73,717	¥33,167	¥106,884	¥0	¥0	¥0
25	24	2045	¥77,402	¥33,665	¥111,067	¥0	¥0	¥0
26	25	2046	¥81,273	¥34,170	¥115,442	¥0	¥0	¥0

公式　IF A19 <(孩子信息::$B$2 - 孩子信息::$B$1), F19 , IF ABS G19 <0.000001,0,-(当前储蓄和学费::$B$2 ×(1+ 财务信息::$B$3)^(A

图 13-5　查看计算公式

13.2.2　应用案例——使用和编辑单元格范围

01 选择用来显示结果的 D4 单元格（见图 13-6），单击工具栏中的“插入”按钮，在弹出的下拉菜单中选择“平均值”选项，如图 13-7 所示。计算结果如图 13-8 所示。

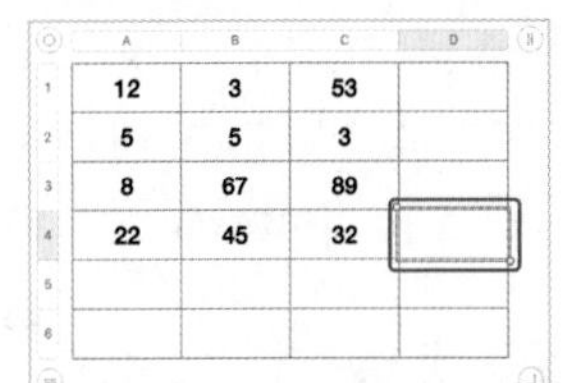

图 13-6　选择单元格

图 13-7　选择函数 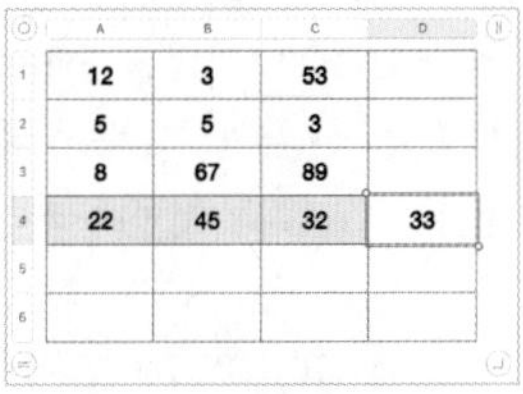　　图 13-8　计算结果（一）

02 按 = 键，拖曳选中想要包括在公式中的单元格范围，如图 13-9 所示。单击按钮，单元格中显示计算结果，如图 13-10 所示。

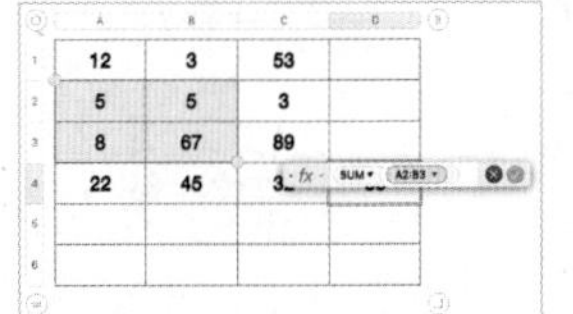

图 13-9　选中单元格范围 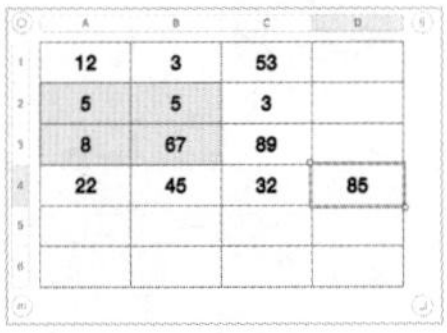　　图 13-10　计算结果（二）

03 双击单元格，将弹出公式编辑器，公式中所引用的单元格将高亮显示，如图 13-11 所示。将光标移动到所选范围左上角或右下角的圆点上，按住鼠标左键拖曳，可以调整所选单元格范围，如图 13-12 所示。

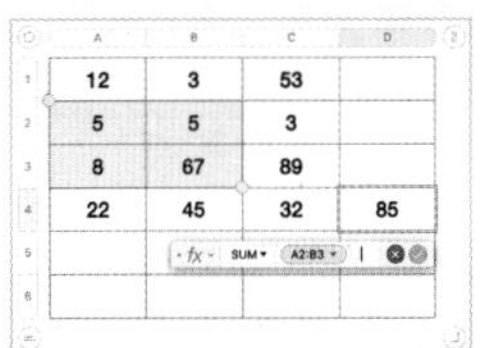

图 13-11　弹出公式编辑器 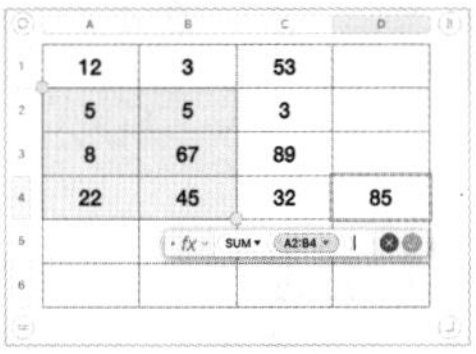　图 13-12　拖曳调整单元格范围

提示

将光标移动到所选单元格上，按住鼠标左键拖曳，可以更改所使用的行或列，移动所选范围不会更改所选单元格数。所选范围不要包括结果单元格，否则会导致单元格错误。

04 单击按钮，将接受修改且关闭公式编辑器。单击按钮，将取消修改并关闭公式编辑器。如果公式中有错误，则图标会出现在结果单元格中，单击该图标可查看错误信息，如图 13-13 所示。

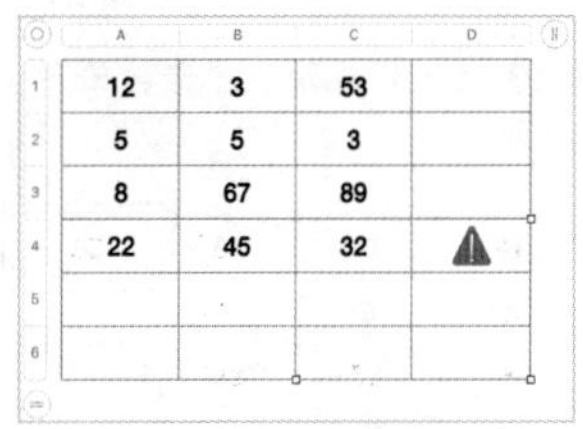

图 13-13　提示错误

13.2.3　使用算术公式

用户可以创建算术公式来计算表格中的值。单击选择用来显示结果的单元格，按 = 键，打开公式编辑器，如图 13-14 所示。单击要用作公式中第 1 个参数的单元格，如图 13-15 所示。

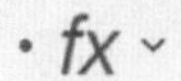

图 13-14　公式编辑器

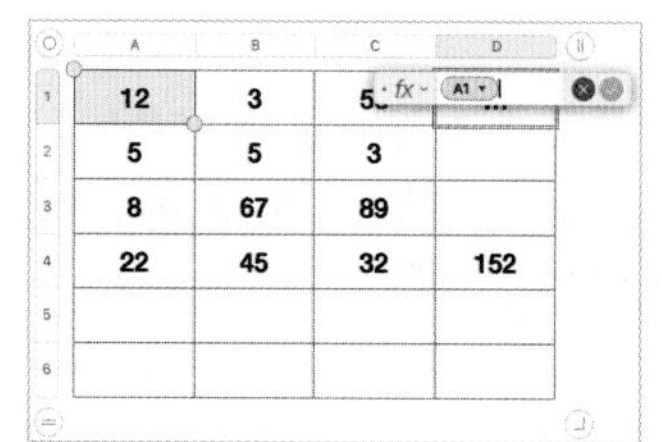

图 13-15　选择公式中的第 1 个参数单元格

> **提 示**
>
> 将光标移动到公式编辑器的左侧，按住鼠标左键拖曳，即可移动其位置。按住鼠标左键拖曳其外部边缘的任意位置，即可调整其大小。

输入算术运算符“×”，单击要用作公式中第 2 个参数的单元格，如图 13-16 所示。单击公式编辑器右侧的按钮，计算结果如图 13-17 所示。

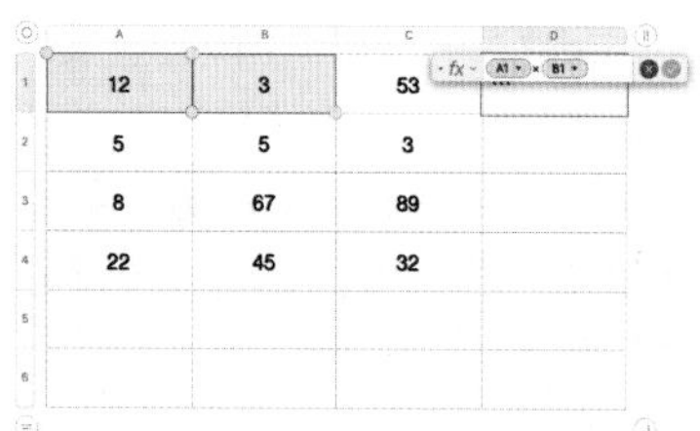

图 13-16　选择第 2 个参数单元格

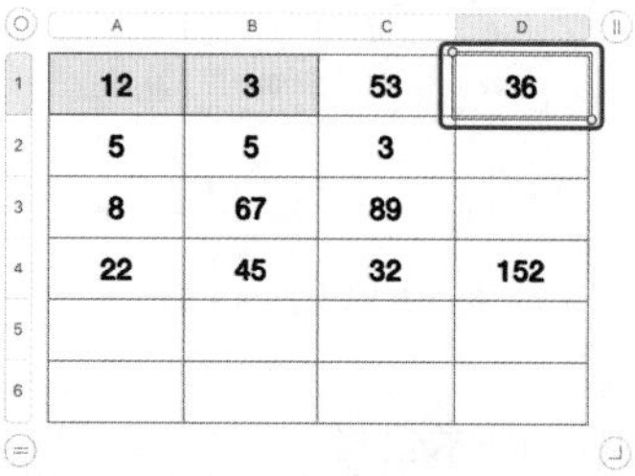

	A	B	C	D
1	12	3	53	36
2	5	5	3	
3	8	67	89	
4	22	45	32	152
5				
6				

图 13-17　计算结果（三）

13.2.4　使用比较运算符

用户可以使用比较运算符检查两个单元格中的值是否相等，或者一个值是否大于另一个值。比较运算符的结果表示为 true 或 false。

单击选择用来显示比较结果的单元格，按 = 键，打开公式编辑器，单击要用作公式中第 1 个参数的单元格，如图 13-18 所示，然后输入比较运算符“>”，单击要比较值的第 2 个单元格，单击公式编辑器右侧的按钮，计算结果如图 13-19 所示。

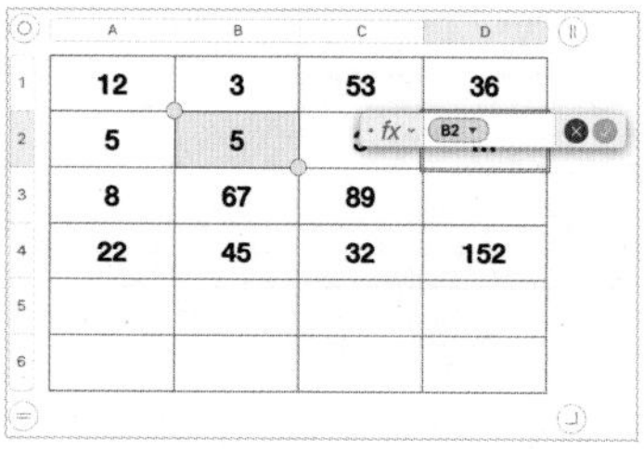

	A	B	C	D
1	12	3	53	36
2	5	5		
3	8	67	89	
4	22	45	32	152
5				
6				

图 13-18　选择第 1 个比较值

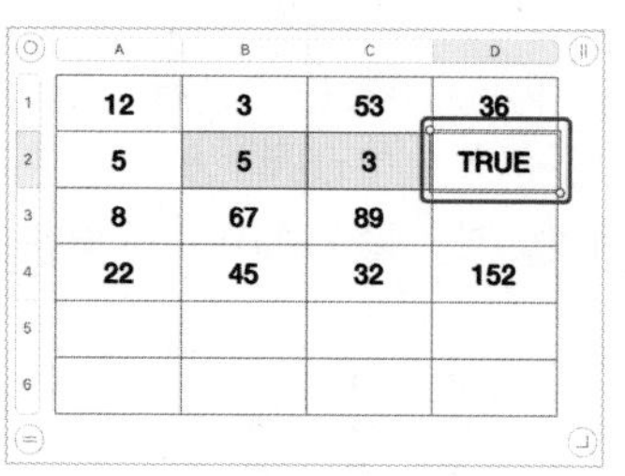

图 13-19　计算结果（四）

13.2.5　引用单元格

公式中可以引用包括单元格、单元格范围、整列或整行的数据，也包括其他表格中和其他工作表上的单元格。Numbers 表格将引用单元格中的值计算公式的结果。例如，如果在公式中包括“A1”，将引用单元格 A1 中的值；如果在公式中包括“B2”，将引用单元格 B2 中的值。

如果引用范围含多个单元格，则起始单元格和结束单元格将以单个冒号分隔，例如 COUNT(A3:D7)。

如果引用其他表格中的单元格，必须包含表格的名称，例如表格 2::B2。

> **提 示**
>
> 表格名称和单元格引用采用两个冒号“::”分隔。选择其他表格中的单元格用于公式时，将自动包含表格的名称。

如果引用其他工作表中某个表格的单元格，必须包含工作表名称，例如 SUM(工作表 2:: 表格 1::C2:G2)。

提示

工作表名称、表格名称和单元格引用是使用两个冒号分隔的。如果在构建公式时单击其他工作表中的单元格，将在公式中自动包含工作表的名称和表格的名称。

如果要引用列，可以使用列字母，如计算第 3 列中单元格和的公式为：SUM(C)。如果要引用行，可以使用行号，如计算第 1 行中单元格和的公式为：SUM(1:1)。

如果要引用带标题的行或列，可以使用标题名称。例如，计算“收入”行中的所有单元格和的公式为：SUM(收入)。

13.2.6　插入函数

用户可以在电子表格中使用 Numbers 表格自带的 250 多个函数。函数浏览器中包括显示函数工作方式的示例，以便用户选取合适的函数。

单击选择用来显示函数结果的单元格，按住 = 键，打开公式编辑器，如图 13-20 所示。用户可以在右侧边栏“函数”面板中选择想要使用的函数，这里选择一个函数后，在面板下部还会显示该函数的说明，如图 13-21 所示。

图 13-20　打开公式编辑器（一）

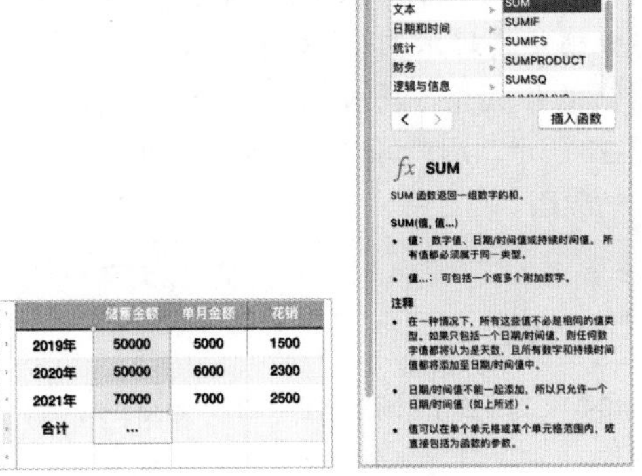

图 13-21　选择一个函数

13.2.7　应用案例——在公式中保留行和列

用户可以将公式中的行和列地址设置为绝对引用，以便在电子表格的其他位置使用相同的公式。如果没有保留行或列的引用，当移动公式时，引用将根据公式的新位置进行调整。

01 在 Numbers 表格中打开一个电子表格，如图 13-22 所示；双击包含要编辑公式的单元格，打开公式编辑器，如图 13-23 所示。

摘要（按类别）

类别	预算	实际支出	差额
汽车	¥ 200.00	¥ 90.00	¥ 110.00
娱乐	¥ 200.00	¥ 32.00	¥ 168.00
食物	¥ 350.00	¥ 205.75	¥ 144.25
房屋	¥ 300.00	¥ 250.00	¥ 50.00
医疗	¥ 100.00	¥ 35.00	¥ 65.00
个人项目	¥ 300.00	¥ 80.00	¥ 220.00
旅行	¥ 500.00	¥ 350.00	¥ 150.00
水电煤气费	¥ 200.00	¥ 100.00	¥ 100.00
其他	¥ 50.00	¥ 60.00	(¥ 10.00)
总计	¥ 2,200.00	¥ 1,202.75	¥ 997.25

图 13-22　打开电子表格

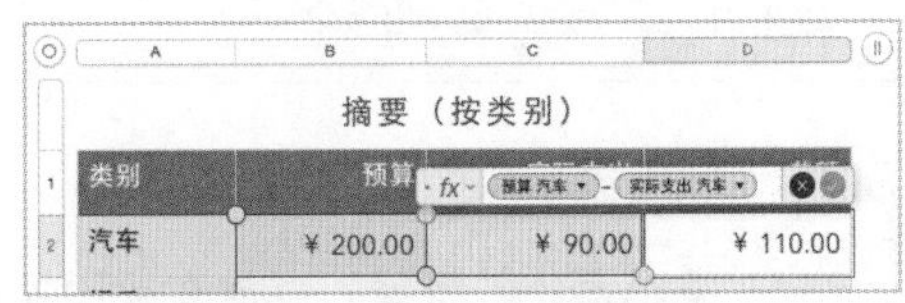

图 13-23　打开公式编辑器（二）

02 单击要保留单元格范围上的下三角形，如图 13-24 所示。在弹出的面板中勾选“保留行”复选框和“保留列”复选框，如图 13-25 所示。

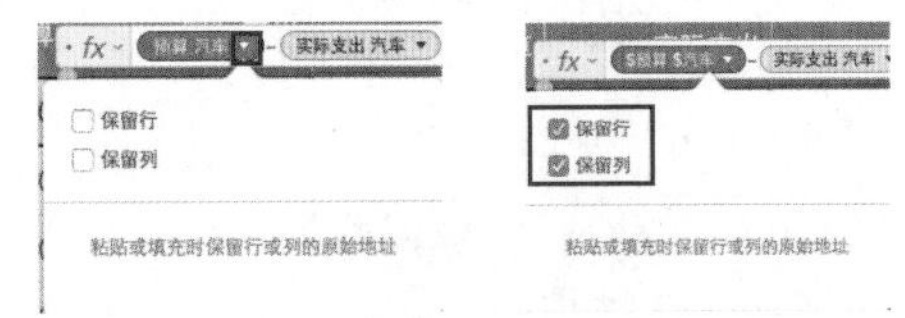

图 13-24　单击下三角形　图 13-25　选择复选框

13.3　添加或编辑公式

使用公式编辑器，用户可以将单元格引用、运算符、函数或常数添加到公式中。

提示

公式编辑器具有存放公式的文本栏。将单元格引用、运算符、函数或常数添加到公式时，它们将作为文本或彩色记号出现在编辑器内。

13.3.1 使用公式编辑器

打开公式编辑器并添加用户想要的元素，如图 13-26 所示。

图 13-26 在公式编辑器中添加元素

- 将运算符或常数添加到文本栏：放置插入点后，直接输入即可。
- 添加单元格引用：放置插入点后，选择要包含的单元格。
- 移除元素：选择元素并按 Delete 键。

提示

用户未添加公式中需要的运算符时，将自动插入“+”运算符。通过选择单元格添加单元格引用时，将自动在引用之间添加逗号。

13.3.2 添加函数

在公式编辑器中，将插入点放在要添加函数的位置上，在右侧“函数”面板中选择函数类别（图 13-27），单击“插入函数”按钮，即可将函数添加到公式中，如图 13-28 所示。

图 13-27 选择并插入函数

图 13-28 添加到公式中的函数

13.3.3 添加并置运算符

在公式中可以使用并置运算符（“&”）连接两个或多个字符串，也可以连接两个或多个单元格引用的内容。

将插入点放在公式编辑器中要插入并置运算的位置上，添加并置运算中要包含的第一个字符串或单元格引用，如图 13-29 所示。输入“&”，添加并置运算中要包含的第二个字符串或单元格引用，重复多次，直至包含所有要连接的项目，如图 13-30 所示。

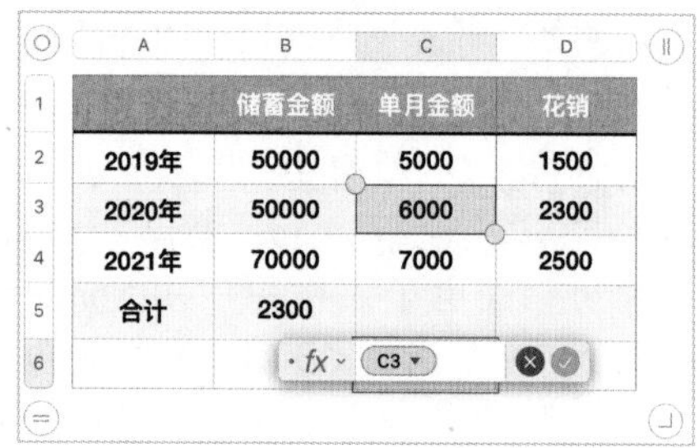

图 13-29 添加字符串或单元格引用

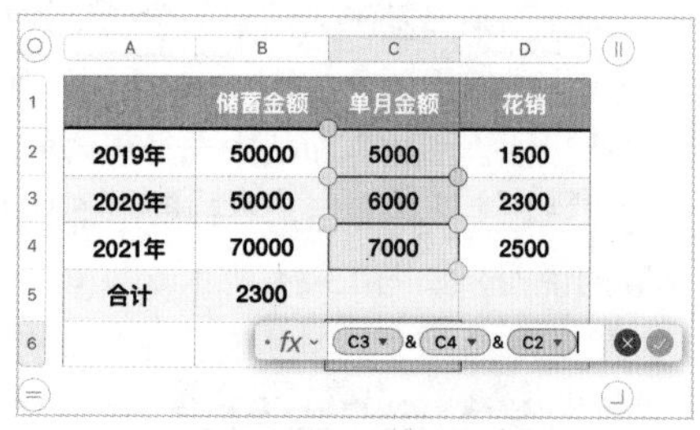

图 13-30 所有要连接的项目

13.3.4 检查公式中的错误

当单元格中的公式出现不完整或包含无效单元格引用，或者导入操作导致单元格出错时，单元格中将显示如图 13-31 所示的图标。单击出错的单元格，将弹出检查公式面板，如图 13-32 所示。用户可以在检查公式面板中找到出错的原因。

图 13-31 错误提示图标　　图 13-32 检查公式面板

> **提示**
>
> 如果用户不想再使用与单元格关联的公式，可以删除公式（只需选择包含公式的单元格并按 Delete 键即可删除）。

13.4　在公式中引用单元格

所有表格都拥有识别表格中每个单元格的引用标签。引用标签位于每一列的顶端和每一行的左侧，顶端包含一个列字母（例如，“A”），左侧包含一个行号（例如，“3”）。单元格、行或列中的值可以通过引用标签来实现引用。除了可以引用同个表格中的单元格外，还可以引用其他表格中的单元格。

13.4.1　单元格引用的格式

单元格引用的格式具体取决于单元格表格是否具有标题，或用户是引用单个单元格还是单元格范围等。表 13-1 为可用于单元格引用的格式说明。

表 13-1　单元格引用的格式说明

引用范围	格式说明	示　例
表格中任何包含公式的单元格	引用标签字母后紧跟单元格的引用标签编号	C55 引用第 3 列的第 55 行
表格中具有标题行和标题列的单元格	列名称后面紧跟行名称	2021 收入单元格包含 2021 行标题及“收入”列标题的单元格
表格中具有多个标题行或标题列的单元格	引用其列或行标题的名称	如果 2021 是跨两列的标题，2021 将引用“收入”列和“支出”列中的所有单元格
单元格范围	范围中第 1 个单元格和最后 1 个单元格之间使用冒号“:”，其中以引用标签记数法识别单元格	B2:B5 引用第 2 列中的 4 个单元格
行中的所有单元格	行名称或行号 : 行号	1:1 引用第 1 行中的所有单元格
列中的所有单元格	列字母或名称	C 引用第 3 列中的所有单元格
行范围中的所有单元格	范围中的第 1 行和最后 1 行的行号或名称间使用冒号“:”	2:6 引用 5 行中的所有单元格
列范围中的所有单元格	范围中的第 1 列和最后 1 列的列字母或名称间使用冒号“:”	B:C 引用第 2 列和第 3 列中的所有单元格
在 Numbers 表格中，相同表单的另一个表格中的某个单元格	如果单元格名称在电子表格中唯一，则仅需要单元格名称；否则，格式为“表格名称”+“:: ”+“单元格标识符”	表格 2::B5 引用名为“表格 2”的表格中的单元格 B5。表格 2::2016 班级入学按名称引用单元格
在 Numbers 表格中，另一个表单的某个表格中的某个单元格	如果单元格名称在电子表格中唯一，则仅需要单元格名称；否则，格式为“表单名称”+“::”+“表格名称”+“::”+“单元格标识符”	表单 2:: 表格 2::2016 班级入学引用名为“表单 2”的表单中名为“表格 2”的表格中的单元格

> **提示**
>
> 在 Numbers 表格中引用多行或多列标题中的单元格时，默认系统将使用离引用单元格最近标题单元格中的名称。例如，如果表格具有两个标题行且 B1 包含“Dog”、B2 包含“Cat”，则在存储使用“Dog”的公式时，将存储“Cat”。但是，如果“Cat”出现在电子表格的另一个标题单元格中，则只保留“Dog”。

13.4.2 绝对和相对单元格引用

用户可以使用绝对和相对形式的单元格引用来指明复制或移动公式时要引用的单元格，如表13-2所示。如果要指定单元格引用的绝对形式，单击单元格引用的向下三角形，从弹出的菜单中选取一个选项即可。

表13-2 绝对和相对单元格引用

单元格引用的类型	描述
单元格引用为相对（如A1）	公式移动时，它保持不变。但剪切或复制公式并粘贴公式时，单元格引用将更改，以保留相对于公式单元格的相同位置
单元格引用的行和列组件为绝对（如$A$1）	复制公式时，单元格引用不变。用户可使用美元符号“$”将行或列组件指定为绝对
单元格引用的行组件为绝对（如A$1）	行组件为相对，且可能会更改为保留其相对于公式单元格的位置
单元格引用的列组件为绝对（如$A1）	列组件为相对，且可能会更改为保留其相对于公式单元格的位置

13.5 复制或移动公式

用户可以将包含公式的单元格或公式引用的单元格从一个位置复制或移动到另一个位置。在将公式引用的单元格复制并粘贴或移动到新位置时，将自动更新公式中的单元格引用。

例如，图13-33所示的公式中引用了B2，当将B2移到C2时，公式中的单元格引用将变为C2，如图13-34所示。

图13-33 引用单元格

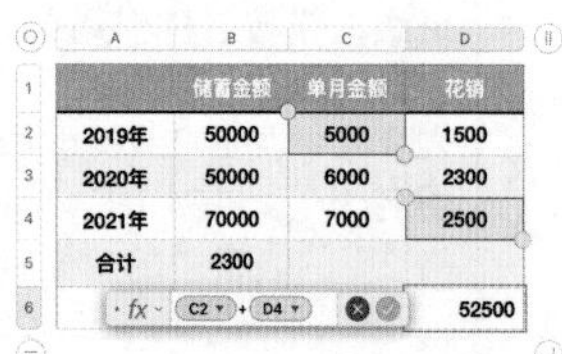

图13-34 移动单元格引用

选择一个单元格或多个相邻的单元格，按住鼠标左键拖曳移动单元格，可将选中单元格值移动到另一个表格或其他页面中；松开鼠标左键，目标单元格中的值会被替换，且原始位置的值会被移除。

按住Option键拖曳选定的单元格，可将表格内单元格复制到其他表格或其他页面中，目标单元格中的值会被替换，原始位置的值将保留。

13.6 了解函数列表

函数是指可包括在公式中的已命名运算，通常用来执行计算、取回信息或处理数据等操作。每个函数名称后面都跟着一个或多个参数，用户可以使用参数来提供函数执行工作所需的值。

函数名称以全大写文本显示。如果手动输入函数名称，可以使用大写字母和小写字母的任意组合输入。手动输入函数时，必须使用圆括号将函数参数括起来。Numbers表格中详细分类了所有函数，并在“函数”面板中展示给用户，如图13-35所示。

图13-35 “函数”面板

13.6.1 “三角”函数

“三角”函数可帮助用户处理角度等。

新建一个电子表格，如图 13-36 所示。选择一个单元格用来显示公式的结果，按 = 键，打开公式编辑器，如图 13-37 所示。

图 13-36　新建电子表格（一）　　图 13-37　打开公式编辑器（三）

在右侧边栏“函数”面板中的“三角”列表下选择 RADIANS 函数，单击“插入函数”按钮，如图 13-38 所示。单击想要引用的单元格，单击✓按钮完成计算，结果如图 13-39 所示。

图 13-38　插入 RADIANS 函数

图 13-39　弧度计算结果

“三角”函数中包含多种不同用处的函数，具体函数名称和注释如表 13-3 所示。

表 13-3　“三角”函数名称和注释

函 数 名 称	注　释
ACOS	得出数字的反余弦值
ACOSH	得出数字的反双曲余弦值
ASIN	得出数字的反正弦值
ASINH	得出数字的反双曲正弦值
ATAN	得出数字的反正切值
ATAN2	得出通过原点和指定点的线与正 x 轴的相对角度
ATANH	得出数字的反双曲正切值
COS	得出以弧度表示的角度余弦值
COSH	得出数字的双曲余弦值
DEGREES	得出以弧度表示的角度度数
RADIANS	得出以度数表示的角度弧度
SIN	得出以弧度表示的角度正弦值
SINH	得出指定数字的双曲正弦值
TAN	得出以弧度表示的角度正切值
TANH	得出指定数字的双曲正切值

13.6.2 “工程”函数

“工程”函数可帮助用户计算某些常见的工程值，并在不同数字基数之间进行转换。

新建一个电子表格，如图 13-40 所示。选择一个单元格用来显示公式的结果，按 = 键，打开公式编辑器，如图 13-41 所示。

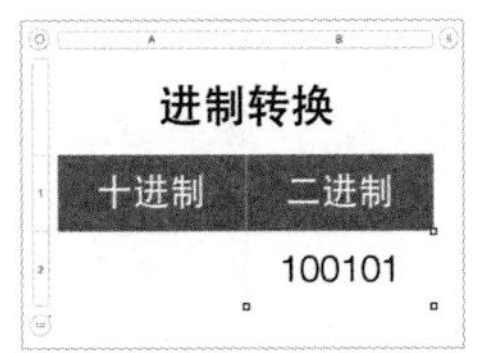

图 13-40　新建电子表格（二）

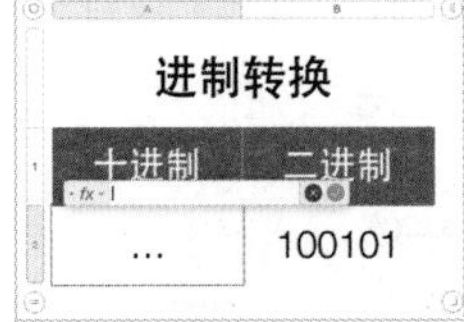

图 13-41　打开公式编辑器（四）

在右侧边栏“函数”面板中的“工程”列表下选择 BIN2DEC 函数，单击“插入函数”按钮，如图 13-42 所示。单击需要引用的单元格，单击✓按钮完成计算，结果如图 13-43 所示。

“工程”函数中包含多种不同用处的函数，具体函数名称和注释如表 13-4 所示。

图 13-42　插入 BIN2DEC 函数

图 13-43　转换为十进制后的效果

表 13-4 “工程”函数名称和注释

函 数 名 称	注　释
BASETONUM	将指定基数的数字转换成基数为 10 的数字
BESSELJ	返回整数 Bessel 函数 $J_n(x)$
BESSELY	返回整数 Bessel 函数 $Y_n(x)$
BIN2DEC	将二进制数字转换为相应的十进制数字
BIN2HEX	将二进制数字转换为相应的十六进制数字
BIN2OCT	将二进制数字转换为相应的八进制数字
CONVERT	将数字从一个度量系统转换成另一个度量系统中的相应值
DEC2BIN	将十进制数字转换为相应的二进制数字
DEC2HEX	将十进制数字转换为相应的十六进制数字
DEC2OCT	将十进制数字转换为相应的八进制数字
DELTA	测试两个数值是否相等。如果 number1=number2，则返回 1，否则返回 0。可使用此函数筛选一组数据
ERF	返回误差函数在两个值之间的积分
ERFC	返回补余 ERF 函数在给定下限和无穷大之间的积分
GESTEP	确定一个值是否大于或等于另一个值
HEX2BIN	将十六进制数字转换为相应的二进制数字
HEX2DEC	将十六进制数字转换为相应的十进制数字
HEX2OCT	将十六进制数字转换为相应的八进制数字
NUMTOBASE	将基数为 10 的数字转换成指定基数的数字
OCT2BIN	将八进制数字转换为相应的二进制数字
OCT2DEC	将八进制数字转换为相应的十进制数字
OCT2HEX	将八进制数字转换为相应的十六进制数字

13.6.3 “引用”函数

“引用”函数可以帮助用户查找表格中的数据及从单元格检索数据，还可以帮助用户计算某些常见的工程值，并在不同数字基数之间进行转换。

新建一个电子表格，如图 13-44 所示。选择一个单元格用来显示公式的结果，按 = 键，打开公式编辑器，如图 13-45 所示。

摘要（按类别）

类别	预算	实际支出
汽车	200	90
娱乐	200	32
食物	350	205.75
房屋	300	250
医疗	120	35
个人项目	300	80
旅行	500	350
		0

图 13-44　新建电子表格（三）

摘要（按类别）

类别	预算	实际支出
汽车	200	90
娱乐	200	32
食物	350	205.75
房屋	300	250
医疗	120	35
个人项目	300	80
旅行		350
		0

图 13-45　打开公式编辑器（五）

在右侧边栏“函数”面板中的“引用”列表下选择MATCH函数，单击“插入函数”按钮，如图 13-46 所示。在公式编辑器中输入需要查找的内容并设置引用规则，此时公式编辑器的效果如图 13-47 所示。

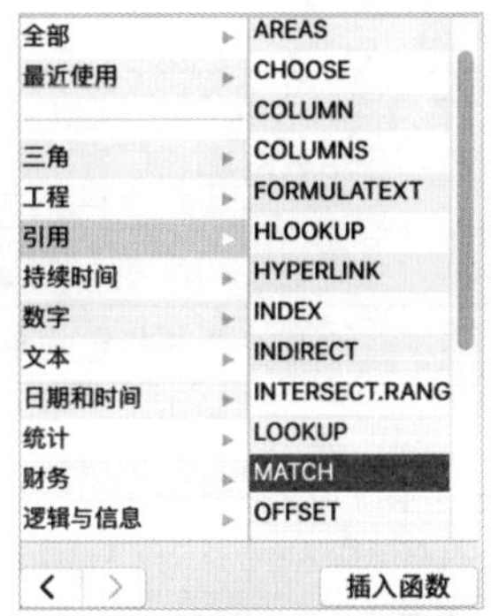

图 13-46　插入 MATCH 函数

图 13-47　公式编辑器

单击按钮，得出的结果是 6，表明在所选列中第 6 行为查找的内容。MATCH 函数仅可用于查找属于单个行或列的集合，不能用于搜索二维集合。单元格编号分别是从垂直和水平集合的顶部或左侧的单元格以 1 开始，可从上至下或从左至右搜索，在搜索文本时不区分大小写。

“引用”函数中包含多种不同用处的函数，具体函数名称和注释如表 13-5 所示。

表 13-5　“引用”函数名称和注释

函数名称	注　释
ADDRESS	使用单个行、列和表格标识符来构建单元格地址字符串
AREAS	得出函数引用的范围个数
CHOOSE	基于指定索引值得出值集合中的某个值
COLUMN	得出含有指定单元格的列的列编号
COLUMNS	得出指定的单元格集合内包含的列数
HLOOKUP	通过使用顶行值以挑选某列和使用行号以挑选该列中的某行从行集合中得出某值
HYPERLINK	创建可打开网页或新电子邮件的可点按链接
INDEX	得出位于某单元格集合内或数组函数返回的数组中指定行和列交汇处的单元格中的值
INDIRECT	得出由指定为字符串值的地址引用的单元格或一组单元格中的内容
INTERSECT.RANGES	返回指定集合交汇处包含的单个值或值数组
LOOKUP	查找某个集合内与给定搜索值匹配的值，然后在第二个集合内具有相同相对位置的单元格中得出值
MATCH	得出一个集合内值的位置

续表

函数名称	注　释
OFFSET	得出与指定的基准单元格相隔指定行数和列数的单元格数组
ROW	得出含有指定单元格的行的行编号
ROWS	得出指定的单元格集合内包含的行数
TRANSPOSE	得出垂直方向的单元格集合作为水平方向的单元格数组，反之亦然
UNION.RANGES	得出一个数组，以表示一个代表指定范围单元的集合
VLOOKUP	通过使用左列值以挑选某行和使用列号以挑选该行中的某列从列集合中得出某值

13.6.4 “持续时间”函数

“持续时间”函数可以帮助用户通过在不同时间段之间进行转换来处理时间段（持续时间），例如小时、日和周。

新建一个电子表格，如图 13-48 所示。选择一个单元格用来显示公式的结果，按 = 键，打开公式编辑器，如图 13-49 所示。

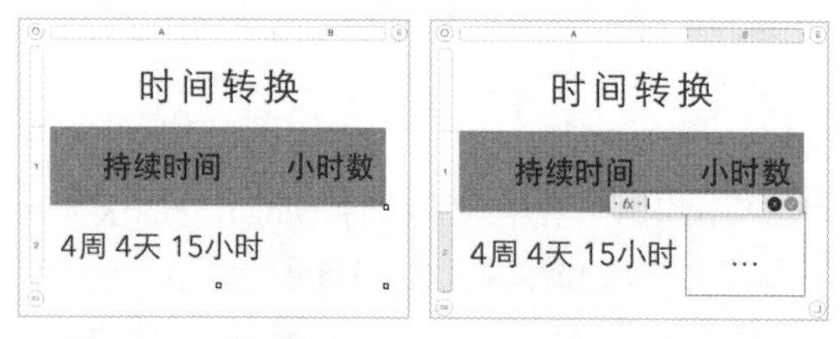

图 13-48　新建电子表格（四）　　图 13-49　打开公式编辑器（六）

在右侧边栏“函数”面板中的“持续时间”列表下选择 DUR2HOURS 函数，单击“插入函数”按钮，如图 13-50 所示。单击需要引用的单元格，单击✓按钮完成转换，时间转换效果如图 13-51 所示。

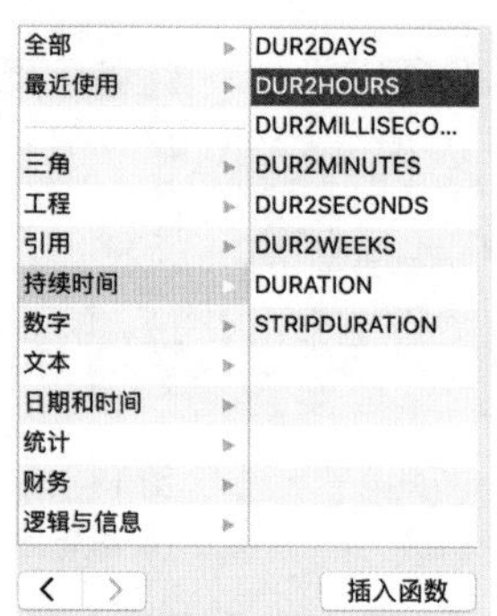

图 13-50　插入 DUR2HOURS 函数

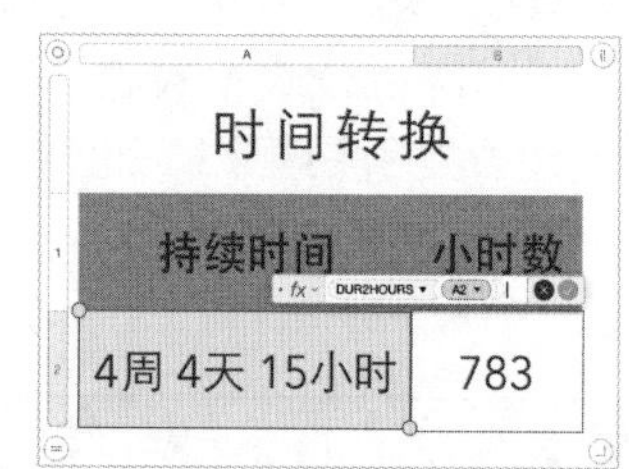

图 13-51　时间转换效果

“持续时间”函数中包含多种不同用处的函数，具体函数名称和注释如表 13-6 所示。

表 13-6　“持续时间”函数和注释

函数名称	注　释
DUR2DAYS	将持续时间值转换为天数
DUR2HOURS	将持续时间值转换为小时数
DUR2MILLISECONDS	将持续时间值转换为毫秒数
DUR2MINUTES	将持续时间值转换为分钟数
DUR2SECONDS	将持续时间值转换为秒数
DUR2WEEKS	将持续时间值转换为周数
DURATION	合并周、日、小时、分钟、秒和毫秒的各个值，然后得出持续时间值
STRIPDURATION	计算给定值，然后得出显示的天数或给定值。将此函数包含在内，以便与其他电子表格应用程序兼容

13.6.5 “数字”函数

“数字”函数比较常用，可以帮助用户计算常用数学值。

新建一个电子表格，如图 13-52 所示。选择一个单元格用来显示公式的结果，按 = 键，打开公式编辑器，如图 13-53 所示。

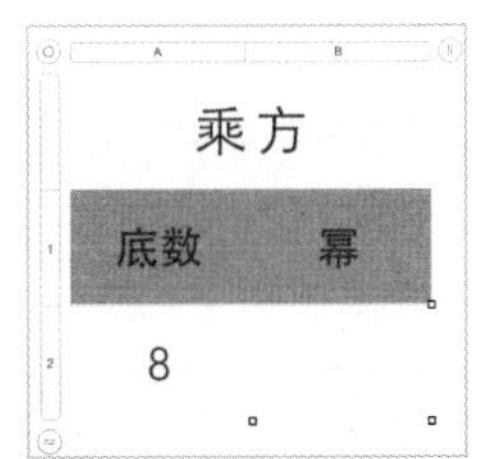

图 13-52　新建电子表格（五）

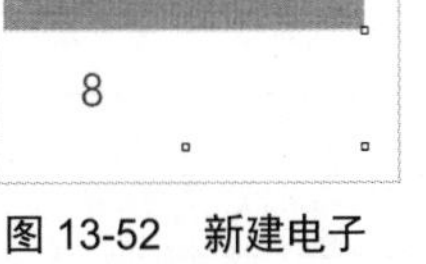

图 13-53　打开公式编辑器（七）

在右侧边栏“函数”面板中的“数字”列表下选择 POWER 函数，单击“插入函数”按钮，如图 13-54 所示。单击需要引用的单元格，单击✓按钮完成计算，底数乘方所得的幂如图 13-55 所示。

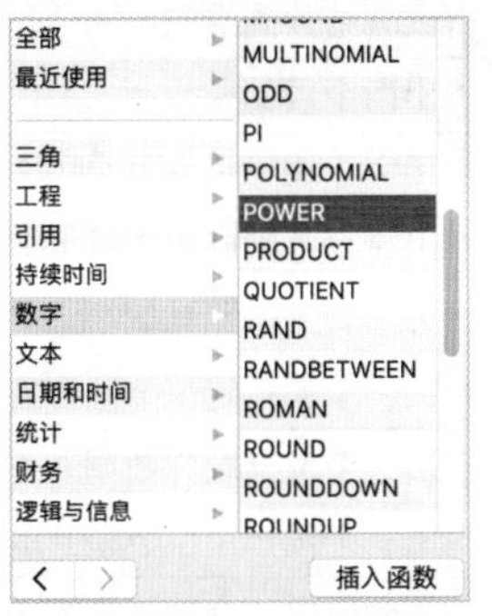

图 13-54　插入 POWER 函数

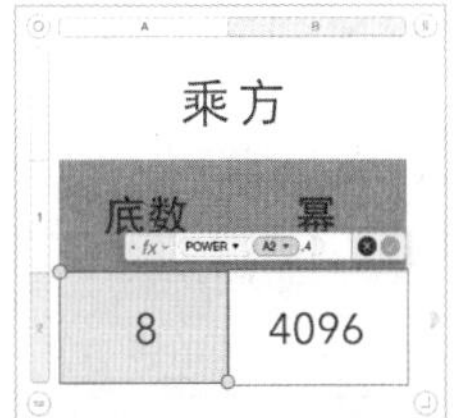

图 13-55　底数乘方所得的幂

“数字”函数中包含多种不同用处的函数，具体函数名称和注释如表 13-7 所示。

表 13-7　“数字”函数名称和注释

函 数 名 称	注　释
ABS	得出数字或持续时间的绝对值
CEILING	将一个数字往与 0 相反的方向四舍五入到最接近的指定因数倍数
COMBIN	返回可将大量项目合并成特定大小组的不同方法
EVEN	将一个数往与 0 相反的方向四舍五入到下一个偶数
EXP	得出 e（自然对数的底数）的指定幂次
FACT	得出数字的阶乘
FACTDOUBLE	得出数字的双阶乘
FLOOR	将一个数往 0 的方向四舍五入到最接近的指定因数倍数
GCD	得出一组数的最大公约数
INT	将数字向下舍入到最接近的整数
LCM	得出一组数的最小公倍数
LN	得出一个数的自然对数，即以 e 为底数求幂得到该数而必需的指数
LOG	得出指定底数的数的对数
LOG10	得出以 10 为底数的数的对数
MOD	得出除法的余数
MROUND	将一个数四舍五入到最接近的指定因数倍数
MULTINOMIAL	计算多项系数，返回参数和的阶乘与各参数阶乘乘积的比值
ODD	将一个数往与 0 相反的方向四舍五入到下一个奇数
PI	得出 π（圆的圆周与其直径的比）的近似值
POLYNOMIAL	计算多项式在给定点的值

续表

函数名称	注　释
POWER	得出一个数乘方所得的幂
PRODUCT	得出一组数的乘积
QUOTIENT	得出两个数的整数商
RAND	得出大于或等于 0 且小于 1 的随机数
RANDBETWEEN	得出指定范围内的随机整数
ROMAN	将数字转换为罗马数字
ROUND	得出一个朝指定位数四舍五入的数
ROUNDDOWN	得出一个按指定位数朝 0（向下）四舍五入的数
ROUNDUP	得出一个按指定位数朝 0 的反方向（向上）四舍五入的数
SERIESSUM	计算和得出一个乘幂序列的和
SIGN	得出 1、得出 –1 或得出 0
SQRT	得出一个数的平方根
SQRTPI	得出一个数乘以 π 后的平方根
SUM	得出一组数的和
SUMIF	得出一组数的和，且仅包含满足指定条件的数字
SUMIFS	得出集合中的单元格之和，集合中的测试值满足给定条件
SUMPRODUCT	得出一个或多个集合内对应数字的乘积之和
SUMSQ	得出一组数的平方和
SUMX2MY2	得出两个集合内对应值平方的差值之和
SUMX2PY2	得出两个集合内对应值的平方和
SUMXMY2	得出两个集合内对应值差值的平方和
TRUNC	将一个数截至指定位数

13.6.6 “文本”函数

“文本”函数的主要功能是帮助用户处理字符串。

新建一个电子表格，如图 13-56 所示。选择一个单元格用来显示公式的结果，按 = 键，打开公式编辑器，如图 13-57 所示。

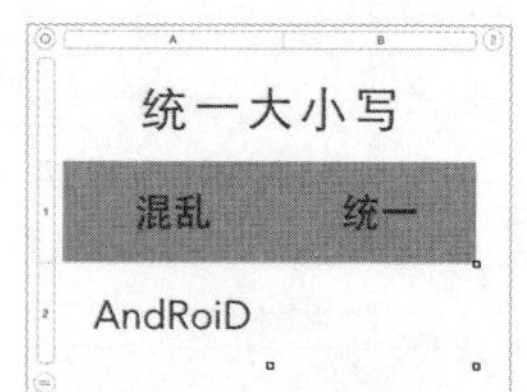

图 13-56　新建电子表格（六）

图 13-57　打开公式编辑器（八）

在右侧边栏“函数”面板中的“文本”列表下选择 LOWER 函数，单击“插入函数”按钮，如图 13-58 所示。单击需要引用的单元格，得到全部为小写的字符串，如图 13-59 所示。

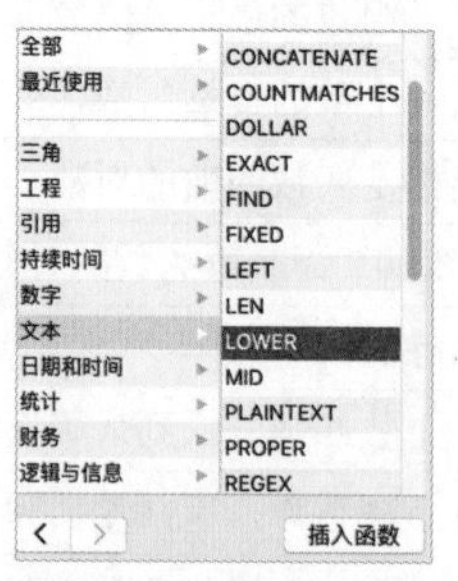

图 13-58　插入 LOWER 函数

图 13-59　全部小写的字符串

“文本”函数中包含多种不同用处的函数，具体函数名称和注释如表 13-8 所示。

表 13-8 “文本”函数名称和注释

函数名称	注释
CHAR	得出与十进制 Unicode 字符代码相对应的字符
CLEAN	从文本中移除最常见的非打印字符
CODE	得出指定字符串中第一个字符的十进制 Unicode 编号
CONCATENATE	连接字符串
COUNTMATCHES	得到数字值，该值表示给定子字符串出现在原始字符串值中的次数
DOLLAR	得出给定数字值格式化为人民币金额的字符串
EXACT	如果参数字符串的大小写和内容完全相同，则得出 TRUE
FIND	得出一个字符串在另一个字符串中的开始位置
FIXED	将一个数字值四舍五入到指定小数位，然后得出作为字符串值的结果
LEFT	得出由给定字符串值左端指定数量的字符构成的字符串值
LEN	得出字符串值中的字符个数
LOWER	得出全部为小写的字符串值，而不考虑指定字符串中字符的大小写
MID	得出由指定位置开始的字符串值中给定数量的字符构成的字符串值
PLAINTEXT	得出一个字符串值，该值会去掉输入值的任何信息文本属性
PROPER	得出每个词的第一个字母大写、剩下所有字符小写的字符串值，而不考虑指定字符串值中字符的大小写
REGEX	允许在其他文本和条件函数中使用正则表达式。它可以与需要条件（IF、COUNTIF 等）或字符串匹配（SUBSTITUTE、TEXTBEFORE 等）的所有函数配合使用。当不用作条件或不用于匹配文本时，REGEX 以字符串值形式返回基础正则表达式
REGEX.EXTRACT	得出来源字符串中给定正则表达式的匹配项或匹配项中的捕获组
REPLACE	得出用新字符串值替换给定字符串值中指定字符数的字符串值
REPT	得出包含按指定次数重复给定字符串值的字符串值
RIGHT	得出由给定字符串值右端指定数量的字符构成的字符串值
SEARCH	得出一个字符串值在另一个字符串值中的开始位置
SUBSTITUTE	得出用新字符串值替换给定字符串值中指定字符的字符串值
T	得出单元格中含有的文本。将此函数包含在内，以便与从其他电子表格应用程序导入的表格兼容
TEXTAFTER	得出字符串值，它由出现在原始字符串值中给定子字符串之后的所有字符组成
TEXTBEFORE	得出字符串值，它由出现在原始字符串值中给定子字符串之前的所有字符组成
TEXTBETWEEN	得出字符串值，它由出现在原始字符串值中两个给定子字符串之间的所有字符组成
TRIM	删除多余空格后，基于给定字符串值得出字符串值
UPPER	得出全部是大写的字符串值，而不考虑指定字符串中字符的大小写
VALUE	得出一个数字值，即使参数被格式化为文本。将此函数包含在内，以便与从其他电子表格应用程序导入的表格兼容

13.6.7 “日期和时间”函数

“日期和时间”函数可以帮助用户处理日期和时间，以解决诸如求两个日期之间的工作日数或求某日期在一周内为星期几等问题。

新建一个电子表格，如图 13-60 所示。选择一个单元格用来显示公式的结果，按 = 键，打开公式编辑器，如图 13-61 所示。

图 13-60　新建电子表格（七）

图 13-61　打开公式编辑器（九）

在右侧边栏“函数”面板中的“日期和时间”列表下选择 NOW 函数，单击“插入函数”按钮，如图 13-62 所示。单击✓按钮，单元格中即显示当前系统时间，如图 13-63 所示。

图 13-62　插入 NOW 函数

图 13-63　显示当前系统时间

> **提示**
> NOW 函数根据计算机时钟返回一个当前日期和时间值。虽然 NOW 函数不包含任何参数，但必须包括圆括号。

“日期和时间”函数中包含多种不同用处的函数，具体函数名称和注释如表 13-9 所示。

表 13-9　“时间和日期”函数名称和注释

函数名称	注　释
DATE	将年、月、日各自的值合并，然后返回一个日期 / 时间值。虽然日期通常可直接输入为字符串，但使用 DATE 函数可以确保日期解释是一致的，而不用考虑偏好设置中指定的日期格式
DATEDIF	返回两个日期之间的天数、月数和年数
DATEVALUE	返回给定日期字符串的日期 / 时间值。此函数可与其他电子表格应用程序兼容
DAY	根据给定日期 / 时间值返回该月的某一天
DAYNAME	根据日期 / 时间值或数字返回星期几的名称。第 1 天为星期日
DAYS360	返回基于 12 个 30 日制月和 360 日制年的两个日期之间的天数
EDATE	返回在给定日期之前或之后数月的日期
EOMONTH	返回在给定日期之前或之后数月的该月最后一天的日期
HOUR	返回给定日期 / 时间值的小时数
MINUTE	返回给定日期 / 时间值的分钟数
MONTH	返回给定日期 / 时间值的月份
MONTHNAME	返回数字的月份名称。第 1 个月为一月
NETWORKDAYS	返回两个日期之间的工作日数。工作日不包括周末和任何其他指定日期
NOW	根据计算机时钟显示的当前时间返回日期 / 时间值
SECOND	返回给定日期 / 时间值的秒数
TIME	将小时、分钟、秒钟各自的值转换为日期 / 时间值

续表

函数名称	注　释
TIMEVALUE	返回给定日期 / 时间值或时间字符串的 24 小时制日小数部分
TODAY	根据计算机时钟返回当前日期。将时间设定为上午 12:00
WEEKDAY	返回给定日期在一周中是星期几
WEEKNUM	返回给定日期在该年是星期几
WORKDAY	返回给定日期之前或之后给定工作日数的日期，工作日不包括周末和任何其他指定日期
YEAR	返回给定日期 / 时间值的年份
YEARFRAC	返回由两个日期之间的整日数表示的年份比例

13.6.8 “统计”函数

“统计”函数可以帮助用户使用各种度量法和统计方法处理、分析数据集合。

新建一个电子表格，如图 13-64 所示。选择一个单元格用来显示公式的结果，按 = 键，打开公式编辑器，如图 13-65 所示。

图 13-64　新建电子表格（八）

图 13-65　打开公式编辑器（十）

在右侧边栏“函数”面板中的“统计”列表下选择 AVERAGE 函数，单击“插入函数”按钮，如图 13-66 所示。拖曳选中需要引用的单元格，单击✓按钮，得到所选单元格数值的平均值，如图 13-67 所示。

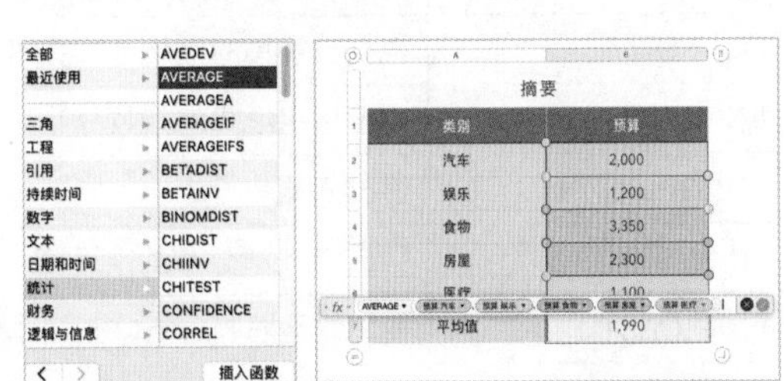

图 13-66　插入 AVERAGE 函数　　图 13-67　所选单元格的平均值

“统计”函数中包含多种不同用处的函数，具体函数名称和注释如表 13-10 所示。

表 13-10　“统计”函数名称和注释

函数名称	注　释
AVEDEV	根据数字集合的平均值（算术平均），得出其差值的平均值
AVERAGE	得出一组数字的平均值（算术平均）
AVERAGEA	得出包含任意值的集的平均值（算术平均）
AVERAGEIF	得出满足给定条件集内单元格的平均值（算术平均）
AVERAGEIFS	得出给定集内单元格的平均值（算术平均）
BETADIST	得出累积 Beta 分布概率值
BETAINV	得出给定累积 Beta 分布概率值的逆运算
BINOMDIST	得出指定形式单个项的二项分布概率

续表

函数名称	注释
CHIDIST	得出卡方分布的单尾概率
CHIINV	得出卡方分布单尾概率的逆运算
CHITEST	根据给定数据的卡方分布得出某值
CONFIDENCE	得出一个值，用于为具有已知标准偏差的样本创建统计置信区间
CORREL	使用线性回归分析得出两个集之间的相关性
COUNT	得出参数（含有数字、数字表达式或日期）的个数
COUNTA	得出参数（不为空）的个数
COUNTBLANK	得出某个集合内空白单元格的个数
COUNTIF	得出某个集合内满足给定条件的单元格个数
COUNTIFS	得出一个或多个集合内满足给定条件的单元格个数
COVAR	得出两个数字值集的协方差
CRITBINOM	得出其累积二项分布大于或等于给定值的最小值
DEVSQ	根据数字集的平均值（算术平均）得出其偏差平方和
EXPONDIST	得出指定形式的指数分布
FDIST	得出 F 概率分布
FINV	得出 F 概率分布的逆运算
FORECAST	使用线性回归分析基于样本值，得出给定 x 值的预测 y 值
FREQUENCY	得出数据值在区间值集合内出现频率的数组
GAMMADIST	得出指定形式的伽马分布
GAMMAINV	得出伽马累积分布的逆运算
GAMMALN	得出伽马函数 $G(x)$ 的自然对数
GEOMEAN	得出几何平均数
HARMEAN	得出调和平均数
INTERCEPT	使用线性回归分析得出集合中最佳拟合线的 y 截距
LARGE	得出集合中第 n 大的值。最大值的排位为 1
LINEST	使用“最小平方法”得出给定数据的最佳拟合直线的统计数据数组
LOGINV	得出 x 的对数正态累积分布函数的逆运算
LOGNORMDIST	得出对数正态分布
MAX	得出一组数字值、日期 / 时间值或持续时间值的最大数值
MAXA	得出包含任意值的集中的最大数字
MAXIFS	得出单元格范围中的最大数值，由一组条件确定
MEDIAN	得出一组数值的中间值，有一半值比中间值小、另一半值比中间值大
MIN	得出一组数字值、日期 / 时间值或持续时间值的最小数值

续表

函 数 名 称	注 释
MINA	得出包含任意值的集中的最小数值
MODE	得出一组数值中最常出现的值
NEGBINOMDIST	得出负二项分布
NORMDIST	得出指定函数形式的正态分布
NORMINV	得出累积正态分布的逆运算
NORMSDIST	得出标准正态分布
NORMSINV	得出累积标准正态分布的逆运算
PERCENTILE	得出数值集内与特定百分位对应的值
PERCENTRANK	得出数值集内表示集合百分比的值排列
PERMUT	得出从对象总数中选择的给定对象数的排列数
POISSON	使用泊松分布得出出现特定事件数的概率
PROB	得出值集合的概率（如果已知单个值的概率）
QUARTILE	得出给定数字集中指定四分位数的值
RANK	得出数值集内数字的排列
SLOPE	使用线性回归分析得出集的最佳拟合线的斜率
SMALL	得出值集内第 *n* 小的值。最小值的排位为 1
STANDARDIZE	根据具有给定平均值和标准偏差的分布得出正态化值
STDEV	根据样本（无偏）方差得出数值集的标准偏差（离差的一种度量）
STDEVA	根据样本（无偏）方差得出任意值集的标准偏差（离差的一种度量）
STDEVP	根据总体（true）方差得出数值集的标准偏差（离差的一种度量）
STDEVPA	根据总体（true）方差得出任意值集的标准偏差（离差的一种度量）
TDIST	根据学生 *t* 分布得出概率
TINV	得出学生 *t* 分布的 *t* 值（概率和自由度的函数）
TTEST	基于 *t* 分布函数得出与学生 *t* 检验关联的概率
VAR	得出数值集的样本（无偏）方差（离差的一种度量）
VARA	得出任意值集的样本（无偏）方差（离差的一种度量）
VARP	得出数值集的总体（true）方差（离差的一种度量）
VARPA	得出任意值集的样本（无偏）方差（离差的一种度量）
WEIBULL	得出 Weibull 分布。Weibull 分布是连续概率分布的一种
ZTEST	得出 *Z* 检验的单尾概率值

13.6.9 “财务”函数

“财务”函数通过解决资产年折旧额、已获投资利息和债券的现时市价等问题，处理现金流、应计折旧资产、年金和投资。

新建一个电子表格，如图 13-68 所示。选择一个单元格用来显示公式的结果，按 = 键，打开公式编辑器，如图 13-69 所示。

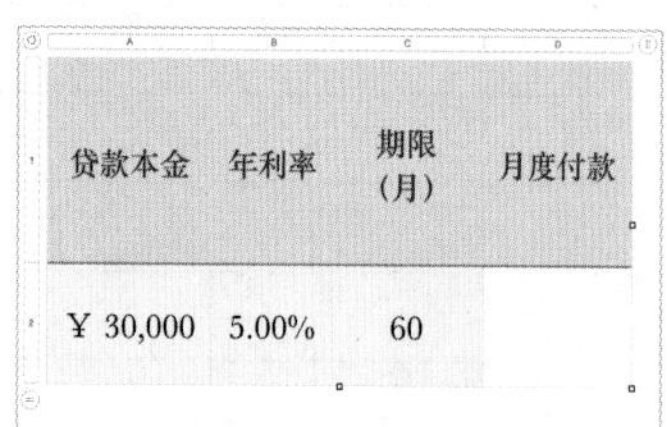

图 13-68　新建电子表格

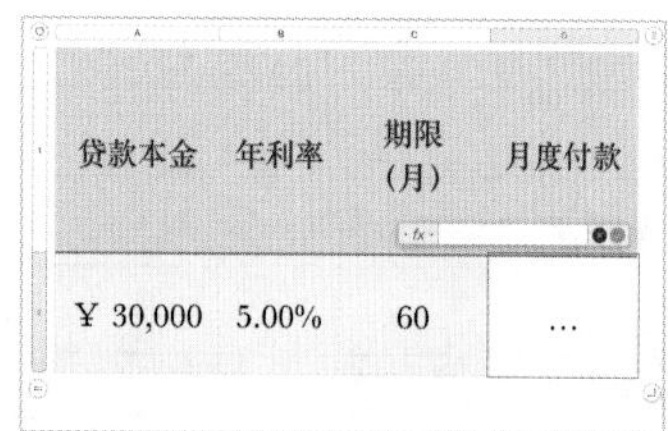

图 13-69　打开公式编辑器（十一）

在右侧边栏“函数”面板中的“财务”列表下选择 PMT 函数，单击“插入函数”按钮，如图 13-70 所示。选中需要引用的单元格，单击✓按钮，得到根据贷款本金、年利率和期限计算出的月度付款，如图 13-71 所示。

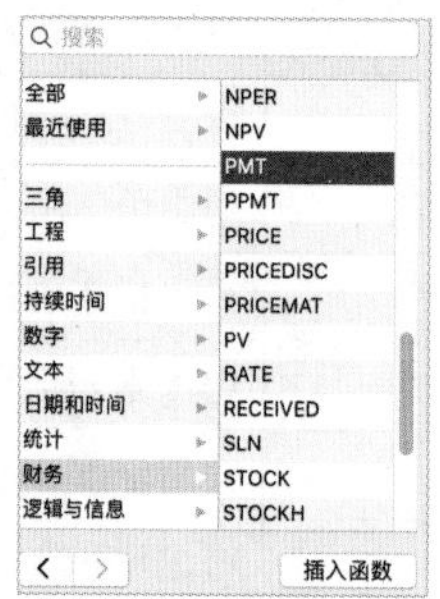

图 13-70　插入 PMT 函数

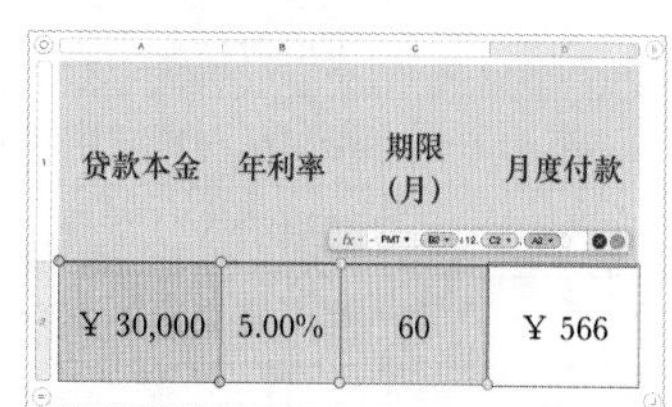

图 13-71　月度付款

“财务”函数中包含多种不同用处的函数，具体函数名称和注释如表 13-11 所示。

表 13-11　“财务”函数名称和注释

函 数 名 称	注　　释
ACCRINT	返回定期支付利息证券的应计利息。得出的金额是自发行日起应计的总利息，而不是自上次息票支付之日起的应计利息
ACCRINTM	计算证券支付到期利息时，添加到证券购买价格的总应计利息和支付给卖方的总应计利息
BONDDURATION	返回假定面值为¥100 现金流的现值加权平均值
BONDMDURATION	返回假定面值为¥100 现金流的现值修正加权平均值
COUPDAYBS	返回息票期（结算期）的开头至结算日之间的天数
COUPDAYS	返回息票期（结算期）的天数
COUPDAYSNC	返回结算日至息票期（结算期）结束之间的天数
COUPNUM	返回结算日至到期日之间需要支付的息票数
CUMIPMT	基于固定定期付款和固定利息，得出在所选时间间隔内包含在贷款或年金付款中的总利息
CUMPRINC	基于固定定期付款和固定利息，得出在所选时间间隔内包含在贷款或年金付款中的本金总额
CURRENCY	返回通过互联网远程获取的前一交易日收盘时两种货币间汇率的数据
CURRENCYCODE	返回货币值的货币代码，或者计算机、当前文稿所设语言和地区的货币代码

续表

函数名称	注　释
CURRENCYCONVERT	返回通过互联网远程获取的给定货币值以不同货币表示的价格，按照前一交易日收盘时的汇率计算
CURRENCYH	返回给定日期两种货币间汇率的历史数据。所返回的值以要转换成的目标货币为单位
DB	使用定率余额递减法得出指定期限资产的折旧额
DDB	基于指定的折旧率得出资产的折旧额
DISC	得出证券的年贴现率，此类证券不支付任何利息并按其赎回价值卖出
EFFECT	基于每年的复利周期数，从名义年利率得出实际年利率
FV	基于一系列定期现金流（在固定间隔内某特定数量的付款和所有现金流）和固定利率，得出投资的未来值
INTRATE	返回仅在到期时支付利息证券的实际年利率
IPMT	基于定期固定付款和固定利率，得出指定贷款或年金付款的利息部分
IRR	基于一系列定期发生的潜在不规则现金流（付款金额不必为某特定数量），得出投资的内部回报率
ISPMT	返回固定利率贷款的定期利息部分，在每期期初减少等额本金，在每期期末支付未清余额的利息。此函数主要用于兼容从其他电子表格应用程序导入的表格
MIRR	基于一系列定期发生的潜在不规则现金流（付款金额不必为某特定数量），得出投资的修正内部回报率。正现金流获益比率和支付给财务负现金流的比率可以不同
NOMINAL	基于每年的复利周期数，从实际年利率得出名义年利率
NPER	基于一系列定期现金流（在固定间隔内某特定数量的付款和所有现金流）和固定利率，得出贷款或年金的付款周期数
NPV	基于一系列定期发生的潜在不规则现金流，得出投资的净现值
PMT	基于一系列定期现金流（在固定间隔内某特定数量的付款和所有现金流）和固定利率，得出贷款或年金的固定定期付款
PPMT	基于固定定期付款和固定利率，得出指定贷款或年金付款的本金部分
PRICE	返回每￥100 赎回价值定期支付利息证券的价格
PRICEDISC	得出按赎回价值卖出并不支付每￥100 赎回价值利息证券的价格
PRICEMAT	得出每￥100 赎回价值到期时支付利息的证券的价格
PV	基于一系列定期现金流（在固定间隔内某特定数量的付款和所有现金流）和固定利率，得出投资或年金的现值
RATE	基于一系列定期现金流（在固定间隔内某特定数量的付款和所有现金流）和固定利率，得出投资、贷款和年金的利率
RECEIVED	得出仅在到期时支付利息证券的到期值
SLN	使用直线方法得出某一周期内资产的折旧
STOCK	返回通过互联网远程获取的前一交易日收盘时给定股票的数据
STOCKH	返回通过互联网远程获取的股票在给定日期的历史价格信息
SYD	使用年数合计法得出指定期限资产的折旧额

续表

函数名称	注　释
VDB	基于指定的折旧率，得出所选时间间隔内资产的折旧额
XIRR	基于一系列不定期发生的现金流返回投资的内部收益率
XNPV	基于一系列不定期发生的现金流和折现利率返回投资或年金的现值
YIELD	得出定期支付利息证券的实际年利率
YIELDDISC	得出按赎回价值卖出且不支付任何利息证券的实际年利率
YIELDMAT	得出仅在到期时支付利息证券的实际年利率

13.6.10 “逻辑与信息”函数

“逻辑与信息”函数可以帮助用户对单元格内容进行求值，并帮助确定如何处理单元格内容或公式结果。图 13-72 所示为使用“逻辑与信息”函数的公式。

图 13-72　使用“逻辑与信息”函数的公式

“逻辑与信息”函数包含多种不同用处的函数，具体函数名称和注释如表 13-12 所示。

表 13-12　“逻辑与信息”函数名称和注释

函数名称	注　释
AND	如果所有参数都为真，返回布尔值 True；否则，返回布尔值 False
FALSE	返回布尔值 False。将此函数包含在内，以便与从其他电子表格应用程序导入的表格兼容
IF	返回 True 或 False，具体取决于指定的表达式求得的值是布尔值 True 还是 False
IFERROR	如果给定的值计算出错，得出用户指定的值；否则，得出给定值
IFS	检查指定表达式并根据计算结果为布尔值 True 的第一个条件返回值
ISBLANK	如果指定单元格为空，返回布尔值 True；否则，返回布尔值 False
ISDATE	如果给定表达式的计算结果为日期，返回布尔值 True；否则，返回布尔值 False
ISERROR	如果给定表达式计算出错，返回布尔值 True；否则，返回布尔值 False
ISEVEN	如果给定数字为偶数，返回布尔值 True；否则，返回布尔值 False
ISODD	如果给定数字为奇数，返回布尔值 True；否则，返回布尔值 False
NOT	返回与指定表达式相反的布尔值
OR	如果参数都为真，返回布尔值 True；否则，返回布尔值 False
TRUE	返回布尔值 True。将此函数包含在内，以便与从其他电子表格应用程序导入的表格兼容

13.7 本章小结

公式和函数是学习 Numbers 表格的难点，并且学习起来有些枯燥乏味。本章通过基础讲解和实际操作相结合的方式为用户详细介绍公式及函数的使用，并将 Numbers 表格中所有函数的注释罗列出来，以方便读者查询使用。通过本章学习，读者应对公式的运用有更深层次的理解。

第 14 章 在 iOS 中使用 Numbers 表格

为了便于用户操作，Numbers 表格既可以在 Mac 端使用，也可以在 iOS 移动端使用。此外，Numbers 表格还可以在 iOS 移动端和 Mac 端间自由转换。通过前面章节的学习，读者对 Mac 端 Numbers 表格的操作已经有了一定的了解。本章将讲解如何在 iOS 移动端使用 Numbers 表格。

14.1 iOS 移动端的 Numbers 表格概述

用户不仅可以在 Mac 系统下使用 Numbers 表格设计与制作电子表格，还可以在 iOS 中使用 Numbers 表格完成电子表格的设计与制作。

14.1.1 电子表格管理器

单击 iOS 主界面中的“Numbers 表格”图标，进入“电子表格管理器”界面，如图 14-1 所示。在该界面中可以创建新的电子表格或打开现有电子表格。

单击“电子表格管理器”界面中的“创建电子表格”图标或单击界面右上角的“添加”按钮+，进入“选取模板”界面，如图 14-2 所示。

图 14-1 电子表格管理器

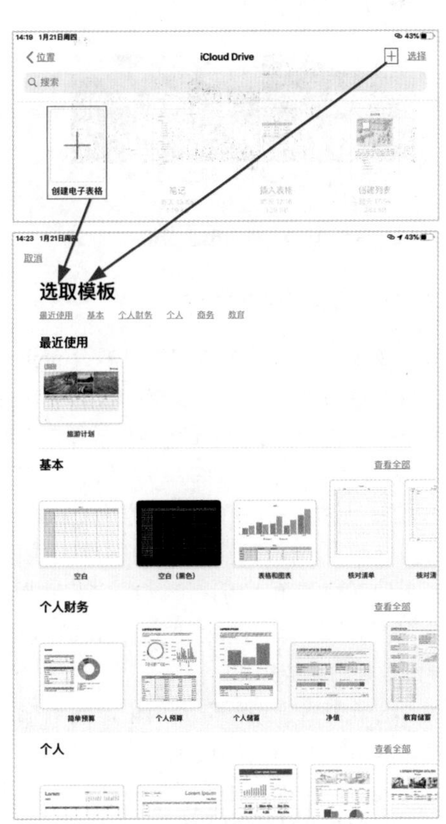

图 14-2 “选取模板”界面

14.1.2 使用模板创建电子表格

“选取模板”界面中包含基本、个人财务、个人、商务和教育 5 种模板类型。

单击“基本”模板类型下的任意模板，进入如图 14-3 所示的简单电子表格编辑界面。单击“个人财务”“个人”“商务”“教育”模板类型下的任意模板，进入如图 14-4 所示的复杂电子表格编辑界面。

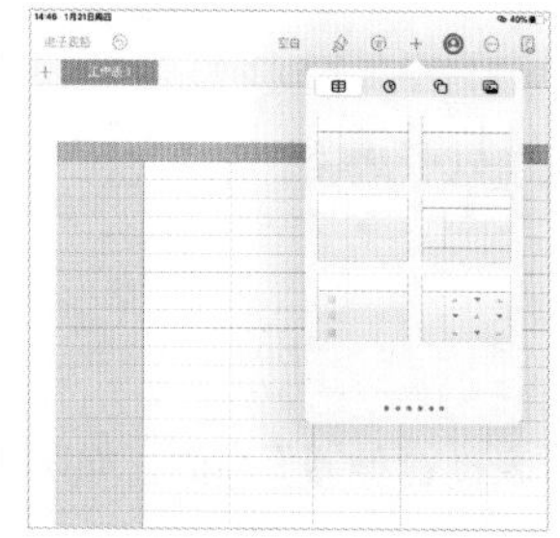

图 14-3 简单电子表格

图 14-4 复杂电子表格

14.1.3 电子表格的基本操作

用户在编辑电子表格的过程中，Numbers 表格会自动存储表格。完成表格的设计与制作后，单击界面左上角的“电子表格”按钮，返回“电子表格管理器”界面。此时，如果 iCloud 云端为打开状态，则电子表格将自动上传到 iCloud。

长按电子表格的缩略图图标，将弹出如图 14-5 所示的下拉菜单。用户可以在该下拉菜单中选择“复制”“移动”“删除”“重新命名”选项，在弹出的面板中完成操作。

在“电子表格管理器”界面中，向下拖曳界面将显示如图 14-6 所示的表格设置选项，单击名称、日期、大小、种类或标签选项可以更改电子表格缩略图图标的排列顺序。

图 14-5 下拉菜单

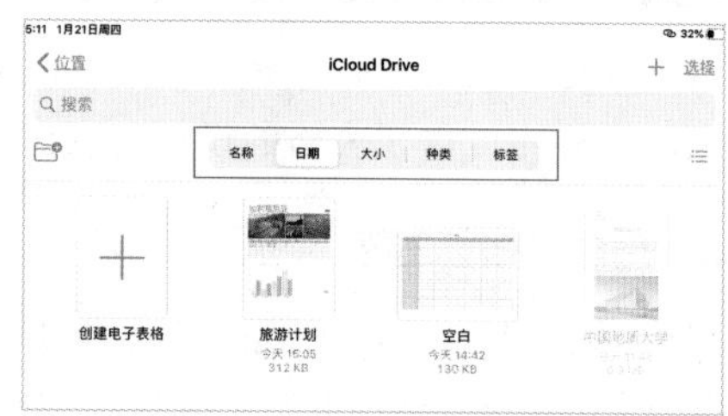

图 14-6 表格排列选项

14.1.4 iCloud 云盘

将当前设备的 iCloud 云盘选项设置为打开状态，单击“电子表格管理器”界面左上角的“位置”选项，界面左侧将出现如图 14-7 所示的“Numbers 表格”选项。单击 iCloud Drive、QQ 邮箱中转站或更多位置等地址选项，可以进入相应的“电子表格管理器”界面。

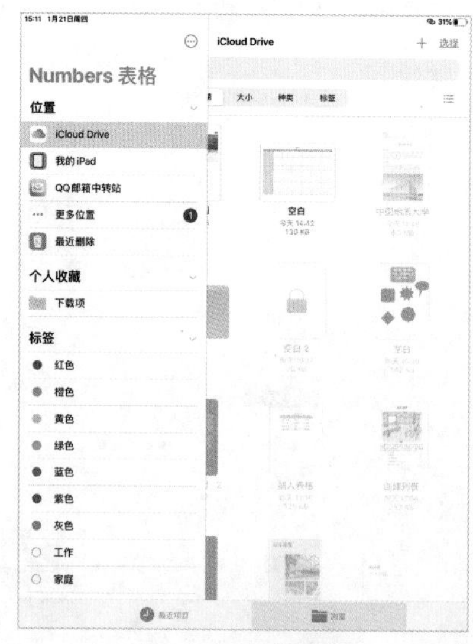

图 14-7 位置选项

14.2　导航栏和工作表

进入任意电子表格的编辑界面，界面顶部包含用于编辑表格的导航栏和用于整理信息的工作表栏。

14.2.1　导航栏

默认情况下，导航栏位于电子表格编辑界面的顶部，其中包含多个编辑工具或按钮。导航栏如图 14-8 所示。

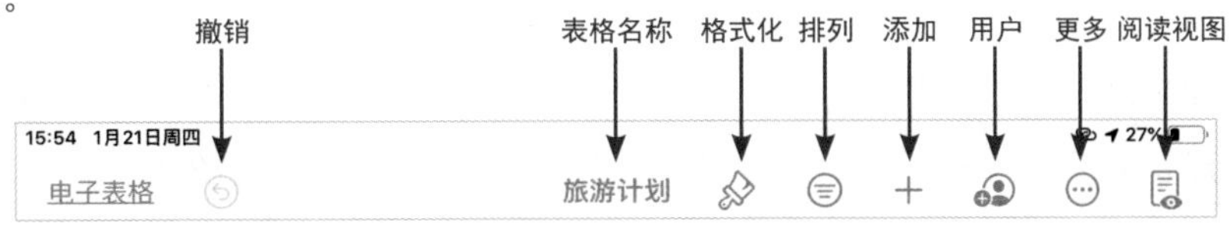

图 14-8　导航栏

14.2.2　工作表栏

在一个电子表格中添加多个工作表（或标签），可以帮助用户更好地整理表格、图表及其他信息。默认情况下，工作表栏位于导航栏的下方，如图 14-9 所示。

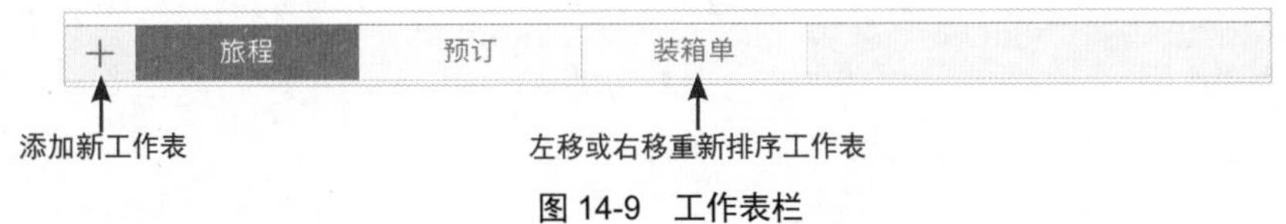

图 14-9　工作表栏

- 重新命名：连续单击工作表名称，在文本框中输入新名称。
- 复制：单击某一工作表名称，在弹出的下拉菜单中单击“复制”选项。
- 删除：单击某一工作表名称，在弹出的下拉菜单中单击“删除”选项。
- 设置叠放排序：向左或向右拖曳工作表名称，可以调整该工作表的叠放顺序。

单击工作表栏左侧的“添加”按钮＋，将弹出如图 14-10 所示的下拉菜单。单击下拉菜单中的“新建工作表”选项，可以在当前位置创建一个新的工作表，如图 14-11 所示。单击下拉菜单中的“新建表单”选项，可以在当前位置创建一个新的表单，如图 14-12 所示。

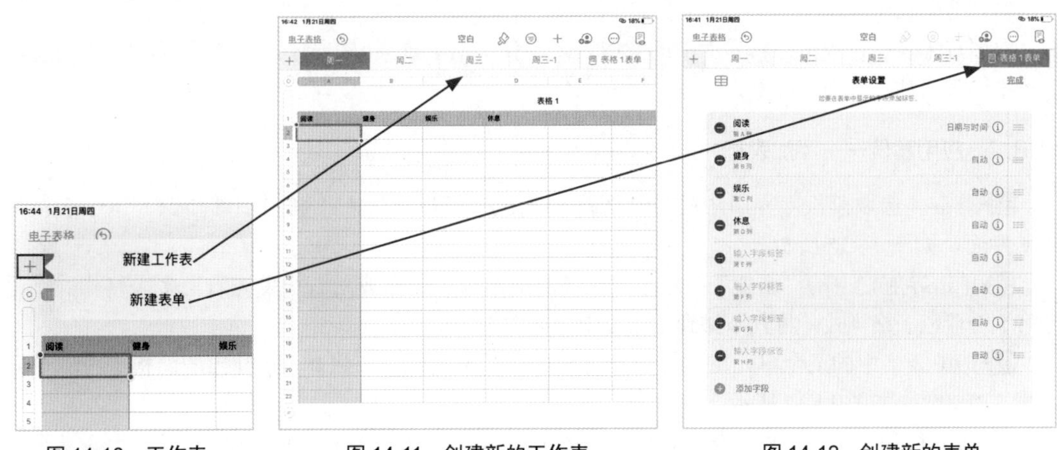

图 14-10　工作表　　图 14-11　创建新的工作表　　图 14-12　创建新的表单

14.3 添加和编辑表格

当通过模板创建电子表格后，用户可以在电子表格的编辑界面中添加新的表格，还可以对新添加的表格或现有表格进行编辑。

14.3.1 添加或删除表格

电子表格的编辑界面没有明确的页面划分，一个工作表中可以添加任意数量的表格。

1 添加新表格

单击导航栏中的“添加”按钮＋，弹出如图 14-13 所示的面板。单击该面板中任意预设表格样式，即可将应用该预设样式的表格添加到当前工作表中。添加表格后，用户可以重新为新添加的表格设置样式。

2 使用现有单元格创建表格

选择表格中的单元格、整行或整列，用鼠标左键按住所选内容直到它变为浮起状态，再向任意方向移动，松开鼠标，即可创建一个新的表格，如图 14-14 所示。

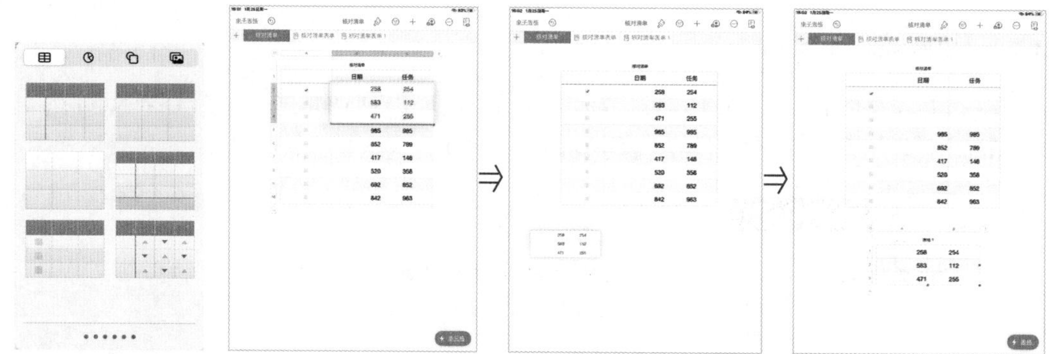

图 14-13 “表格”选项卡

图 14-14 使用现有单元格创建表格

3 删除表格

单击选中表格，单击表格左上角的◎按钮，在弹出的下拉菜单中选择“删除”选项，即可删除该表格。

4 复制和粘贴表格

单击选中表格，单击表格左上角的◎按钮，在弹出的下拉菜单中选择“拷贝”选项，即可将表格复制到剪贴板中。

取消选中表格，单击编辑界面中的空白处，在弹出的下拉菜单中选择“粘贴”选项，即可将剪贴板中的表格粘贴到当前位置。

14.3.2 应用案例——添加表格

01 单击“选取模板”界面中的“制图基础知识”模板，进入“制图基础知识”电子表格的编辑界面，如图 14-15 所示。

02 单击导航栏中的“添加”按钮＋，在弹出的面板中向左或向右拖曳查看更多表格样式，单击第 5 个蓝色表格样式，将其添加到工作表中，如图 14-16 所示。

03 选中表格中的某个单元格，单击导航栏中的“格式化”按钮，在弹出的面板中设置单元格的各项参数，如图 14-17 所示。

04 选中 C 列，单击“格式化”按钮，单击弹出面板中的“行与列大小”选项，设置参数如图 14-18 所示。连续单击两次单元格并输入文本，单击如图 14-19 所示键盘中的“下一个”按钮，继续在下一个单元格中输入文本。

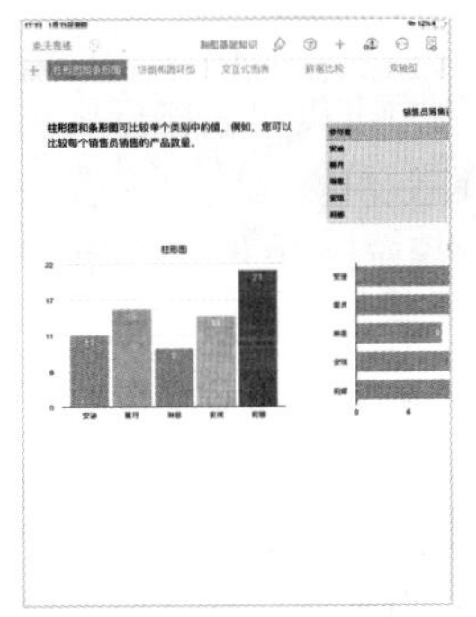

图 14-15　进入电子表格　　图 14-16　添加表格

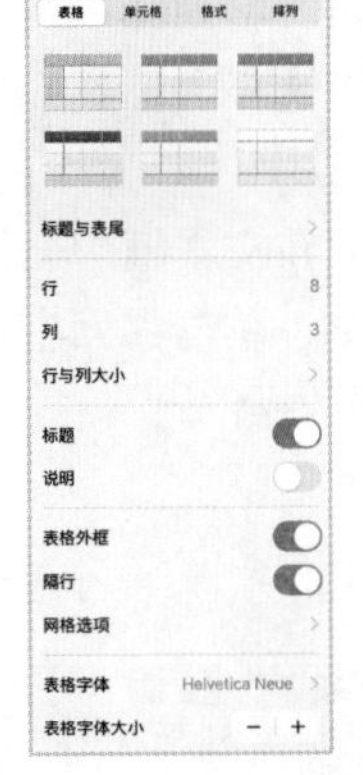

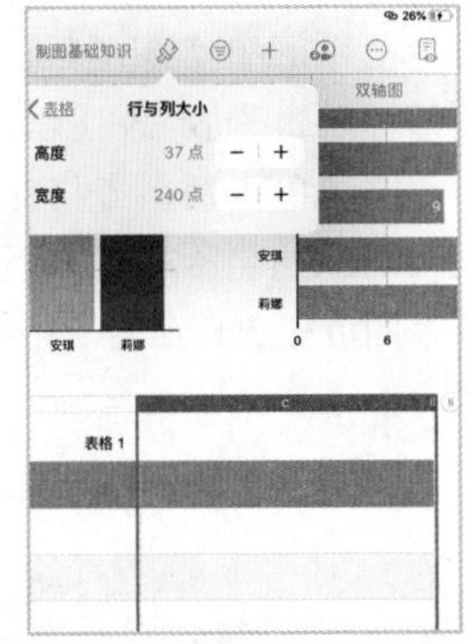

图 14-17　设置单元格参数 图 14-18　设置 C 列的参数

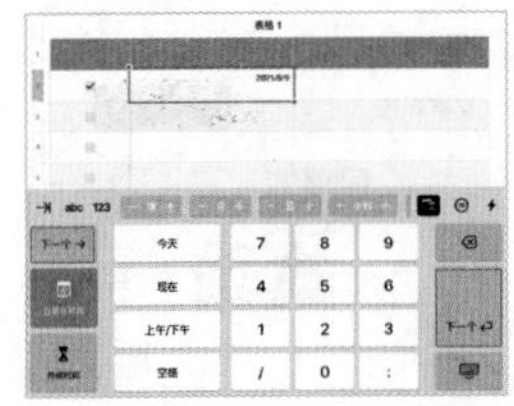

图 14-19　为下一个单元格输入文本

05 单击表格右上角的⊜按钮，插入一列单元格并输入文本。单击界面空白处关闭键盘，表格效果如图 14-20 所示。选中整个表格，向下和向右拖曳表格边线，调整表格的宽度和高度，如图 14-21 所示。拖曳表格左上角的◎按钮，将表格移动到如图 14-22 所示的位置。

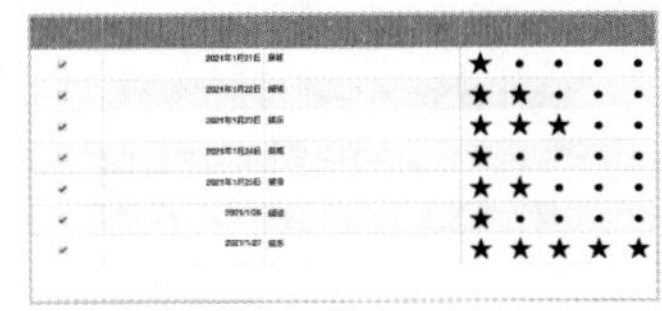

图 14-20　完成输入

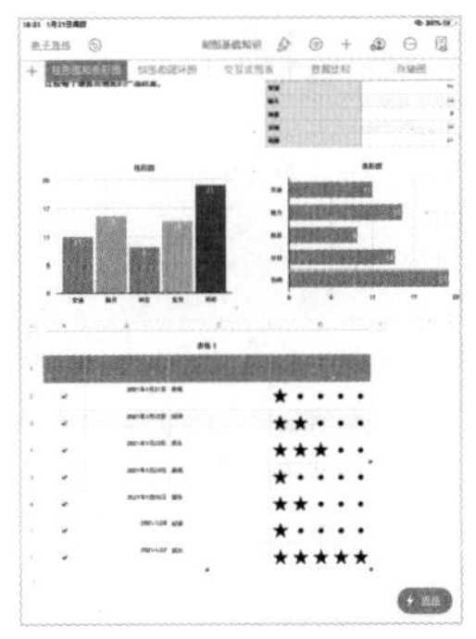

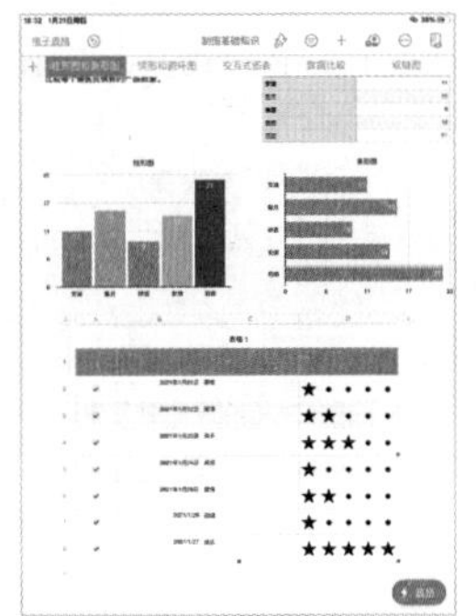

图 14-21　调整表格大小　　图 14-22　移动表格位置

14.3.3　合并或取消合并单元格

选择两个或多个相邻的单元格，单击界面右下角的“单元格”按钮 单元格 ，弹出单元格的面板，如图 14-23 所示。单击面板中的“合并单元格”选项，即可将选中的单元格合并为一个单元格。

> **提示**
>
> 如果表格中包含合并的单元格，则用户无法为该表格添加表单。

选中合并后的单元格，单击界面右下角的“单元格”按钮 单元格 ，单击弹出面板中的“取消合并单元格”选项，如图 14-24 所示，即可为选中的单元格取消合并。

取消合并的所有单元格沿用合并单元格的格式和填充颜色，同时合并单元格中的文本全部集中到左上角的第一个单元格中。

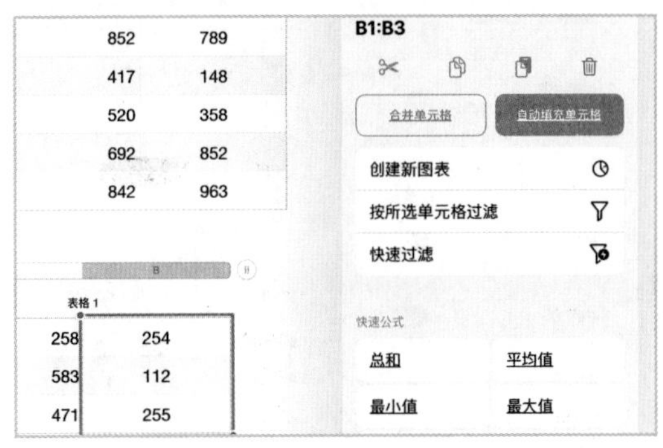

图 14-23　合并单元格

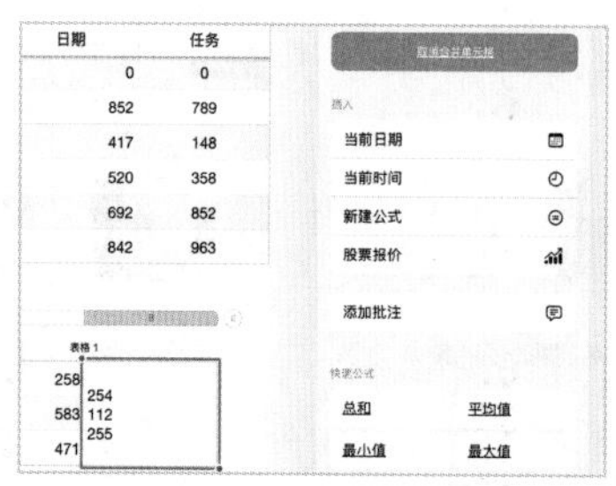

图 14-24　取消合并单元格

小技巧： 无法合并非相邻单元格或来自不同区域的单元格，也无法合并列或行。如果单元格没有进行合并操作，也无法进行取消合并的操作。

14.3.4　设置表格的外观样式

在电子表格的编辑界面中添加表格后，用户可以使用导航栏中的“格式化”按钮🖌为该表格设置外观样式。

1　设置整个表格样式

选中表格，单击导航栏中的“格式化”按钮🖌，弹出如图 14-25 所示的面板。在该面板中可以为表格设置表格外框、隔行、网格选项、表格字体和表格字体大小等样式。

选中单元格，单击导航栏中的“格式化”按钮🖌，单击弹出面板中的“单元格”标签，如图 14-26 所示。在该面板中可以为单元格设置字体、字号、文本颜色、对齐方式、单元格填充和单元格边框等样式。

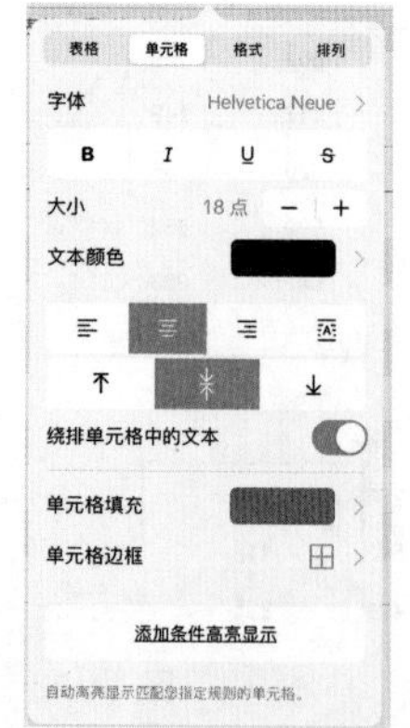

图 14-25　为表格设置样式　图 14-26　为单元格设置样式

2　显示、隐藏或编辑表格标题

在电子表格的编辑界面中，新添加表格的标题默认为显示状态。用户可以对表格标题进行重新命名、隐藏或显示等操作。

选中表格标题，单击导航栏中的“格式化”按钮🖌，在弹出的面板中将自动显示“标题”标签，如图 14-27 所示。在该面板中可以设置标题的字体、字号和文本颜色等参数。

连续单击两次表格标题，在文本框中删除表格名称并单击界面的空白处，即可隐藏表格标题，如图 14-28 所示。如果想要再次显示表格的标题，选中单元格并单击“格式化”按钮🖌，在弹出的“格式”面板中选择“标题”选项即可，如图 14-29 所示。

连续单击两次表格标题，在文本框中删除表格的原始名称并输入新名称，单击界面空白处，即可完成重命名表格标题的操作。

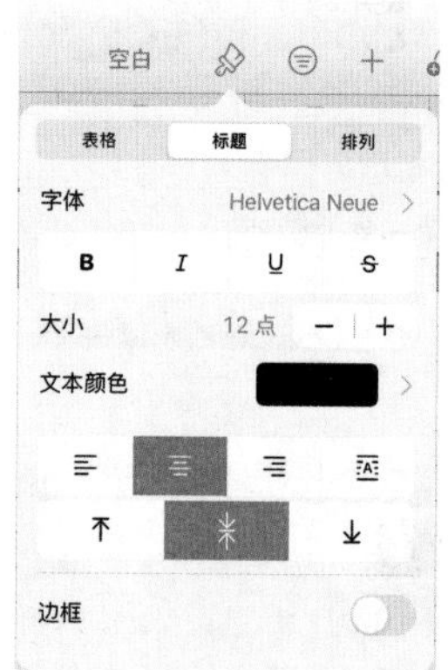

图 14-27　设置标题参数

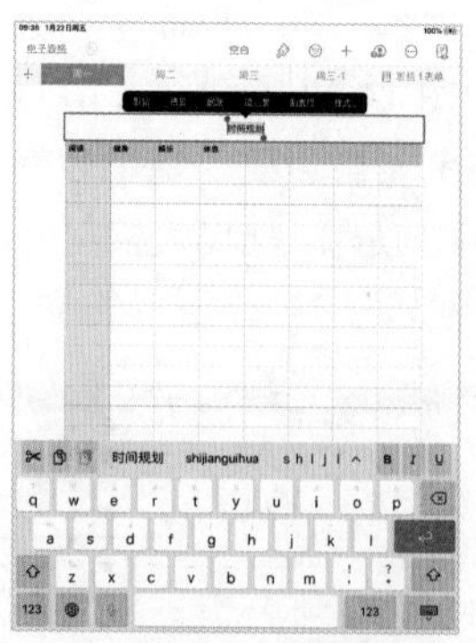

图 14-28　隐藏标题

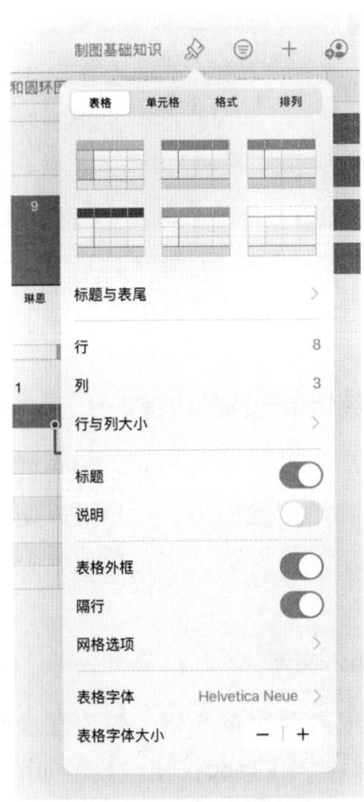

图 14-29　显示标题

14.3.5　应用案例——编辑和布局表格

01 单击“选取模板”界面中的“个人预算”模板，进入“个人预算”电子表格的编辑界面。单击左上角的表格将其选中，弹出如图 14-30 所示的列表。

02 单击列表中的“删除”选项，即可删除该表格。使用相同方法删除右上角的表格，此时电子表格的编辑界面如图 14-31 所示。单击选中底部表格，拖曳表格左上角的◎按钮，将表格移动到如图 14-32 所示的位置。

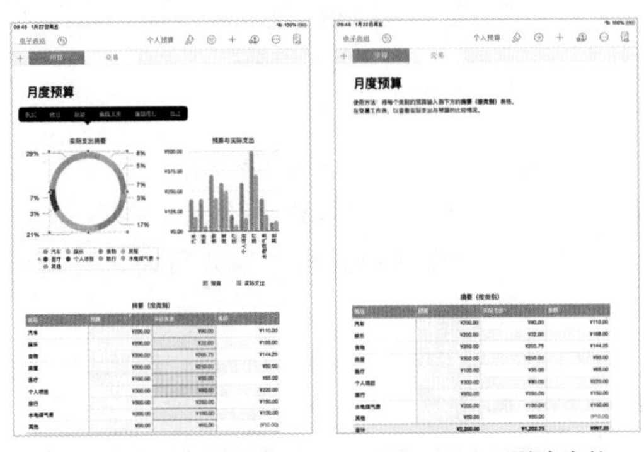

图 14-30　下拉列表　　　　图 14-31　删除表格

图 14-32　移动表格

03 单击选中表格，表格右下角的边线上出现三个蓝色圆点。向下或向右拖曳蓝色圆点，调整表格的宽度和高度，如图 14-33 所示。

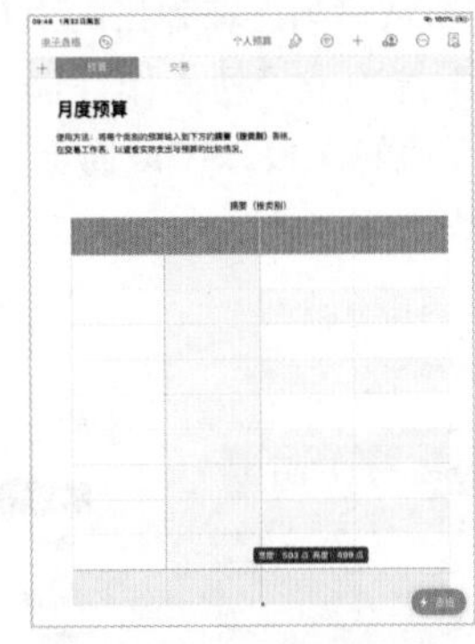

图 14-33　调整宽度和高度

04 单击某个单元格，向右或向下拖曳移动蓝色圆点，可以选中一行或一列中的多个单元格，如图 14-34 所示。连续单击两次单元格，即可在文本框中输入文本，如图 14-35 所示。

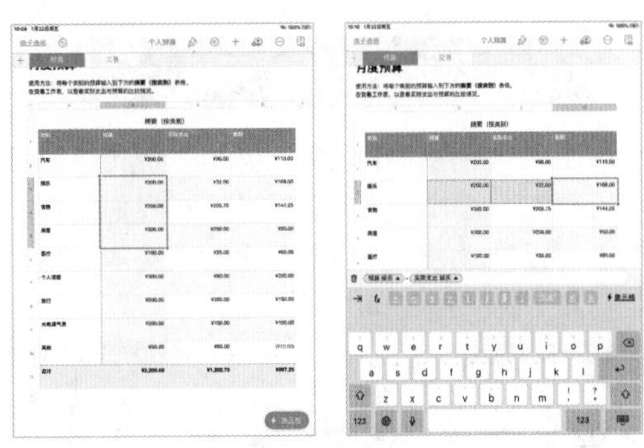

图 14-34　选择单元格　　图 14-35　输入文本（一）

05 单击选中表格，字母显示在列的上方，数字显示在行的左侧。单击行号或列字母可选中该行或列中的所有单元格，如图 14-36 所示。单击行号或列字母并拖曳移动蓝色圆点，选择多行或多列，如图 14-37 所示。

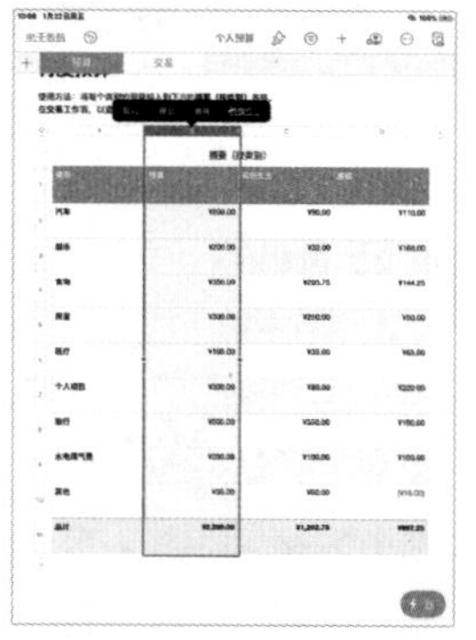

图 14-36　选择单列

06 选中行或后列，在弹出的下拉列表中选择“行操作”选项或“列操作”选项，会弹出如图 14-38 所示的面板。在该面板中可以为行设置各项参数。

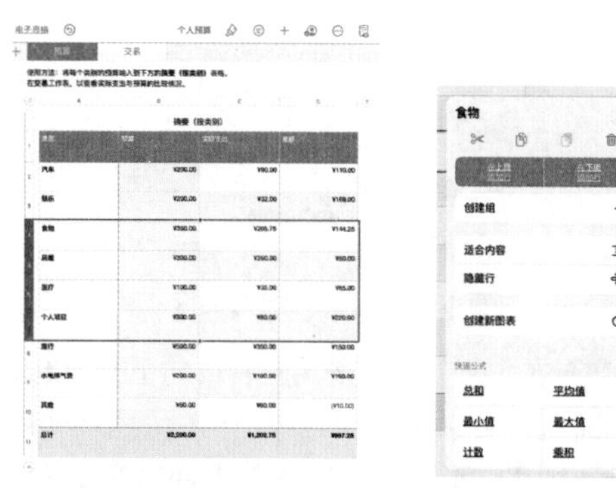

图 14-37　选择多行　　图 14-38　行操作

14.4　添加和整理单元格

连续单击两次单元格，单元格将转换为可编辑状态。此时，键盘面板显示在界面底部。键盘面板顶部的工具栏中包含输入文本的各种工具和按钮，如图 14-39 所示。

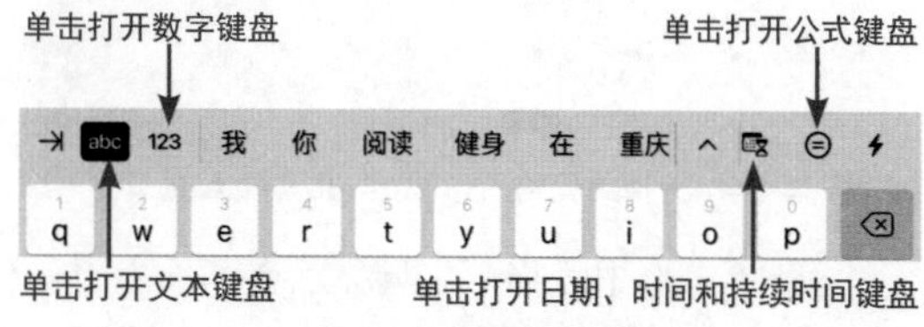

图 14-39　键盘工具栏

> **提示**
>
> 选中表格或单元格，单击导航栏中的“格式化”按钮，单击弹出面板中的“排列”标签，单击“锁定”按钮，即可将当前表格锁定。选中被锁定的表格，单击“格式化”按钮，弹出“对象已锁定”面板，单击该面板中的“解锁”按钮，即可完成解锁操作。

14.4.1　编辑单元格的内容

选中单元格，单击界面右下角的“键盘”按钮，弹出键盘面板。用户可以使用该键盘为选中的单元格添加文本、数值、公式或时间等内容。

1　输入文本

连续单击两次单元格，弹出键盘面板，单击键盘工具栏中的abc按钮，显示如图 14-40 所示的文本键盘。用户可以使用该键盘完成输入文本的操作，如图 14-41 所示。

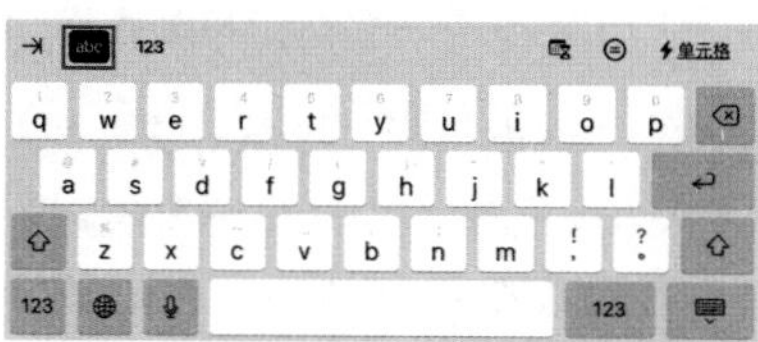

图 14-40　文本键盘

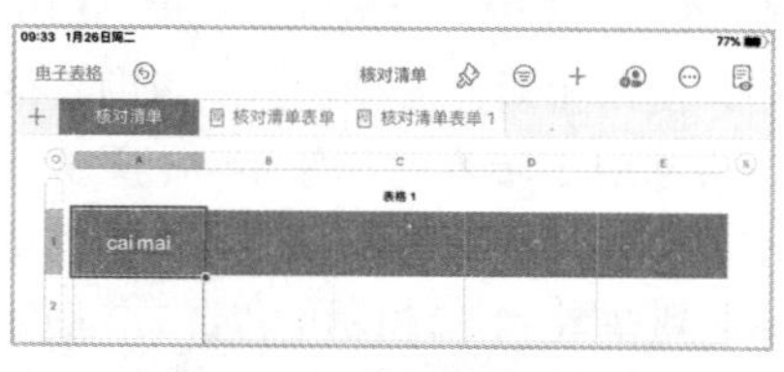

图 14-41　输入文本（二）

2　输入时间

单击键盘工具栏中的按钮，显示如图 14-42 所示的日期、时间和持续时间键盘。用户可以使用该键盘在单元格中输入日期、时间或持续时间等内容。

单击键盘中的“日期与时间”按钮后，使用键盘左侧的“今天”“现在”“上午 / 下午”等按钮配合键盘顶部的时间加减按钮，为单元格输入时间参数，此时输入的时间将从年月日精确到时分秒，如图 14-43 所示。单击键盘中的“持续时间”按钮，使用键盘左侧的“周”“天”“小时”“分”“秒”或“毫秒”等按钮配合键盘顶部的时间加减按钮和 0 ～ 9 的数字键，为单元格输入持续时间，如图 14-44 所示。

图 14-42　日期、时间和持续时间键盘

图 14-43　输入精确时间　　图 14-44　输入持续时间

3　输入数值及星形等

单击键盘工具栏中的 123 按钮，显示如图 14-45 所示的数字键盘。用户可以使用该键盘在单元格中输入数字、货币值、分数、星级评分和复选框等内容。

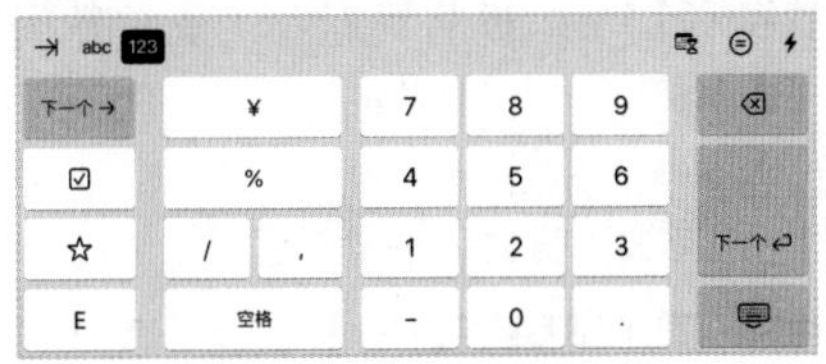

图 14-45　数字键盘

使用键盘中 0 ～ 9 的数字键配合 %、¥ 和 / 等符号，可以为单元格输入百分比数值、货币值和分数等内容，如图 14-46 所示。

单击键盘中的“星级评分”按钮 ☆ ，当前单元格内出现 5 个黑色圆点，单击任意圆点，当前圆点包括该圆点前面的所有圆点变为黑色的五角星，如图 14-47 所示。

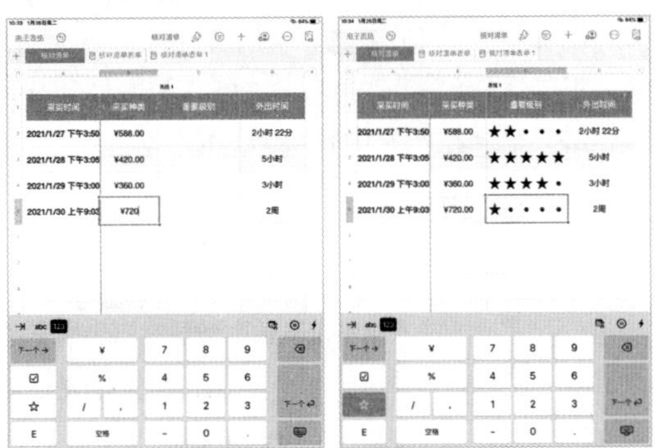

图 14-46　输入货币值　　图 14-47　星级评分效果

4　插入批注

选中某个单元格，单击键盘工具栏中的⚡按钮，弹出如图 14-48 所示的 D2 面板。在该面板中可以为单元格插入当前日期、当前时间、新建公式、股票报价和添加批注等内容。

单击 D2 面板中的“添加批注”选项，弹出如图 14-49 所示的批注输入面板，在其中输入相应的文本、时间或数字等内容。文本输入完成后，单击“完成”按钮，批注的显示效果如图 14-50 所示。

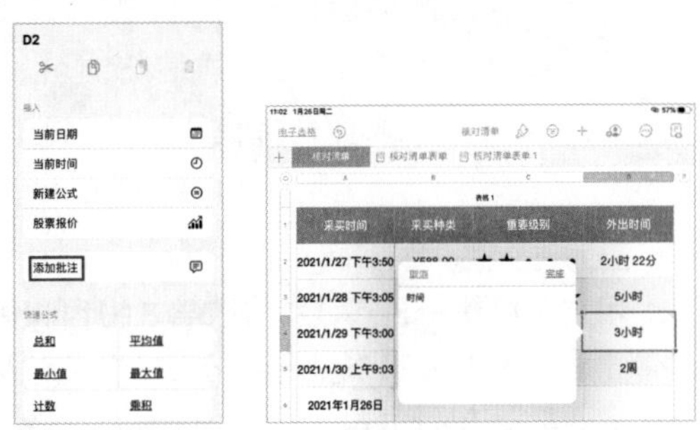

图 14-48　D2 面板　　图 14-49　输入批注

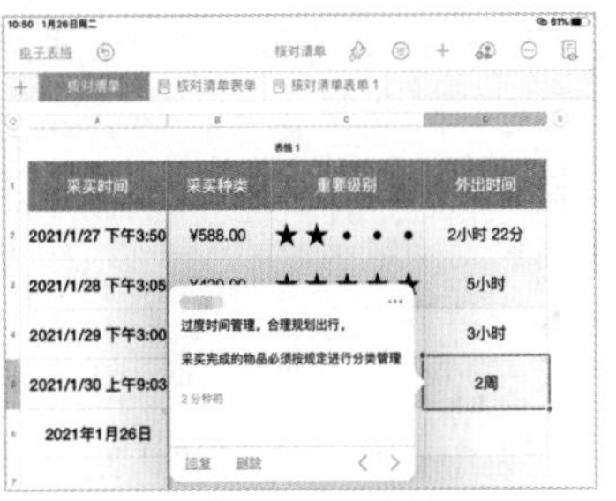

图 14-50　批注的显示效果

5 进行快速运算

选择一个或多个单元格，单击界面右下角的“单元格”按钮，弹出如图 14-51 所示的面板，单击“总和”选项，表格右侧增加一列，运算结果显示在所选内容右侧的单元格中。

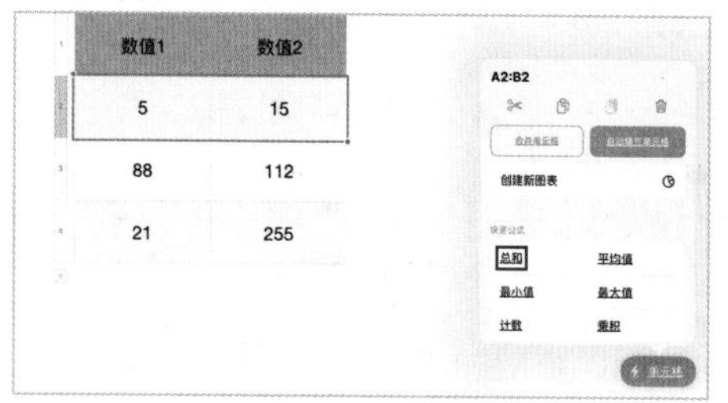

图 14-51 快速计算总和

选择整行或整列，单击界面右下角的“列”按钮或“行”按钮，弹出如图 14-52 所示的面板，单击“乘积”选项，运算结果显示在所选内容右侧的单元格中。

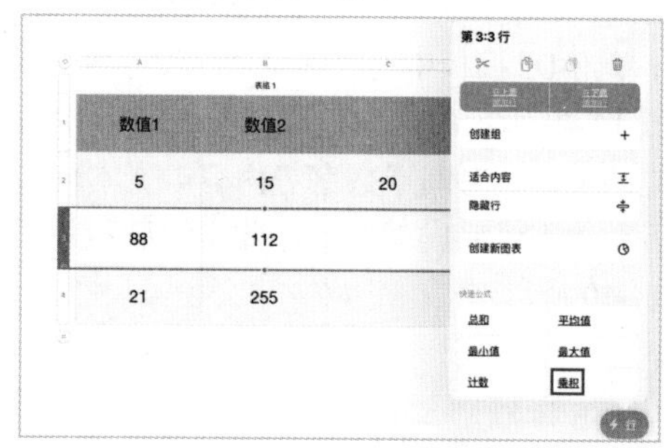

图 14-52 快速计算乘积

6 使用公式键盘

用户可以使用公式键盘将数学、物理和化学等学科的运算公式添加到电子表格中，以及从函数面板中选取函数。

选中某个单元格，单击界面右下角的“键盘”按钮，弹出键盘面板。单击键盘工具栏中的按钮，打开如图 14-53 所示的公式键盘，用户可以使用该键盘完成学科运算公式的输入。

如果用户不确定函数的公式参数，单击“函数”按钮 *fx*，打开函数面板，在“类别”选项中单击一个函数类别，进入该类别的下拉列表。在该下拉列表中选择一个函数，便可以将它插入到公式编辑器中。

如果用户想要了解函数的相关信息，单击函数名称右侧的“信息”按钮ⓘ，弹出如图 14-54 所示的函数信息。

图 14-53 公式键盘

图 14-54 函数信息

> **提示**
>
> 完成单元格的所有内容设置后，单击键盘右下角的按钮可以关闭键盘，退出输入文本的操作。

14.4.2 使用表单输入数据

当表格的所有行都包含相同种类的信息（例如联系信息、填写调查、输入库存或记录课堂出勤等）时，用户可以使用表单为表格快速输入数据。此外，可以修改电子表格中的所有表单数据，也可以为电子表格创建空白表单，Numbers 表格会根据空白表单自动创建对应的表格。

在表单工作表中，表格的每行显示为一条记录，每列与选项中的字段对应。用户在表单中设置的任何参数都将更新到“表单数据”工作表中。

14.4.3 应用案例——创建新表单

01 打开“制图基础知识”电子表格模板，单击工作表左上角的“添加”按钮＋，在弹出的下拉菜单中单击“新建表单”选项，进入如图 14-55 所示的表单界面。单击“空白表单”后，进入“表单设置”界面，如图 14-56 所示。

02 逐一单击“字段 1”“字段 2”“字段 3”选项并输入文本。单击“添加字段”选项，再次输入文本，如图 14-57 所示。完成文本输入后，单击“完成”选项。单击“班级”选项，输入文本。单击右上角的“下一个”按钮>，输入如图 14-58 所示的文本。

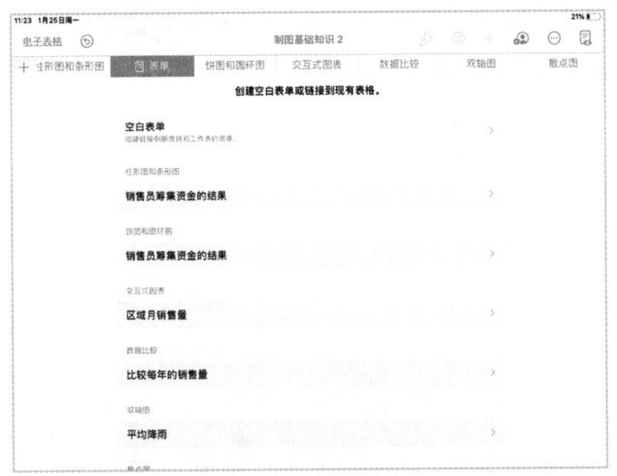

图 14-55　表单界面

图 14-56　“表单设置”界面

图 14-57　输入文本（三）

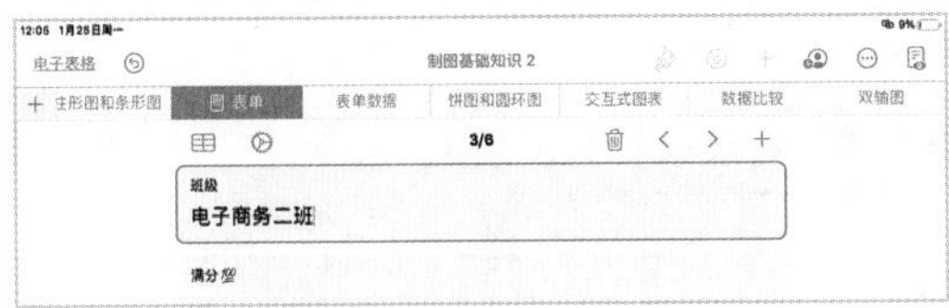

图 14-58　输入文本（四）

03 单击＋按钮，输入如图 14-59 所示的文本。使用相同方法，完成其他文本的输入。完成后单击“表单数据”工作表标签，表格数据如图 14-60 所示。

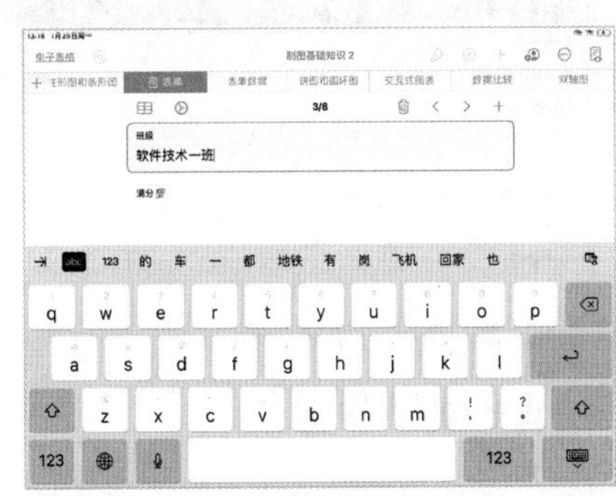

图 14-59　输入文本（五）

图 14-60　表格数据（一）

04 单击“表单”工作表标签，继续单击满分、优秀、合格和重修等选项，输入文本，如图 14-61 所示。输入完成后，单击“表单数据”工作表标签，表格数据如图 14-62 所示。

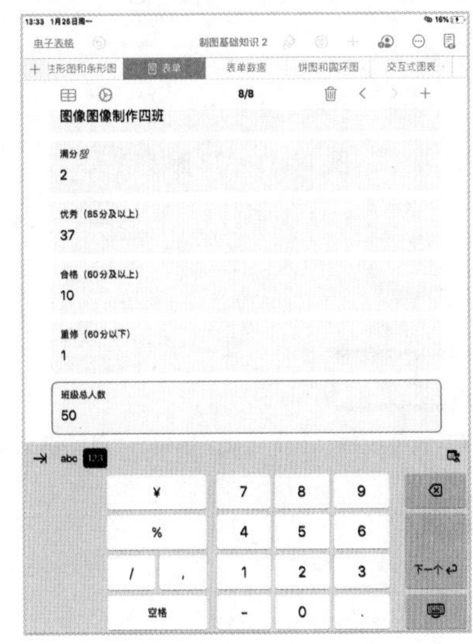

图 14-61　输入文本（六）

表格 1

班级	满分	优秀（85分及以上）	合格（60分及以上）	重修（60分以下）	班级总人数
电子商务一班	2	41	3	4	50
电子商务二班	3	34	8	5	50
软件技术一班	1	32	15	2	50
软件技术二班	4	35	11	0	50
图形图像制作一班	1	43	5	1	50
图像图像制作二班	3	35	9	3	50
图像图像制作三班	1	39	8	2	50
图像图像制作四班	2	37	10	1	50

图 14-62　表格数据（二）

14.4.4　自动填充单元格

用户可以将相同的公式、数值或数据逻辑序列（例如数字、字母或日期序列）快速填充到表格的单元格、行或列中。

1　为相邻单元格自动填充相同内容

选中单元格并输入文本，单击界面右下角的“单元格”按钮，弹出如图 14-63 所示的 C2 面板。单击面板中的“自动填充单元格”按钮，该单元格的边框变为如图 14-64 所示的黄色。向下拖曳黄色边框选中连续的单元格，被选中的单元格将自动填充文本内容，如图 14-65 所示。

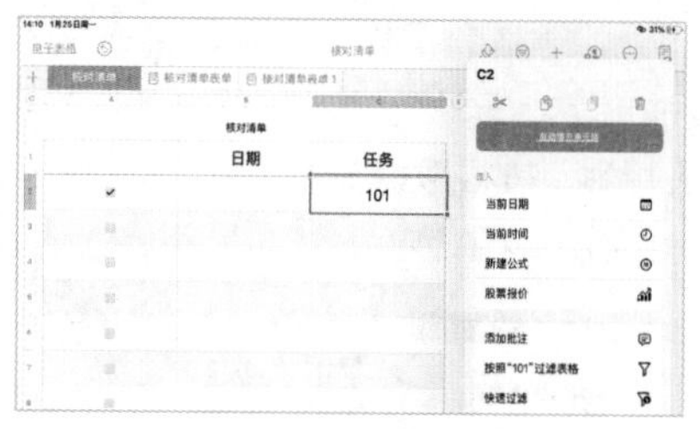

图 14-63　C2 面板

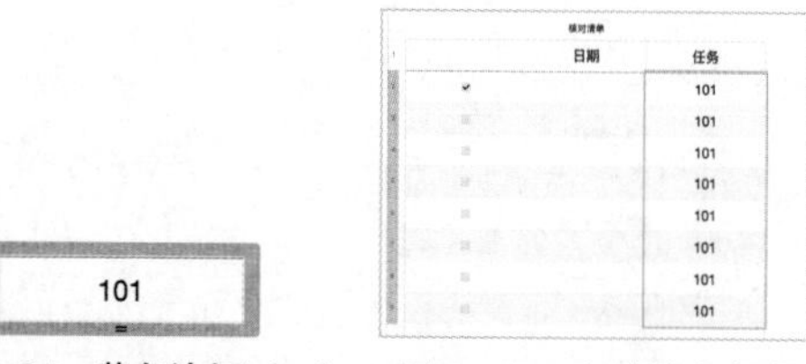

图 14-64　黄色边框（一）　图 14-65　自动填充文本

> **提示**
>
> “自动填充单元格”功能可以复制填充单元格的格式、边框、数据和公式等内容，但无法复制填充批注内容。

2　为相邻单元格自动填充序列内容

将序列文本输入到连续的两个单元格中，同时选中两个序列单元格，单击界面右下角的“单元格”按钮，弹出如图 14-66 所示的 C2:C3 面板。单击面板中的“自动填充单元格”按钮，序列单元格的边框变为如图 14-67 所示的黄色。向下拖曳黄色边框选中连续的单元格，被选中的单元格将自动填充序列文本，如图 14-68 所示。

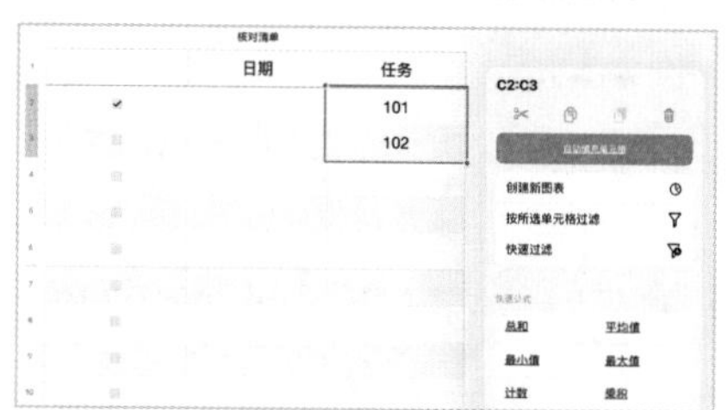

图 14-66　C2:C3 面板

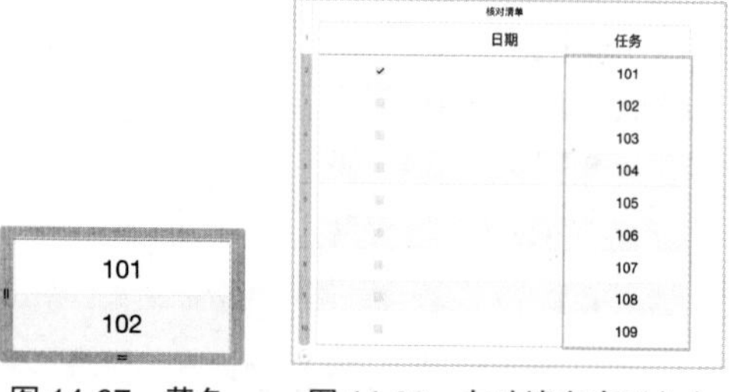

图 14-67　黄色边框（二）　图 14-68　自动填充序列文本

> **提示**
>
> 如果选中的单元格包含文本，使用“自动填充单元格”功能后，该单元格中的原始文本会被覆盖。

14.4.5　高亮显示单元格

当 Numbers 表格中某个单元格的值满足某些条件时，用户可以设置单元格或文本的外观样式。

1　设置高亮显示规则

选中某个单元格，单击导航栏中的“格式化”按钮，“单元格”选项卡如图 14-69 所示。单击“添加条件高亮显示”按钮，进入“选取规则”面板，如图 14-70 所示。

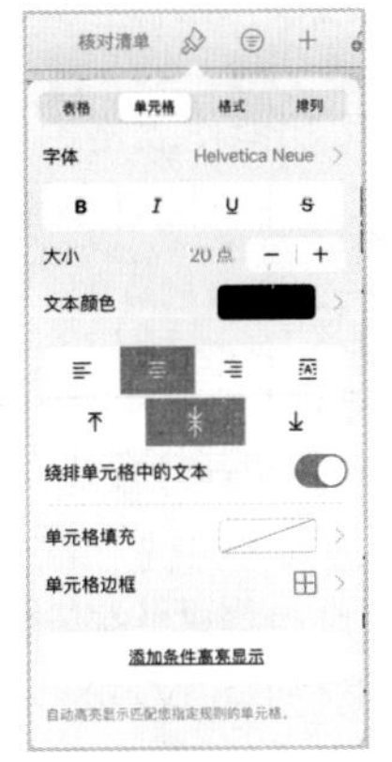

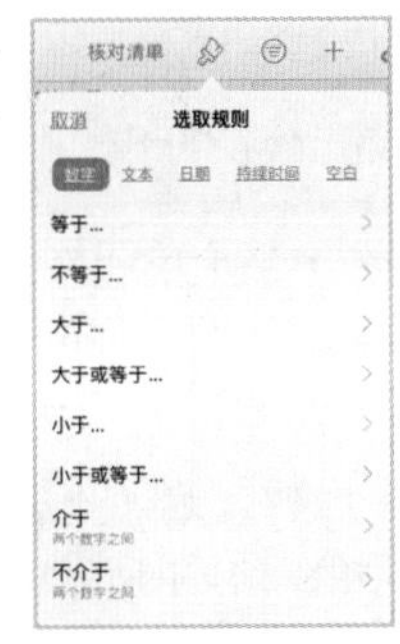

图 14-69 “单元格”选项卡　图 14-70 “选取规则”面板

单击“选取规则”面板中的“等于”选项，进入“编辑规则”面板，设置参数如图 14-71 所示。规则设置完成后，单击“编辑规则”面板右上角的“完成”按钮，返回到如图 14-72 所示的面板。

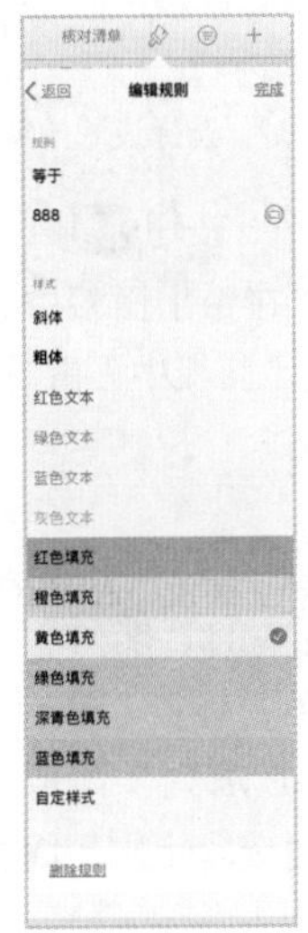

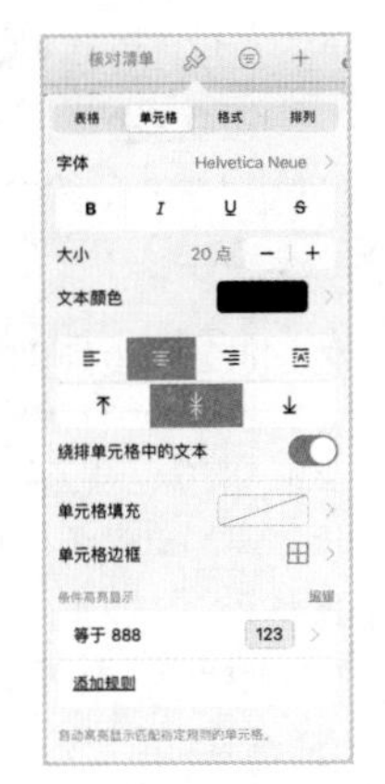

图 14-71　设置参数（一）　图 14-72　返回面板（一）

单击电子表格的空白处，退出高亮显示的编辑操作。再次单击该单元格，为单元格输入设置好的数值，单元格外观将变为设置好的显示效果，如图 14-73 所示。

2　设置重复高亮显示

用户为单元格添加条件高亮显示规则后，Numbers 表格可以将该规则应用到其他单元格中。

采买时间	采买种类	重要级别	外出时间
2021/1/27 下午3:50	¥588.00	★★•••	2小时 22分
2021/1/28 下午3:05	¥420.00	★★★★★	5小时
2021/1/29 下午3:00	¥420.00	★★★★•	3小时
2021/1/30 上午9:03	888	★••••	2周
2021年1月26日	¥666.00	★★★★★	4小时 30分
2021/1/31	¥360.00	★★★••	1小时 5分
2021年2月1日	¥720.00	★★★★•	2小时 25分
2021/2/2	¥420.00	★••••	2小时 56分
2021/2/3	¥666.00	★★•••	5小时 6分

图 14-73　单元格的显示效果

选中多个单元格（其中的某些单元格已添加过高亮显示规则），单击导航栏中的“格式化”按钮，“单元格”选项卡如图 14-74 所示。单击“条件高亮显示”下方的“合并规则”选项，面板参数如图 14-75 所示。

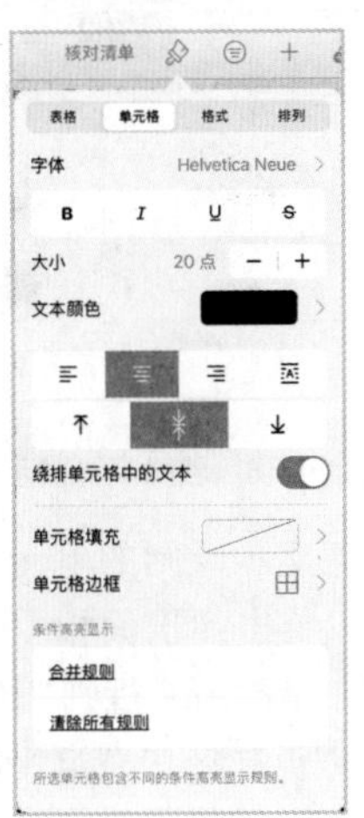

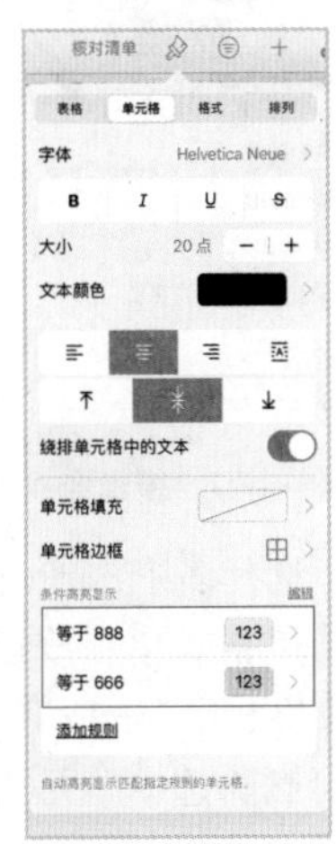

图 14-74　“单元格”选项卡　图 14-75　合并规则

合并规则后，拥有相同数字或文本的单元格将应用添加高亮显示规则的外观样式，应用相同高亮显示规则的单元格外观如图 14-76 所示。

采买时间	采买种类	重要级别	外出时间
2021/1/27 下午3:50	¥588.00	★★•••	2小时 22分
2021/1/28 下午3:05	¥420.00	★★★★★	5小时
2021/1/29 下午3:00	¥420.00	★★★★•	3小时
2021/1/30 上午9:03	888	★••••	2周
2021年1月26日	¥666.00	★★★★★	4小时 30分
2021/1/31	¥360.00	★★★••	1小时 5分
2021年2月1日	¥720.00	★★★★•	2小时 25分
2021/2/2	¥420.00	★••••	2小时 56分
2021/2/3	¥666.00	★★•••	5小时 6分

图 14-76　单元格外观

3 删除高亮显示规则

选择一个添加过高亮显示规则的单元格，单击“格式化”按钮，单击弹出面板中“条件高亮显示”选项右侧的“编辑”按钮，得到如图 14-77 所示的编辑面板。单击⊖按钮，继续单击高亮显示规则右侧出现的红色“删除”按钮 删除，如图 14-78 所示，将会删除该单元格中的高亮显示规则。

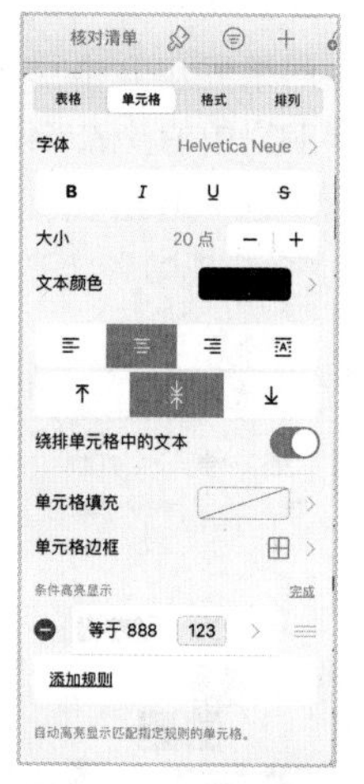

图 14-77 编辑面板

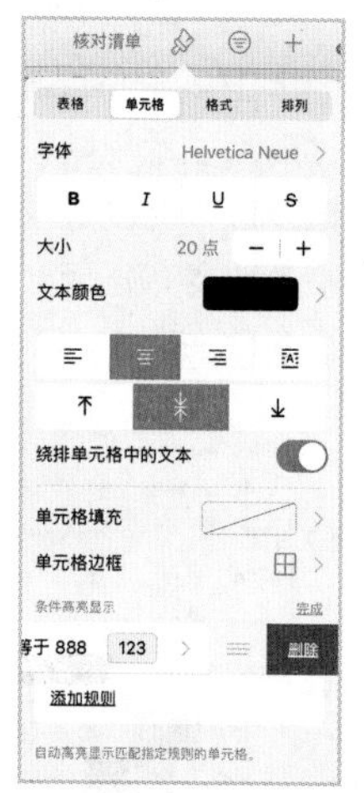

图 14-78 删除高亮显示规则

选择多个添加过高亮显示规则的单元格，单击“格式化”按钮，单击弹出面板中“条件高亮显示”选项下方的“清除所有规则”选项，即可删除选中单元格中的所有高亮显示规则，如图 14-79 所示。

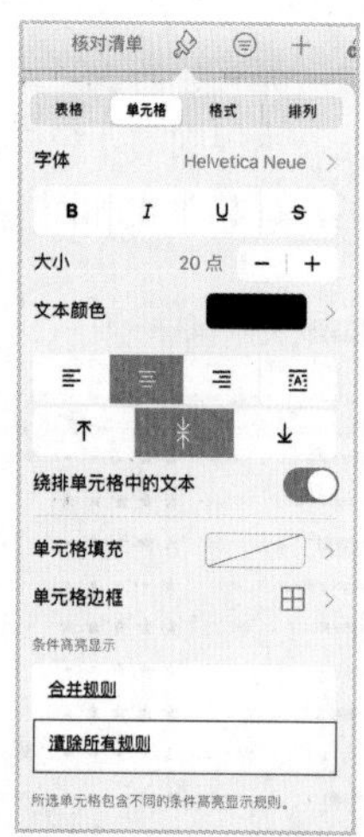

图 14-79 清除所有规则

14.4.6 过滤数据

用户可以使用“过滤”功能使表格中的数据进行单独显示。

1 快速过滤

选中某个单元格，单击键盘工具栏中的按钮，弹出如图 14-80 所示的 C6 面板。单击面板中的“快速过滤”选项，进入“过滤‘重要级别’”面板，选择一星、二星和三星选项，表格显示如图 14-81 所示的星级评级。

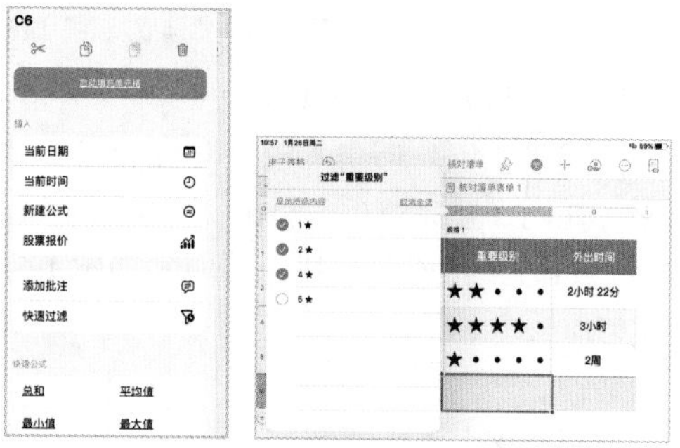

图 14-80 C6 面板 图 14-81 选择过滤内容

单击“行”按钮、“列”按钮或“单元格”按钮，同样可以在弹出面板中选择“快速过滤”选项，并在“过滤”面板中设置选项，完成过滤操作。

2 创建过滤规则

选中表格，单击导航栏中的“排列”按钮，单击弹出面板中的“过滤”标签。单击“添加过滤条件”选项，进入“选取列”面板后，单击“日期”选项，将进入“选取规则”面板，如图 14-82 所示。

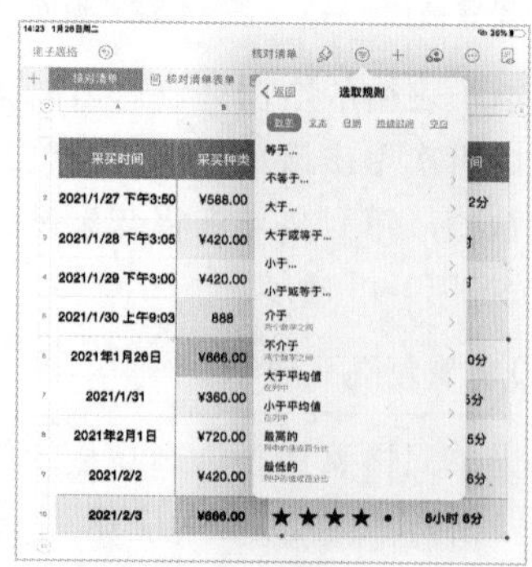

图 14-82 “选取规则”面板

单击面板名称下方的“日期”选项，继续单击下方的“在未来”选项，进入“编辑规则”面板，设置如图 14-83 所示的规则。设置完成后，单击面板右上角的“完成”按钮，返回到如图 14-84 所示的面板。

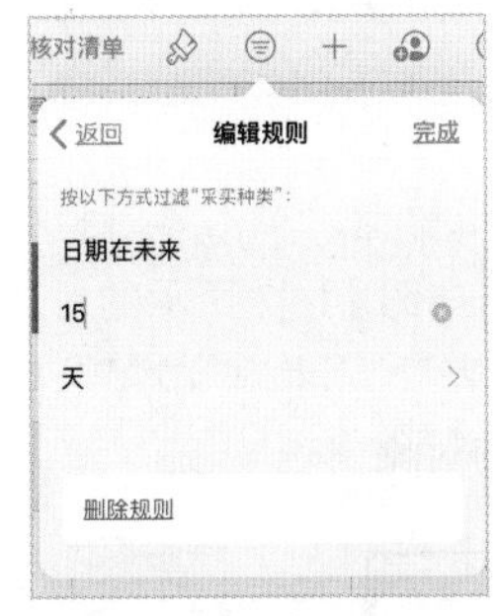

图 14-83　设置规则

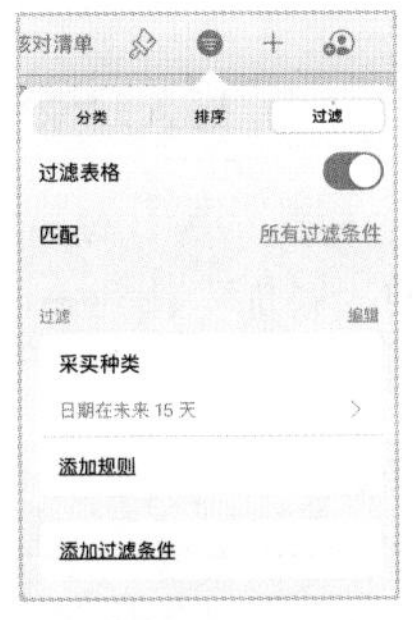

图 14-84　返回面板（二）

当想要在其他列中添加过滤条件时，可以单击面板底部的“添加过滤条件”选项，进入“选取列”面板，使用相同方法设置其他过滤规则。当想要在拥有多个过滤规则的表格中匹配过滤规则时，可以单击面板中“匹配”选项右侧的“所有过滤条件”或“任何过滤条件”选项，表格将显示匹配后的行。

14.5　按类别整理数据

在 Numbers 表格中按类别整理表格，用户可以使用全新的方式查看数据。图 14-85 所示为创建分类的表格效果。

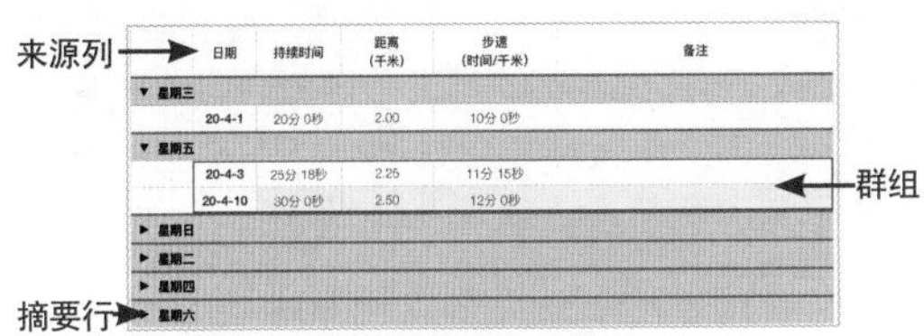

图 14-85　创建分类的表格效果

14.5.1　添加、编辑和删除类别

选中表格，单击导航栏中的“排列”按钮，在“分类”选项卡中单击“添加类别”按钮，进入“选取列”面板，如图 14-86 所示。单击“选取列”面板中的任意选项后，进入如图 14-87 所示的参数面板，完成表格的分类操作。

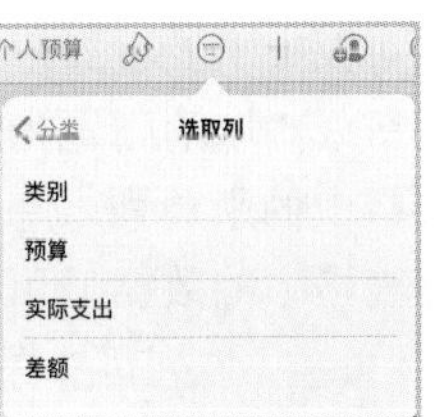

图 14-86　进入“选取列”面板

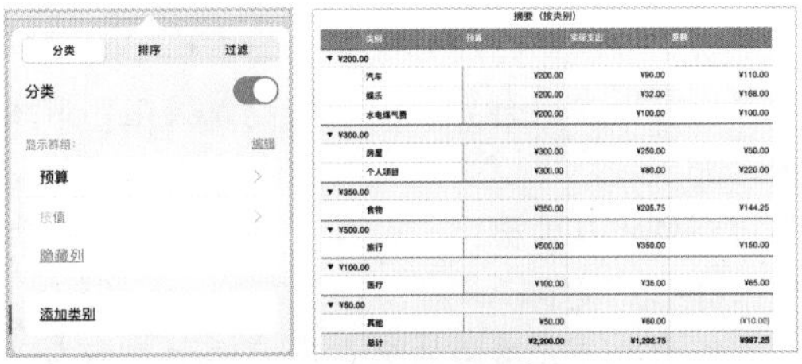

图 14-87　设置分类参数

单击参数面板底部的“添加类别”按钮，进入“选取列”面板并添加一个类别，如图 14-88 所示。

单击参数面板中“显示群组”选项右侧的“编辑”按钮，将显示如图 14-89 所示的群组编辑面板。单击按钮，右侧出现按钮，单击即可删除分类。单击群组编辑面板中的按钮，向上或向下拖曳可移动类别的叠放顺序，如图 14-90 所示。

图 14-88　添加类别

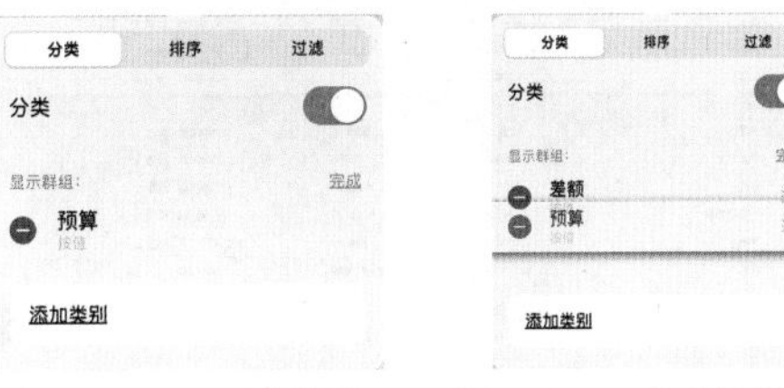

图 14-89　删除类别　　图 14-90　移动叠放顺序

单击参数面板中“显示群组”选项下方的“隐藏列”按钮或“取消隐藏列”按钮，可以隐藏或显示表格中的来源列。隐藏来源列，可以减少已分类表格中的数据显示。来源列在隐藏状态时，关闭分类，该列仍然保持隐藏状态。

14.5.2 修改类别群组

用户可以在已经完成分类的表格中编辑群组，也可以为没有分类的表格设置群组。群组编辑完成后，可以更换查看数据的方式。其操作包括创建其他群组、合并群组和重新排列类别内群组的顺序等。

选中一个表格中的多个行，单击界面右下角的“行”按钮，单击弹出面板中的“创建组”选项，如图 14-91 所示。表格中将添加新的群组，来源列和摘要行中会自动出现一个占位符名称，例如“群组 1”，如图 14-92 所示。

选中群组名称的整行，单击界面右下角的“行”按钮，单击弹出面板中的“删除”按钮，即可删除该群组。删除群组时，该群组中的数据也会被删除。

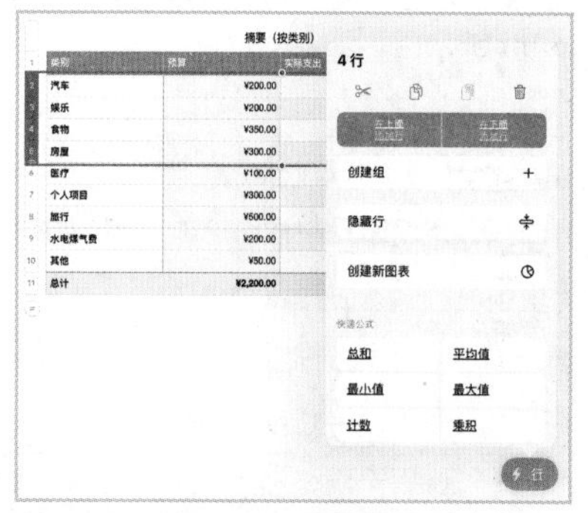

图 14-91 创建组

图 14-92 出现占位符名称

14.6 使用其他对象

对象是指可以添加到工作表中的表格、图表、形状、文本和媒体等内容。因此，除了表格对象以外，用户还可以在电子表格的编辑界面中添加文本、形状、图片或视频等对象。

14.6.1 插入对象

进入电子表格的编辑界面，单击导航栏中的“添加”按钮+，弹出如图 14-93 所示的对象面板。单击“表格”“图表”“形状和文本”“媒体”标签，将显示对应的对象列表。

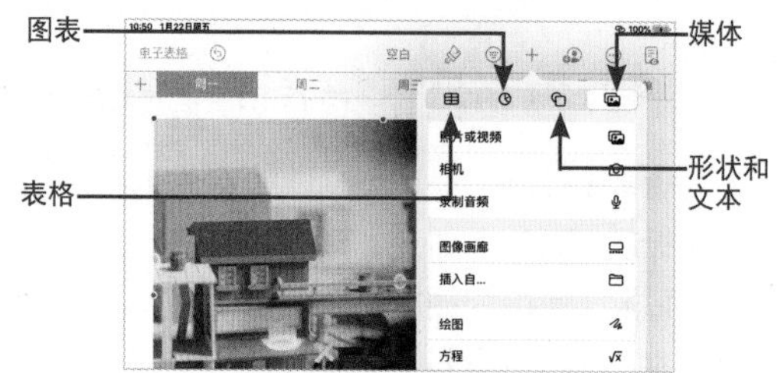

图 14-93 对象面板

14.6.2 应用案例——制作个人路线表格

01 单击“选取模板”界面中“基本”模板类型下的“空白”模板，进入模板的编辑界面，设置表格的各项参数如图 14-94 所示。单击导航栏中的“添加”按钮+，单击弹出面板中的“媒体”标签，如图 14-95 所示。

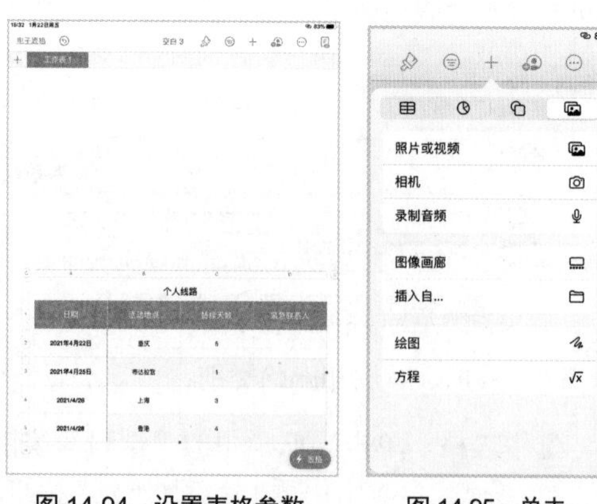

图 14-94 设置表格参数　　图 14-95 单击“媒体”标签

02 单击“照片与视频”选项，进入“相簿”

下拉列表，选择某个相簿选项后进入该相簿的缩略图列表，单击图像的缩略图，如图 14-96 所示。

03 拖曳移动照片边线调整图像的大小，使用相同方法添加多张图像，如图 14-97 所示。单击导航栏中的“添加”按钮+，单击弹出面板中的“形状和文本”标签，选择“交通”选项，进入“交通”列表，单击“地点”标签下的形状图标，如图 14-98 所示。

图 14-96　添加一张图像

图 14-97　添加多张图像

图 14-98　添加形状

04 在电子表格的编辑界面中添加文本框，在文本框中输入如图 14-99 所示的文字。

05 在电子表格的编辑界面中添加一个圆角矩形形状，单击导航栏中的“格式化”按钮，在弹出的面板中设置如图 14-100 所示的参数。设置完成后，单击面板中的“排列”标签，设置参数如图 14-101 所示。

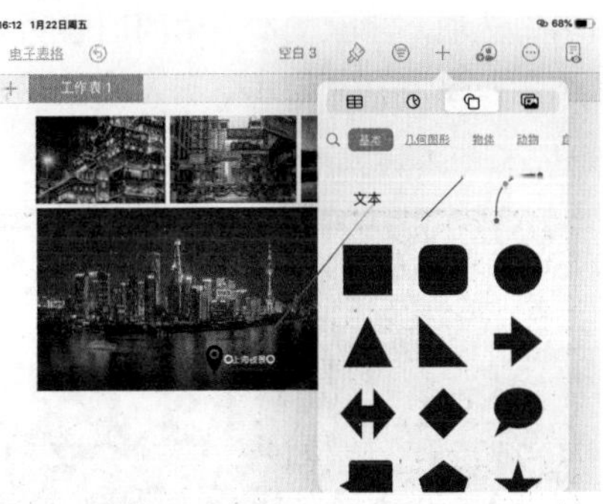

图 14-99　添加文本框并 输入文本

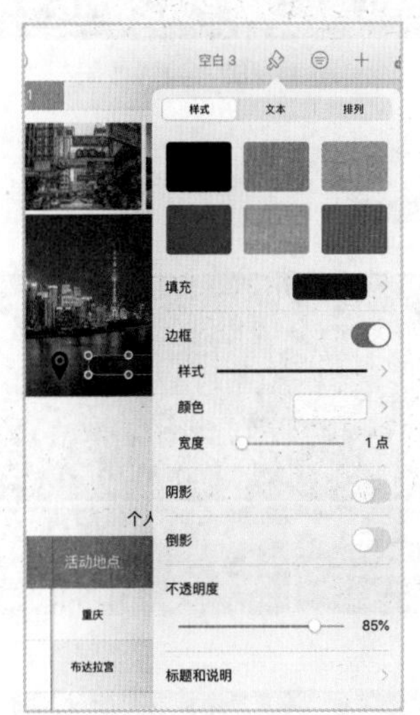

图 14-100　设置参数（二）

图 14-101　设置参数（三）

06 单击界面的空白处，退出形状编辑状态。在编辑界面中添加直线形状，设置直线的长度、颜色和不透明度等参数，效果如图 14-102 所示。

07 调整多张图像的位置和大小，并在图像左上方添加图像标题文本，效果如图 14-103 所示。单击电子表格的标题，单击下拉列表中的“重新命名”选项，删除文本框中的旧名称并输入新名称，如图 14-104 所示。输入完成后，单击界面的空白处。

图 14-102　直线效果

日期	活动地点	持续天数	紧急联系人
2021年4月22日	重庆	5	
2021年4月25日	布达拉宫	1	
2021/4/26	上海	3	
2021/4/28	香港	4	

图 14-103　图像效果

图 14-104　重命名操作

14.6.3　插入图表

在 Numbers 表格中，图表与表格是息息相关的。创建图表前，先在表格中选中数据，再创建显示该数据的图表。创建完成后的图表和表格是相关联的，关联属性表现为更改表格中的数据时，图表会自动更新该数据。

选中一个表格中的多个单元格、多列或多行，单击界面右下角的“单元格”按钮![单元格]、“行”按钮![行]或“列”按钮![列]，弹出如图 14-105 所示的面板。

单击面板中的“创建新图表”按钮，弹出如图 14-106 所示的图表面板，单击面板中的任意图表选项，即可将该图表添加到电子表格的编辑界面中。图表数据与选中的表格数据相一致，如图 14-107 所示。

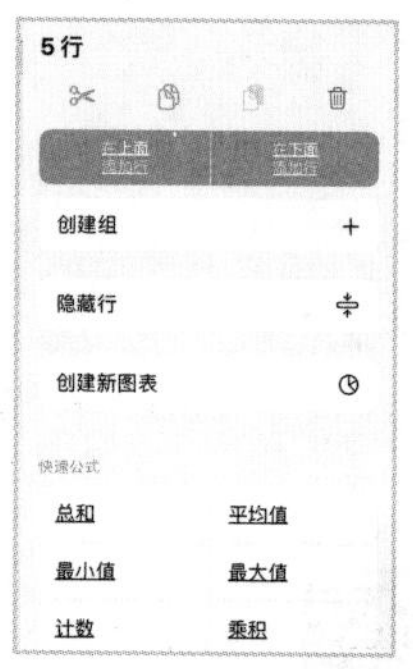

图 14-105　弹出面板

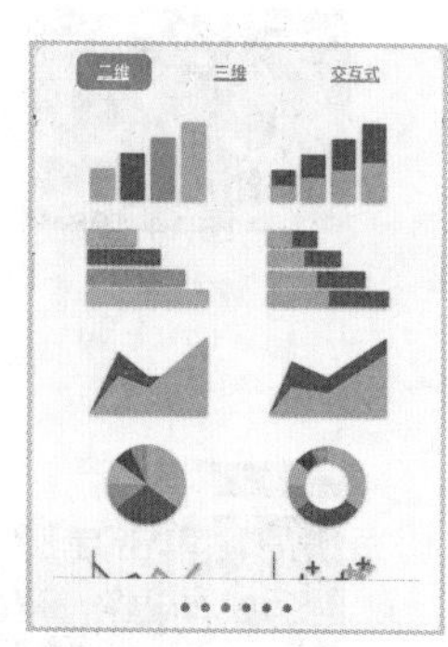

图 14-106　图表面板

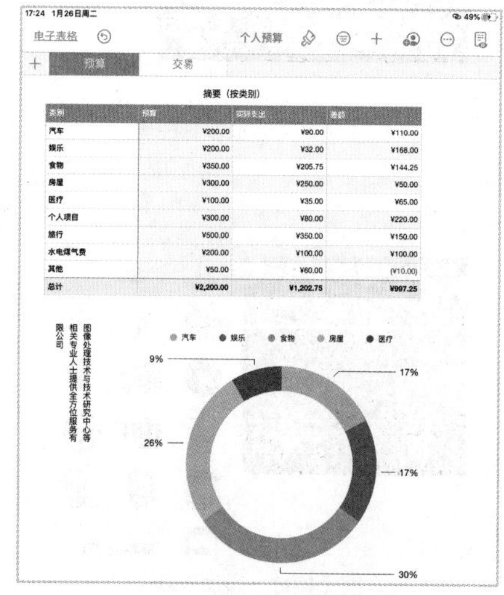

类别	预算	实际支出	差额
汽车	¥200.00	¥90.00	¥110.00
娱乐	¥200.00	¥32.00	¥168.00
食物	¥350.00	¥205.75	¥144.25
房屋	¥300.00	¥250.00	¥50.00
医疗	¥100.00	¥35.00	¥65.00
个人项目	¥300.00	¥80.00	¥220.00
旅行	¥500.00	¥350.00	¥150.00
水电煤气费	¥200.00	¥100.00	¥100.00
其他	¥50.00	¥60.00	(¥10.00)
总计	¥2,200.00	¥1,202.75	¥997.25

图 14-107　添加图表

选中新建的图表，单击弹出列表中的“编辑引用”选项，进入“编辑数据范围”界面。用户可以在该界面中调整选中的表格数据范围，图表数据范围会随着更新，如图 14-108 所示。

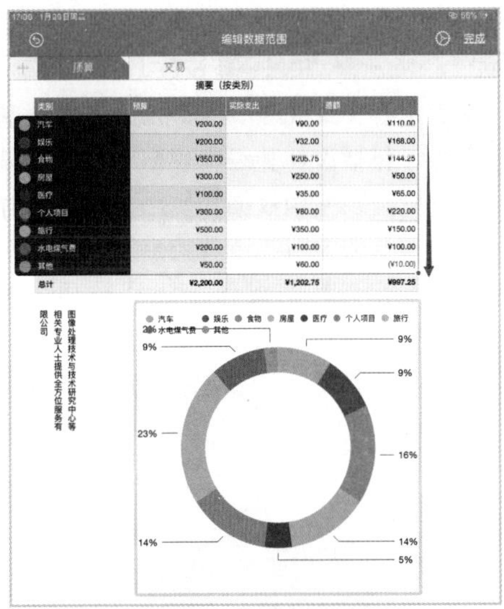

图 14-108　编辑数据范围

单击导航栏中的⚙按钮，单击弹出面板中的“根据行绘制序列”或“根据列绘制序列”选项，可以自由切换行绘制序列与列绘制序列。编辑完成后，单击导航栏中的“完成”按钮，确认数据编辑的操作，如图 14-109 所示。

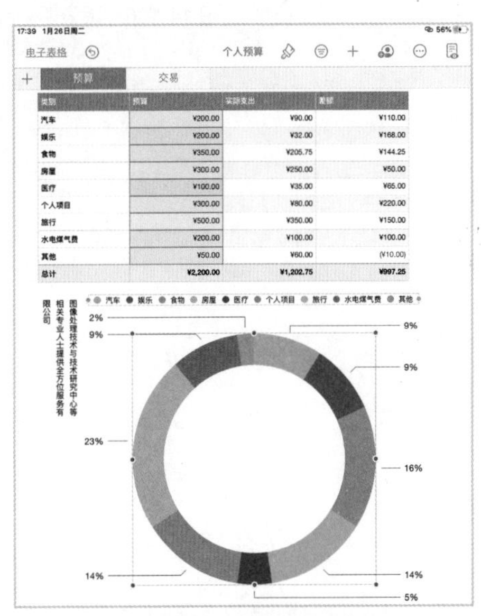

图 14-109　确认数据编辑

选中图表后，单击导航栏中的“格式化”按钮，“图表”选项卡如图 14-110 所示。用户可以在该面板中为图表设置标题、说明、内半径、旋转角度和图表类型等参数。

单击面板底部的“图表类型”选项，进入“图表类型”面板，如图 14-111 所示。单击任意图表类型，该图表类型将替换图表的原有类型，替换后的图表效果如图 14-112 所示。

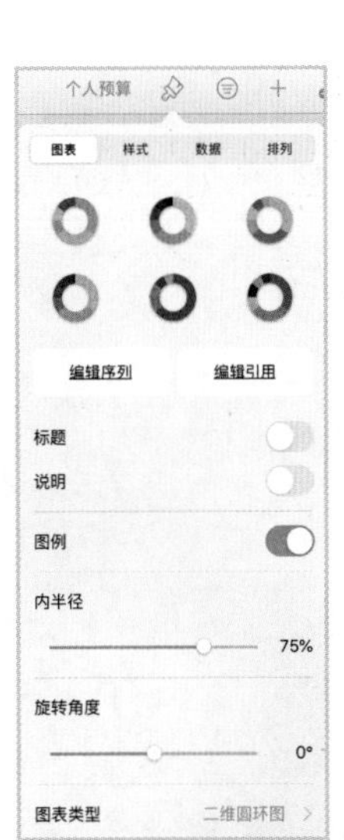

图 14-110　“图表”选项卡

图 14-111　“图表类型”面板

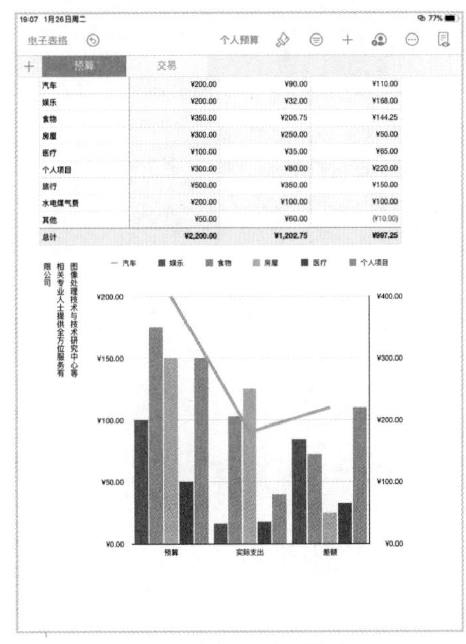

图 14-112　替换后的图表效果

14.7 更多操作

Numbers表格为用户提供了多种实用功能，例如查找和替换、共享电子表格、导出电子表格、打印电子表格、设定密码和Numbers表格帮助等，这些功能的使用方法与Pages文稿中的相同，此处就不再赘述。

14.8 本章小结

本章主要介绍iOS下Numbers表格的基本使用方法，包括添加和编辑表格、添加和整理单元格、按类别整理数据和使用其他对象等内容。通过本章的学习，读者应熟练掌握iOS移动端Numbers表格的操作方法和技巧，同时能够使用移动设备完成各种电子表格的创建和编辑。

Part 3

幻灯片制作——Keynote 讲演

第 15 章 了解 Keynote 讲演

使用 Mac OS X 操作系统的计算机通常都会内置 Keynote 讲演软件。Keynote 讲演拥有强大的工具和炫目的特效，用户可以凭借它设计和制作出风格各异且实用性强的演示文稿。

15.1 关于 Keynote 讲演

Keynote 讲演是一款主要适用于 Mac 操作系统的专业幻灯片制作软件，也是 iWork 套装中的一员。

使用 Keynote 讲演软件可以制作出生动的幻灯片，还可以通过实时协作功能来让用 Mac、iPad 或 iPhone 设备的团队成员无缝衔接地完成工作。迭代的新版本会不断增强软件的兼容性，同时也会不断开发出新功能。

15.1.1 iWork 三件套 Keynote 讲演

Keynote 讲演诞生于 2003 年，它是由苹果公司推出并运行于 Mac OS X 操作系统中的演示文稿应用程序。

Keynote 讲演支持所有的图片格式和字体类型，用户可以在幻灯片中添加图片、文字和图表等内容，以使幻灯片的设计更具图形化视觉效果。利用系统内置的 Quartz 图形技术可以制作更加吸引受众目光的演示文稿，而利用 Keynote 讲演中的动画效果也可以将演示文稿设计得更加绚丽夺目。

提示

Quartz 是位于 Mac OS X 的 Darwin（于 2000 年为苹果计算机开发的一款开放原始码的操作系统）核心上的绘图层。

随着 iOS 系列产品的不断发展和壮大，苹果公司紧跟科技发展趋势，推出了 iOS 版本的 Keynote 讲演，以便用户在移动设备上设计、编辑或查阅演示文稿。此外，用户还可以通过 iCloud 云端在 Mac、iPhone、iPad、iPod Touch 及 PC 之间共享演示文稿。

15.1.2 Keynote 讲演的特点

使用 Keynote 讲演软件能够便捷、轻松地制作出赏心悦目的演示文稿。在讲解如何制作演示文稿前，下面先介绍 Keynote 讲演的特点，以便今后更好地设计、制作和操作演示文稿等。

1 简明的设计理念

Keynote 讲演为用户提供了 30 多种简洁且眼前一亮的主题，如图 15-1 所示。选择任意类型主题，可以让演示文稿瞬间呈现符合该主题的外观。

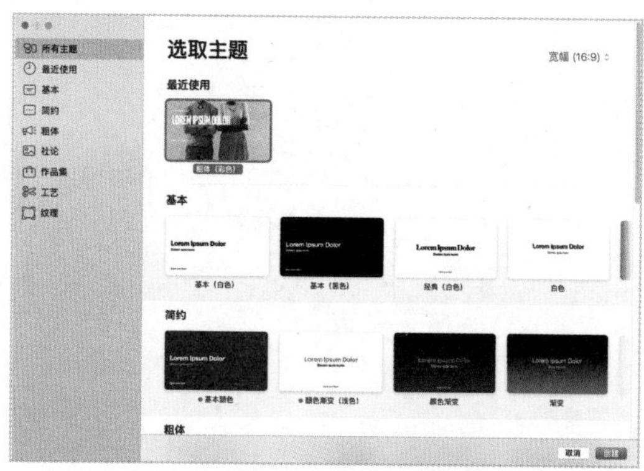

图 15-1 提供多种主题

双击主题后，即可进入该主题的演示文稿操作界面，如图 15-2 所示。在该界面中，用户可以自创母版幻灯片及背景图像，还可以逐页自定效果。

图 15-2 演示文稿的操作界面

2 更具冲击力的图表

用户使用幻灯片解读数据时，一般情况下，一张图表胜过千言万语。单击界面顶部的“图表”按钮，弹出如图 15-3 所示的图表列表。

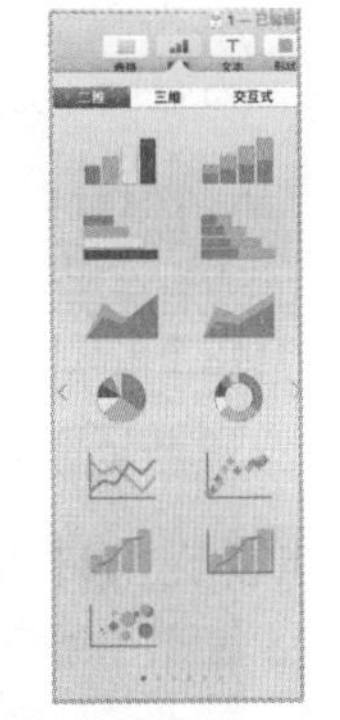

图 15-3　图表列表

图表列表中包括“二维”“三维”“交互式”3 个选项卡，单击打开任意选项卡，在其中可以选择柱形图、条形图、饼状图、散点图或气泡图等任意图表样式。根据数据完成图表的编辑与制作，还可以为图表添加动画以增强图表的视觉效果，同时使图表具有互动效果，从而将受众的目光集中在图表的突出内容上，如图 15-4 所示。

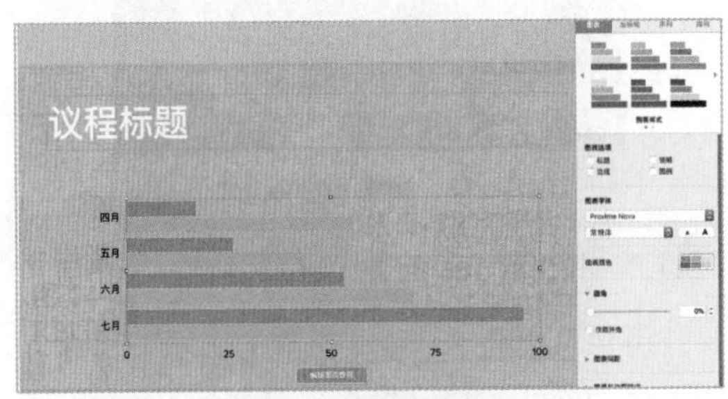

图 15-4　编辑图表

3 强大的调整功能

通过 Keynote 讲演界面右侧的边栏能够实现设置文本或图像格式的操作。选中幻灯片中的文本、图像、形状或表格等内容，界面右侧的边栏将自动显示调整功能，如图 15-5 所示。

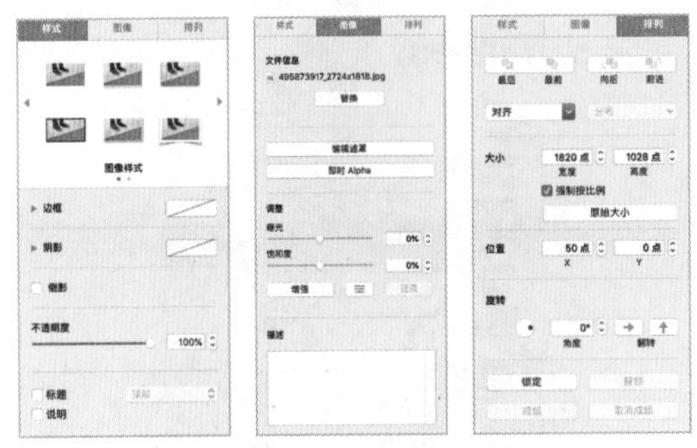

图 15-5　调整功能

4 便捷的共享功能

用户可以在各种 Apple 设备之间无缝衔接地处理工作，此功能为无法固定在一个工作地点或者使用多部设备工作的用户提供了便利。

用户在 Mac 或 iPad 上创建的幻灯片可以在 iPhone 或网页浏览器中具有相同的展示效果，如图 15-6 所示。用户还可以通过网页访问演示文稿、与他人共享演示文稿及展开实时协作等。

图 15-6　相同的展示效果

15.1.3　应用案例——安装 Keynote 讲演

01 单击“启动台”界面中的 App Store 图标，启动 App Store 软件后，进入如图 15-7 所示的软件商店界面。

图 15-7　启动 App Store 软件

02 单击界面左侧的搜索框并输入“Keynote 讲演”等文字，得到如图 15-8 所示的搜索结果。单击软件名称右侧的“获取”按钮，系统自动下载应用程序，下载进度的显示效果如图 15-9 所示。

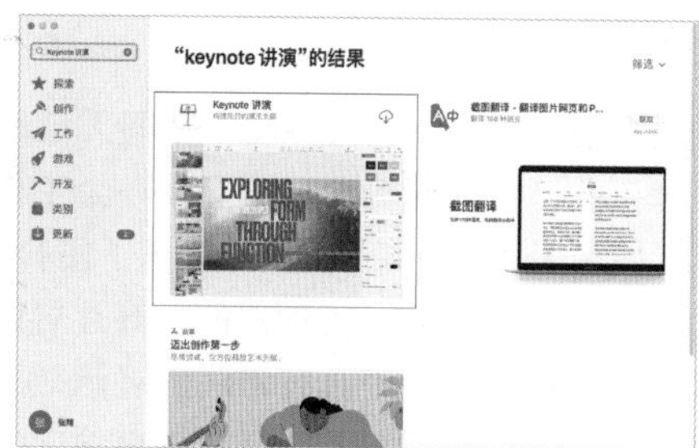

图 15-8　得到搜索结果

图 15-9　下载进度

03 稍等片刻，软件名称右侧出现“打开”按钮，如图 15-10 所示。单击“打开”按钮，可进入 Keynote 讲演的操作界面。

图 15-10　出现“打开”按钮

04 完成 Keynote 讲演的安装操作后，在系统界面底部的程序坞或“启动台”界面中找到 Keynote 讲演的启动图标，如图 15-11 所示。单击该图标也可以进入 Keynote 讲演的工作界面。

图 15-11　Keynote 讲演的启动图标

15.1.4　应用案例——卸载 Keynote 讲演

单击界面底部程序坞上的“启动台”图标，在界面中拖曳“Keynote 讲演”图标到如图 15-12 所示的“废纸篓”图标上。此时，会弹出如图 15-13 所示的提示框，单击“删除”按钮，即可将 Keynote 应用软件从系统中删除。

图 15-12　拖曳 Keynote 讲演图标

图 15-13　删除 Keynote 讲演

15.1.5　Keynote 与 PowerPoint

用户可以将 Keynote 讲演的演示文稿保存为 PowerPoint 文件，也可以直接将 PowerPoint 文件导入 Keynote 讲演中进行编辑。

在 Keynote 讲演的操作界面中，执行“文件→导出为→ PowerPoint”命令，如图 15-14 所示。在弹出的“导出演示文稿”对话框中单击“高级选项”，出现格式选项。

图 15-14　执行 PowerPoint 命令

默认情况下，导出格式为 .pptx。单击“格式”选项右侧的下拉按钮，在弹出的下拉列表中选择 .ppt 的文件格式，如图 15-15 所示。

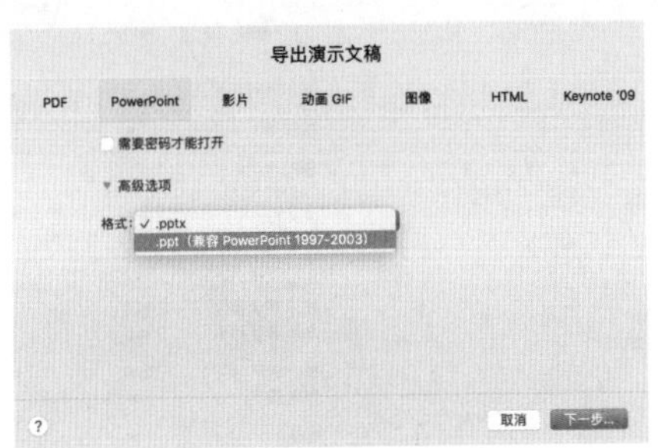

图 15-15　选择文件格式

单击“下一步”按钮，弹出如图 15-16 所示的对话框，用户可以为演示文稿设置存储名称、标签和位置。设置完成后，单击“导出”按钮，即可将演示文稿导出为 PowerPoint 文件，如图 15-17 所示。

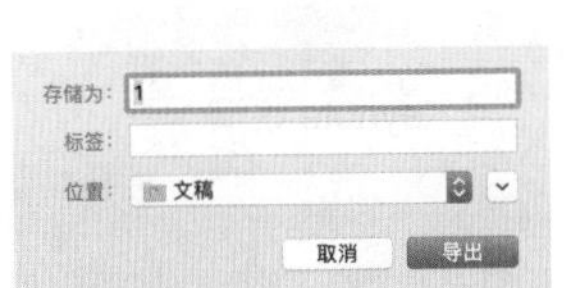

图 15-16　弹出对话框

图 15-17　导出为 PowerPoint 文件

提 示

将 Keynote 讲演的演示文稿导出为 .ppt 格式文件过程中，如果文稿的排版布局或内容发生了改变，系统将弹出“已对导出的演示文稿做出一些改动”对话框，单击“好”按钮，即可完成演示文稿的导出操作。

15.2　Keynote 讲演的工作界面

单击界面底部程序坞上的 Keynote 讲演图标，即可启动 Keynote 讲演的“选取主题”对话框，如图 15-18 所示。双击“基本”下的“基本（白色）”主题幻灯片，进入该主题幻灯片的工作界面，如图 15-19 所示。

图 15-18　“选取主题”对话框

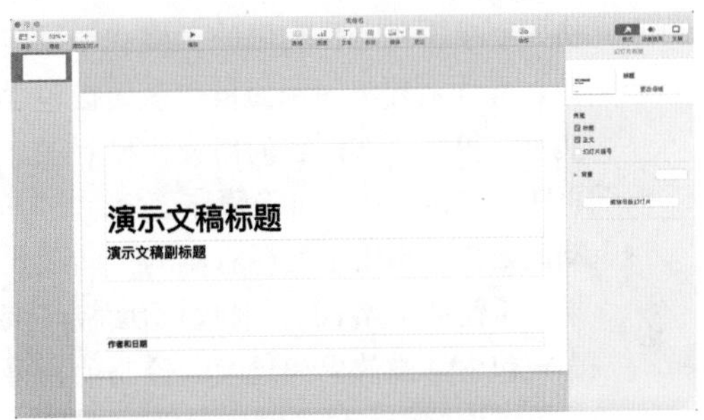

图 15-19　工作界面

当用户选择“Keynote 讲演”应用程序时，系统顶部将自动变为该应用程序的工作菜单，并将其按照操作分为 12 个类别，如图 15-20 所示。

 Keynote 讲演　文件　编辑　插入　幻灯片　格式　排列　显示　播放　共享　窗口　帮助

图 15-20　工作菜单

Keynote 讲演软件界面的上方为工具栏，其中提供了一些用户较为常用的工具等，如图 15-21 所示。

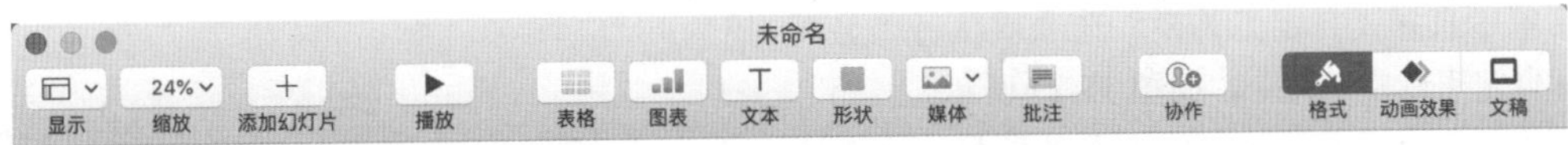

图 15-21　Keynote 讲演的工具栏

工具栏的右侧包含“格式”“动画效果”“文稿”3 个按钮。单击不同的按钮，界面右侧将显示对应的面板，面板的内容会根据演示文稿中选择的内容而发生变化，如图 15-22 所示。使用这些面板可以控制演示文稿中的文本、对象及动画效果的格式化样式。

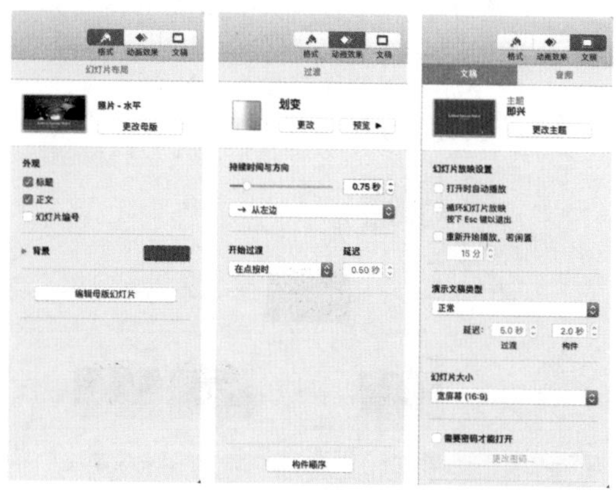

图 15-22　3 个面板

- 格式：单击工具栏右侧的“格式”按钮，界面右侧将显示面板，该面板包含演示文稿中所选内容的格式化控制项。再次单击该按钮，可隐藏该面板。
- 动画效果：单击工具栏右侧的“动画效果”按钮，界面右侧将显示面板，该面板包含动画效果和过渡的控制项。再次单击该按钮，可隐藏该面板。
- 文稿：单击工具栏右侧的“文稿”按钮，界面右侧将显示面板，该面板包含适用于整个演示文稿元素的格式控制项。再次单击该按钮，可隐藏该面板。

15.3　自定义工具栏

为了方便不同用户的使用，Keynote 讲演软件提供了自定义工具栏的功能。用户可以根据自己的使用习惯自定义工具栏上的选项。

在该软件工具栏上单击右键，在弹出的快捷菜单中选择“自定工具栏”选项或执行“显示→自定工具栏”命令，如图 15-23 所示。

执行命令后，弹出“将喜爱的项目拖入工具栏”对话框，用户可以根据个人的喜好和习惯将不同的图标向上拖曳到工具栏上，如图 15-24 所示。

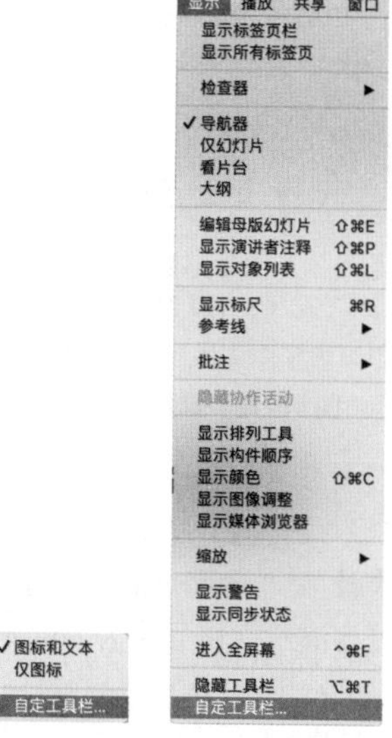

图 15-23　执行“自定工具栏”命令

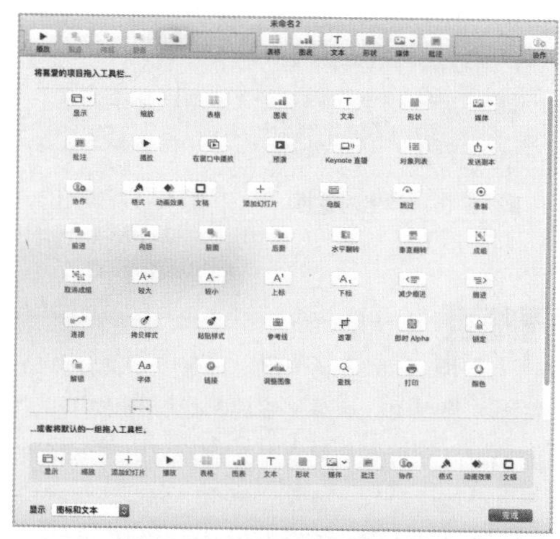

图 15-24　拖曳图标到工具栏

设置完成后，单击“完成”按钮，即完成自定义工具栏的操作，图标效果如图 15-25 所示。除了可以逐个添加工具以外，Keynote 讲演还允许用户将一组默认工具拖曳到工具栏中，以快速恢复软件的默认工具栏，如图 15-26 所示。

图 15-25　图标效果

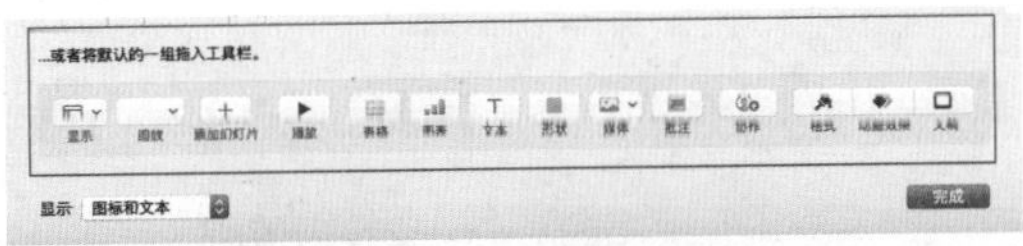

图 15-26　恢复默认工具栏

此外，用户可以在图 15-26 的对话框底部“显示”下拉列表中设置工具显示效果，系统提供了“图标和文本”和“仅图标”两种效果。图 15-27 所示为选择“仅图标”选项的效果。

提示

用户可以通过执行“显示→隐藏工具栏”命令或“显示→显示工具栏”命令来隐藏或显示工具栏。

图 15-27　“仅图标”效果

15.4　撤销与重做

在编辑演示文稿的过程中，通常会出现操作失误的情况。通过执行“撤销”命令或“重做”命令，可以撤销最近对文档所做的更改或者在改变想法时重做更改。

执行“编辑→撤销”命令或按组合键 Command+Z，可以完成撤销操作。执行“编辑→重做”或按组合键 Command+Shift+Z，可以重做撤销的上次操作。撤销和重做键入操作的菜单如图 15-28 所示。

由于 Keynote 讲演会持续存储用户的工作内容，因此用户可以浏览演示文稿的较早版本、存储前版本的副本及将演示文稿恢复到较早版本。执行“文件→复原到”命令（见图 15-29），在弹出的子菜单中选取一项，完成对演示文稿的恢复操作，恢复的版本将会替换当前版本。

图 15-28　撤销和重做命令

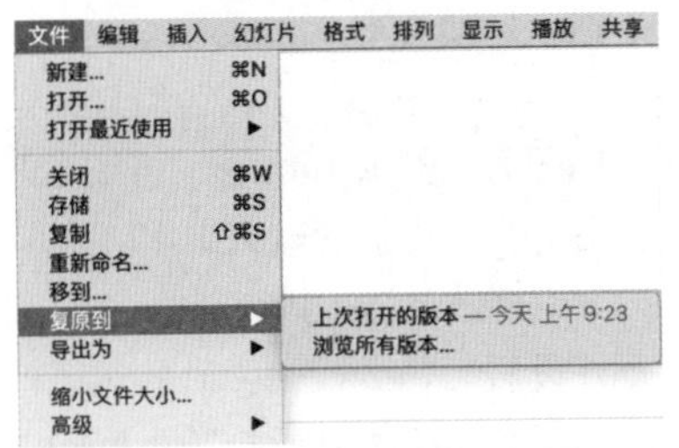

图 15-29　“复原到”子菜单

15.5　更改工作视图

用户通过使用不同的视图方式查看幻灯片，可以更好地整理和编辑演示文稿。Keynote 讲演中提供了导航器（默认视图）、仅幻灯片、看片台和大纲 4 种查看幻灯片的方式。

- 导航器（默认视图）：视图左侧显示幻灯片导航器的垂直列表，该列表包含演示文稿中的所有幻灯片缩略图；视图右侧显示选定的幻灯片，单击任意幻灯片缩略图可以跳到特定幻灯片，上下拖移幻灯片缩略图可以重新组织幻灯片的叠放顺序。
- 仅幻灯片：整个视图仅包含幻灯片。
- 看片台：视图以看片台的方式显示演示文稿中的所有幻灯片缩略图，以便用户一次性查看多张幻灯片。
- 大纲：视图左侧显示幻灯片的文本大纲（包括幻灯片标题和带项目符号的文本），用户可以在文本大纲中直接添加和编辑文本；视图右侧显示所选幻灯片的完整视图。

15.5.1　使用导航器视图

单击工具栏中的“显示”按钮，在弹出的下拉菜单中选择“导航器”选项，界面变为导航器视图。单击并向下拖曳幻灯片缩略图，可以调整幻灯片的叠放顺序，如图 15-30 所示。

图 15-30 向下拖曳幻灯片

向右拖曳幻灯片，使其相对于上面的幻灯片缩进，以将幻灯片进行分组，如图 15-31 所示。

图 15-31 分组幻灯片

15.5.2 使用看片台视图

单击工具栏中的“显示”按钮，在弹出的下拉菜单中选择“看片台”选项，界面进入看片台视图。在此视图中，用户可以执行以下操作。

- 对幻灯片重新排序：向任意方向拖曳幻灯片，可以调整幻灯片的叠放顺序，如图 15-32 所示。

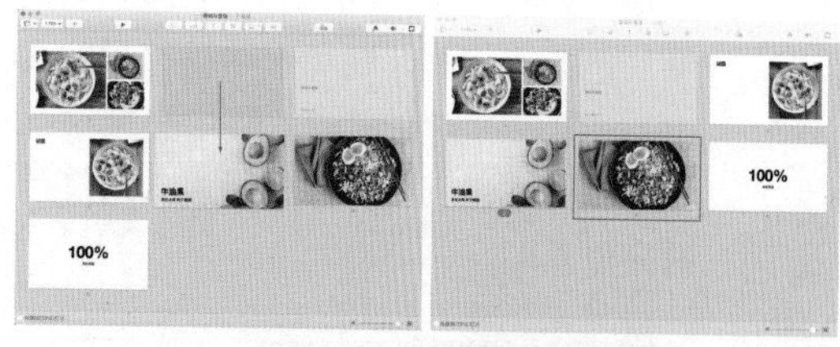

图 15-32 调整叠放顺序

- 编辑幻灯片或返回上一个视图：双击选定的任意幻灯片缩略图。
- 调整缩略图的大小：拖曳看片台视图右下角的滑块。图 15-33 所示为不同大小缩略图的效果。

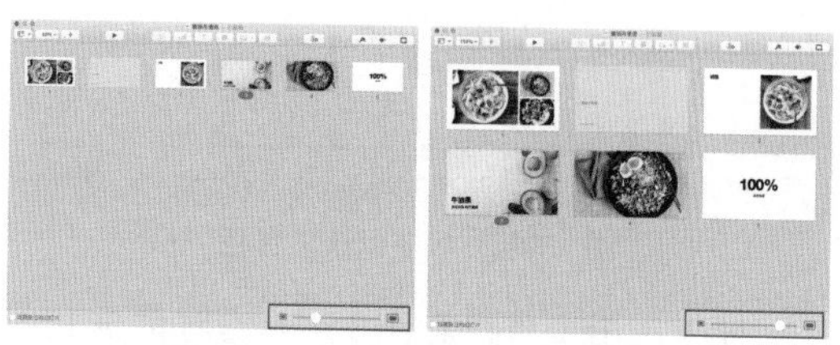

图 15-33 不同大小的缩略图效果

- 隐藏 / 显示跳过的幻灯片：勾选“隐藏跳过的幻灯片”复选框，可以隐藏跳过的幻灯片缩略图，如图 15-34 所示。取消“隐藏跳过的幻灯片”复选框，将显示跳过的幻灯片缩略图，如图 15-35 所示。

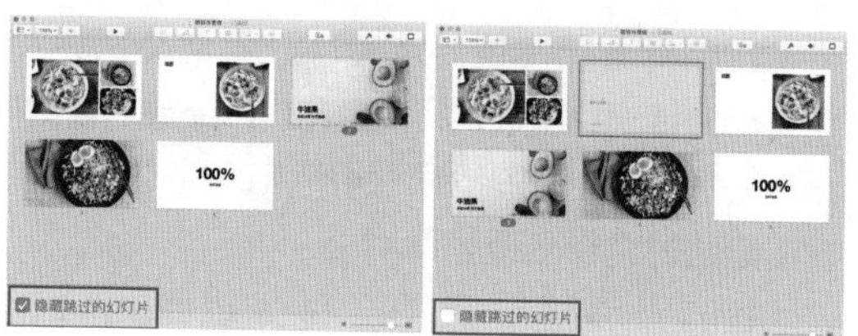

图 15-34 隐藏跳过的幻灯片缩略图　　图 15-35 显示跳过的幻灯片缩略图

提示

在看片台视图中，将光标移动到幻灯片缩略图上并单击鼠标右键，在弹出的快捷菜单中选择“跳过幻灯片”选项，该幻灯片会被设置为跳过幻灯片，幻灯片缩略图将呈现灰色。

15.5.3 使用大纲视图

单击工具栏中的“显示”按钮，在弹出的下拉菜单中选择“大纲”选项，界面进入大纲视图。在大纲视图中，用户可以执行以下操作。

- 为幻灯片添加标题：单击幻灯片图标并输入标题文本。
- 为幻灯片添加文本：为幻灯片添加一个标题后，按 Return 键，再按 Tab 键，即可为当前幻灯片输入文本。
- 大纲视图字体：执行“Keynote 讲演→偏好设置”命令，在弹出的对话框中单击“通用”按钮，然后打开“大纲视图字体”

下拉列表，如图 15-36 所示。用户可以在该下拉列表中选择一种字体大小。

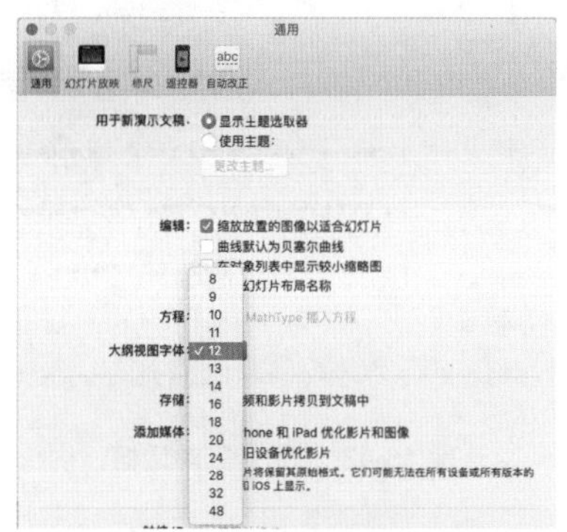

图 15-36　选择大纲视图字体大小

- 打印大纲视图：执行“文件→打印”命令，弹出“打印”对话框，单击对话框中的“显示详细信息”按钮，继续选择“大纲”选项，如图 15-37 所示。

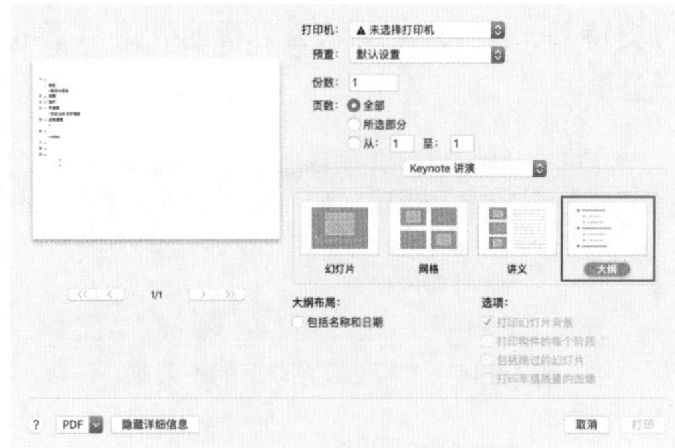

图 15-37　打印大纲视图

- 为文本或幻灯片重新排序：将幻灯片图标或项目符号向上 / 向下拖曳，可以调整幻灯片或文本的叠放位置，如图 15-38 所示。将幻灯片图标或项目符号向右 / 向左拖移，可以调整该幻灯片或文本的层级，如图 15-39 所示。

图 15-38　调整叠放顺序

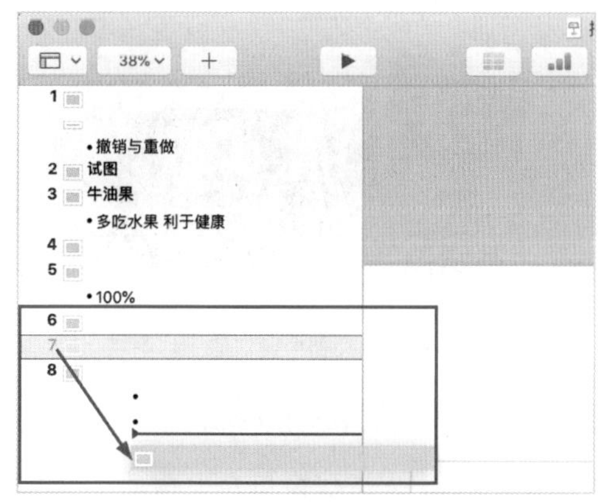

图 15-39　调整幻灯片层级

15.6　调整工作区域的大小

用户在制作或播放幻灯片时，可以根据客观条件或设计需求放大 / 缩小幻灯片的工作区域，还可以全屏显示 Keynote 讲演的工作区域。

15.6.1　放大或缩小工作区域

用户可以放大或缩小幻灯片工作区域的整体视图。单击工具栏中的“缩放”按钮 38%，在弹出的下拉菜单中选取一个选项，幻灯片的工作区域将应用该选项。

- 百分比：幻灯片将放大或缩小到特定的百分比。图 15-40 所示为 60% 的工作区域。
- 适合幻灯片：幻灯片将调整以填充窗口。图 15-41 所示为填充整个窗口的工作区域。

图 15-40　60% 的工作区域

图 15-41　填充整个窗口的工作区域

15.6.2　全屏显示 Keynote 讲演

单击 Keynote 讲演窗口左上角的“全屏”按钮或执行“显示→进入全屏幕”命令，Keynote 讲演的窗口将填充整个屏幕，如图 15-42 所示。如果想要查看 Keynote 讲演的菜单和其他菜单栏，只需将光标移动到屏幕顶部即可。

图 15-42　进入全屏幕

15.7　警告菜单

如果用户在设计、制作演示文稿的过程中遇到问题，将会收到一条警告信息，提示用户遇到的警告问题。如果用户选择不进行检查，可以在此后的任何时间，通过执行“显示→显示警告”命令打开“警告”对话框进行查看，如图 15-43 所示。

> **提示**
>
> 在“警告”对话框中查看警告信息，单击任意一警告信息，此时用户可以根据系统提示逐步解决警告信息中的问题。此外，也可以复制警告信息，并将它们粘贴到文稿中，以供以后参考。这些信息对于诊断问题十分有用。

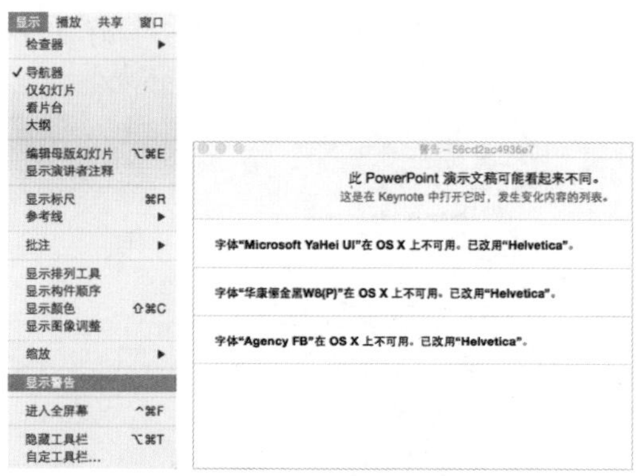

图 15-43　“警告”对话框

15.8　使用帮助

用户在学习 Keynote 讲演的过程中，可以通过“帮助”菜单获得 Apple 公司提供的各种帮助资源，包括 Keynote 讲演帮助、键盘快捷键、公式与函数帮助、Keynote 讲演的新功能和服务与支持等。图 15-44 所示为“帮助”菜单下的子菜单。

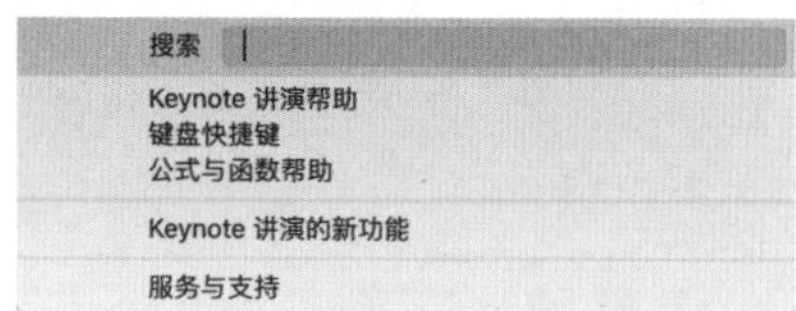

图 15-44　“帮助”菜单下的子菜单

15.8.1　Keynote 帮助

苹果公司提供了描述 Keynote 讲演软件功能的帮助文件。通过执行“帮助→ Keynote 讲演帮助”命令可以联机到 Apple 网站查看帮助文件，如图 15-45 所示。

图 15-45　Keynote 讲演的帮助文件

15.8.2　键盘快捷键

用户可以使用键盘快捷键在 Keynote 讲演中快速完成许多任务。如果要使用键盘快捷键，需要同时按快捷键中的所有按键。图 15-46 所示为系统在 Keynote 讲演帮助文件中提供的 Mac 版 Keynote 讲演键盘快捷键。

操作	快捷键
开始听写	按下 Fn 两次
打开主题选取器	Command-N
打开主题选取器并显示"语言"弹出式菜单	Option-Command-N
关闭主题选取器	Esc 键
打开现有演示文稿	Command-O
存储演示文稿	Command-S
存储为	Option-Shift-Command-S
复制演示文稿	Shift-Command-S
打印演示文稿	Command-P
打开《Keynote 讲演使用手册》	Shift-Command-问号 (?)
关闭窗口	Command-W
关闭所有窗口	Option-Command-W
最小化窗口	Command-M

图 15-46　键盘快捷键

15.8.3　公式与函数帮助

在 Mac 版的 Keynote 讲演中使用表格时，可以使用公式执行计算并显示其结果。用户可以访问 250 多个函数，利用这些函数在公式中执行计算、取回信息或处理数据。

"公式与函数帮助"描述了如何将公式和函数添加到表格，提供了有关所有函数的详细信息，并讲解了如何使用应用程序内置的函数浏览器。函数浏览器为每个函数都提供相同的定义和使用指南，如图 15-47 所示。

图 15-47　公式与函数帮助

15.8.4　Keynote 讲演的新功能

本书的 Keynote 讲演版本除了继承曾经版本的功能外，还新增了许多功能。安装完 Keynote 讲演后，第一次启动 Keynote 讲演时，系统会自动弹出"Keynote 讲演的新功能"对话框。

执行"帮助→ Keynote 讲演的新功能"命令，打开"Keynote 讲演的新功能"对话框，其中为用户介绍该版本 Keynote 讲演的新增功能，如图 15-48 所示。

图 15-48　Keynote 讲演的新功能

15.8.5　服务与支持

在苹果公司官网 Keynote 讲演软件的服务社区中，为用户提供了软件操作技巧、教程和故障诊断等内容，可以帮助用户更好地使用 Keynote 讲演。图 15-49 所示为 Keynote 讲演支持界面。用户可以在 Keynote 讲演支持界面中找到需要的内容，以解决出现的问题。

图 15-49　Keynote 讲演支持界面

15.9　本章小结

本章主要针对 Keynote 讲演的特点、安装与卸载、工作界面、撤销与重做、工作视图、调整工作区域的大小、警告菜单的使用和 Keynote 讲演帮助文件等进行详细介绍。通过本章的学习，读者应对 Keynote 讲演有一定的了解，并能掌握软件的基本操作，为进一步学习 Keynote 讲演打下坚实的基础。

第 16 章 Keynote 讲演的基本操作

学习一款软件往往需要从学习其基本操作开始，因此，本章将针对 Keynote 讲演的基本操作进行讲解。从创建、打开和存储演示文稿开始，到逐步深入地学习添加和编辑母版幻灯片、更改演示文稿主题和播放演示文稿等操作，本章可以帮助读者快速熟悉 Keynote 讲演的操作方法和技巧。

16.1 使用 Keynote 讲演创建演示文稿

每个 Keynote 演示文稿都使用主题创建。主题是一组用于创建演示文稿的预定义元素，如占位符文本和图像、字体、布局、匹配颜色等。当用户使用主题创建演示文稿并使用其文本和对象样式时，占位符将展示该演示文稿的外观。

16.1.1 创建、存储及播放演示文稿

1 创建演示文稿

单击“启动台”界面中的“Keynote 讲演”图标，如图 16-1 所示。或者单击系统界面下方程序坞中的“Keynote 讲演”图标，即可打开“选取主题”对话框，如图 16-2 所示。

图 16-1 单击“Keynote 讲演”图标

图 16-2 “选取主题”界面

在“选取主题”对话框中，选中任意主题，单击对话框右下角的“创建”按钮，或者双击任意主题，即可进入新创建的演示文稿中。

- 添加幻灯片：单击左侧工具栏中的“添加幻灯片”按钮 + ，弹出“添加幻灯片”面板，如图 16-3 所示。用户可以在该面板中选择任意幻灯片，将其添加到演示文稿中。

图 16-3 “添加幻灯片”面板

- 添加文本：双击占位符文本，当文本框中出现输入点后，即可开始输入文本，如图 16-4 所示。

图 16-4 输入文本

- 添加图像：将一张图像从 Mac 或网页中拖曳到占位符图像上 / 幻灯片上的其他位置，即可将该图像添加到演示文稿中，

如图 16-5 所示。单击占位符图像右下角的按钮，利用弹出面板选择需要替换的图像，如图 16-6 所示。

图 16-5　添加图像

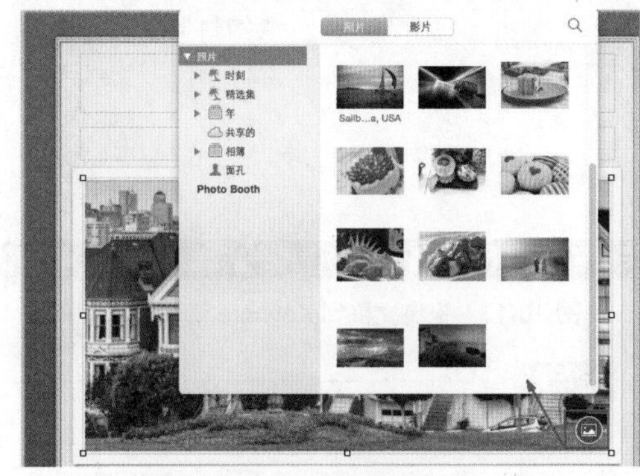

图 16-6　替换图像

2 存储演示文稿

执行"文件→存储"命令，弹出"存储"对话框，如图 16-7 所示。用户可在该对话框中为演示文稿输入名称、添加标签和设置存储位置，单击"存储"按钮，即可完成对演示文稿的存储操作。

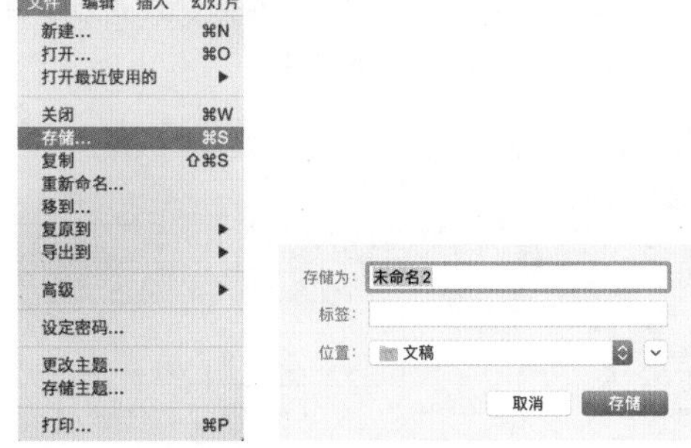

图 16-7　存储操作

> **提示**
>
> 如果用户的 Mac 上已设置 iCloud 云盘，存储演示文稿时，Keynote 讲演将会默认存储演示文稿到 iCloud 云盘中。存储完成后，用户可以随时更改演示文稿的名称或更改演示文稿的存储位置。

3 播放演示文稿

单击如图 16-8 所示工具栏左侧的"播放"按钮 ▶ ，即可进入演示文稿的播放界面，如图 16-9 所示。按任意方向键或按 Esc 键，即可返回导航器视图。

图 16-8　单击"播放"按钮

图 16-9　播放界面

16.1.2　使用特定主题创建演示文稿

执行"Keynote 讲演→偏好设置"命令，选中"通用"面板中"用于新文稿演示"选项下的"使用主题"单选按钮，如图 16-10 所示。单击"更改主题"按钮，在弹出的"选取默认主题"对话框中选择任意主题，单击"选取"按钮，如图 16-11 所示，即可完成新建演示文稿主题的操作。

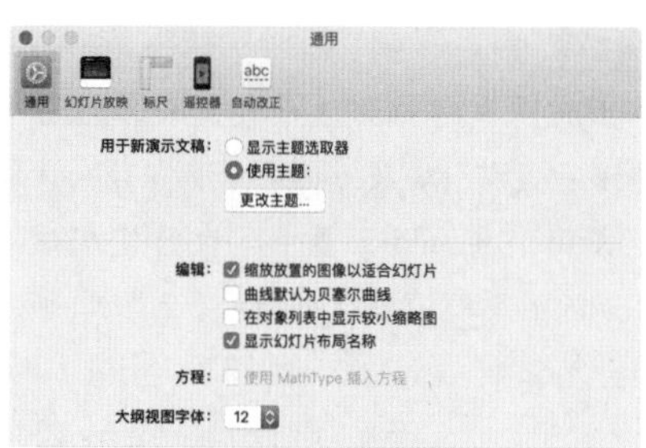

图 16-10　使用主题

图 16-11　选取主题

提示

设定此偏好设置后，按住 Option 键，执行“文件→从主题选取器新建”命令，打开“选取主题”对话框，在该对话框中可以使用不同的主题创建新的演示文稿。

16.2 打开或关闭 Keynote 讲演

如果用户已有制作完成的演示文稿，可以将它导入到 Keynote 讲演中，继续对其进行编辑处理。导入演示文稿时，Keynote 讲演会尽可能地保留原始文稿的文本、颜色、布局和其他格式化选项。

在 Keynote 讲演中，执行“文件→打开”命令，弹出“打开”对话框，选择需要打开的演示文稿，单击“打开”按钮，如图 16-12 所示，即可进入 Keynote 讲演界面。

在访达中，将 PowerPoint 文稿拖曳到界面底部程序坞中的 Keynote 讲演应用程序图标上，如图 16-13 所示。弹出打开文稿的进度界面，等待片刻，即可进入 Keynote 讲演界面。

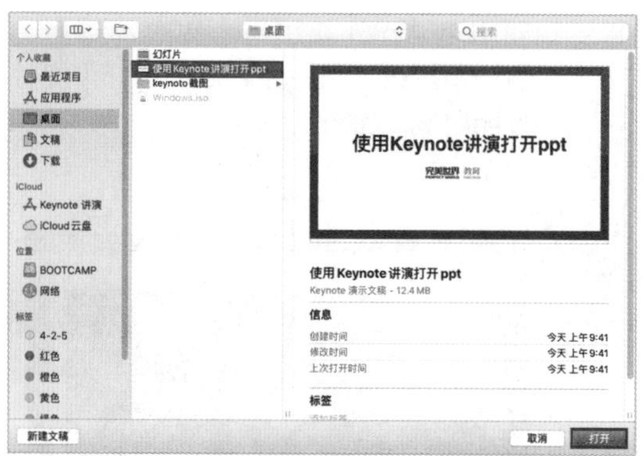

图 16-12　单击“打开”按钮

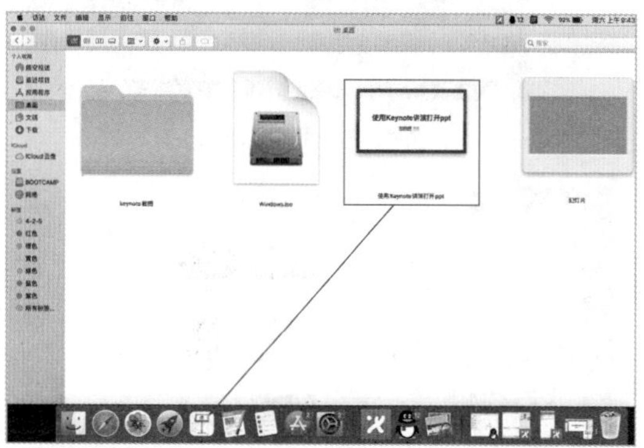

图 16-13　拖曳文稿到 Keynote 讲演图标上

提示

Keynote 讲演也可以打开存储在 Mac 上、iCloud 中、连接的服务器上及其他存储提供商处的演示文稿。

16.2.1 应用案例——打开演示文稿

01 单击系统界面底部程序坞中的 Finder（访达）图标，打开 Finder 对话框，在对话框左侧选择“iCoud 云盘”位置，如图 16-14 所示。双击“打开演示文稿”选项，该演示文稿打开后的效果如图 16-15 所示。

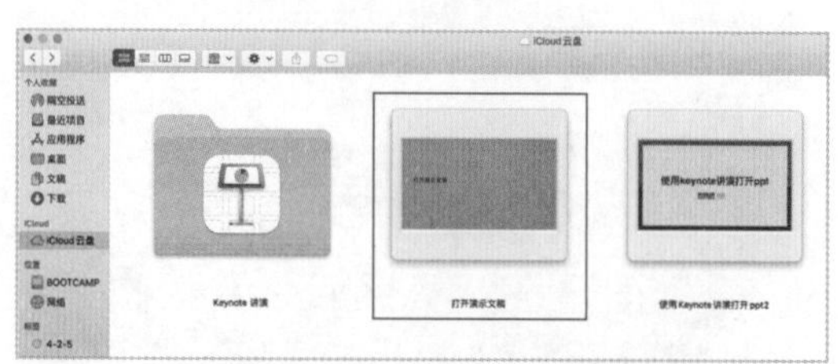

图 16-14　选择“iCloud 云盘”位置

图 16-15　打开的演示文稿

提 示

如果用户无法打开演示文稿，则可能需要确定计算机中安装的 Keynote 讲演是否为最新版本。如果演示文稿显示为灰色且不能被选定，则表示演示文稿不能使用 Keynote 讲演打开。

02 执行“文件→打开最近使用”命令，可以打开 Keynote 讲演最近打开的最多 10 个演示文稿，如图 16-16 所示。双击演示文稿中的任意占位符并输入文本内容，效果如图 16-17 所示。

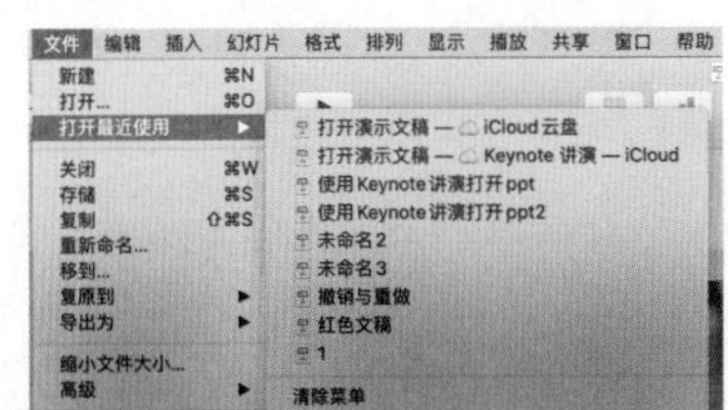

图 16-16　“打开最近使用”命令

图 16-17　编辑演示文稿

16.2.2　关闭 Keynote 讲演

单击 Keynote 讲演界面左上角的“关闭”按钮 或按组合键 Command+W，即可关闭当前演示文稿，如图 16-18 所示。执行“Keynote 讲演→退出 Keynote 讲演”命令（见图 16-19）或按组合键 Command+Q，即可完全退出 Keynote 讲演。

图 16-18　单击“关闭”按钮

图 16-19　退出 Keynote 讲演

16.3　存储和复制演示文稿

用户在设计、制作演示文稿的过程中，需要执行存储、复制和重新命名演示文稿等操作。

16.3.1　存储和重命名演示文稿

执行“文件→存储”命令，弹出“存储为”对话框，在该对话框中为演示文稿设置名称、标签和存储位置，如图 16-20 所示。

这里单击对话框中“位置”右侧的下拉按钮，在如图 16-21 所示的下拉列表中，单击选择任意存储位置，单击“存储”按钮，即可完成存储演示文稿的操作。

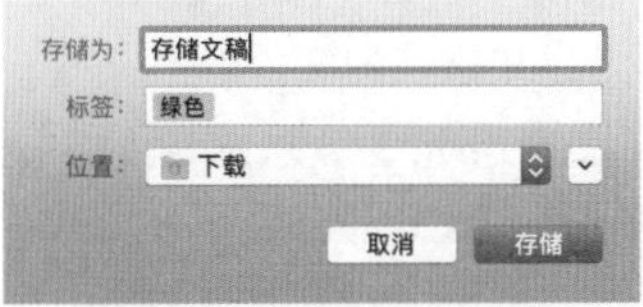

图 16-20　设置名称、标签

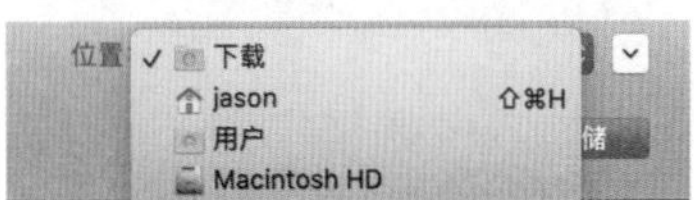

图 16-21　存储位置

16.3.2 将演示文稿存储为包

默认情况下，Keynote 讲演会将演示文稿存储为单个文件。如果演示文稿的体积较大，可以将演示文稿存储为包文件，用以提升该演示文稿的性能。执行“文件→高级→更改文件类型→包”命令，如图 16-22 所示，操作完成后即可将该演示文稿存储为包文件。

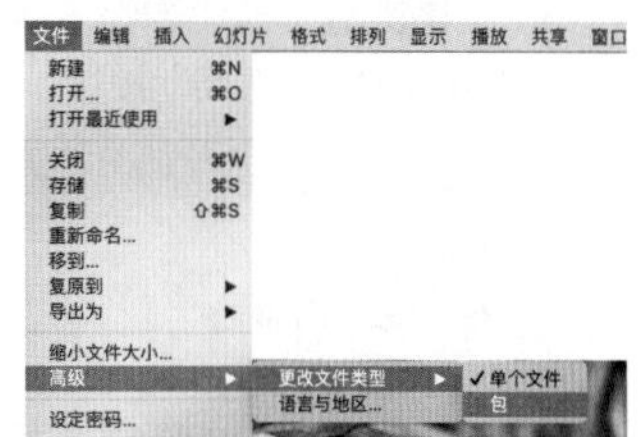

图 16-22 存储演示文稿为包

> **提 示**
>
> 执行“文件→高级→更改文件类型→单个文件”命令，用户可以将包文件更改为单个文件的格式。

16.3.3 将演示文稿存储为其他格式

用户可以使用“导出为”命令将当前演示文稿导出为其他格式。导出完成后，便可以将演示文稿发送给应用不同软件的团队人员使用。

执行“文件→导出为”命令，弹出如图 16-23 所示的子菜单，选择一种选项，即可弹出相应的“导出演示文稿”对话框。

如果执行“文件→导出为→ PDF”命令，弹出“导出演示文稿（PDF）”对话框，如图 16-24 所示。在该对话框设置图像质量、批注和高级选项等参数，操作完成后即可将演示文稿导出为 .pdf 格式的文件。

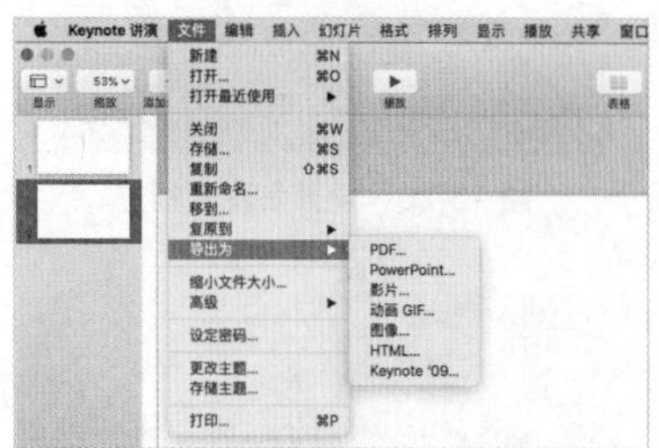

图 16-23 弹出子菜单

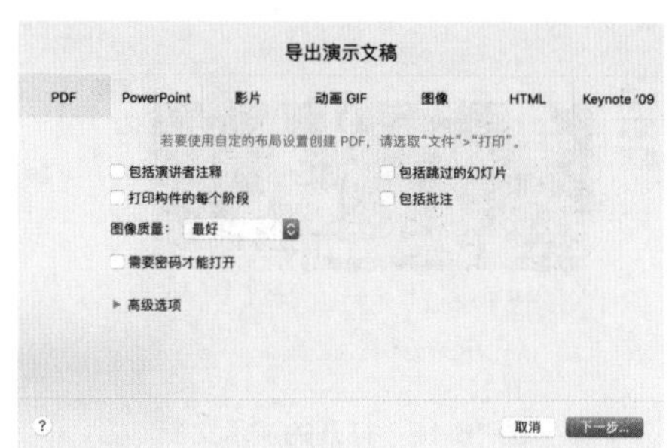

图 16-24 “导出演示文稿（PDF）”对话框

如果执行“文件→导出为→ PowerPoint”命令，弹出“导出演示文稿（PowerPoint）”对话框，使用该对话框可以将演示文稿导出为 .ppt 格式的文件，如图 16-25 所示。执行“文件→导出为→影片”命令，弹出“导出演示文稿（影片）”对话框，使用该对话框可以将演示文稿导出为 .m4v 格式的影片文件，如图 16-26 所示。

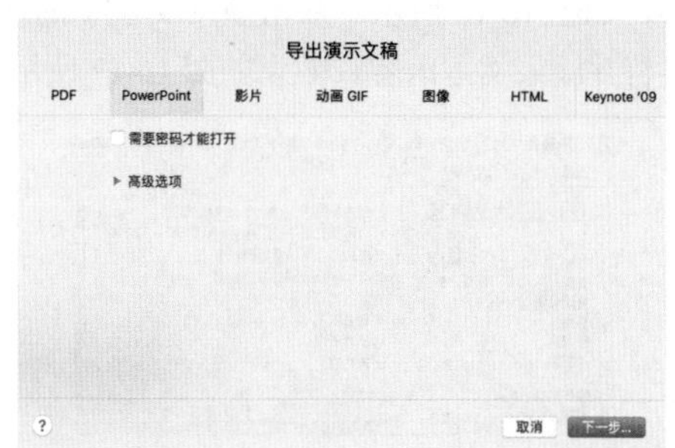

图 16-25 “导出演示文稿（PowerPoint）”对话框

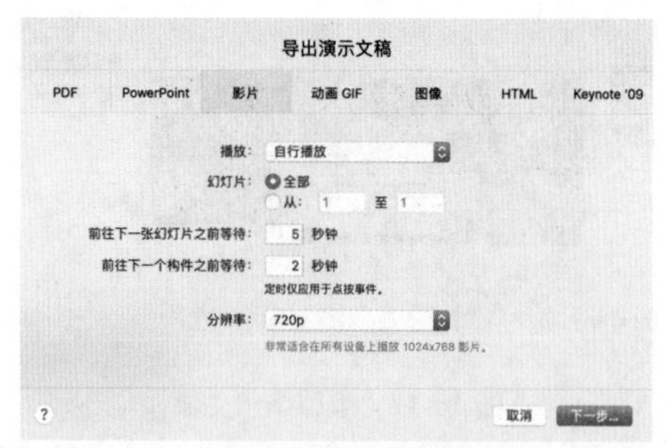

图 16-26 “导出演示文稿（影片）”对话框

如果执行“文件→导出为→动画 GIF”命令，弹出“导出演示文稿（动画 GIF）”对话框，使用该对话框可以将演示文稿导出为 .gif 格式的动画文件，如图 16-27 所示。执行“文件→导出为→图像”命令，弹出“导出演示文稿（图像）”对话框，使用该对话框可以将演示文稿

导出为 .jpeg、.png 或 .tiff 格式的图片文件，如图 16-28 所示。

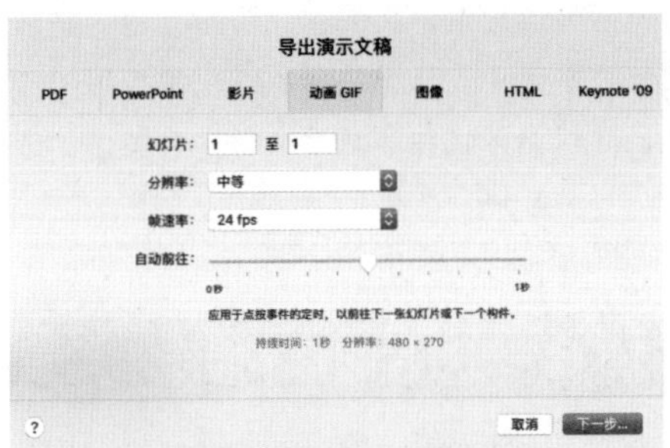

图 16-27　“导出演示文稿（动画 GIF）”对话框

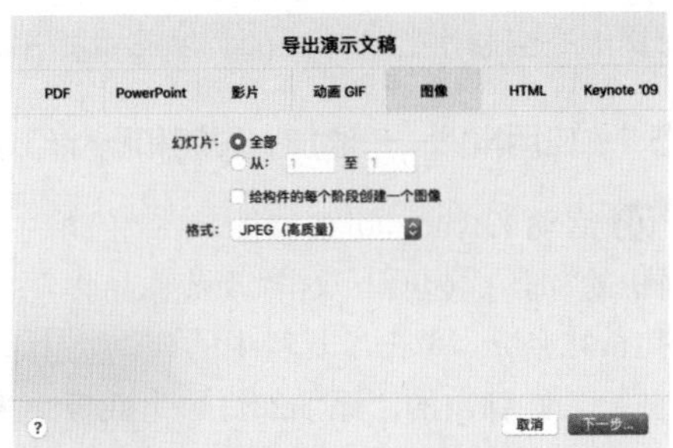

图 16-28　“导出演示文稿（图像）”对话框

如果执行“文件→导出为→ HTML”命令，可以将演示文稿导出为 .html 格式的文件。执行“文件→导出为→ Keynote 讲演 '09”命令，可以将演示文稿导出为 Keynote 讲演 '09 格式的文件。此格式文件可以由 Keynote 讲演 5.0 ～ Keynote 讲演 5.3 版本打开。

完成“导出演示文稿”对话框中的参数设置后，单击对话框右下角的“下一步”按钮，在弹出的“存储为”对话框中输入演示文稿的名称、添加标签、选择存储位置，单击“导出”按钮，即可完成演示文稿的导出操作。

16.3.4　复制演示文稿

执行“文件→复制”命令，即可进入副本演示文稿的工作界面。此时，Keynote 讲演界面顶部的名称为选中状态，如图 16-29 所示。

为副本演示文稿输入一个新名称后，按 Return 键，完成名称的输入，如图 16-30 所示。复制得到的演示文稿与原始文稿具有相同的存储位置。

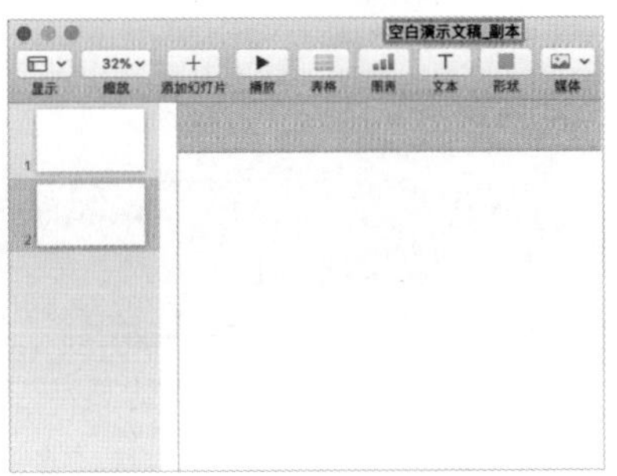

图 16-29　名称为选中状态

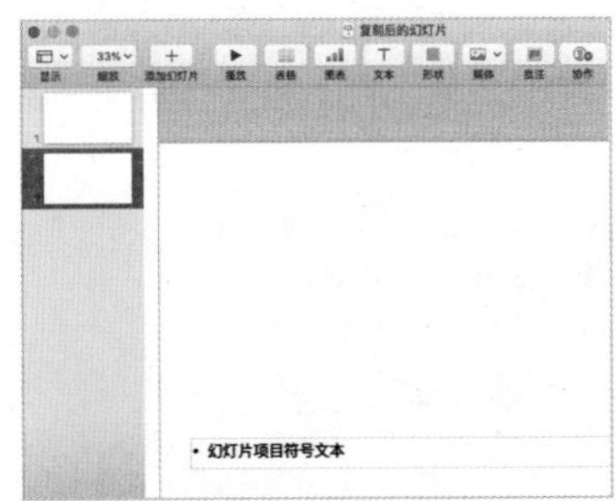

图 16-30　输入名称

16.4　密码保护演示文稿

Keynote 讲演提供了为演示文稿设定密码的功能，使用此功能能够更好地保护演示文稿。

16.4.1　为演示文稿设定密码

执行“文件→设定密码”命令，弹出如图 16-31 所示的对话框，在该对话框中可以输入密码、验证和密码提示等信息。密码可以由数字、大写或小写字母及特殊的键盘字符组成。

勾选“在我的钥匙串中记住此密码”复选框，可以将该密码添加到我的钥匙串中，如图 16-32 所示。设置完成后，单击“设定密码”按钮，完成为演示文稿设定密码的操作。

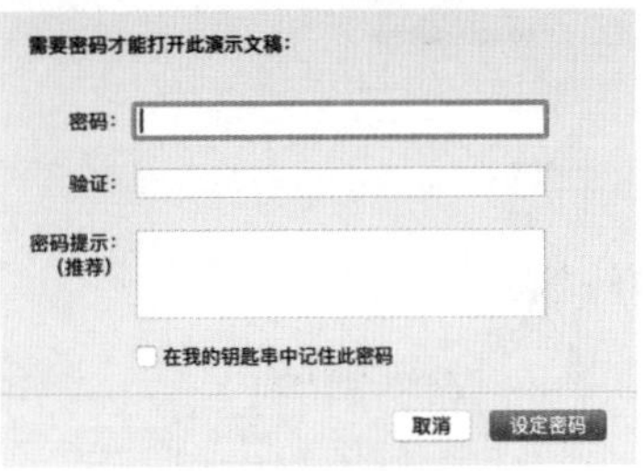

图 16-31　弹出对话框

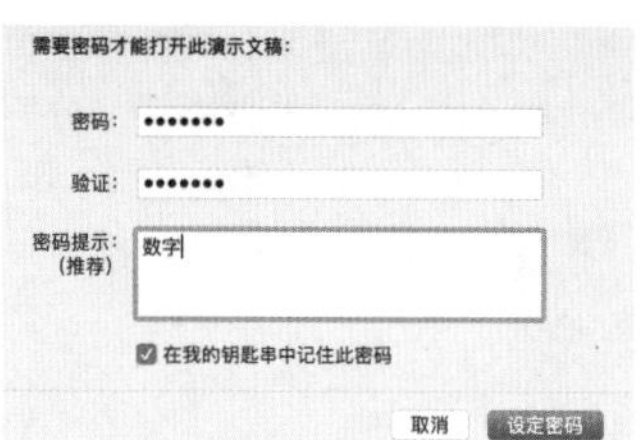

图 16-32　勾选“在我的钥匙串中记住此密码”复选框

提 示

当用户将受密码保护的演示文稿共享给他人时，协作者需要密码才能打开该演示文稿。演示文稿仅能有一个打开密码。如果用户在与他人共享演示文稿的过程中修改了密码，新的密码将会替换原始密码。

16.4.2　更改或移除密码

当演示文稿中已有密码时，执行“文件→更改密码”命令，在弹出的对话框中设置旧密码、新密码和验证等信息，如图 16-33 所示。单击“更改密码”按钮，即可完成更改密码的操作。

图 16-33　更改密码

执行“文件→更改密码”命令，在弹出的对话框中输入旧密码，如图 16-34 所示。单击“移除密码”按钮，即可删除演示文稿中的密码。

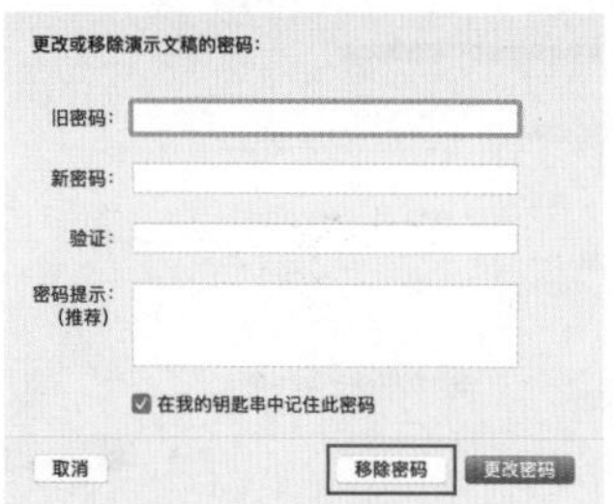

图 16-34　删除密码

提 示

为演示文稿添加或更改密码时，只会应用到此后创建的演示文稿中。为防止他人将演示文稿恢复为不受保护的版本或使用旧密码的版本，建议先停止共享演示文稿，为其添加密码后，再共享演示文稿。

16.5　幻灯片的基本操作

Keynote 讲演作为演示文稿的编辑软件，设计与制作幻灯片是对其最基础和最重要的操作。下面详细介绍制作幻灯片时的一些基本操作。

16.5.1　应用案例——添加、复制和删除幻灯片

01 启动 Keynote 讲演软件，在“选取主题”界面中的“简约”选项下双击“现代作品集”主题，如图 16-35 所示。单击工具栏中的“添加幻灯片”按钮 + ，在弹出的“添加幻灯片”面板中选择第 2 个母版幻灯片，如图 16-36 所示。

图 16-35　双击“现代作品集”主题

图 16-36　选择母版幻灯片

02 选择完成后，该母版幻灯片会被添加到导航器视图中，如图 16-37 所示。在幻灯片导航器中选择一张幻灯片，按住 Option 键的同时，

单击工具栏中的“添加幻灯片”按钮 + ，可以添加一张相同布局的幻灯片，如图 16-38 所示。

图 16-37　添加一张幻灯片

图 16-38　添加相同布局的幻灯片

03 在一个演示文稿的幻灯片导航器中选择一张幻灯片缩略图，将其拖曳到另一个演示文稿的幻灯片导航器中，如图 16-39 所示。按住 Command 键的同时，单击选择多张非相邻幻灯片缩略图，拖曳幻灯片缩略图到另一个演示文稿的幻灯片导航器中，如图 16-40 所示。

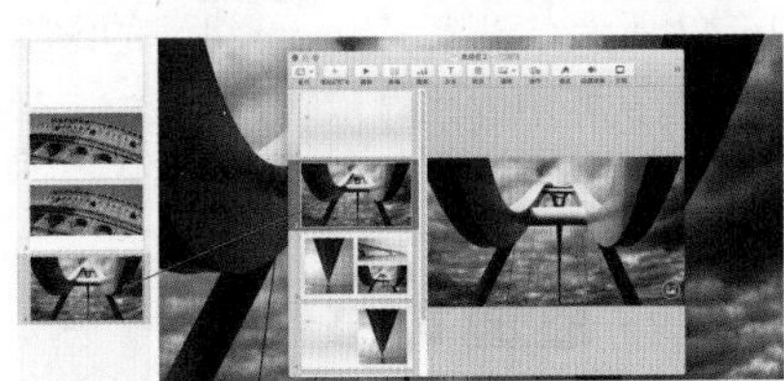

图 16-39　复制一张幻灯片

图 16-40　复制多张幻灯片

04 在某张幻灯片缩略图上单击鼠标右键，在弹出的快捷菜单中选择“删除”选项（图 16-41），即可删除该张幻灯片。选择多张幻灯片缩略图，按 Backspace 键，即可删除选中的多张幻灯片，如图 16-42 所示。

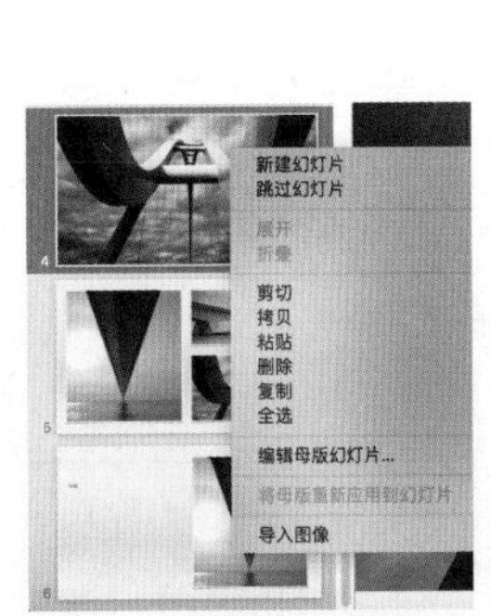

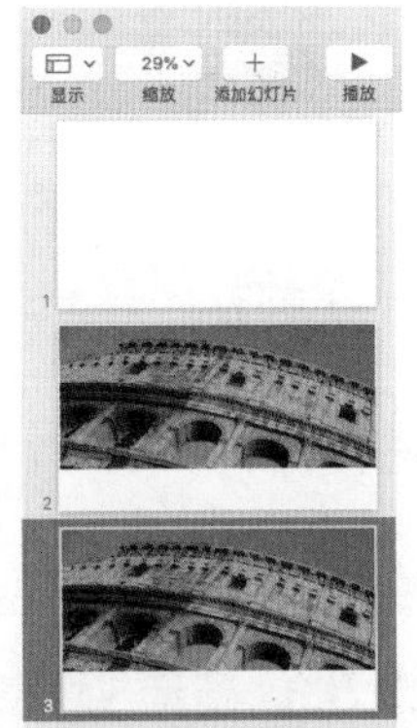

图 16-41　弹出快捷菜单　图 16-42　删除多张幻灯片

16.5.2　跳过幻灯片

如果用户不想在文稿演示中播放某张幻灯片，可以选择跳过该幻灯片。跳过的幻灯片依然可以被编辑，其在幻灯片导航器中显示为水平条。用户可以像操作其他幻灯片一样操作跳过的幻灯片。

在幻灯片导航器中选择一张或多张幻灯片，执行如图 16-43 所示的“幻灯片→跳过幻灯片”命令，即可将该幻灯片设置为跳过幻灯片。按住 Control 键，单击幻灯片缩略图，在弹出的下拉菜单中选择“跳过幻灯片”选项（见图 16-44），也可以完成设置跳过幻灯片的操作。

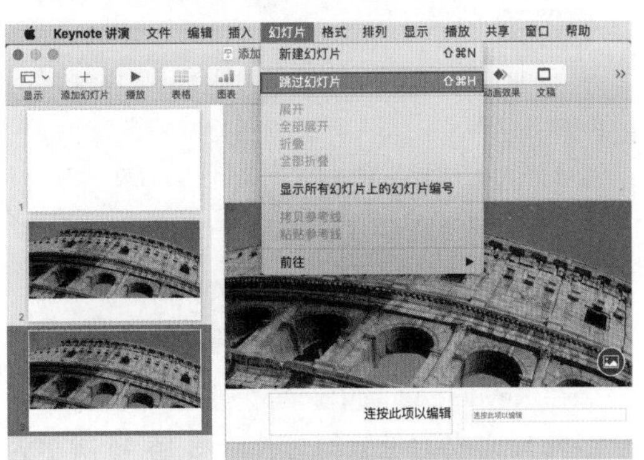

图 16-43　执行“跳过幻灯片”命令

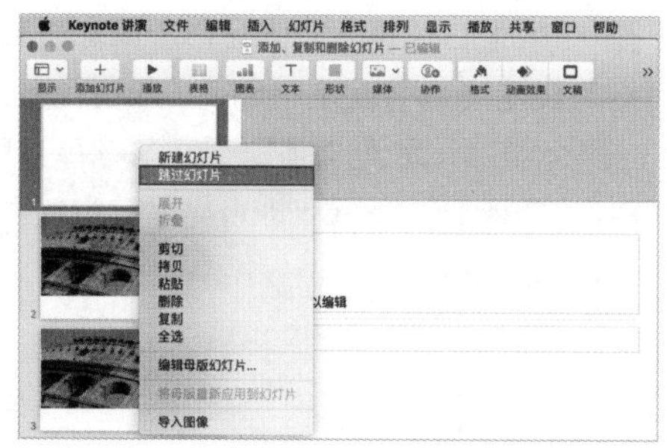

图 16-44　选择“跳过幻灯片”选项

提示

选中被设置为跳过的幻灯片，执行“幻灯片→不跳过幻灯片”命令，即可将该幻灯片设置为播放状态。

16.5.3　显示或隐藏幻灯片编号

在幻灯片导航器中选择一张或多张幻灯片，单击工具栏右侧的“格式”按钮，在弹出的边栏面板中勾选“幻灯片编号”复选框，添加编号效果如图 16-45 所示。取消“幻灯片编号”复选框，即可将幻灯片编号隐藏。

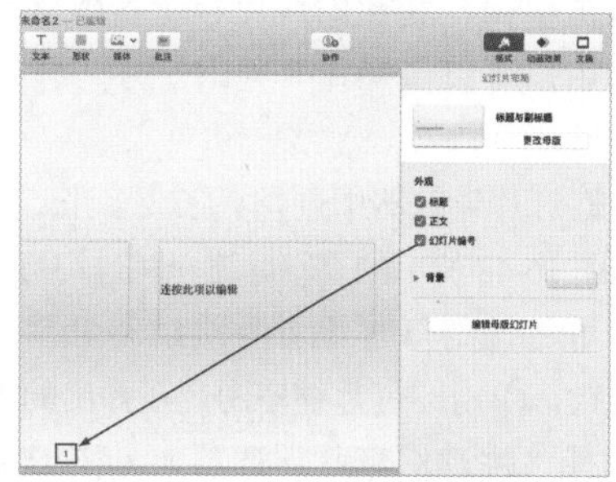

图 16-45　添加幻灯片编号

提示

执行“幻灯片→显示 / 隐藏所有幻灯片上的幻灯片编号”命令，可以显示或隐藏演示文稿中所有幻灯片上的幻灯片编号。

16.6　添加和编辑母版幻灯片

在 Keynote 讲演中，每个主题都包含多张已经布局完成的母版幻灯片。图 16-46 所示为选择不同的主题所对应的母版效果。

图 16-46　选择不同的主题所对应的母版效果

提示

母版幻灯片也可以被编辑，将新图像、文本、形状或其他对象添加到母版幻灯片上，这些对象将成为母版幻灯片中的一部分，且不能在演示文稿中编辑。

16.6.1　应用案例——添加母版幻灯片

01 启动 Keynote 讲演软件，双击“选取主题”界面中“工艺”选项下的“京都”主题，如图 16-47 所示。进入 Keynote 讲演的编辑界面后，单击工具栏中的“显示”按钮，弹出如图 16-48 所示的下拉菜单。

图 16-47　新建“京都”主题幻灯片

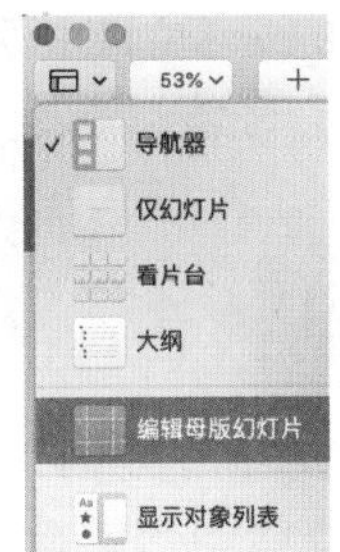

图 16-48　弹出下拉菜单

02 选择该下拉菜单中的“编辑母版幻灯片”选项后，进入“编辑母版幻灯片”界面，如图 16-49 所示。在幻灯片导航器中，选择任意母版幻灯片缩略图，按 Return 键，得到母版幻灯片的副本，如图 16-50 所示。

图 16-49　进入“编辑母版幻灯片”界面

图 16-50　得到母版幻灯片副本

03 双击母版幻灯片的名称，输入一个新名称，如图 16-51 所示。对图片占位符进行遮罩、复制和移动操作，修改母版幻灯片的布局，效果如图 16-52 所示。

图 16-51　输入新名称

图 16-52　修改母版幻灯片的布局

04 单击“编辑母版幻灯片”界面底部的“完成”按钮，如图 16-53 所示。或者单击工具栏中的“显示”按钮，弹出如图 16-54 所示的下拉菜单，选择“退出母版幻灯片”选项。

图 16-53　单击“完成”按钮

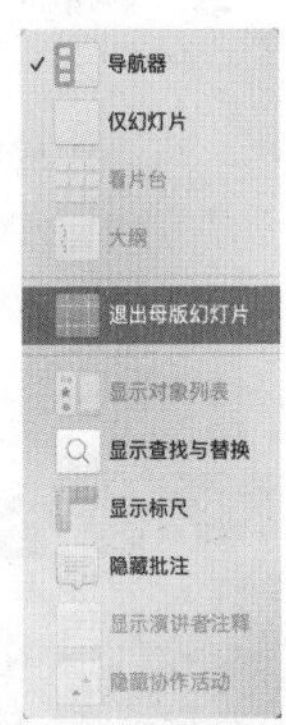

图 16-54　退出母版幻灯片

16.6.2　定义文本、图像和形状占位符

单击工具栏中的“显示”按钮，在弹出的下拉菜单中选择“编辑母版幻灯片”选项，在幻灯片导航器中选择一张母版幻灯片缩略图。

将文本框、图像、视频或形状添加到幻灯片中，根据需要更改对象的外观，并摆放在合适的位置。保持对象的选中状态，单击工具栏中的“格式”按钮，勾选边栏底部的“定义为文本占位符”复选框或“定义为媒体占位符”复选框，如图 16-55 所示。

单击“编辑母版幻灯片”界面底部的“完成”按钮，或者单击工具栏中的“显示”按钮，在弹出的下拉菜单中选择“退出母版幻灯片”选项，退出母版幻灯片的编辑状态。

图 16-55　定义媒体占位符

16.6.3　定义对象占位符

如果用户想要在母版幻灯片上为表格或图表创建占位符，可以添加对象占位符。但是，一张母版幻灯片只能添加一个对象占位符。

在“编辑母版幻灯片”界面中，选择要编辑的母版幻灯片，单击工具栏中的“格式”按钮，勾选边栏面板中的“对象占位符”复选框，幻灯片中出现的对象占位符如图 16-56 所示。用户可以调整对象占位符的大小和位置，如图 16-57 所示。

图 16-56　定义对象占位符

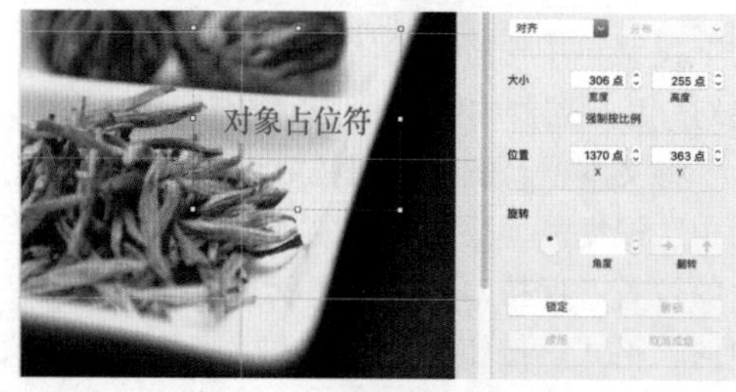

图 16-57　调整对象占位符

> **提示**
>
> 添加包含对象占位符的母版幻灯片后，在此幻灯片上添加的任意表格和图表都将采用与对象占位符相同的尺寸和位置。

16.6.4　创建新的演示文稿主题

在“编辑母版幻灯片”界面中，用户可以修改母版幻灯片的属性，还可以删除所有母版幻灯片（空白幻灯片除外），重新创建母版幻灯片集合。

完成母版幻灯片的设计与制作后，执行“文件→存储主题”命令，弹出“创建自定的 Keynote 主题”对话框，如图 16-58 所示。单击对话框中的“添加到主题选取器”按钮，可以将此母版幻灯片集合存储为新的主题。用户可以在“选取主题”界面中找到刚刚存储的新主题，如图 16-59 所示。

图 16-58　创建自定的 Keynote 主题

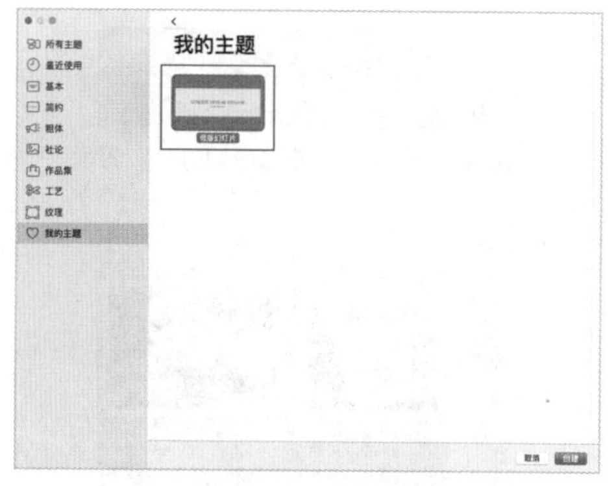

图 16-59　新主题

用户可以自定义母版幻灯片的标题和正文的默认位置、背景图形、默认字体、默认项目符号样式、对象的默认位置（对象占位符）、对象的对象填充和线条样式、图表样式、幻灯片过渡样式和对齐参考线位置等属性。

16.7　更改演示文稿主题

用户在设计、制作演示文稿的过程中，可以随时更改演示文稿的主题。执行“文件→更改主题”命令，在打开的“选取主题”界面中选择一个新主题，如图 16-60 所示，单击右下角的“选取”按钮，即可完成更改演示文稿主题的操作。

图 16-60　选择主题

提 示

取消“选取主题”界面左下角的“保留您的样式更改”复选框，新主题样式将覆盖现有的样式。

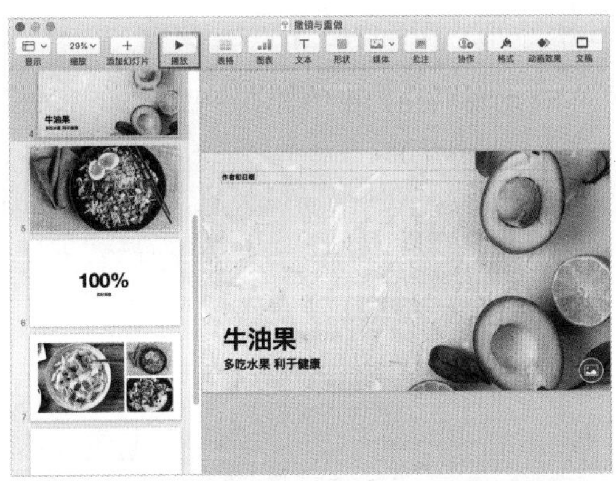

图 16-61　播放演示文稿

图 16-62　显示导航幻灯片

16.8　在 Mac 上播放及退出演示文稿

在演示文稿的制作过程中，用户可以通过单击工具栏中的“播放”按钮进入播放幻灯片的界面，以查看演示文稿的效果。

16.8.1　在 Mac 上播放演示文稿

在演示文稿的编辑过程中，在幻灯片导航器中选择要播放的幻灯片缩略图，单击工具栏左侧的“播放”按钮 ▶ ，进入演示文稿的全屏播放界面，如图 16-61 所示。

在播放演示文稿界面中，按 Return 键或按→键，即可播放下一张幻灯片。按任意数字键，界面左侧将显示幻灯片导航器，如图 16-62 所示。

用户可以在幻灯片导航器顶部的文本框中输入幻灯片编号，按 Return 键，即可播放该编号的幻灯片，如图 16-63 所示。按 Esc 键，即可停止播放演示文稿。

图 16-63　播放指定编号的幻灯片

16.8.2 输入密码退出播放演示文稿

Keynote 讲演为用户提供了输入密码才能退出演示文稿的功能。在演示文稿的编辑界面中，执行“Keynote 讲演→偏好设置”命令，如图 16-64 所示。

图 16-64 执行“偏好设置”命令

在弹出的“偏好设置”对话框中，单击切换到“幻灯片放映”选项卡，勾选“需要输入密码才能退出幻灯片放映”复选框，如图 16-65 所示。

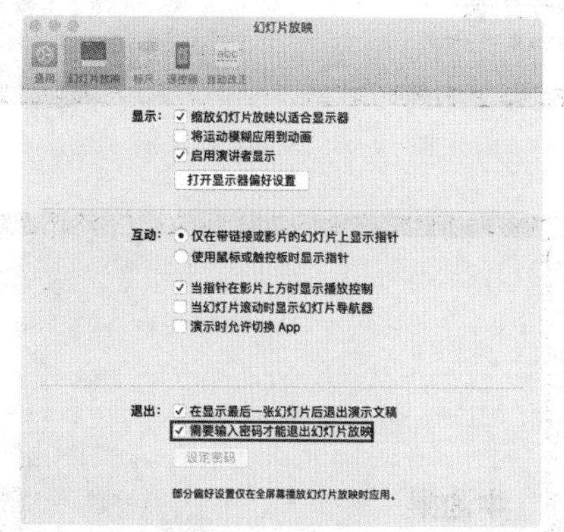

图 16-65 勾选“需要输入密码……”复选框

> **提示**
>
> 为音乐台自动播放的演示文稿设定输入密码才能停止或退出播放。在 Keynote 讲演软件中，这一功能得到了充分利用。

在弹出的“输入密码”对话框中，在“密码”文本框和“验证”文本框中输入文本密码，单击“设定密码”按钮，如图 16-66 所示，即可完成设定密码的操作。在“偏好设置”对话框中，取消“需要输入密码才能退出幻灯片放映”复选框，即可取消输入密码才能退出幻灯片放映的限制，如图 16-67 所示。

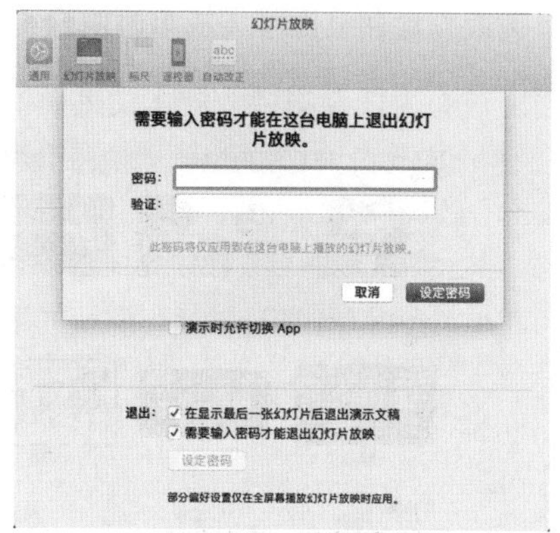

图 16-66 输入密码

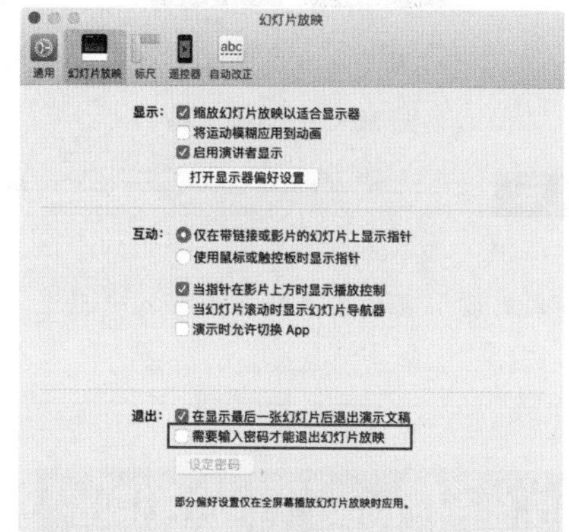

图 16-67 取消“需要输入密码……”复选框

> **提示**
>
> 在需要密码才能退出演示文稿的情况下，密码会被应用到计算机的所有演示文稿内。如果将设置了播放密码的演示文稿存储到不同的 Mac 上，播放密码将失去作用。

16.9 本章小结

对演示文稿的基本操作就是对幻灯片的基本操作。本章主要讲解在 Keynote 讲演中创建、打开、导入、存储幻灯片及设置密码保护、母版的编辑等操作。通过对本章知识点的学习与理解，读者应熟练掌握幻灯片的基本操作，以便更好地学习 Keynote 讲演的其他操作。

第 17 章 使用文本和对象

制作幻灯片时，在幻灯片中插入文本、图像、形状、音频和影片等对象是不可或缺的操作。本章将详细讲解使用 Keynote 讲演制作幻灯片时，插入文本、图像、形状、视频和音频等对象的方法和技巧。

17.1 使用文本

Keynote 讲演中的文本操作与 Pages 文稿和 Numbers 表格中的文本操作基本相同，这里就不再赘述。

17.1.1 应用案例——文本的基本操作

01 打开 Keynote 讲演中的“选取主题”界面，双击“纹理”主题类型下的“文艺复兴”主题，如图 17-1 所示。进入演示文稿的编辑界面，双击幻灯片中的文本占位符，输入标题文本内容，如图 17-2 所示。

图 17-1　选择主题

图 17-2　输入标题文本

02 单击工具栏中的“添加幻灯片”按钮 + ，在弹出的“添加幻灯片”面板中单击“照片 - 水平”母版，将幻灯片添加到演示文稿中，如图 17-3 所示。双击文本占位符，输入正文文本内容，如图 17-4 所示。

图 17-3　添加幻灯片

图 17-4　输入正文文本

03 继续添加一张幻灯片并输入文本，输入完成后调整占位符的大小，如图 17-5 所示。单击工具栏中的“文本”按钮 T ，将文本框添加到幻灯片中并放到合适的位置上，输入文本内容并调整文本框大小，如图 17-6 所示。

图 17-5　添加幻灯片并输入文本

图 17-6　添加文本框并输入文本

提示

选择文本框并将光标移动到文本框边线的中点上，向任意方向拖曳可以调整文本框的宽、高，并改变文本的布局和方向。

04 单击工具栏中的"形状"按钮，在弹出的面板中选择任意形状，拖曳创建形状，然后调整形状的大小并移动位置，如图 17-7 所示。双击形状显示插入点，输入提示文本内容，如图 17-8 所示。

图 17-7　添加形状并调整其大小和位置

图 17-8　输入提示文本

05 选择形状元素后，执行"编辑→拷贝"命令或按组合键 Command+C 复制形状，执行"编辑→粘贴"命令或按组合键 Command+V 粘贴该形状，如图 17-9 所示，将复制得到的形状放在合适的位置上，并修改形状内的文本，如图 17-10 所示。

图 17-9　复制并粘贴形状

图 17-10　修改文本内容

06 选择幻灯片顶部的标题文本，单击工具栏右侧的"格式"按钮，在"文本"选项卡中设置参数，如图 17-11 所示。使用相同方法，完成其他内容的制作。幻灯片效果如图 17-12 所示。

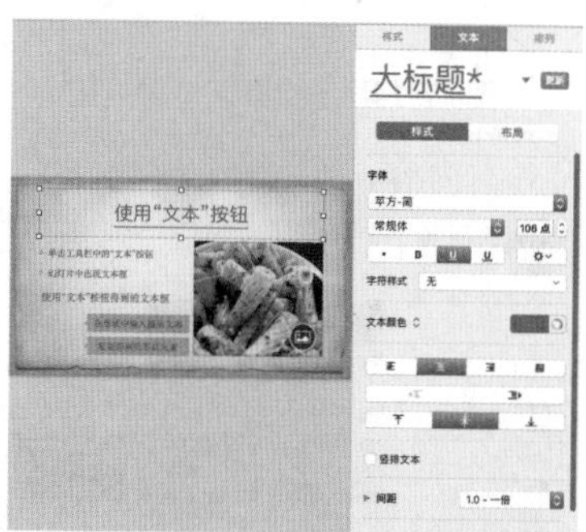

图 17-11　设置参数

图 17-12　幻灯片效果

17.1.2　设置文本的排列方向

Keynote 讲演为文本提供了 7 种对齐方式，包括左对齐、居中对齐、右对齐、两端对齐、顶部对齐、中间对齐和底部对齐。用户还可以将默认的横排文本转换为竖排文本。

选择段落或列表中的文本，单击工具栏右侧的“格式”按钮，在“文本”选项卡中设置如图 17-13 所示的对齐方式。对齐方式改变后，插入点的位置也随着改变，如图 17-14 所示。

图 17-13　设置对齐方式

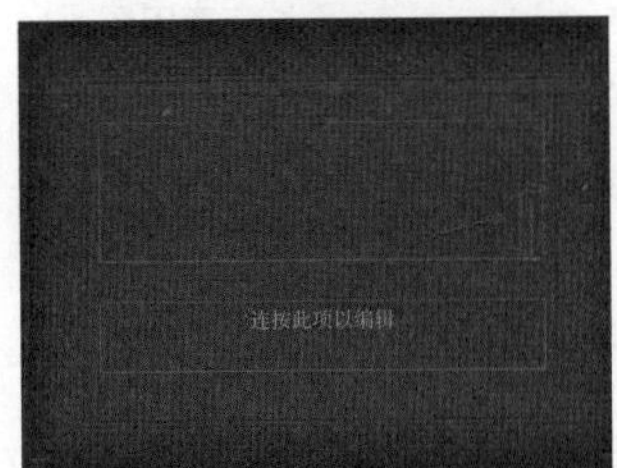

图 17-14　改变插入点位置

输入文本内容，在段落的末尾处按 Return 键，下一段落继续使用相同的对齐方向，如图 17-15 所示。如果想要更改文本的方向，需要再次设置不同的对齐方式，如图 17-16 所示。

图 17-15　使用相同对齐方向

图 17-16　设置为不同的对齐方式

选择文本框后单击鼠标右键，弹出如图 17-17 所示的快捷菜单，选择“打开竖排文本”选项，即可将横排文本转换为竖排文本。此外，勾选右侧边栏中“文本”选项卡下的“竖排文本”复选框（图 17-18），也可以将横排文本转换为竖排文本。

图 17-17　选择“打开竖排文本”选项

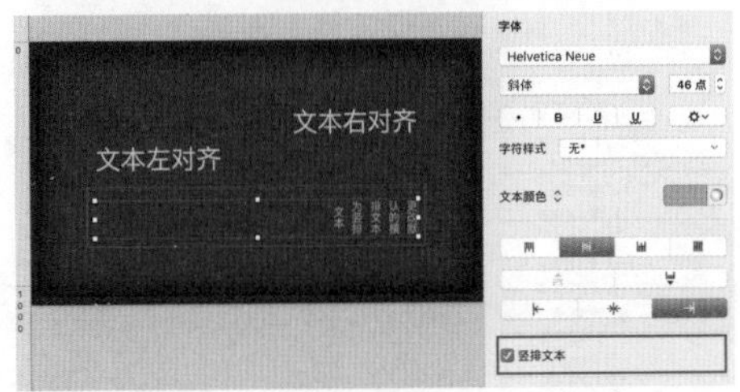

图 17-18　勾选“竖排文本”复选框

> **提示**
>
> 选中包含竖排文本的文本框，单击鼠标右键，在弹出的快捷菜单中选择“关闭竖排文本”选项，或者取消右侧边栏中的“竖排文本”复选框，均可以将竖排文本转换为横排文本。

17.1.3　在 Keynote 讲演中使用其他语言

如果想要在演示文稿中使用其他语言，用户必须提前设置该语言的输入法，了解该语言特定的键盘或字符调板等。

> **提示**
>
> 如果想要使用专为其他语言设计的主题，则必须将计算机的首选语言设置为该语言。

单击系统界面底部程序坞中的“系统偏好

设置”图标，弹出“系统偏好设置”对话框，单击“键盘”图标，进入“键盘”对话框。

在该对话框中单击切换到“输入法”选项卡，如图 17-19 所示。单击对话框左下角的“添加”按钮 + ，选取想要启用的键盘，单击“添加”按钮，弹出如图 17-20 所示的“输入法列表”对话框。

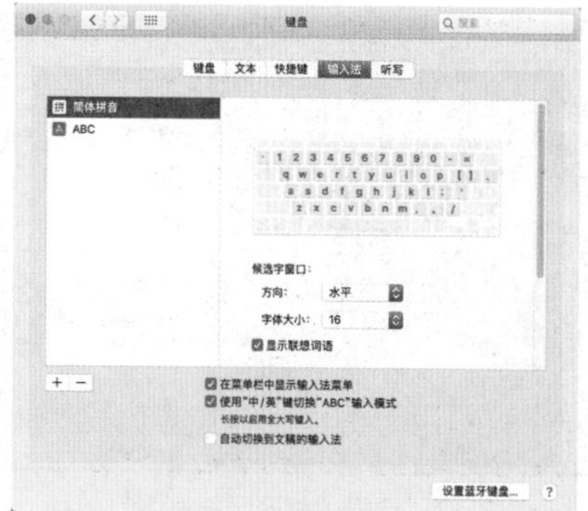

图 17-19 “键盘”对话框

图 17-20 输入法列表

选择想要的输入法后，单击“添加”按钮，返回到“键盘”对话框。勾选“在菜单栏中显示输入法菜单”复选框，如图 17-21 所示。设置完成后，如果想要切换到其他键盘，单击菜单栏右侧的“输入法”菜单，在弹出的菜单中选择键盘，如图 17-22 所示。

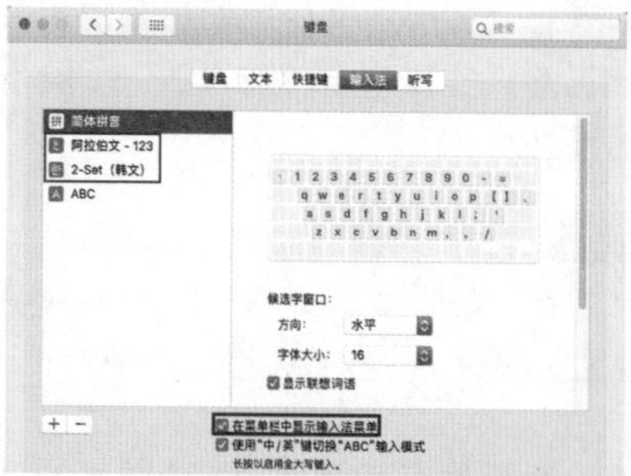

图 17-21 勾选“在菜单栏中显示输入法菜单”复选框

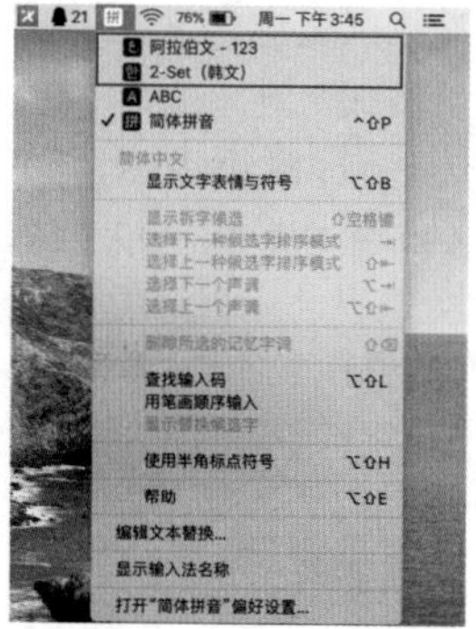

图 17-22 选取键盘

提示

如果所切换语言的书写方向与当前语言相反，新语言插入点将移至幻灯片的另一侧。例如，如果从“英文”切换到“希伯来文”，插入点将移至幻灯片的右侧。

17.1.4 听写文本

在“系统偏好设置”对话框中单击“键盘”图标，进入“键盘”对话框，在该对话框中单击切换到“听写”选项卡，选中“打开”单选按钮，如图 17-23 所示。执行“编辑→开始听写”命令，如图 17-24 所示。

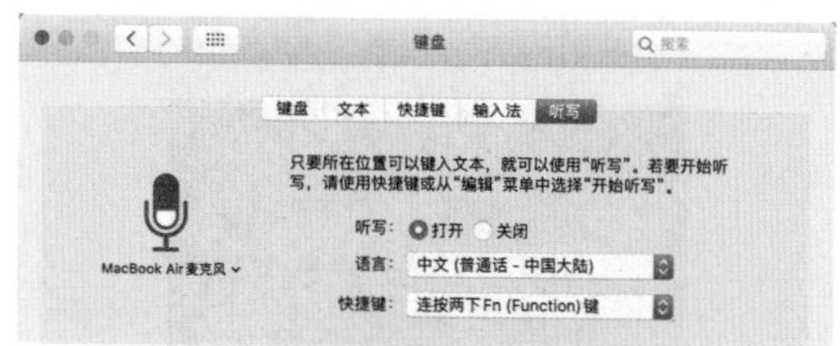

图 17-23 打开听写

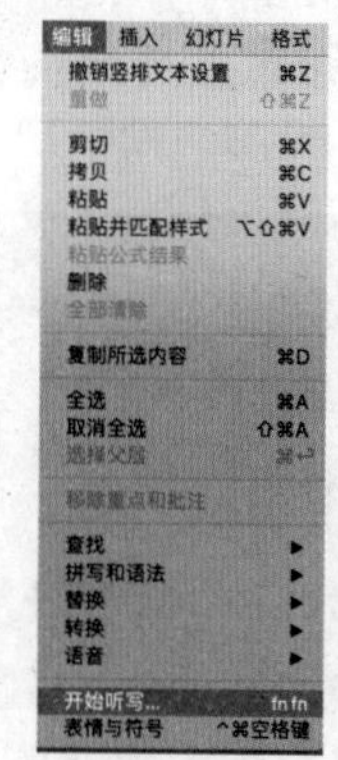

图 17-24 开始听写

弹出“您要启用‘听写’吗？”对话框，单击“好”按钮，然后在弹出的对话框中单击“启用听写”按钮，如图 17-25 所示。完成设置后，输入文本即可启用听写功能。

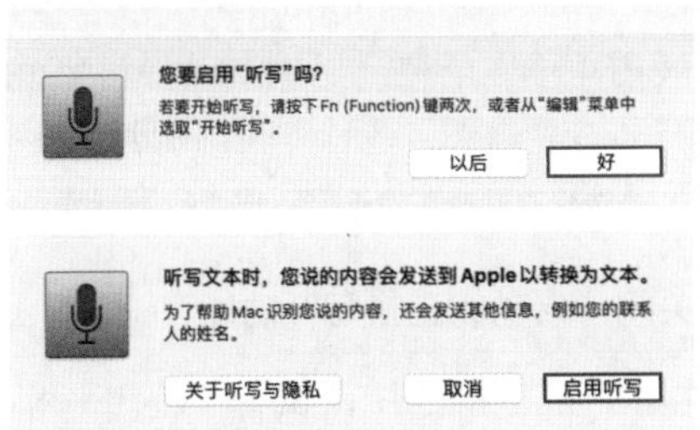

图 17-25　启用听写

提示

用户不能在占位符文本上直接听写，需要删除占位符文本并将插入点放在要开始听写的位置上才行。

17.2　检查拼写

Keynote 讲演可以在用户输入文本的同时检查拼写并自动改正错误的拼写。此外，还可以让 Keynote 讲演检查语法，也可以将专业术语添加到 Keynote 讲演的词典中，此后专业术语便不会被标记为错误拼写。

17.2.1　检查及纠正拼写和语法

在制作演示文稿时，如果需要检查拼写和语法，可以执行以下操作。

- 检查拼写：按组合键 Command+; 或执行“编辑→拼写和语法→立即检查文稿”命令，文本中的第一个错误会被高亮显示，如图 17-26 所示。再次按组合键 Command+; 显示下一个错误。按住 Control 键的同时单击错误文本，将弹出正确拼写的文本列表（见图 17-27），在其中选择正确的拼写即可替换错误文本。
- 检查语法：执行“编辑→拼写和语法→检查拼写和语法”命令，如图 17-28 所示。此时，语法错误的文本下将显示一条绿色的下画线（见图 17-29），将光标移到带有下画线的文本上方可以查看问题描述。

ambitious people sigh is so sweet, better than orchestral playing.The night comes, the flowers will Baner find, hugged her desire to sleep; the morning comes, she opened to lip, the sun's kiss. Spend life is long and making, is the tears and laughter.Seawater evaporation, transpiration, accumulated into the clouds, floating in the sky. The clouds in the mountains above the wind sway, meet, is crying to the field had fallen, it sinks into the river, back to the sea -- it home. The cloud 's life is respectively and reunion, is the tears and laughter. So a man: he was out of the noble spirit, in the physical world from Bashan; he is like a cloud, after sorrow

图 17-26　高亮显示错误文本

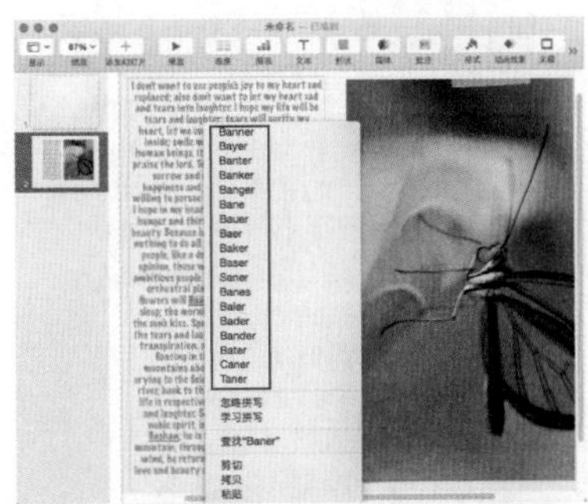

图 17-27　正确拼写的文本列表

图 17-28　执行“检查拼写和语法”命令

sorrow and regret; smile showed me happiness and joy of their existence. am willing to pursue the ideal to death, not bored. I hope in my heart, there is a kind of to be like hunger and thirst to the pursuit of love and beauty. Because in my opinion, those who have nothing to do all day, is the most unfortunate people, like a dead-alive person; and in my opinion, those who aim high, have the ideal, ambitious people sigh is so sweet, better than orchestral playing.The night comes, the flowers will Baner find, hugged her desire to sleep; the morning comes, she opened to lip, the sun's kiss. Spend life is long and making, is

图 17-29　语法错误显示绿色下画线

- 忽略错误拼写：按住 Control 键的同时单击错误文本，在弹出的菜单中选择“忽略拼写”选项。如果该文本在演示文稿中再次出现，则会被忽略检查。
- 将字词添加到拼写词典或者从中移除：按住 Control 键的同时单击该字词，在弹出的菜单中选择“学习拼写”选项（图

17-30），该字词会被添加到词典内。如果此时再单击该词，在弹出的菜单中选择“忘记拼写”选项（见图 17-31），即可将当前文本从词典中移除。

图 17-30　选择“学习拼写”选项

图 17-31　选择“忘记拼写”选项

提示

如果想要在其他语言中进行检查拼写，首先要更改词典的语言。

17.2.2　启用或关闭“自动纠正拼写”功能

启用“自动纠正拼写”功能

执行“编辑→拼写和语法→自动纠正拼写”命令后，用户在输入文本时，拼写错误的字词下将显示一条红色下画线且显示改正的建议。如果没有看到自动改正建议，则表明“自动纠正拼写”功能未打开。

- 接受建议：如果只有一个建议，只需选择此建议，即可自动改正错误文本，如图 17-32 所示。如果显示了两个或多个建议，可以选取其中一种建议进行改正。
- 忽略建议：按 Esc 键可以忽略改正建议并继续输入文本。
- 撤销自动改正：将插入点移动到完成修改的文本后面，将显示原始拼写，如图 17-33 所示。选择原始拼写，即可撤销自动改正。

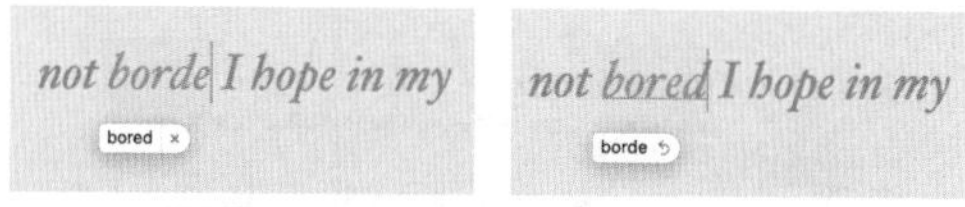

图 17-32　选择自动改正建议　图 17-33　撤销自动改正

关闭“自动纠正拼写”功能

在 Keynote 讲演中，执行“编辑→拼写和语法→自动改正拼写”命令（见图 17-34），即可关闭“自动纠正拼写”功能。

在系统界面中，单击系统界面底部程序坞中的“系统偏好设置”图标，弹出“系统偏好设置”对话框，单击“键盘”图标，进入“键盘”对话框。在“文本”选项卡中取消“自动纠正拼写”复选框（见图 17-35），即可取消所有应用中的自动纠正拼写。

图 17-34　关闭“自动纠正拼写”功能

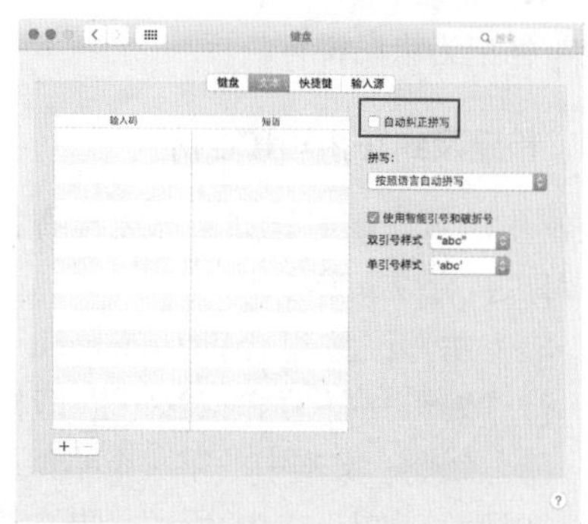

图 17-35　取消自动纠正拼写

17.2.3　使用“拼写和语法”对话框

执行“编辑→拼写和语法→显示拼写和语法”命令，打开“拼写和语法”对话框，如图 17-36 所示。用户可以使用该对话框管理演示文稿中的拼写和语法。如果用户仅选择演示文稿的一部分，则拼写检查将只针对被选中的文本。

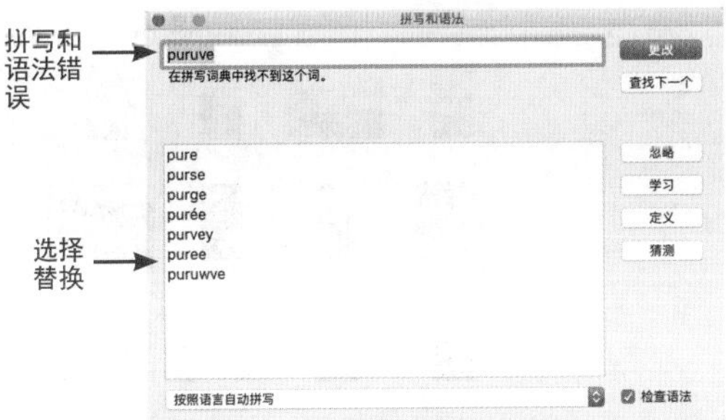

图 17-36　“拼写和语法”对话框

17.3　查找和替换文本

用户可以在演示文稿中搜索特定字词、短语、数字或字符等文本内容，系统会自动将搜索结果替换为指定的新内容。

17.3.1　搜索特定文本

单击 Keynote 讲演工具栏左侧的“显示”按钮，在弹出的下拉菜单中选择“显示查找与替换”选项，如图 17-37 所示。在弹出的“查找与替换”对话框中，在搜索框内输入要查找的字词或短语，如“鹦鹉”，文本匹配项将呈高亮显示，如图 17-38 所示。

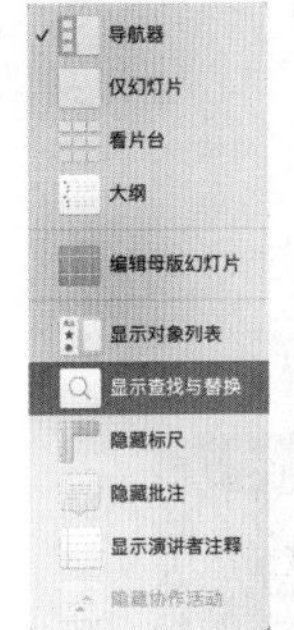

图 17-37　显示查找与替换

图 17-38　高亮显示匹配项

单击“查找与替换”对话框中的按钮，在弹出的下拉菜单中选择“区分大小写”选项或“全字匹配”选项，可以使用户需要查找的文本与查找后的更加匹配。单击界面右侧左右两个箭头，将高亮显示下一个或上一个匹配项，如图 17-39 所示。

图 17-39　“查找与替换”对话框

提 示

如果要查看（或清除）最近搜索，单击“放大镜”图标右侧的向下箭头可显示最近搜索的文本。

17.3.2　替换找到的文本

单击“查找与替换”对话框左侧的按钮，在弹出的下拉菜单中选择“查找与替换”选项，“查找与替换”对话框显示为如图 17-40 所示的效果。在第一个文本框中输入查找字词或短语，在第二个文本框中输入替换字词或短语，如图 17-41 所示，演示文稿中被选中的匹配项将呈高亮显示。

单击图 17-41 对话框中的“替换”按钮，选中的匹配项会被替换；单击“替换并查找”按钮，替换所选匹配项并移到下一个匹配项；单击“全部替换”按钮，将替换所有匹配项。

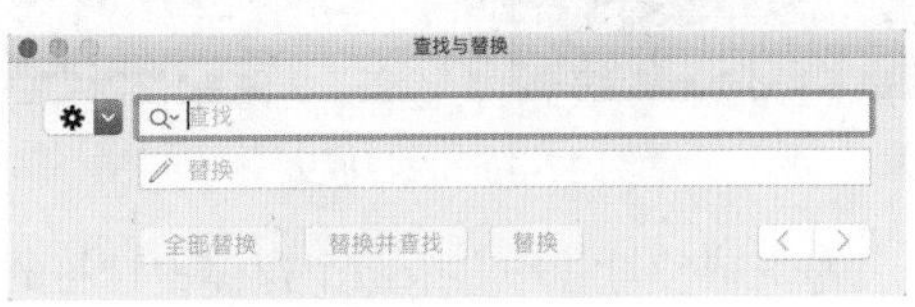

图 17-40　显示效果

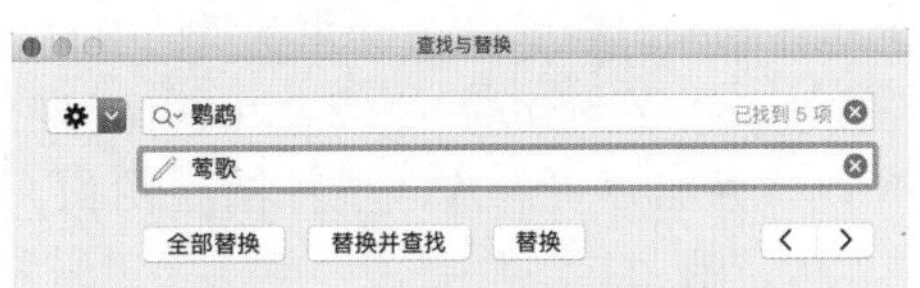

图 17-41　输入替换文本

17.4　添加图像和形状

Keynote 讲演中添加图像和形状的方法与 Pages 文稿和 Numbers 表格中的相同，此处不再赘述。接下来通过两个应用案例进一步了解 Keynote 讲演中图像和形状的添加方法与技巧。

17.4.1 应用案例——添加图像

01 打开 Keynote 讲演中的“选取主题”界面，双击“社论”主题类型下的“乳白纸”主题，添加名为“照片 -3 联”的母版幻灯片，如图 17-42 所示。

图 17-42 添加幻灯片

02 单击左侧照片上的“媒体占位符”图标，在弹出的照片资料库中选择一张图像，如图 17-43 所示。

图 17-43 选择图像

03 完成幻灯片中其余两个媒体占位符的图像替换，效果如图 17-44 所示。添加名为“标题 - 顶部对齐”的母版幻灯片，单击工具栏中的“媒体”按钮，在弹出的下拉菜单中选择“照片”选项，打开照片资料库，选择两张图像，如图 17-45 所示。

图 17-44 幻灯片效果

图 17-45 选择两张图像

04 单击照片资料库左上角的“关闭”按钮，在幻灯片中选择一张图像并调整大小，单击工具栏中的“格式”按钮，单击“图像”面板中的“编辑遮罩”按钮，设置如图 17-46 所示的遮罩，完成后单击“完成”按钮。

图 17-46 设置遮罩

05 选择右侧的图像，使用相同方法为其添加遮罩，如图 17-47 所示。在幻灯片顶部的文本占位符中输入标题。

图 17-47 添加遮罩

06 添加名为“空白”的母版幻灯片，执行“插入→选取”命令，弹出选取对话框，选择路径位置后继续选择图像，单击“插入”按钮，如图 17-48 所示。适当调整该图像的大小，并将图像移动到合适的位置，如图 17-49 所示。

图 17-48　选择要插入的图像

图 17-49　调整图像大小和位置

07 为插入的图像添加遮罩，在“样式”选项卡中设置图像的样式和边框，如图 17-50 所示。单击工具栏中的“文本”按钮，将文本框添加到幻灯片中并输入正文文本，在界面右侧的边栏中为文本设置样式，如图 17-51 所示。

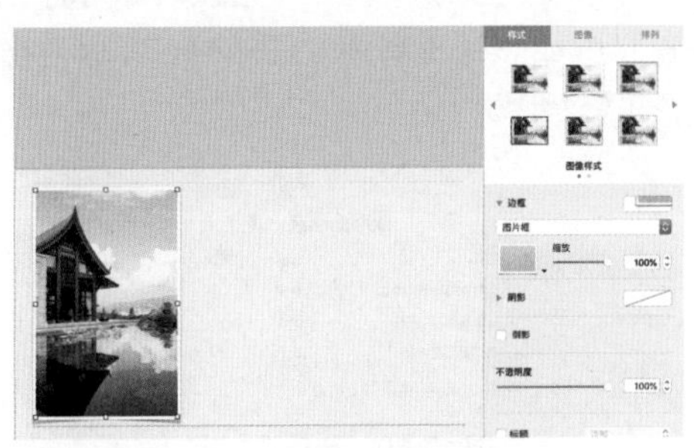

图 17-50　设置图像的样式和边框

图 17-51　添加正文并设置样式

> **提示**
>
> 用户在制作演示文稿的过程中，常常需要编辑图像。因此，将“图像调整”“即时 Alpha”“遮罩”等功能添加到工具栏中，可便于随时取用。

17.4.2　应用案例——创建形状

01 打开 Keynote 讲演中的“选取主题”界面，双击“工艺”主题类型下的“排版”主题，添加名为“照片 - 垂直”的母版幻灯片。

02 在幻灯片左侧的文本框中添加文本并调整大小，如图 17-52 所示。单击工具栏中的“形状”按钮，打开形状面板，单击右上角的“用笔工具绘制”图标，如图 17-53 所示。

图 17-52　添加文本并调整大小

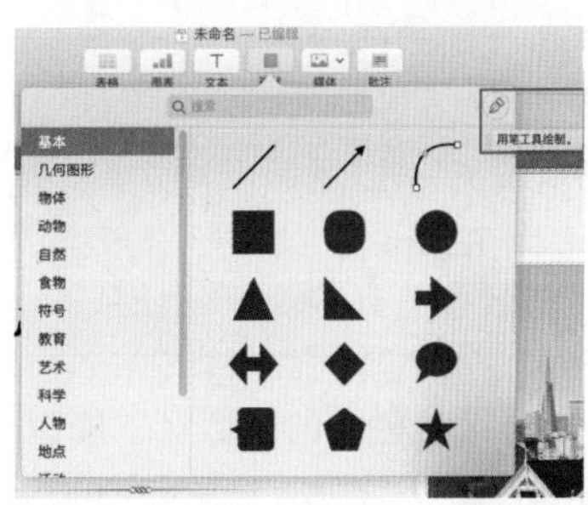

图 17-53　单击“用笔工具绘制”图标

03 使用笔工具在幻灯片上绘制折线，绘制完成后按 Return 键确认绘制，在界面右侧的“样式”选项卡中设置线条样式，如图 17-54 所示。

04 选中折线形状，按组合键 Command+C 复制形状，再按组合键 Command+V 粘贴形状，并适当移动形状的位置。使用相同方法，再复制和粘贴两个折线形状，并调整形状的角度和位置，形状效果如图 17-55 所示。

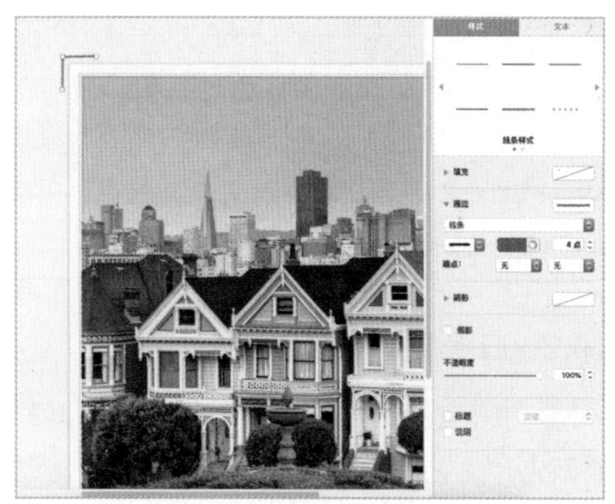

图 17-54　绘制折线并设置样式

图 17-55　形状效果

> **提示**
>
> 使用笔工具在幻灯片中单击绘制直线，拖曳绘制曲线。绘制完成后，单击第一个点可封闭形状；按 Return 键可完成开放形状的绘制。

05 单击工具栏中的“形状”按钮，打开形状面板，单击“物体”选项卡下的“纸飞机”形状，将其添加到幻灯片中，如图 17-56 所示。

06 调整纸飞机的大小和位置，双击“纸飞机”形状，当纸飞机上出现输入点后，输入文本并调整文本字号，如图 17-57 所示。

图 17-56　添加“纸飞机”形状

图 17-57　调整形状

07 单击工具栏中的“形状”按钮，打开形状面板，单击“活动”选项卡下的“焰火”形状，将其添加到幻灯片中，如图 17-58 所示。调整焰火的大小和位置，幻灯片效果如图 17-59 所示。

图 17-58　添加“焰火”形状

图 17-59　幻灯片效果

17.5　添加视频和音频

用户不仅可以为 Keynote 讲演中的幻灯片添加图像媒体，还可以将视频和音频添加到幻灯片中。

17.5.1　在幻灯片中添加视频或音频

在演示文稿的编辑界面中，单击工具栏中的“媒体”按钮，在弹出的下拉菜单中选择“音乐”选项或“影片”选项，即可打开音乐资料库或影片资料库。图 17-60 所示为打开的音乐资料库。

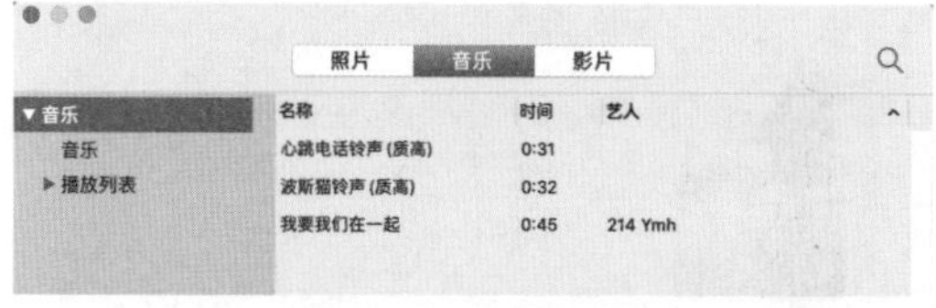

图 17-60　音乐资料库

在音乐资料库或影片资料库中，单击音乐或视频的文件名称可将其添加到幻灯片上，也可以直接将选中的文件拖曳到幻灯片的任意位置上，完成媒体文件的添加。图 17-61 所示为在幻灯片上添加了音乐文件的显示效果。

将视频或音频文件添加到幻灯片上后，单击幻灯片中的视频或音频即可播放该媒体。在演示文稿的播放过程中，音乐或视频文件将跟随序列自动播放。

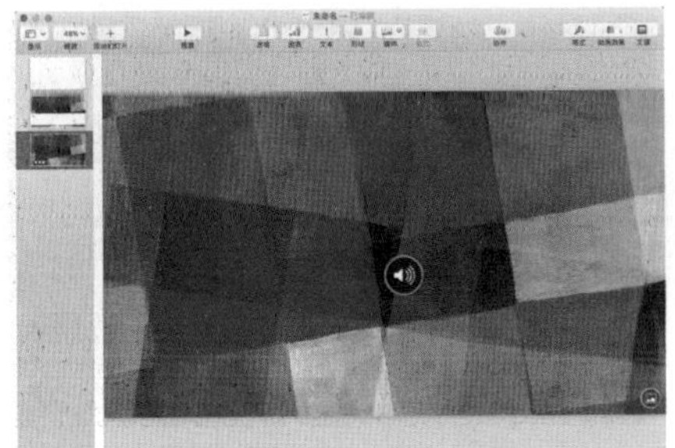

图 17-61　添加音乐文件的显示效果

17.5.2　支持的音频和视频格式

视频和音频文件必须采用 Mac 中 QuickTime 支持的格式。如果音频或视频文件不能添加或播放，用户可以使用 iMovie、QuickTime Player 或 Compressor 将文件转换为 MPEG-4 音频或 H.264（720 p）视频的 QuickTime 文件。

17.5.3　录制画外音旁白

Keynote 讲演提供了为每张幻灯片录制同步自述音频的功能。在演示文稿的编辑界面中，选择某张幻灯片，单击工具栏中的“文稿”按钮，单击右侧边栏顶部的“音频”标签，效果如图 17-62 所示。

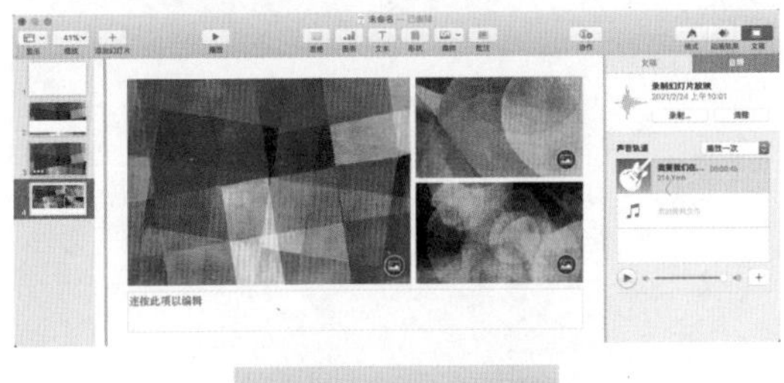

图 17-62　边栏效果

单击边栏中的“录制”按钮，进入画外音旁白的“录制模式”界面，如图 17-63 所示。单击该界面右上角的图标，弹出“键盘快捷键”面板，如图 17-64 所示。

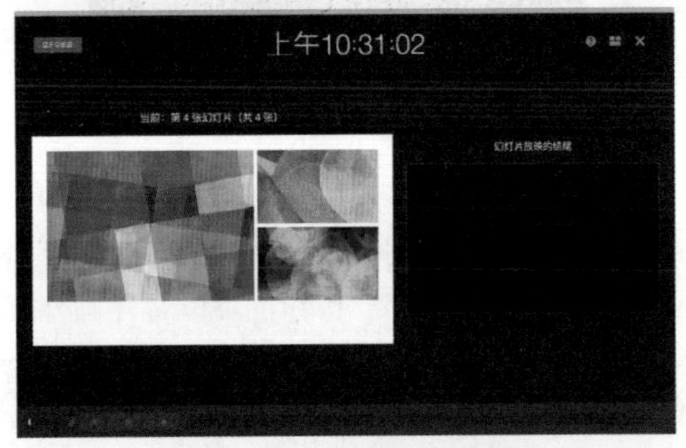

图 17-63　“录制模式”界面

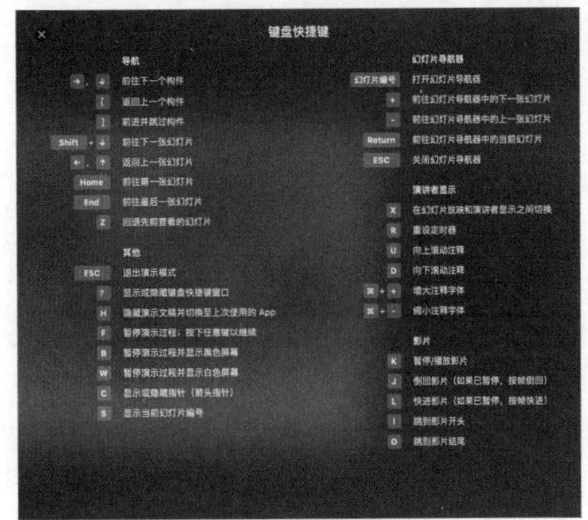

图 17-64　键盘快捷键

单击图 17-63 界面右上角的图标，打开如图 17-65 所示的功能列表；单击界面左下角的图标，进入计时器界面，计时器将从 3 开始倒计时，如图 17-66 所示。倒计时结束后，可以开始录制。

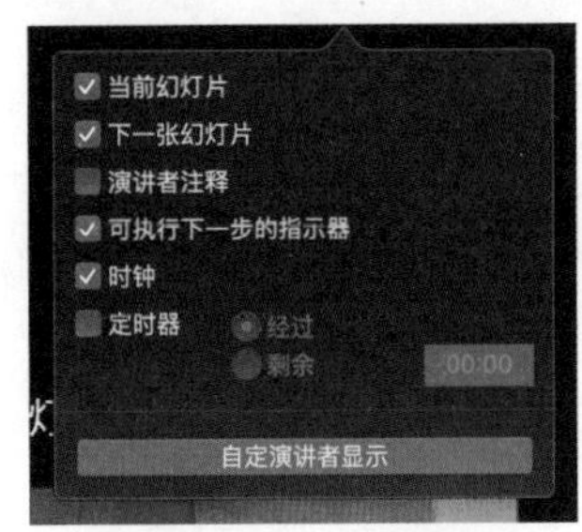

图 17-65　功能列表

图 17-66　倒计时界面

在麦克风中清晰发声录制旁白。单击幻灯片或按→键，即可切换到下一张幻灯片。单击界面左下角的“暂停”按钮，可以暂停画外音旁白的录制，如图 17-67 所示。单击界面右下角的“删除”按钮，可以删除画外音旁白的音频，如图 17-68 所示。

图 17-67　暂停录制

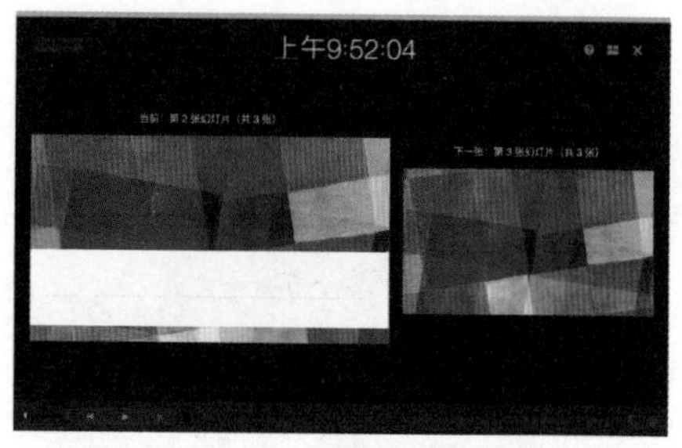

图 17-68　删除旁白音频

按 Esc 键，存储录制并退出画外音旁白的“录制模式”。单击界面右上角的✕图标，也可以退出画外音旁白的“录制模式”。

17.6　本章小结

本章主要讲解在 Keynote 讲演中使用文本和对象的方法与技巧，其中主要包括添加和使用文本、检查拼写、查找与替换文本及添加图像、形状、视频和音频等内容。通过本章的学习，读者应能够深刻理解相关知识，并在制作幻灯片时能够熟练运用。

第 18 章 为幻灯片添加运动效果

Keynote 讲演为用户提供了多种功能强大、设计新颖的过渡效果和构件效果，这些过渡效果和构件效果可以帮助用户创建效果丰富的动态演示文稿。

18.1 添加过渡

在演示文稿的播放过程中，从一张幻灯片移到下一张幻灯片时所展示的视觉效果，被称为过渡。例如，为幻灯片添加“推移”的过渡效果，当演示文稿播放该幻灯片时，上一张幻灯片会被推移出屏幕。

18.1.1 应用案例——为幻灯片添加过渡

01 在 Keynote 讲演中打开“选取主题”界面，双击“工艺”主题类型下的“拉绒画布”主题，进入演示文稿的编辑界面，如图 18-1 所示。添加多张母版幻灯片，单击幻灯片导航器中的某张幻灯片缩略图将其选中，如图 18-2 所示。

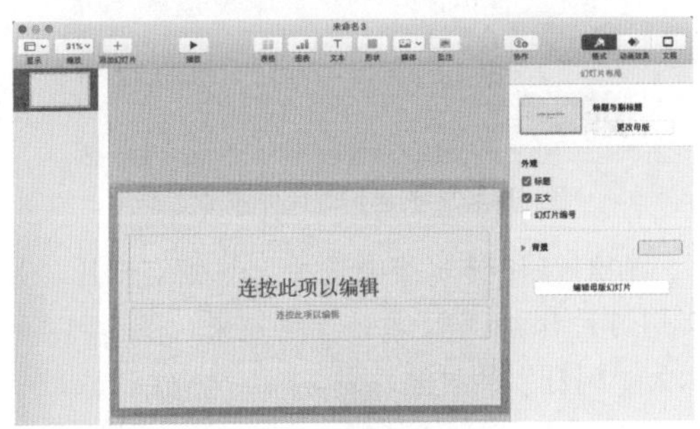

图 18-1 创建演示文稿

图 18-2 选中某张幻灯片

02 单击工具栏右侧的“动画效果”按钮◆，单击边栏中的“添加效果”按钮，在弹出的过渡效果下拉菜单中选择任意一个过渡，如图 18-3 所示。

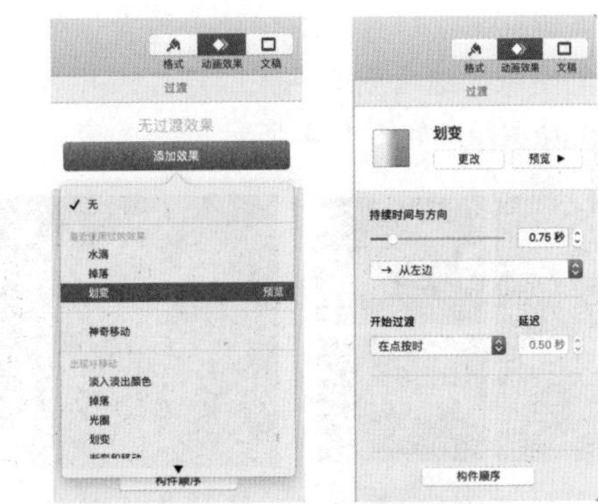

图 18-3 选择动画效果

03 添加过渡效果后，幻灯片缩略图的右下角将显示蓝色三角标记，如图 18-4 所示。在界面右侧“过渡”面板中设置过渡效果的持续时间与方向，如图 18-5 所示。

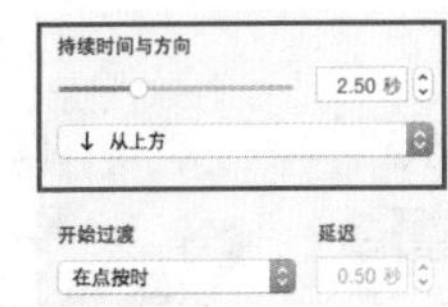

图 18-4 显示蓝色三角标记 图 18-5 设置持续时间与方向

18.1.2 创建对象效果的过渡

Keynote 讲演为用户提供了“出现与移动”“翻转、旋转与缩放”“对象效果”“文本效果”4 大类型的过渡。“出现与移动”和“翻转、旋转与缩放”类型的过渡效果作用于整张幻灯片；“对象效果”和“文本效果”类型的过渡效果作用于幻灯片中的对象与文本。

“对象效果”过渡类型下包括如图 18-6 所示的过渡效果。为了使对象效果过渡获得最佳效果，选中的幻灯片中最好包含两个及两个以上的对象。

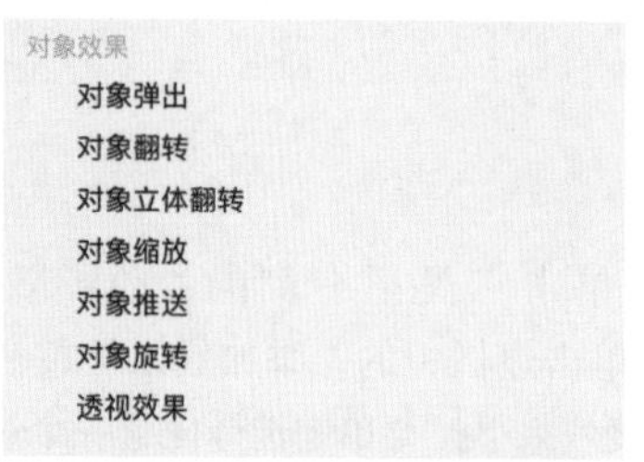

图 18-6 “对象效果”过渡类型

创建一张幻灯片，幻灯片中包含如图 18-7 所示的图像；继续创建一张幻灯片，并为幻灯片上添加图像，如图 18-8 所示。

图 18-7 幻灯片效果

图 18-8 创建幻灯片并添加图像

选择第一张幻灯片，为其添加“透视效果”，演示文稿自动播放过渡的预览效果，如图 18-9 所示。用户可在右侧边栏“过渡”面板中设置过渡参数，如图 18-10 所示。

图 18-9 过渡的预览效果

图 18-10 设置过渡参数

18.1.3 创建文本效果的过渡

“文本效果”过渡类型下包括如图 18-11 所示的过渡效果。为了使文本效果过渡获得最佳效果，选中的幻灯片必须包含文本内容，同时幻灯片上的文本最好具有相同的字体和大小。

图 18-11 “文本效果”过渡类型

提示

如果文本内容在两张幻灯片上的位置相同，即可为其应用“摇摆”的过渡效果。

创建包含简单文本的幻灯片，如图 18-12 所示。继续创建一张幻灯片，并在幻灯片上添加多段文本内容，如图 18-13 所示。

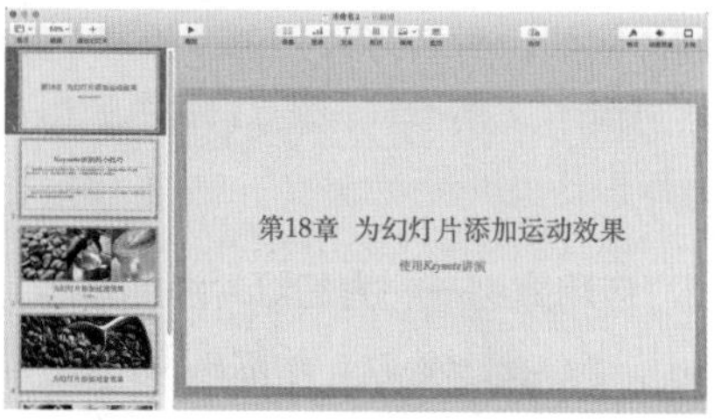

图 18-12 创建幻灯片

图 18-13 创建幻灯片并添加文本

在幻灯片导航器中选择第一张幻灯片，为该幻灯片添加“闪烁”过渡效果。图 18-14 所示为“闪烁”的过渡效果。

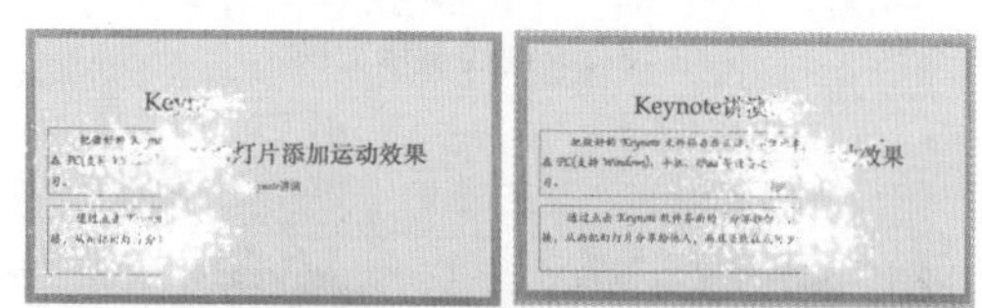

图 18-14 “闪烁”的过渡效果

单击幻灯片导航器中的某张幻灯片，单击界面右侧“过渡”面板中的“更改”按钮，弹出过渡效果的下拉菜单，在其中选择不同的过渡，完成更改过渡效果的操作。如果选择“无”选项，即可移除过渡效果。

18.1.4　添加“神奇移动”过渡

将“神奇移动”过渡效果应用于幻灯片中的图像后，在播放演示文稿时，会产生将图像从本张幻灯片移动到下一张幻灯片上的效果。

在 Keynote 讲演中，创建一张幻灯片并为其添加图像，如图 18-15 所示。按组合键 Command+D 复制幻灯片，在复制的幻灯片上调整对象的大小、方向或布局，如图 18-16 所示。

图 18-15　创建幻灯片并添加图像

图 18-16　复制幻灯片

> **提示**
>
> 同时出现在两张幻灯片上的任意对象都将成为过渡效果的一部分。出现在第一张幻灯片上而不出现在后续幻灯片上的对象都将渐隐，出现在后续幻灯片上而不出现在原始幻灯片上的对象都将渐显。

选择两张幻灯片中的第一张，单击界面右侧“动画效果”边栏中的“添加效果”按钮，在弹出的过渡效果下拉菜单中选择“神奇移动”过渡，如图 18-17 所示。右侧边栏“过渡”面板中显示“神奇移动”过渡效果的参数，如图 18-18 所示。

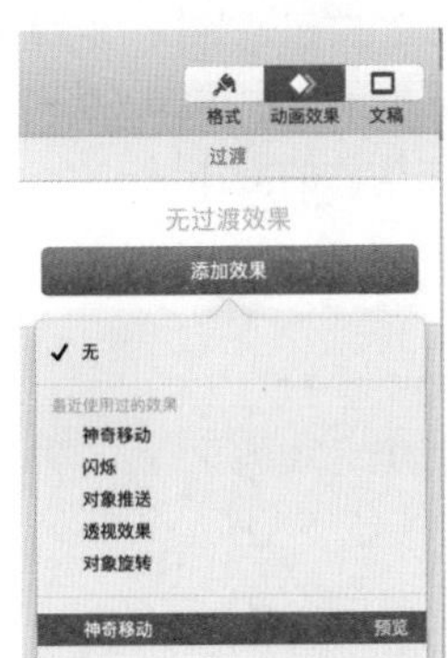

图 18-17　过渡效果的下拉菜单

图 18-18　过渡效果的参数

> **提示**
>
> 当两个幻灯片至少包含一个位置或外观已更改的公共对象时，“神奇移动”的过渡效果最有效。

用户可以在边栏“过渡”面板中设置过渡效果的各项参数。设置完成后，单击“预览”按钮。图 18-19 所示为“神奇移动”的过渡效果。

图 18-19　“神奇移动”的过渡效果

18.2　添加动画

用户可以为幻灯片中的对象添加动画效果，以使演示文稿在播放时更具动感和灵动性。动画在 Keynote 讲演中也称为构件效果。根据对象的不同，可以为其应用不同的构件效果。

18.2.1　构件出现

在幻灯片中选择想要添加动画的对象或文本框，单击界面右侧的“动画效果”按钮◆，在“构件出现”选项卡中单击“添加效果”按钮，如图 18-20 所示。在弹出的动画效果下拉菜单中选择“火焰”动画，“构件出现”面板中将显示“火焰”动画效果的各项参数，如图 18-21 所示。用户可以通过设置参数改变火焰动画的效果。

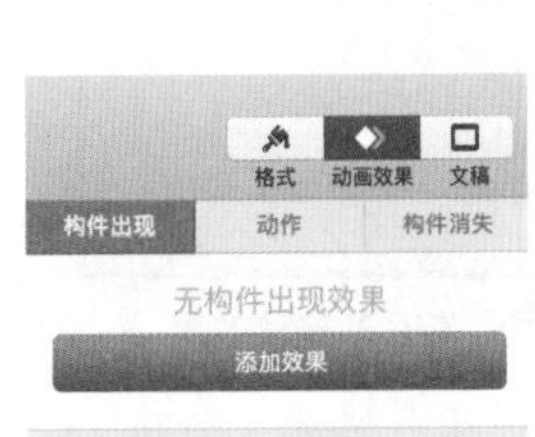

图 18-20　为构件出现时添加效果

图 18-21　火焰动画参数

18.2.2 构件消失

在“构件消失”选项卡中单击“添加效果”按钮，在弹出的动画效果下拉菜单中选择“光圈”动画，如图 18-22 所示。“构件消失”面板中将显示“光圈”动画效果的各项参数，如图 18-23 所示。用户可以通过设置参数改变光圈动画的效果。

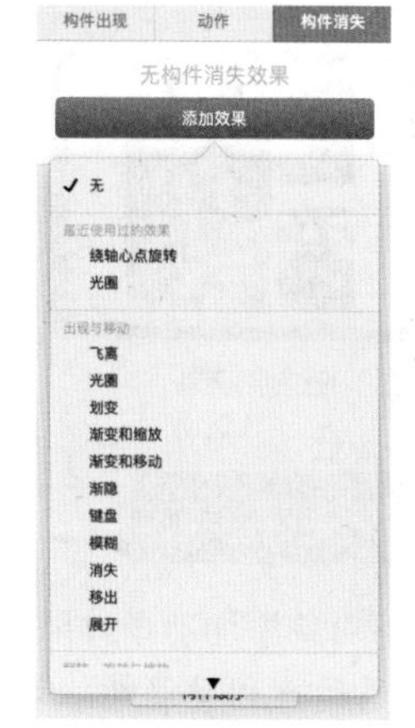

图 18-22 动画效果的下拉菜单

图 18-23 光圈动画参数

18.2.3 动作构件

用户可以为对象添加动作构件，以使其按特定方式进行动画处理。Keynote 讲演中的动作构件分为“基本动作构件”和“加重动作构件”两种类型。

基本动作构件通过调整对象在幻灯片上的不透明度、位置、角度和大小等内容，更改对象的显示方式。图 18-24 所示为文本添加“移到”前后的构件效果。

图 18-24 添加“移到”前后的构件效果

加重动作构件通过弹跳、抖动、翻转、闪烁和跳动等方式，突出显示对象。图 18-25 所示为图像添加“翻转”前后的构件效果。

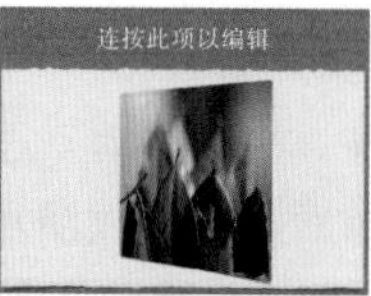

图 18-25 添加“翻转”前后的构件效果

用户可以为一个对象同时添加多个基本动作构件，以获得丰富的动画效果。选中幻灯片中的一个对象，单击右侧边栏顶部的“动作”标签，如图 18-26 所示。

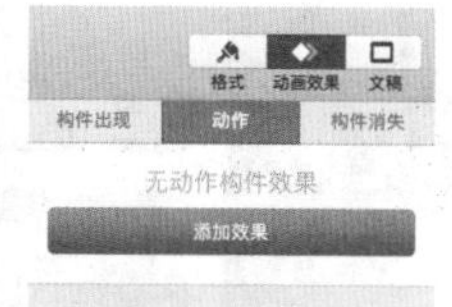

图 18-26 选中对象并单击“动作”标签

单击“添加效果”按钮，在弹出的动作构件下拉菜单中选择“抖动”构件，参数如图 18-27 所示。在边栏“动作”面板中设置抖动的持续时间和强度，如图 18-28 所示。

图 18-27 抖动构件参数

图 18-28 设置抖动参数

单击幻灯片中对象下方的红色菱形或单击右侧边栏中的“添加动作”按钮，如图 18-29 所示，在弹出的动作构件下拉菜单中选择“移动”构件，完成添加多个动作构件的操作。

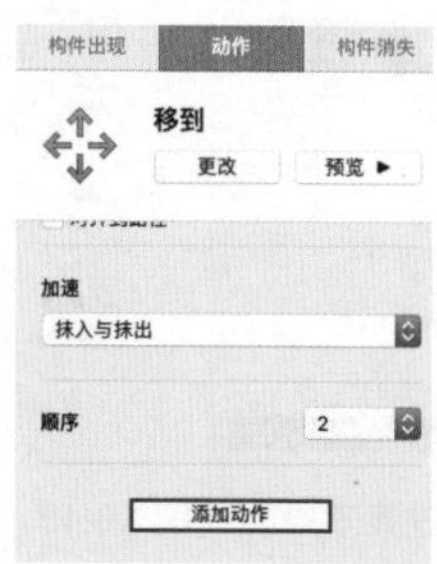

图 18-29 添加动作

> **提示**
>
> 为对象添加动作构件后，如果对象因动作构件而改变位置或尺寸，将出现一个半透明的对象，显示对象改变后的尺寸或移动后的位置。

18.2.4　创建运动路径

用户可以为对象创建运动路径，以使其在幻灯片上沿运动路径移动。

单击选中一个对象，单击右侧边栏“动作”面板中的“添加效果”按钮，在弹出的动作构件下拉菜单中选择“移到”构件，如图 18-30 所示。

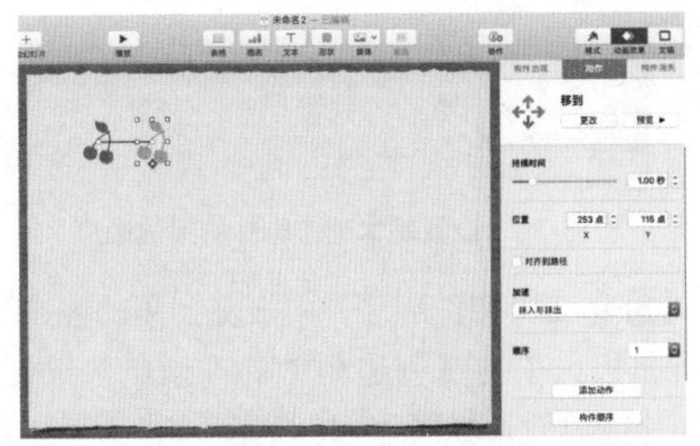

图 18-30　选择“移到”动作构件后的效果

移动对象到运动开始的位置，移动半透明对象到运动结束的位置。拖曳移动连接两个对象的白色圆点，将直线变为曲线路径，如图 18-31 所示。运动路径创建完成后，对象将沿运动路径进行移动。

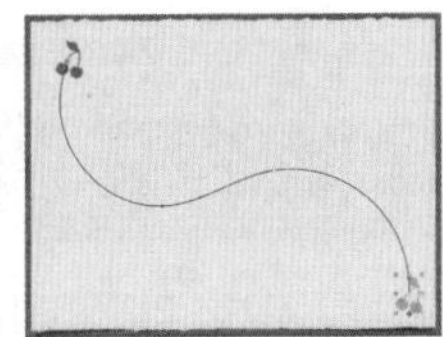

图 18-31　创建运动路径

> **提示**
>
> 如果幻灯片中没有显示幻影对象，可以选中该对象，单击对象下方的红色菱形，显示幻影对象。

18.2.5　更改构件顺序和定时

选中幻灯片上拥有多个构件效果的对象，单击界面右侧边栏顶部的“动作”标签，如图 18-32 所示。单击面板底部的“构件顺序”按钮，打开“构件顺序”面板，如图 18-33 所示。“构件顺序”面板包含该幻灯片上的所有构件效果，选中对象的构件效果将显示为蓝色。

图 18-32　“动作”选项卡　　图 18-33　构件顺序

选中构件效果并向上或向下拖曳，可以更改构件效果的叠放顺序，如图 18-34 所示。

在“构件顺序”面板中，将一个构件效果拖曳到另一个构件效果的上方可以合并两个构件效果。查看对象的构件效果时，第 2 个构件效果将在第 1 个构件效果播放后自动播放。图 18-35 所示为“构件顺序”面板中两个构件效果的合并状态。

图 18-34　调整叠放顺序　　图 18-35　合并状态

在“构件顺序”面板中选择一个构件效果，在“起始”下拉列表中选择任意选项，完成更改定时选项的操作。

- 在点按时：表示在幻灯片上单击时播放构件效果。
- 与构件 [编号] 一起：表示该构件效果与 [编号] 的构件效果同时播放。

- 在构件 [编号] 之后：表示该构件效果在 [编号] 构件效果播放完成后，再进行播放。

提示

“起始”下拉列表中可用的选项取决于构件效果的数量和类型。如果正在使用不能同时开始的构件效果（例如“构件出现”和“构件消失”），将不会有“与构件”选项。

18.2.6 应用案例——使用基本动作构件创建动画

01 选择幻灯片中一个至少带有两个基本动作构件的对象，如图 18-36 所示，然后单击右侧边栏“动作”面板底部的“构件顺序”按钮，弹出“构件顺序”面板，如图 18-37 所示。

图 18-36 选择对象

图 18-37 构件顺序

02 选择一个基本动作构件并向上拖曳，合并两个基本动作构件，如图 18-38 所示。单击“起始”右侧的下拉按钮，在弹出的下拉列表中选择“与构件 1 一起”选项，使两个基本动作构件同时播放。使用相同方法设置第 3 个基本动作构件，如图 18-39 所示。

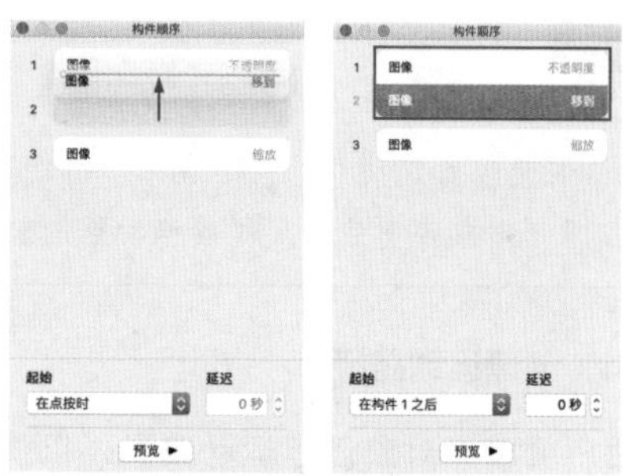

图 18-38 拖曳合并两个构件

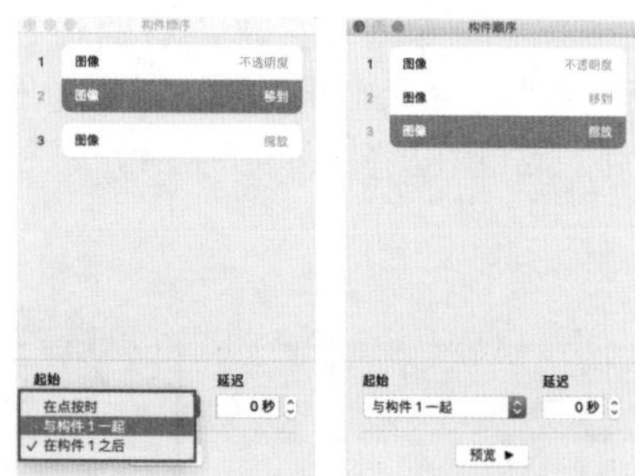

图 18-39 设置基本动作构件的播放顺序

03 单击“构件顺序”面板左上角的⊗按钮，关闭面板。单击右侧边栏中的“预览”按钮，幻灯片播放效果如图 18-40 所示。

图 18-40 幻灯片播放效果

18.3 设置构件效果的播放方式

为文本、表格、图表和影片等对象添加构件效果后，可以在界面右侧的边栏中为构件效果设置播放方式。

18.3.1 设置文本构件的播放方式

选择幻灯片中带有项目符号的文本内容，如图 18-41 所示。在右侧边栏的“构件出现”选项卡或“构件消失”选项卡中，单击“播放方式”右侧的下拉按钮，在弹出的下拉列表中选择如图 18-42 所示的选项。

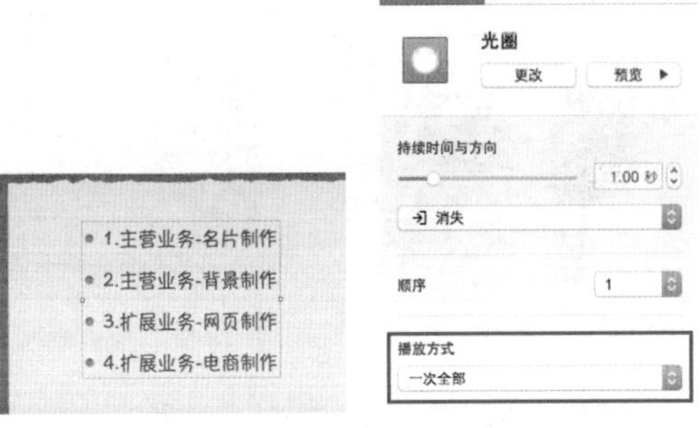

图 18-41　选择文本内容　　图 18-42　选择播放方式

选择带有项目符号的文本，在“播放方式”下拉列表中，选择如图 18-43 所示的选项。选择普通的正文文本，在“播放方式”下拉列表中选择如图 18-44 所示的选项。

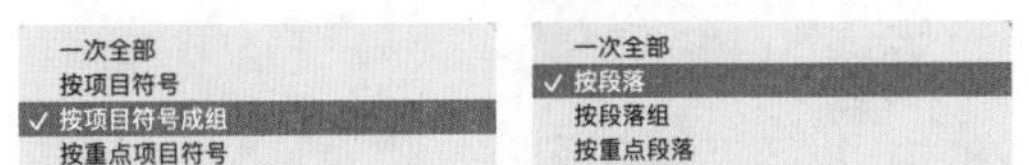

图 18-43　项目符号文本的播放方式　图 18-44　正文的播放方式

18.3.2　设置表格构件的播放方式

用户可以通过设置表格对象的构件效果播放方式，使表格按行、列或单元格等方式出现或消失。选择幻灯片中已定义构件的表格，单击右侧边栏顶部的“构件出现”标签或“构件消失”标签，如图 18-45 所示，然后单击“播放方式”右侧的下拉按钮，弹出如图 18-46 所示的下拉列表。

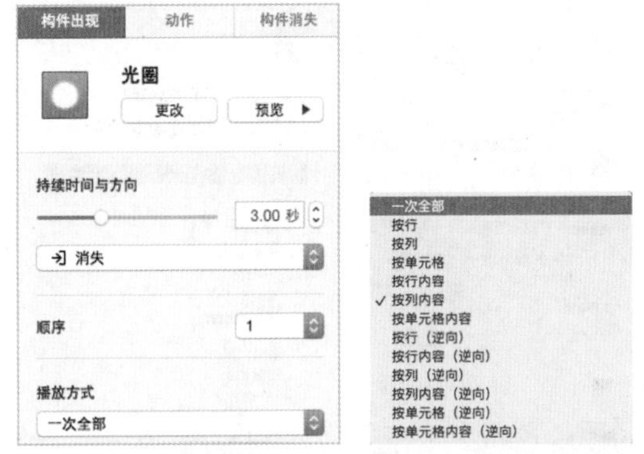

图 18-45　“构件出现”选项卡（一）　图 18-46　弹出下拉列表

在弹出的下拉列表中选择“按列内容”播放方式，单击边栏中的“预览”按钮，查看表格的构件效果，如图 18-47 所示。

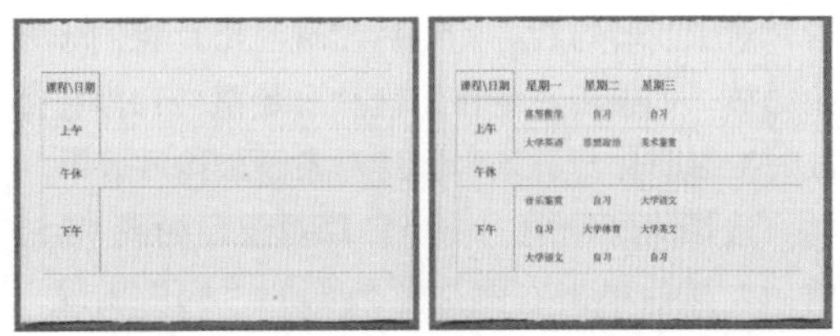

图 18-47　“按列内容”播放方式的构件效果

18.3.3　应用案例——设置图表构件的播放方式

01 在幻灯片中添加一个三维图表，如图 18-48 所示，然后在右侧边栏的“构件出现”选项卡中为图表设置“三维旋转成形”构件效果，单击“播放方式”右侧的下拉按钮，在弹出的下拉列表中选择“层叠”播放方式，设置各项参数如图 18-49 所示。

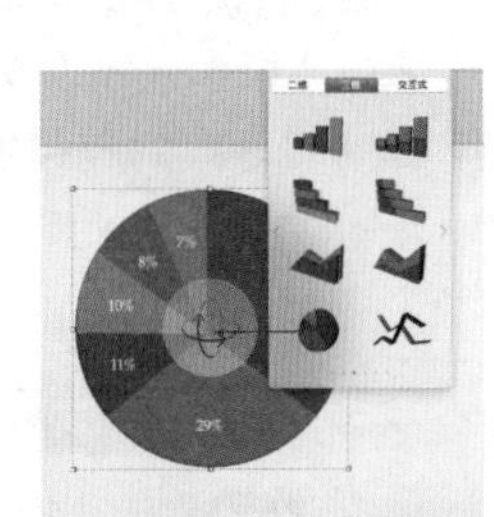

图 18-48　添加三维图表　图 18-49　设置持续时间

> **提示**
>
> “播放方式”选项取决于用户选取的对象类型。例如，饼状图可以逐个扇区进行构件出现，而条形图可逐组或逐个进行构件出现。

02 单击边栏中的“预览”按钮，查看饼状图按层叠播放方式展示构件效果，效果如图 18-50 所示。

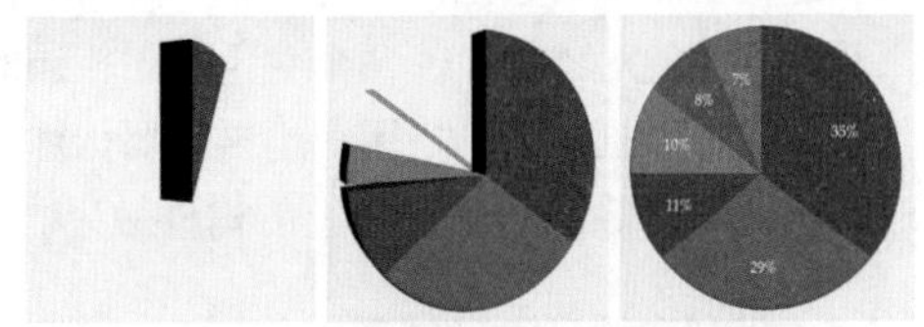

图 18-50　按层叠播放方式展示构件效果

18.3.4　设置影片构件的播放方式

使用 Keynote 讲演的“播放方式”播放带有

影片对象的幻灯片，幻灯片出现时影片将同步开始播放。如果用户要在幻灯片开始播放和停止播放时控制影片，必须为影片对象添加构件效果。

选择幻灯片中的一个影片对象，如图 18-51 所示，然后单击右侧边栏顶部的“构件出现”标签，单击“添加效果”按钮，在弹出的下拉菜单中选择“开始播放影片”构件效果，参数如图 18-52 所示。构件出现时，开始播放影片。

图 18-51 选择一个影片对象

图 18-52 “开始播放影片”参数

单击如图 18-53 所示界面右侧顶部的“构件消失”标签，在“更改”下拉菜单中选择“停止播放影片”选项，参数如图 18-54 所示。构件消失时，停止播放影片。

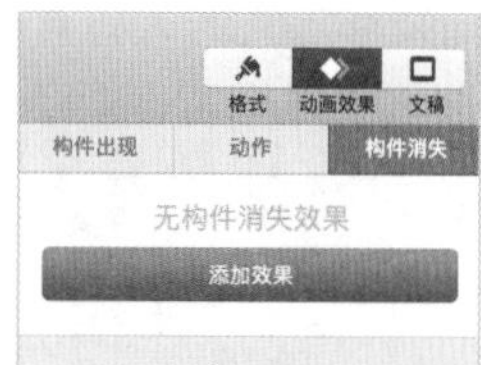

图 18-53 “构件消失”选项卡

图 18-54 “停止播放影片”参数

18.4 复制、粘贴或删除构件效果

在幻灯片中为对象设置构件效果后，用户可以快速地复制该对象上的构件效果，并将构件效果粘贴到其他对象上，使两个对象使用相同的构件效果进行动画展示。当用户不再需要构件效果时，也可以删除或移除对象上的构件效果。

18.4.1 复制和粘贴构件效果

选择幻灯片中的一个已经添加构件效果的对象，如图 18-55 所示，执行“格式→拷贝动画”命令，如图 18-56 所示。

图 18-55 选择一个对象

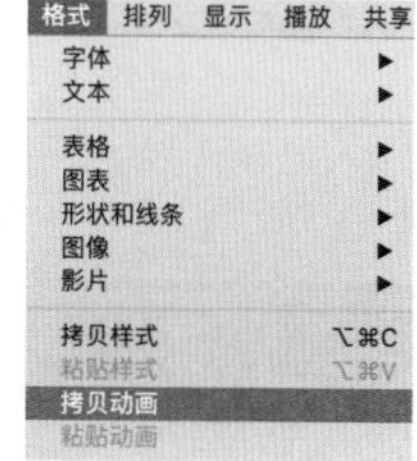

图 18-56 复制动画

选择如图 18-57 所示幻灯片中的另一个对象，执行“格式→粘贴动画”命令，如图 18-58 所示，完成复制和粘贴动画效果的操作。

图 18-57 选择另一个对象

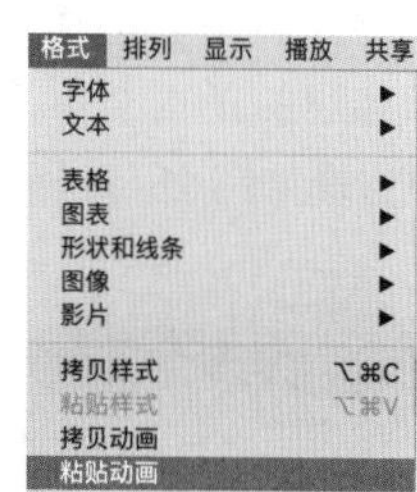

图 18-58 粘贴动画

18.4.2 删除或移除构件效果

在演示文稿中的幻灯片上，选择一个已经添加构件效果的对象，单击右侧边栏的“构件出现”标签，如图 18-59 所示。

单击“更改”按钮，在弹出的下拉菜单中选择“无”选项，如图 18-60 所示，完成删除该对象构件效果的操作。

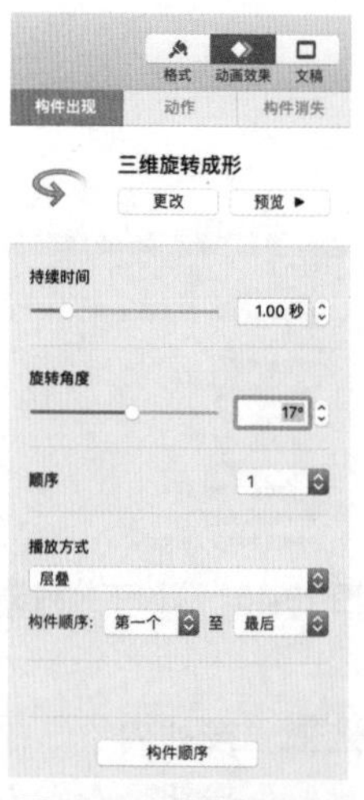

图 18-59 “构件出现”选项卡（二）

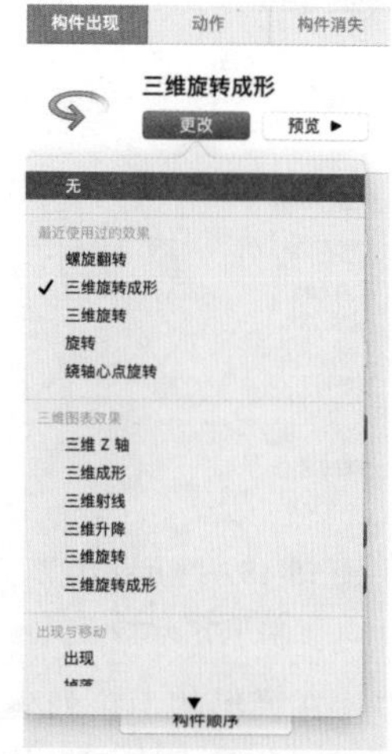

图 18-60 选择“无”选项

提示

如果对象上添加了多个构件效果，用户可以打开“构件顺序”面板，在该面板中查看对象的全部构件并删除构件。

在界面右侧边栏的“构件出现”选项卡“构件消失”选项卡或“动作”选项卡中单击“构件顺序”按钮，在“构件顺序”面板中选择要删除的构件效果，按 Delete 键，即可删除构件效果，如图 18-61 所示。

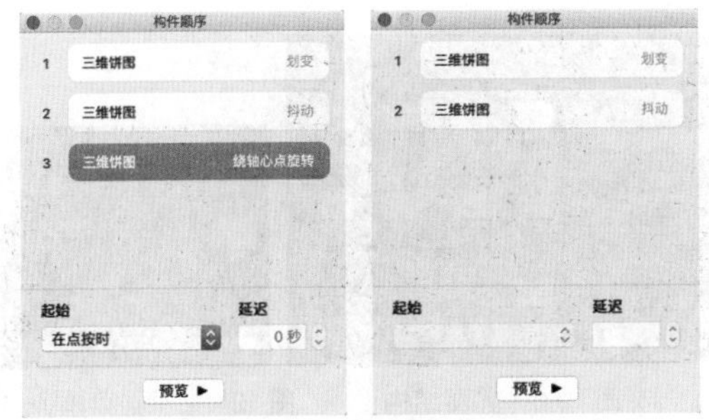

图 18-61　删除构件效果

18.5　本章小结

本章讲解了为幻灯片添加过渡、添加动画和设置动画效果的播放方式等内容，以帮助读者快速掌握为幻灯片添加运动效果的方法和技巧。为演示文稿中的幻灯片和对象添加运动效果，可以增加演示文稿的趣味性，更加引起受众的注意。

第 19 章 在 iOS 中使用 Keynote 讲演

随着移动设备的日益普及，越来越多的用户习惯在移动端完成各种工作。Keynote 讲演除了可以在 macOS 设备中运行外，也可以运行在 iOS 设备中。本章将讲解 iOS 移动端中使用 Keynote 讲演的方法和技巧。

19.1 iOS 移动端的 Keynote 讲演概述

用户除了可以在 Mac 设备中使用 Keynote 讲演外，还可以在 iPhone 和 iPad 等移动设备中使用 Keynote 讲演创建演示文稿。

19.1.1 演示文稿管理器

单击 iOS 主界面中的“Keynote 讲演”图标，进入“演示文稿管理器”界面，如图 19-1 所示。在该界面中可以创建新的演示文稿或打开现有演示文稿，界面中的缩略图图标为现有演示文稿。

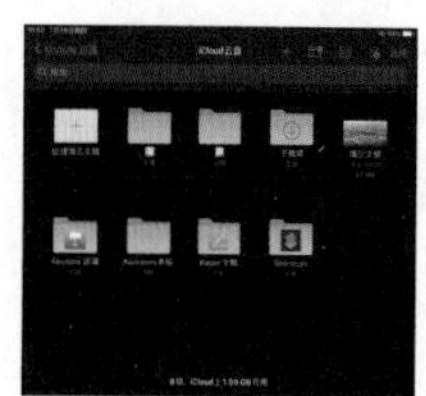

图 19-1 演示文稿管理器

单击“演示文稿管理器”界面左上角的“Keynote 讲演”按钮，界面左侧将弹出“Keynote 讲演”面板，如图 19-2 所示。单击“iCloud 云盘”选项，可以进入该地址的“演示文稿管理器”界面。

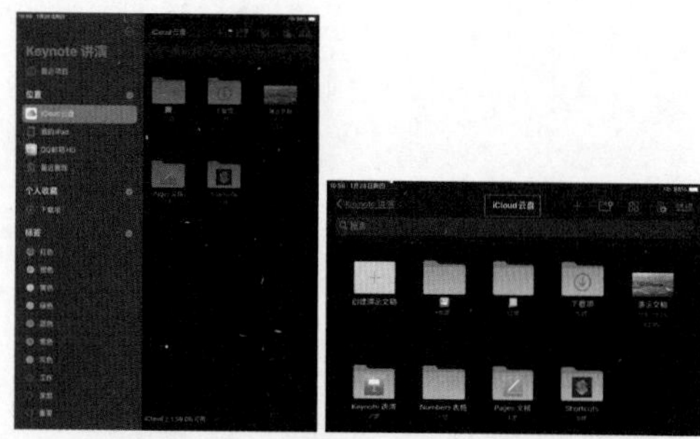

图 19-2 进入不同地址的演示文稿管理器

将移动设备变为横版显示，“演示文稿管理器”界面变为如图 19-3 所示的界面结构。单击界面右上角的按钮，弹出如图 19-4 所示的下拉菜单。

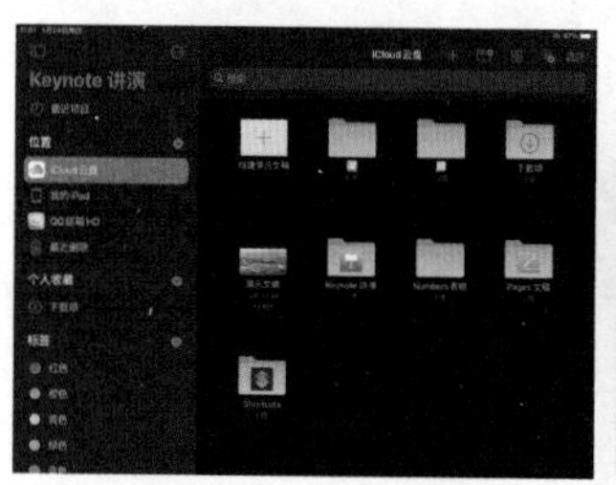

图 19-3 界面结构

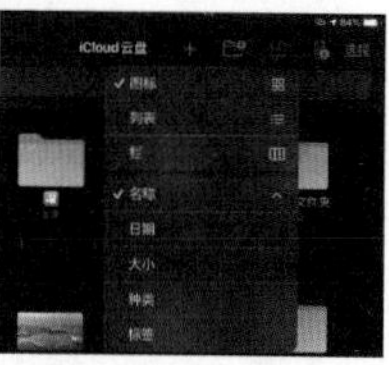

图 19-4 下拉菜单（一）

> **提示**
>
> 在“演示文稿管理器”界面中，演示文稿的默认查看方式为“图标”。

单击下拉菜单中的“列表”选项，演示文稿的查看方式变为列表，如图 19-5 所示。单击下拉菜单中的“栏”选项，演示文稿的查看方式变为栏，如图 19-6 所示。单击下拉菜单中的名称、日期、大小、种类和标签选项，可以更改演示文稿查看方式的排列顺序。

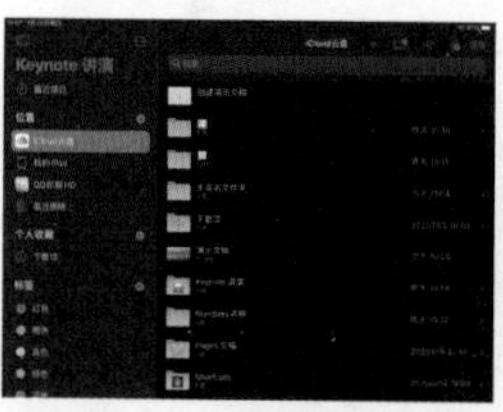

图 19-5 列表的查看方式

图 19-6 栏的查看方式

19.1.2 创建演示文稿

单击“演示文稿管理器”界面中的“创建演示文稿”图标或单击界面右上角的“添加”按钮+，弹出“创建演示文稿”面板，如

提示

如果对象上添加了多个构件效果，用户可以打开“构件顺序”面板，在该面板中查看对象的全部构件并删除构件。

在界面右侧边栏的“构件出现”选项卡“构件消失”选项卡或“动作”选项卡中单击“构件顺序”按钮，在“构件顺序”面板中选择要删除的构件效果，按 Delete 键，即可删除构件效果，如图 18-61 所示。

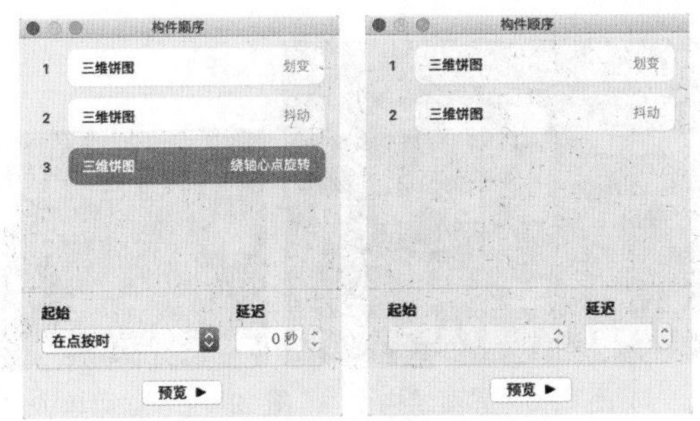

图 18-61　删除构件效果

18.5　本章小结

本章讲解了为幻灯片添加过渡、添加动画和设置动画效果的播放方式等内容，以帮助读者快速掌握为幻灯片添加运动效果的方法和技巧。为演示文稿中的幻灯片和对象添加运动效果，可以增加演示文稿的趣味性，更加引起受众的注意。

第 19 章 在 iOS 中使用 Keynote 讲演

随着移动设备的日益普及，越来越多的用户习惯在移动端完成各种工作。Keynote 讲演除了可以在 macOS 设备中运行外，也可以运行在 iOS 设备中。本章将讲解 iOS 移动端中使用 Keynote 讲演的方法和技巧。

19.1 iOS 移动端的 Keynote 讲演概述

用户除了可以在 Mac 设备中使用 Keynote 讲演外，还可以在 iPhone 和 iPad 等移动设备中使用 Keynote 讲演创建演示文稿。

19.1.1 演示文稿管理器

单击 iOS 主界面中的“Keynote 讲演”图标，进入“演示文稿管理器”界面，如图 19-1 所示。在该界面中可以创建新的演示文稿或打开现有演示文稿，界面中的缩略图图标为现有演示文稿。

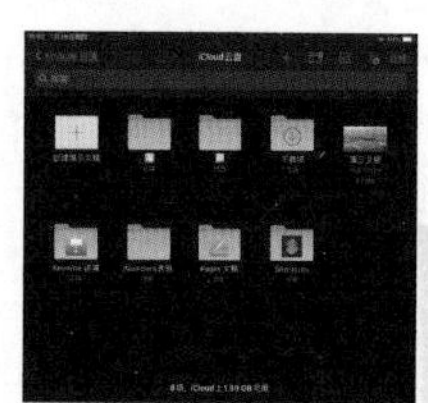

图 19-1 演示文稿管理器

单击“演示文稿管理器”界面左上角的“Keynote 讲演”按钮，界面左侧将弹出“Keynote 讲演”面板，如图 19-2 所示。单击“iCloud 云盘”选项，可以进入该地址的“演示文稿管理器”界面。

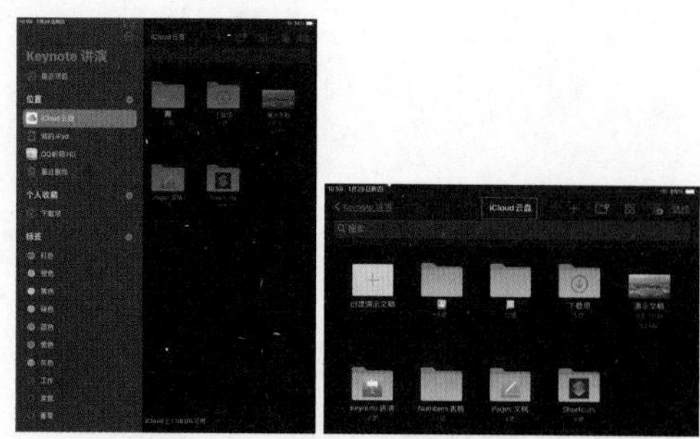

图 19-2 进入不同地址的演示文稿管理器

将移动设备变为横版显示，“演示文稿管理器”界面变为如图 19-3 所示的界面结构。单击界面右上角的按钮，弹出如图 19-4 所示的下拉菜单。

图 19-3 界面结构

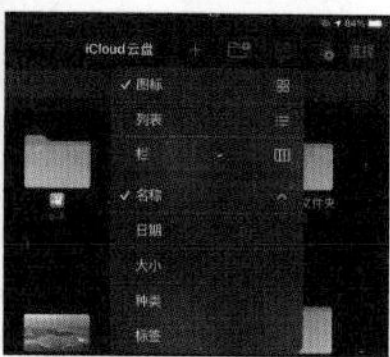

图 19-4 下拉菜单（一）

提示

在“演示文稿管理器”界面中，演示文稿的默认查看方式为“图标”。

单击下拉菜单中的“列表”选项，演示文稿的查看方式变为列表，如图 19-5 所示。单击下拉菜单中的“栏”选项，演示文稿的查看方式变为栏，如图 19-6 所示。单击下拉菜单中的名称、日期、大小、种类和标签选项，可以更改演示文稿查看方式的排列顺序。

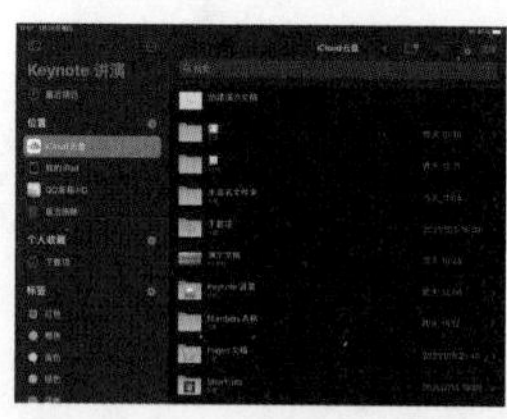

图 19-5 列表的查看方式

图 19-6 栏的查看方式

19.1.2 创建演示文稿

单击“演示文稿管理器”界面中的“创建演示文稿”图标或单击界面右上角的“添加”按钮＋，弹出“创建演示文稿”面板，如

图 19-7 所示。单击面板中的“选取主题”选项，进入如图 19-8 所示的“选取主题”界面。

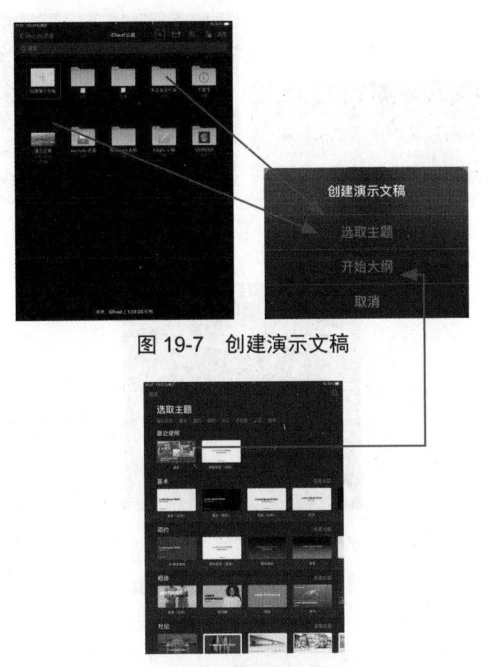

图 19-7　创建演示文稿

图 19-8　选取主题界面

“选取主题”界面包含基本、简约、粗体、社论、作品集、工艺和纹理 7 种主题类型。单击“基本”“粗体”或“作品集”等类型下的任意主题，进入该主题的“幻灯片视图”界面，如图 19-9 所示。

单击“创建演示文稿”面板中的“开始大纲”选项，进入“大纲”界面，如图 19-10 所示。大纲编辑完成后，连续单击两次界面右侧的幻灯片缩略图图标，进入“幻灯片视图”界面。

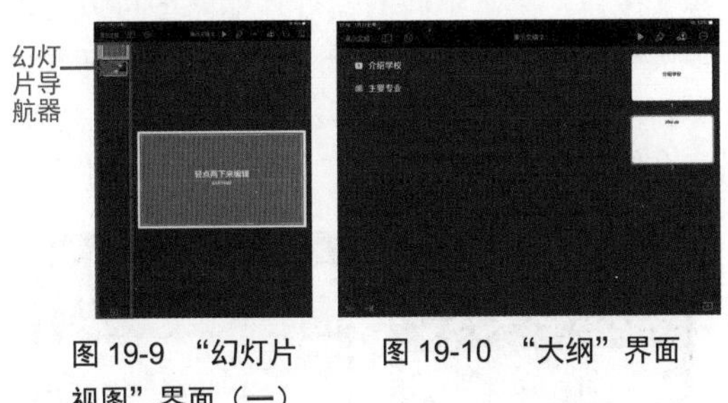

图 19-9　“幻灯片视图”界面（一）　　图 19-10　“大纲”界面

默认情况下，导航栏位于“幻灯片视图”界面的顶部，其中包含多个设计和制作演示文稿的工具或按钮。导航栏如图 19-11 所示。

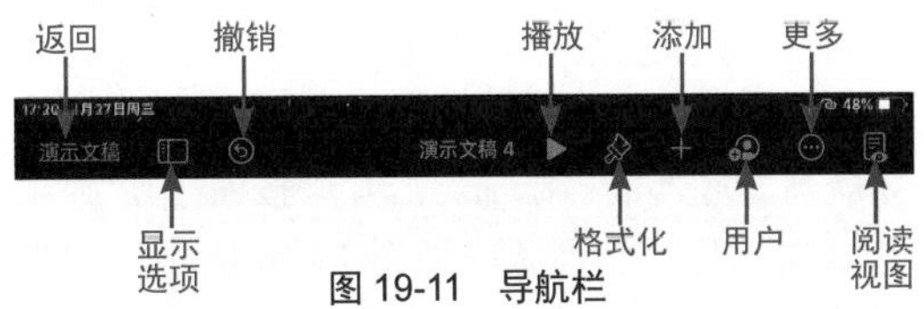

图 19-11　导航栏

19.1.3　演示文稿的基本操作

用户在编辑演示文稿的过程中，Keynote 讲演会自动存储演示文稿。完成演示文稿的设计与制作后，单击界面左上角的“演示文稿”按钮，即可返回“演示文稿管理器”界面。演示文稿将自动上传到 iCloud 云盘中，如图 19-12 所示。

在“演示文稿管理器”界面中，用户可以对演示文稿进行重新命名、复制或删除等操作，还可以对演示文稿进行移动存储位置的操作。长按演示文稿的缩略图图标，弹出如图 19-13 所示的下拉菜单。用户可以在下拉菜单中选择“复制”“重新命名”“删除”“移动”等选项，完成相应的操作。

图 19-12　自动上传 iCloud 云盘 　　图 19-13　下拉菜单（二）

19.2　创建和编辑幻灯片

创建演示文稿后，进入“幻灯片视图”界面，此界面的初始状态只有一张幻灯片。用户可以根据需求添加任意数量的幻灯片，并为幻灯片设置大小、背景和边框等样式，还可以为演示文稿应用母版幻灯片和更换主题。

19.2.1　添加和删除幻灯片

在“幻灯片视图”界面中添加幻灯片的方式有很多种，包括添加新幻灯片、复制现有幻灯片及复制和粘贴其他演示文稿中的幻灯片。

1 添加幻灯片

在“幻灯片视图”界面中，单击“幻灯片导航器”底部的“添加幻灯片”按钮⊞，弹出“添加幻灯片”面板，如图 19-14 所示。单击面板中的某个幻灯片布局，可以将其添加到“幻灯片视图”界面中。

图 19-14 “添加幻灯片”面板（一）

单击导航栏中的“显示选项”按钮，弹出如图 19-15 所示的面板，单击“看片台”选项，进入“看片台”界面。单击界面左下角的“添加幻灯片”按钮⊞，弹出如图 19-16 所示的“添加幻灯片”面板，单击面板中的某个幻灯片布局，可以将其添加到“看片台”界面中。

图 19-15 弹出面板

图 19-16 “添加幻灯片”面板（二）

在“大纲”界面中，单击界面底部的“添加幻灯片”按钮⊞，弹出键盘面板，使用键盘为幻灯片添加文本，如图 19-17 所示。完成后连续单击两次幻灯片缩略图，进入“幻灯片视图”界面，如图 19-18 所示。

2 复制幻灯片

在“幻灯片视图”界面中，选中“幻灯片导航器”中的某个幻灯片，单击该幻灯片可弹出列表，单击列表中的“复制”选项，复制的幻灯片出现在其下方，如图 19-19 所示。

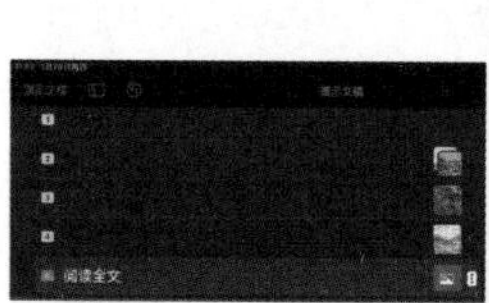

图 19-17 添加文本

图 19-18 “幻灯片视图”界面（二）

图 19-19 复制幻灯片

长按幻灯片的同时，单击其他幻灯片可以选中多张幻灯片，松开手指弹出列表，如图 19-20 所示。单击列表中的“复制”选项，可以复制多张幻灯片。

图 19-20 弹出列表

在“看片台”界面中，选中一张幻灯片，单击界面底部的“复制”按钮⊕，如图 19-21 所示，可复制选中的幻灯片。

在“看片台”界面中，单击界面右下角的“选择”按钮，单击不同的幻灯片缩略图可以选中多张幻灯片，单击界面底部的“复制”按钮⊕，复制多张幻灯片，如图 19-22 所示。完成复制后，单击界面右下角的“完成”按钮，确认操作。

图 19-21 “复制”按钮

图 19-22 复制多张幻灯片

在“大纲”界面中，单击需要复制的幻灯片顶行，单击顶行右侧的⋮按钮，单击弹出列表中的“复制”选项，如图 19-23 所示，得到复制的幻灯片。向上或向下拖曳移动控制柄，选择多张需要复制的幻灯片，如图 19-24 所示。单击列表中的“复制”选项，可复制多张幻灯片。

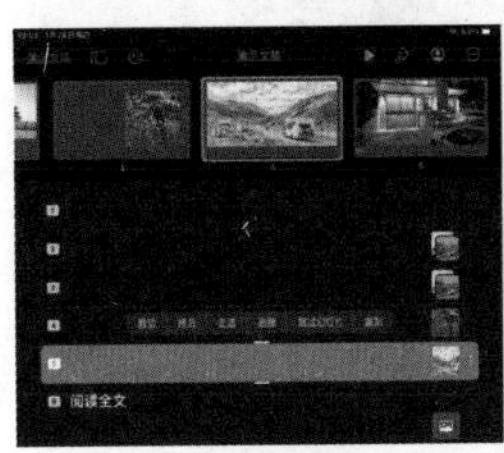

图 19-23　复制一张幻灯片

图 19-24　拖曳复制多张幻灯片

小技巧： 打开一个演示文稿并进入“幻灯片视图”界面，在“幻灯片导航器”中选择一张或多张幻灯片，单击弹出列表中的“复制”选项，选中的幻灯片被复制到剪贴板中。返回正在制作的演示文稿，在“幻灯片视图”界面中，单击“幻灯片导航器”中的任意位置，单击弹出列表中的“粘贴”选项，可将剪贴板中的幻灯片粘贴到界面中。

3　删除幻灯片

在“幻灯片视图”界面中，选中“幻灯片导航器”中的一张或多张幻灯片，单击弹出列表中的“删除”选项，即可删除选中的幻灯片。

在“看片台”界面中，选中一张或多张幻灯片，单击界面底部的“删除”按钮🗑，即可删除选中的幻灯片。

在“大纲”界面中，选择某张幻灯片的顶行，单击该幻灯片顶行的⋮按钮，使用控制柄选择一张或多张幻灯片，单击控制柄上方列表中的“删除”选项，即可删除选中的幻灯片。

19.2.2　应用案例——创建演示文稿

01 单击“选取主题”界面中“社论”主题类型下的“时装画册”主题，进入“幻灯片视图”界面。单击界面左下角的“添加幻灯片”按钮⊞，弹出“添加幻灯片”面板，单击某个幻灯片布局，如图 19-25 所示。将其添加到“幻灯片视图”界面，如图 19-26 所示。

图 19-25　单击幻灯片布局

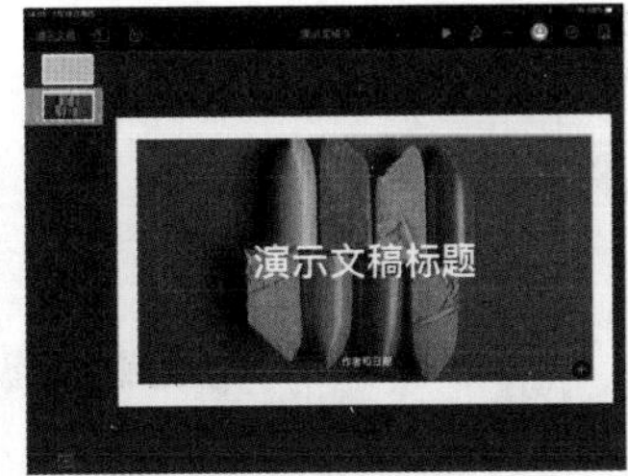

图 19-26　添加一张幻灯片

02 使用相同的方法添加多张幻灯片，如图 19-27 所示。长按最后一张幻灯片，当幻灯片变为浮起状态时，向上拖曳幻灯片，如图 19-28 所示。

图 19-27　添加多张幻灯片

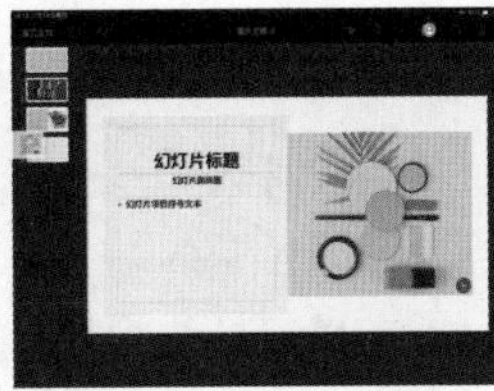

图 19-28　向上拖曳幻灯片

03 将其移至两张幻灯片中间，两张幻灯片中间出现间隔时松开手指，调整幻灯片的叠放顺序，如图 19-29 所示。选中多张幻灯片后，长按选中的幻灯片，当幻灯片变为浮起状态时，向上和向右拖曳幻灯片，左侧显示线条，如图 19-30 所示。

图 19-29　调整幻灯片的叠放顺序

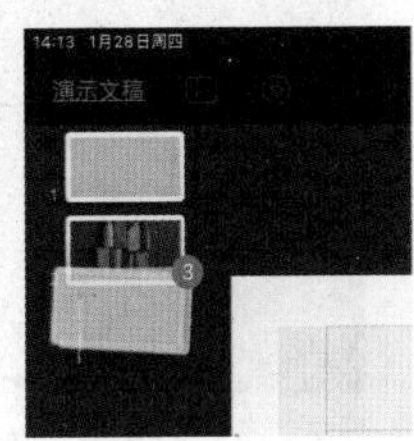

图 19-30　左侧显示线条

04 松开手指，选中的幻灯片被编组并调整层级关系，如图 19-31 所示。在“幻灯片导航器”中选中最后一张幻灯片，单击该幻灯片，再单击弹出列表中的“跳过幻灯片”选项，如图 19-32 所示。完成后幻灯片变为横条，播放幻灯片时，该幻灯片会被直接跳过。

图 19-31　编组幻灯片

图 19-32　选择“跳过幻灯片”选项

提示

选中一张或多张幻灯片后长按幻灯片，当幻灯片变为浮起状态时，向左拖曳幻灯片，左侧显示线条，松开手指后取消编组。

19.2.3　设置幻灯片布局

用户可以为一张或多张幻灯片设置背景、标题和编号等布局内容。

在“幻灯片视图”界面中，选中“幻灯片导航器”中的一张或多张幻灯片，单击导航栏中的“格式化”按钮，弹出“幻灯片布局”面板，如图 19-33 所示。

单击面板中的“背景”选项，进入“背景”面板，如图 19-34 所示。在该面板中可以为幻灯片设置预置、颜色、渐变和图像类型的背景。

图 19-33　“幻灯片布局”面板（一）

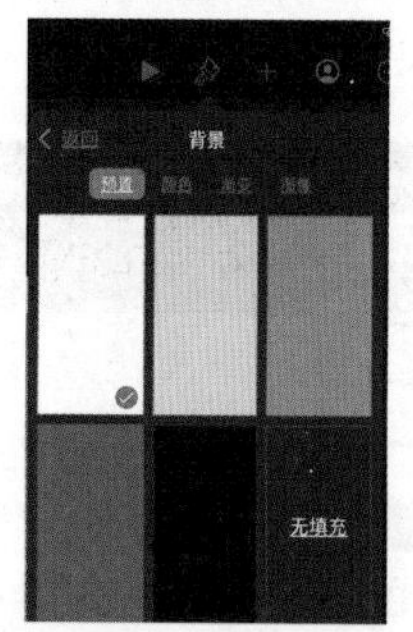

图 19-34　“背景”面板

选择一张幻灯片，单击“幻灯片布局”面板中的“标题”或“正文”选项，幻灯片上将显示标题文本框或正文文本框，如图 19-35 所示。再次单击“标题”或“正文”选项，即可隐藏文本框。

单击“幻灯片布局”面板中的“幻灯片编号”选项，即可为所选幻灯片显示或隐藏序列编号，如图 19-36 所示。

图 19-35　显示文本框

图 19-36　添加序列编号

提示

在“幻灯片视图”界面中，单击导航栏中的“更多”按钮，弹出“更多”面板。单击面板中的“设置”选项，进入“设置”面板，单击“幻灯片编号”选项，即可为所有幻灯片显示或隐藏编号。

19.2.4　应用母版幻灯片

用户可以为选中的幻灯片应用不同的母版幻灯片。如果对应用的母版幻灯片效果不满意，还可以为幻灯片重新应用母版幻灯片，使幻灯片恢复初始布局。

1　应用母版幻灯片

在“幻灯片导航器”中，选中一张或多张幻灯片，单击“格式化”按钮，弹出“幻灯片布局”面板，如图 19-37 所示。单击面板中的“母版”选项，进入“选取母版”面板，单击任意母版为选中的幻灯片应用该母版，如图 19-38 所示。

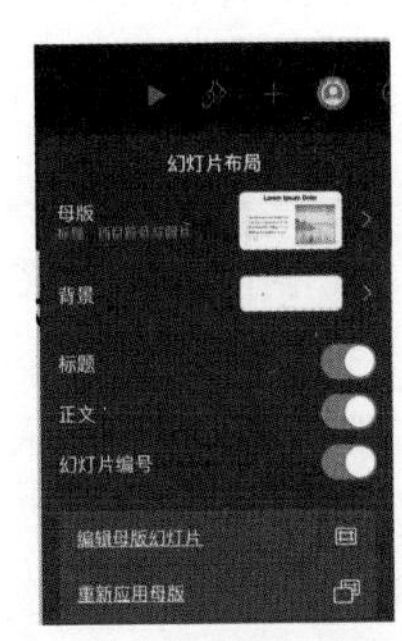

图 19-37　“幻灯片布局”面板

图 19-38　应用母版

2　重新应用母版

在“幻灯片导航器”中，选中一张或多张幻灯片，单击“格式化”按钮，弹出“幻灯片布局”面板，单击面板底部的“重新应用母版”选项，使幻灯片中的背景、文本和媒体占位符等内容还原到默认样式和位置。

3　添加母版幻灯片

单击“幻灯片视图”界面中的空白区域，单击弹出列表中的“编辑母版幻灯片”选项，进入“编辑母版幻灯片”界面。单击“幻灯片导航器”底部的“添加幻灯片”按钮，弹出“添加母版幻灯片”面板，如图 19-39 所示。单击任意母版幻灯片布局，将其添加到界面中。

4　编辑母版幻灯片

进入“编辑母版幻灯片”界面后，为幻灯片添加文本框、形状和图像占位符等内容，用户可以替换文本和图像占位符完成对母版幻灯片的编辑操作。完成添加或编辑后，单击界面右上角的“完成”按钮，如图 19-40 所示，返回到“幻灯片视图”界面。

图 19-39　“添加母版幻灯片”面板

图 19-40　完成添加或编辑

5　删除母版幻灯片

在“编辑母版幻灯片”界面中，选中一张或多张母版幻灯片，单击弹出列表中的“删除”选项，即可删除选中的母版幻灯片。

19.2.5　设置幻灯片主题

单击导航栏中的“更多”按钮，弹出“更多”面板，单击面板中的“文稿设置”选项，进入“更改主题”界面。单击界面底部的任意主题，可为幻灯片应用该主题，如图 19-41 所示。

单击“上一张幻灯片”按钮或“下一张幻灯片”按钮，可以预览左侧或右侧的幻灯片主题。主题更换完成后，单击界面右上角的“完成”按钮。

图 19-41　更换主题

19.2.6　设置幻灯片大小

用户可以为幻灯片设置大小，使幻灯片适应不同宽高比的移动设备。

单击界面底部的“幻灯片大小”选项，单击 4:3、16:9、3:4、正方形或自定选项可以为幻灯片应用相应的尺寸，如图 19-42 所示。这里单击“自定”选项，弹出“自定大小”面板，如图 19-43 所示。用户可以在该面板中输入幻灯片尺寸，输入完成后，单击面板右上角的“完成”按钮。

图 19-42 应用尺寸

图 19-43 “自定大小”面板

19.3 添加与格式化文本

用户可以在“幻灯片视图”界面中为幻灯片添加文本或替换文本占位符，还可以设置文本字体、字号和颜色等外观样式。

19.3.1 添加与编辑文本

在“幻灯片视图”界面中，可以采用替换文本占位符、添加文本框和添加形状并输入文本 3 种方法为幻灯片添加文本。这 3 种添加文本的方法在前面章节中已经详细讲解过，此处不再赘述。

在幻灯片中添加文本后，可以自由切换文本的取向。

单击幻灯片中的文本框或单击包含文本的形状，单击弹出列表中的“使文本为竖排”选项或“使文本为横排”选项，可以完成横排文本与竖排文本的切换操作，如图 19-44 所示。

图 19-44 切换文本取向

19.3.2 设置文本样式

用户可以通过设置文本的字体、大小、颜色、粗体或边框等样式，为文本打造符合文稿主题的外观效果。

1 设置段落样式

在幻灯片中选中文本、文本框或包含文本的形状，单击导航栏中的“格式化”按钮，切换到“文本”选项卡，如图 19-45（a）所示。单击面板中的“段落样式”选项，进入“段落样式”面板，如图 19-45（b）所示。用户在该面板中单击任意段落样式，文本即可应用该样式。

（a）“文本”选项卡

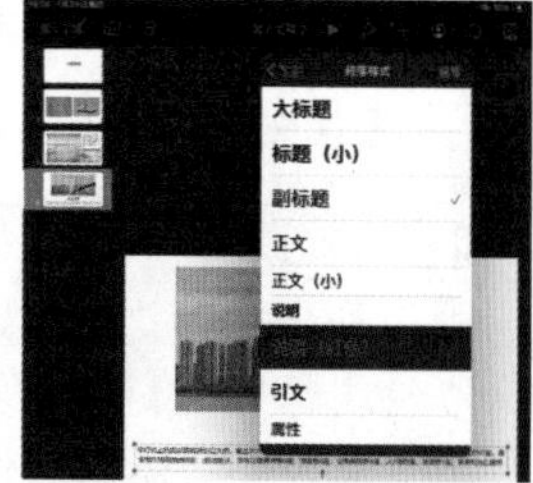

（b）“段落样式”面板

图 19-45 “文本”选项卡和“段落样式”面板

单击面板左上角的“文本”按钮，返回到“文本”选项卡。用户可以继续在该选项卡中设置文本字体、大小、行间距和页面空白等样式。

2 设置对齐方式

在“文本”选项卡中，可以单击“左对齐”“居中对齐”“右对齐”“两端对齐”选项，选中的文本将应用相应的水平对齐方式。用户也可以为选中的文本设置“顶部对齐”“中间对齐”“底部对齐”等垂直对齐方式，如图 19-46 所示。

图 19-46 对齐方式

19.4　插入与格式化对象

在“幻灯片视图”界面中，用户可以为幻灯片添加表格、形状或图像等对象，还可以为添加完成后的这些对象设置颜色、大小、边框和阴影等外观样式。

19.4.1　插入图像对象

用户可以将表格、图表、形状和图像对象添加到幻灯片中，还可以使用移动设备中的图像替换媒体占位符。

1　添加图像

选中“幻灯片导航器”中的某个幻灯片，单击导航栏中的“添加”按钮＋，弹出的面板默认自动选中“媒体”标签，如图 19-47 所示。单击面板中的“照片或视频”选项，进入如图 19-48 所示的图像选择面板。

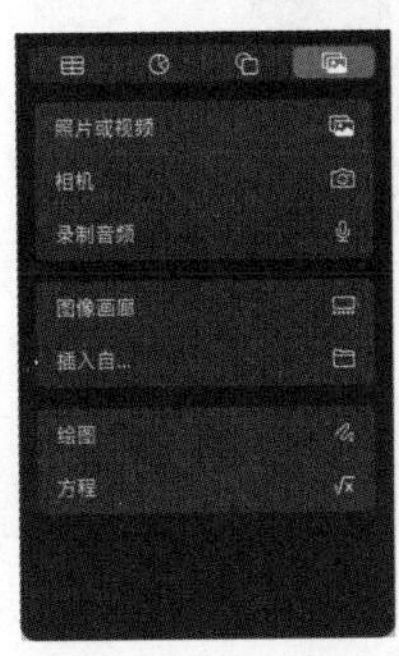

图 19-47　“媒体”标签　图 19-48　进入图像选择面板

单击面板中的任意图像缩览图，该图像被添加到幻灯片中，图像四周的边线上出现蓝色圆点。拖曳蓝色圆点可以调整图像大小，如图 19-49 所示。

图 19-49　添加图像

单击面板中的“相簿”标签，用户可以在该面板中选择“视频”“全景照片”“慢动作”等相簿选项，如图 19-50 所示。进入相应相簿后，选择任意图像，即可将其添加到幻灯片中。

图 19-50　选择相簿

2　创建媒体占位符

在幻灯片中选中一张已经完成布局的图像，单击导航栏中的“格式化”按钮，单击弹出面板中的“图像”标签，单击面板底部的“设定为占位符”选项，如图 19-51 所示。设置完成后，图像右下角出现按钮，媒体占位符如图 19-52 所示。

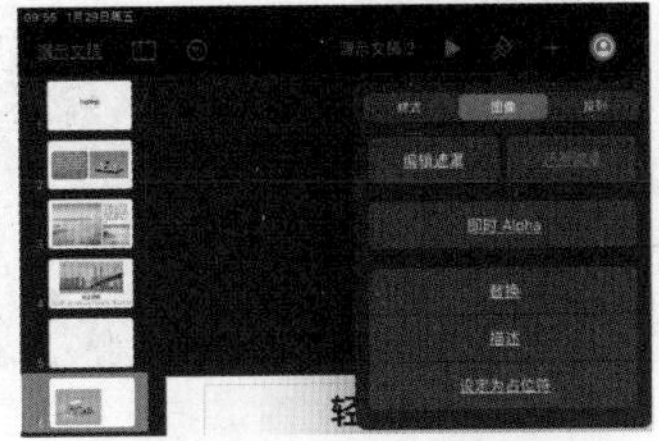

图 19-51　设定为占位符

图 19-52　媒体占位符

3　替换媒体占位符

在幻灯片中选择一张媒体占位符，单击媒体占位符右下角的按钮，弹出如图 19-53 所示的下拉列表，单击下拉列表中的“插入自…”选项，进入“iCloud 云盘”面板，如图 19-54 所示。用户可以在该面板中选择任意图像，使其替换幻灯片中的占位符图像。

选中幻灯片中的一张图像，单击导航栏中的“格式化”按钮，单击弹出面板中的“图像”标签，单击面板底部的“描述”选项，进入“描述”面板，如图 19-55 所示。用户可以在文本框中输入文本，完成为媒体添加描述的操作。

图 19-53　下拉列表

图 19-54　“iCloud 云盘”面板

图 19-55　“描述”面板

提示

单击“选取照片或视频”选项，进入相簿界面，用户可以在该界面中选择任意图像。单击“拍照或录像”选项，进入照相机界面，用户可以在该界面中进行拍照或录像操作，操作完成后的媒体会替换幻灯片中的原始图像。

小技巧：选中一张幻灯片，单击导航栏中的“格式化”按钮，单击弹出面板中的“表格”标签、“图表”标签或“文本与形状”标签，用户可以在相应的面板中选择任意表格、图表或形状，将其添加到幻灯片中。

19.4.2　裁剪或隐藏图像

在幻灯片中添加图像或图形后，用户可以对其进行裁剪或隐藏部分内容的操作。

1　遮罩图像

用户可以为图像设置遮罩，隐藏图像中的部分内容不会对图像文件造成破坏。

2　即时 Alpha

选中一张图像，单击导航栏中的“格式化”按钮，单击弹出面板中的“图像”标签，单击“即时 Alpha”选项，如图 19-56 所示。

图 19-56　即时 Alpha

在图像上拖曳选中颜色，如图 19-57 所示。单击“完成”按钮，图像效果如图 19-58 所示。单击“还原”按钮可以撤销所有更改并将图像恢复到原始状态。

图 19-57　选中颜色

图 19-58　图像效果

19.4.3　移动和对齐对象

用户在移动对象的过程中，使用手势可以对对象进行技术性的移动，还可以为多个对象进行对齐操作。

1　移动一个点

使用一个手指按住对象，当对象上出现位置列表时，用户可以使用另一个手指沿着移动方向单击，单击一次对象可以移动一个点，如图 19-59 所示。

2 沿直线移动

移动对象的过程中，将另一只手指按在界面的任意位置，当对象上出现位置列表时，用户可以沿水平、垂直或对角线（角度为 45°）方向移动对象，如图 19-60 所示。

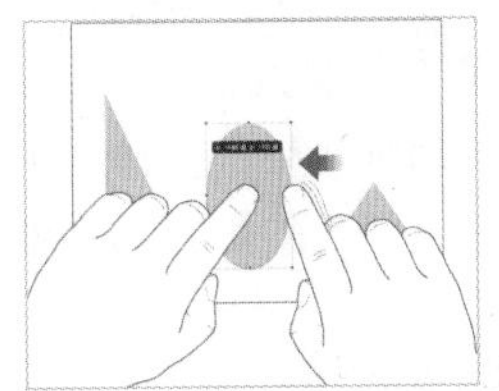

图 19-59　移动一个点

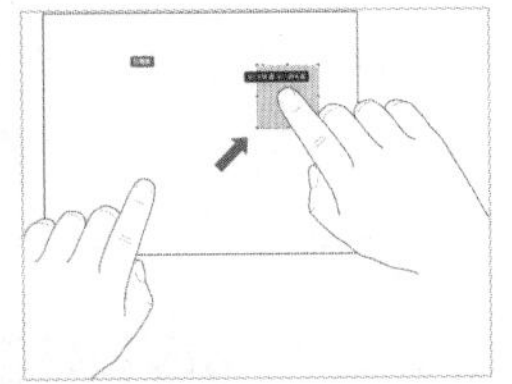

图 19-60　沿直线移动

3 垂直或水平对齐

选中多个对象，单击导航栏中的“格式化”按钮，单击弹出面板中的“排列”标签，如图 19-61 所示。单击面板底部“对齐和分布”选项中的任意对齐方式，对象将会按照该对齐方式进行对齐。

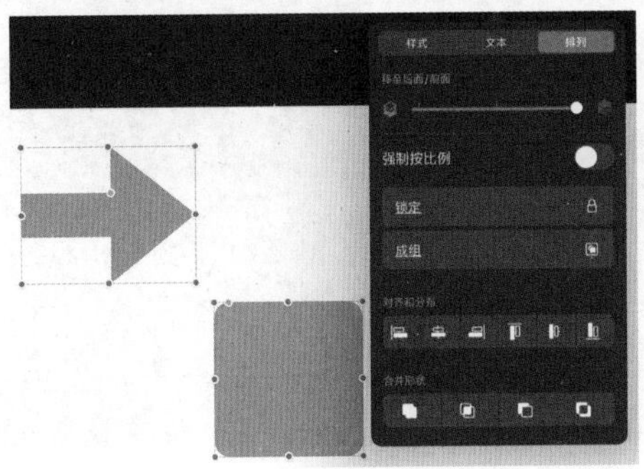

图 19-61　“对齐和分布”选项

4 使用参考线

单击导航栏中的“更多”按钮，弹出“更多”面板，单击面板中的“参考线”选项，进入“参考线”面板，如图 19-62 所示。

打开“边缘参考线”“中间参考线”或“间隔参考线”后，移动对象的过程中，用户可以根据参考线对齐对象，如图 19-63 所示。再次单击选项，关闭该参考线。

图 19-62　“参考线”面板

图 19-63　对齐对象

19.5 设计并制作动画效果

用户可以为幻灯片上的文本和对象添加动画效果，还可以为幻灯片添加过渡效果，以使演示文稿播放时更具动感和活力。

19.5.1 创建动画

选择幻灯片中的对象或文本框，单击弹出列表中的“动画效果”选项，如图 19-64 所示。进入“为幻灯片和对象添加动画效果”界面，界面底部出现列表选项，如图 19-65 所示。

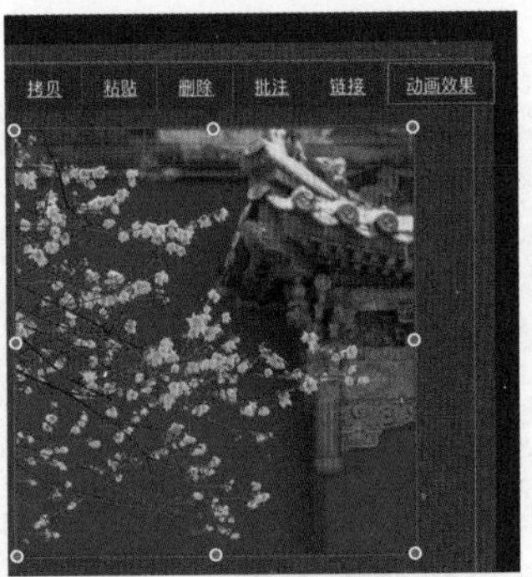

图 19-64　“动画效果”选项

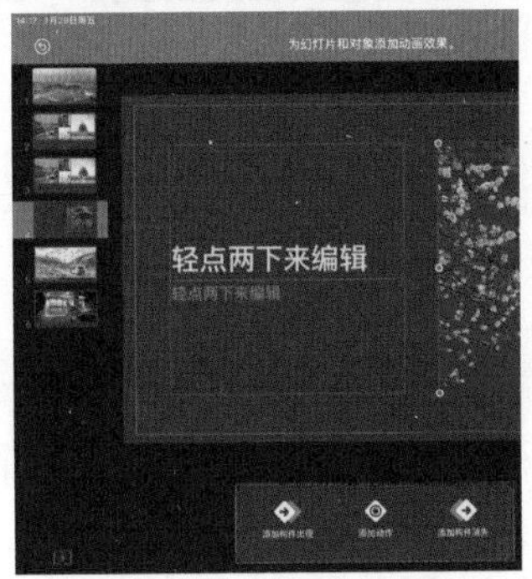

图 19-65　出现列表选项

单击界面底部的“添加构件出现”或“添加构件消失”选项，出现动画效果列表，单击列表中的任意动画效果，为该对象或文本框应用动画效果，如图 19-66 所示。

图 19-66　应用动画效果

单击列表左侧的⊗按钮，关闭动画列表选项。再次单击列表中的“动画效果”选项，弹出该动画效果的设置面板，如图 19-67 所示，用户可以在该面板为动画效果应用更加详细的参数。

设置完成后，单击界面右上角的“完成”按钮，完成为对象或文本框添加动画效果的操作。单击导航栏中的“更多”按钮⊖，单击“更多”面板中的“动画效果”选项，进入“为幻灯片和对象添加动画效果”界面。

选中包含动画的对象，单击界面底部的“动画效果”选项，弹出该动画效果的设置面板，如图 19-68 所示。单击面板底部的“删除动画”按钮，即可删除对象中的所有动画。单击界面右上角的“构件顺序”按钮☰，选中某个动画并向左拖曳选项，如图 19-69 所示。单击出现的“删除”按钮，即可删除该动画。

图 19-67　设置面板

图 19-68　设置面板

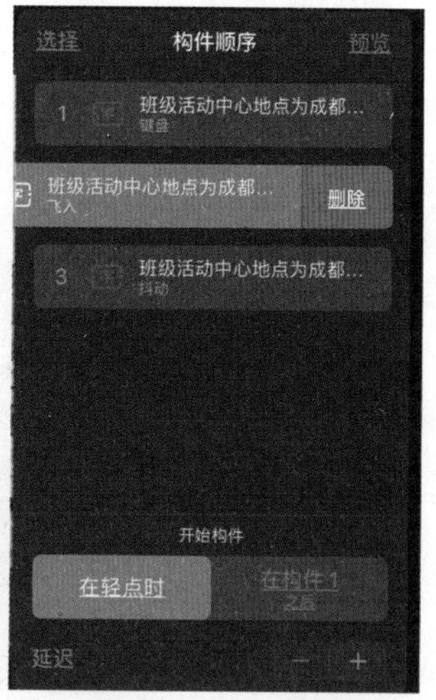

图 19-69　拖曳选项

小技巧： 在“为幻灯片和对象添加动画效果”界面中，单击界面右上角的“构件顺序”按钮☰，弹出“构件顺序”面板，选中并向上或向下拖曳构件，可以更改该构件的叠放顺序。在面板下方的“开始构件”选项中，可以为构件设置开始时间。

19.5.2　添加过渡

选中“幻灯片导航器”中的任意幻灯片，单击弹出列表中的“过渡”选项，如图 19-70 所示，进入“为幻灯片和对象添加动画效果”界面。

单击列表中的“过渡”选项，出现过渡选项列表，单击列表中的任意过渡选项，如图 19-71 所示，为幻灯片应用该过渡。单击界面右上角的“完成”按钮，完成为幻灯片添加过渡的操作。

图 19-70　选择“过渡”选项

图 19-71　过渡选项列表

19.5.3　应用案例——设计并制作演示文稿

01 单击“选取主题”界面中“工艺”主题类型下的“即兴”选项，进入“幻灯片视图”界面，单击“幻灯片导航器”中的第一张幻灯片，选中标题文本框和副标题文本框并输入文本，如图 19-72 所示。

02 添加 5 张不同布局的幻灯片，并为每张幻灯片输入文本，如图 19-73 所示。

图 19-72　输入文本

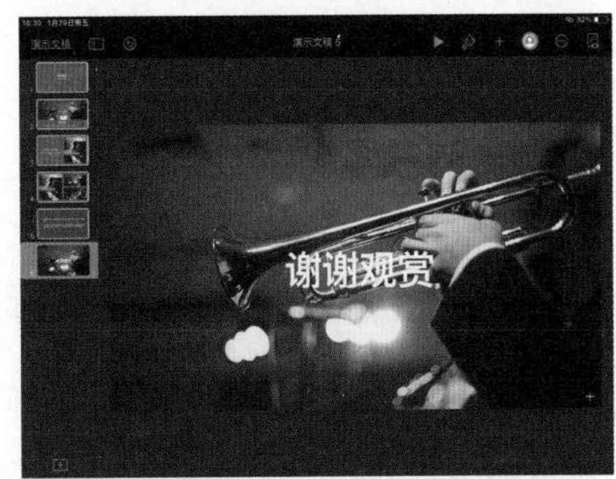

图 19-73　添加 5 张幻灯片

03 选中“幻灯片导航器”中的第一张幻灯片，选中标题文本框，单击弹出列表中的“动画效果”选项，进入“为幻灯片和对象添加动画效果”界面，单击界面底部的“添加构件出现”选项，选择“飞入”动画效果，如图 19-74 所示。

04 选择副标题文本框，为其添加“模糊”动画效果，如图 19-75 所示。

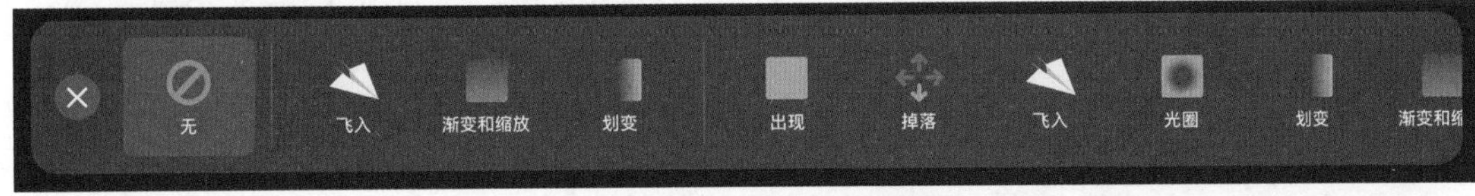

图 19-74　添加构件出现

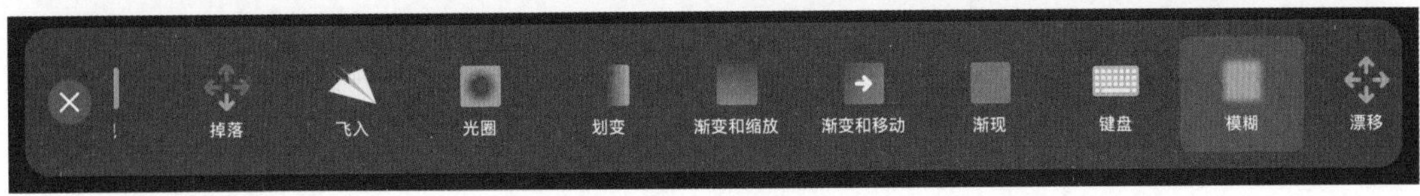

图 19-75　添加动画效果（一）

05 使用相同的方法，为其余幻灯片中的文本和图像添加“掉落”“键盘”或“划变”动画效果，如图 19-76 所示。选中“幻灯片导航器”中的第一张幻灯片，单击界面底部的“添加过渡”选项，单击列表中的“水滴”过渡，如图 19-77 所示。

图 19-76　添加动画效果（二）

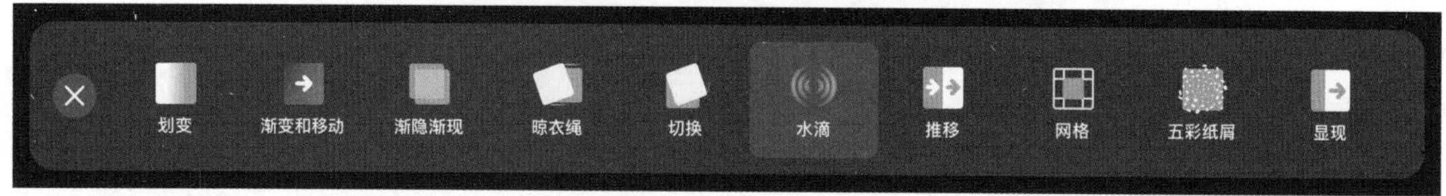

图 19-77　添加过渡

06 使用相同的方法，为每一张幻灯片添加“水滴”过渡效果，单击界面右上角的“完成”按钮，修改演示文稿的名称为“即兴”。

19.6　播放 Keynote 讲演

在“幻灯片导航器”中选中要播放的幻灯片，单击导航栏中的“播放”按钮▶，用户可以执行下面的任意操作，使演示文稿播放指定的幻灯片。在播放界面中的任意位置上使用捏合手势，可以停止播放演示文稿。

- 前往下一张幻灯片：单击幻灯片。
- 返回某张幻灯片或还原幻灯片中的构件：向右拖曳移动幻灯片，移动过程中为避免显示“幻灯片导航器”，不能碰到界面的左边缘。
- 跳到不同的幻灯片：单击界面左侧可以显示“幻灯片导航器”，继续单击用户想要的幻灯片。

19.7　更多操作

Keynote 讲演也为用户提供了多种实用功能，例如查找和替换、共享演示文稿、导出演示文稿、打印演示文稿、设定密码和 Keynote 讲演帮助等，这些功能的使用方法与 Pages 文稿中的相同，此处不再赘述。

19.8　本章小结

本章主要介绍了 iOS 中使用 Keynote 讲演的基本方法，包括创建和编辑幻灯片、添加与格式化文本、插入与格式化对象和设计并制作动画效果等内容。通过本章的学习，读者应熟练掌握 iOS 移动端中 Keynote 讲演的操作方法和技巧，同时能够使用移动设备完成各种演示文稿的设计与制作。